RUDOLF STEINER GESAMTAUSGABE

RUDOLF STEINER GESAMTAUSGABE

Abteilung B: Vorträge

III. Vorträge und Kurse zu einzelnen Lebensgebieten
Naturwissenschaft

Herausgegeben von der
Rudolf Steiner Nachlassverwaltung

Band GA 321

RUDOLF STEINER

Zweiter Naturwissenschaftlicher Kurs

Die Wärme auf der Grenze positiver und negativer Materialität

Geisteswissenschaftliche Impulse zur Entwicklung der Physik, Band II

Vierzehn Vorträge, gehalten für das Lehrerkollegium der Waldorfschule in Stuttgart vom 1. bis 14. März 1920

5 Fragenbeantwortungen, 1908–1921

Faksimiles zum Kurs aus Notizbüchern, Notizzettel

RUDOLF STEINER VERLAG

Nach von Rudolf Steiner nicht durchgesehenen Vortragsmitschriften
herausgegeben von der Rudolf Steiner Nachlassverwaltung

Die Herausgabe der 5. Auflage besorgte Renatus Ziegler

Band GA 321

5., neu durchgesehene und erweiterte Auflage 2021

Zeichnungen im Text nach Skizzen der Kursteilnehmer neu erstellt von Ivana Suppan

Satz: Klementz Publishing Services, Freiburg
Druck und Bindung: Beltz, Bad Langensalza

ISBN 978-3-7274-3211-8

www.steinerverlag.com

Zu den Veröffentlichungen aus dem Vortragswerk von Rudolf Steiner

Rudolf Steiner hat seine Vorträge stets frei, also ohne Manuskript, gehalten. Viele seiner Vorüberlegungen hielt er lediglich in Stichworten, manchmal auch in kurzen Sätzen, Schemata oder Skizzen in seinen Notizbüchern fest, ohne dass er sie weiter schriftlich ausgearbeitet hätte. Nur in ganz wenigen Fällen liegen vorbereitete schriftliche Zusammenfassungen vor, die für Übersetzer bestimmt waren. Er hat jedoch der Veröffentlichung von Mitschriften seiner Vorträge zugestimmt, auch wenn er selbst nur einige wenige für den Druck vorbereiten konnte.

Die in der Rudolf Steiner Gesamtausgabe veröffentlichten Vorträge basieren in der Regel auf Übertragungen stenografischer Aufzeichnungen, die während des Vortrags von Zuhörern oder hinzugezogenen Fachstenografen angefertigt wurden. Verschiedentlich – dies gilt vor allem für die Anfangsjahre seiner Vortragstätigkeit, etwa bis 1905 – dienen auch Notizen und Referate von Zuhörern als Textgrundlage. Für die Drucklegung werden die Übertragungen in Langschrift oder die Zuhörernotizen von den Herausgebenden einer eingehenden Prüfung unterzogen, insbesondere hinsichtlich Sinn, Satzbau und Genauigkeit der Wiedergabe von Zitaten, Eigennamen oder Fachbegriffen. Bei auftretenden Komplikationen, wie zum Beispiel nicht entschlüsselbaren Satz- und Wortgebilden oder Lücken im Text, werden, soweit vorhanden, die Originalstenogramme zur Abklärung hinzugezogen.

Spezifisches zur Textgestalt und Textredaktion sowie zur Entstehungsgeschichte findet sich am Schluss des Bandes.

Die Herausgeber

INHALT

Fragenbeantwortungen zu physikalischen Themen 1908–1921

ANHANG

Als der Mensch erfand wie die Welt
In Atome endlos zerstiebt,
Verband sich sein Erkennen
Mit dem Tode der Natur;
Er soll nun streben in dem Geiste
Zu finden, was Zerstiebtes überwindet,
Und er wird sein Erkennen
Richten nach dem Werden der Welt.

Rudolf Steiner

[Für Edith Maryon zum 26. Dezember 1922, in: R. Steiner: *Wahrspruchworte,* GA 40, 10. Aufl. Basel 2018, S. 300]

ERSTER VORTRAG

Stuttgart, 1. März 1920

Meine lieben Freunde! Die naturwissenschaftlichen Betrachtungen, die bei meinem letzten Aufenthalt hier[1] gepflogen worden sind, sollen jetzt eine Art von Fortsetzung erfahren. Ich werde ausgehen diesmal von demjenigen Kapitel physikalischer Betrachtungen, das insbesondere wichtig sein kann für die Grundlegung einer naturwissenschaftlichen Weltanschauung überhaupt, nämlich von der Betrachtung der Wärmeverhältnisse der Welt.[2] Ich werde heute in einer Art von Einleitung versuchen, Ihnen gerade darzulegen, inwiefern durch eine solche Betrachtung, wie wir sie jetzt pflegen wollen, eine Anschauung geschaffen werden kann für die Bedeutung der physikalischen Erkenntnisse innerhalb einer allgemein menschlichen Weltanschauung, und wie dadurch der Grund gelegt werden kann zu einer Art pädagogischer Impulse für den naturwissenschaftlichen Unterricht. Wie gesagt, heute wollen wir von einer Art prinzipieller Einleitung ausgehen und sehen, wie weit wir damit kommen.

Die sogenannte Wärmelehre hat ja im neunzehnten Jahrhundert eine Gestalt angenommen, durch die für eine materialistische Betrachtung der Welt außerordentlich viel Vorschub geleistet worden ist. Aus dem Grund Vorschub geleistet worden ist, weil die Wärmeverhältnisse in der Welt vor allen Dingen Veranlassung dazu geben, den Blick abzuwenden von der eigentlichen Natur der Wärme, von der Wärmewesenheit, und ihn hinzulenken auf die mechanischen Erscheinungen, die aus den Wärmeverhältnissen sich ergeben.

Wärme, sie kennt der Mensch zunächst dadurch, dass er die Empfindungen hat, die er mit warm, kalt, lau und so weiter bezeichnet. Allein, die Menschen werden sehr bald darauf aufmerksam, dass mit dieser Empfindung etwas zunächst Vages gegeben zu sein scheint, etwas jedenfalls Subjektives. Wer das einfache Experiment macht – wir brauchen es hier nicht zu machen, es würde uns nur aufhalten, aber es kann es jeder für sich selber immer machen –, wer das Experiment macht, kann sich von Folgendem überzeugen.

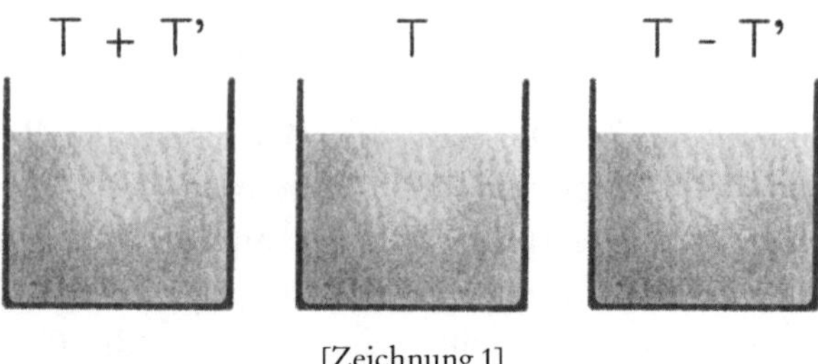

[Zeichnung 1]

Denken Sie sich, Sie haben hier ein Gefäß [Zeichnung 1],[3] mit Wasser gefüllt, von irgendeiner ganz bestimmten Temperatur *T*, rechts davon haben Sie ein Gefäß, ebenfalls mit Wasser gefüllt, mit einer bestimmten Temperatur *T – T'*, das heißt mit einer Temperatur, die wesentlich niedriger ist als die Temperatur in dem ersten Gefäß. Dann haben Sie weiter ein Gefäß mit Wasser gefüllt: *T + T'*. Wenn Sie nun Ihre beiden Arme nehmen und die Finger eintauchen in die zwei äußeren Gefäße zunächst, so nehmen Sie empfindungsgemäß den Wärmezustand der zwei Gefäße wahr. Sie können dann die eben eingetauchten Finger in das mittlere Gefäß eintauchen, und Sie werden sehen, dass dem Finger, der in die Flüssigkeit niedriger Temperatur eingetaucht war, die Temperatur im mittleren Gefäß verhältnismäßig warm erscheint, während dem Finger, der in die wärmere Flüssigkeit eingetaucht war, die Temperatur kalt erscheint. Sodass also dieselbe Temperatur verschieden erscheint der subjektiven Empfindung, je nachdem man vorher der einen oder anderen Temperatur subjektiv ausgesetzt war.

Jeder Mensch weiß ja auch, dass, wenn er in einen Keller geht, so kann das verschieden sein, je nachdem, ob er im Sommer oder im Winter in den Keller geht. Geht er im Winter hinein, so kann ihm unter Umständen, selbst wenn das Thermometer dieselbe Temperatur zeigt, der Keller warm erscheinen, während, wenn er im Sommer hineingeht, ihm der Keller kühl erscheint. Und daraus schließt man zunächst nur: Ja, die subjektive Empfindung von Wärme ist nicht maßgebend; es handelt sich darum, irgendwie objektiv feststellen zu können, wie der Wärmezustand irgendeines Körpers oder irgendwo ist.

Nun, ich brauche ja hier nicht auf die elementaren Erscheinungen einzugehen, und auch nicht auf elementare Werkzeuge des Wärmemessens. Die müssen als bekannt vorausgesetzt werden. Daher kann ich einfach sagen: Wenn man nun objektiv misst mit dem Thermometer den Stand der Temperatur eines Körpers oder eines Raumes, so hat man dann das Gefühl: Ja, da misst man eben die Grade vom Nullpunkt nach aufwärts oder abwärts, und man bekommt ein objektives Maß für den Wärmezustand. Man macht dann in seinen Gedanken einen wesentlichen Unterschied zwischen dieser objektiven Feststellung, an der gewissermaßen der Mensch nicht beteiligt ist, und zwischen der subjektiven Feststellung durch die Empfindung, an der der Mensch beteiligt ist.

Nun, für alles das, was man während des neunzehnten Jahrhunderts angestrebt hat, kann man sagen, ist diese Auseinanderhaltung etwas gewesen, was in einer gewissen Beziehung fruchtbar war, was seine Erfolge gezeitigt hat. Aber wir sind jetzt in einer Zeit, wo man auf gewisse Dinge durchaus aufmerksam werden muss, wenn man in fruchtbarer Weise auf diesem oder jenem Gebiet des Wissens oder der Lebenspraxis vorwärtskommen will. Und daher müssen heute aus der Wissenschaft selbst heraus gewisse Fragen gestellt werden, die man einfach unter dem Einfluss solcher Konklusionen, wie ich sie dargelegt habe, übersehen hat. Eine Frage ist die: Ist ein Unterschied, ein wirklich objektiver Unterschied zwischen dem Konstatieren durch meinen Organismus gegenüber der Temperatur eines Raumes oder Körpers und dem Thermometer: Oder täusche ich mich, wenn ich sage – was mir nützlich sein kann für das Leben, diesen Unterschied zu machen –, wenn ich diesen Unterschied in meine Ideen und Begriffe, die dann die Wissenschaft ausbauen soll, hineintrage?

Es wird der ganze Kursus dazu dienen müssen, zu zeigen, wie heute solche Fragen aufgestellt werden müssen. Denn ich werde Ihnen, ausgehend von den prinzipiellen Fragen, aufzusteigen haben zu denjenigen Fragen, die heute, weil man solche Dinge nicht berücksichtigt hat, einfach dem praktischen Leben in wichtigen Gebieten entgehen. Wie sie auf dem Gebiet der Technik dem Leben entgehen,[4] werden Sie noch sehen. Jetzt will ich nur prinzipiell auf Folgendes aufmerksam machen: Unter den Betrachtungen, die ich gleich nachher charakterisieren will, ist eigentlich ganz verloren gegangen die Aufmerksamkeit auf das Wärmewesen selbst. Und dadurch ist verloren gegangen die Möglichkeit, dieses Wärmewesen in ein Verhältnis zu bringen zu derjenigen Organisation, mit der wir es in bestimmten Gebieten der Lebenspraxis vor allen Dingen in Verhältnis bringen müssen: zum menschlichen Organismus selbst.

Wenn wir heute bloß roh – es soll ja nur einleitungsweise sein – charakterisieren, auf was es ankommt, so müssen wir aufmerksam machen darauf, dass wir ja in ganz bestimmten Fällen verpflichtet sind heute, die Temperatur des eigenen menschlichen Organismus zu messen, zum Beispiel wenn er in Fieberzuständen ist. Daraus können Sie ersehen, dass das Verhältnis des unbekannten, zunächst unbekannten Wärmewesens zum menschlichen Organismus eine gewisse Wichtigkeit hat. Das Radikalste, wie es sich bei chemischen und technischen Prozessen verhält, will ich später betrachten. Aber man wird niemals seine Aufmerksamkeit in der richtigen Weise auf diese Beziehung des Wärmewesens zum menschlichen Organismus verstehen können – wenn man von einer mechanischen Auffassung des Wärmewesens ausgeht, weil sich einem dann entzieht die Tatsache, dass im menschlichen Organismus eine ganz verschiedene Wärmeempfänglichkeit besteht, je nach den Organen, für das Wärmewesen selbst –, dass das Herz, die Leber, die Lunge ganz verschiedene Kapazitäten haben, sich zum Wärmewesen zu verhalten. Dass man daher ein wirkliches Studium gewisser Krankheitssymptome ohne diese verschiedenen Wärmekapazitäten der einzelnen Organe nicht pflegen kann;[5] das entzieht sich der Betrachtung einfach dadurch, dass durch die physikalische Anschauung von der Wärme keine Grundlage dazu geschaffen ist. Wir sind heute nicht in der Lage, die physikalische Anschauung, die wir im Laufe des neunzehnten Jahrhunderts ausgebildet haben von der Wärme, [in fruchtbarer Weise] hineinzutragen in das Gebiet des Organischen. Das ist heute demjenigen bemerklich, der ein Auge hat für die Schäden gegenwärtiger physikalischer – sogenannter [physikalischer] Forschungen für die höheren Zweige, sagen wir der Erkenntnis des organischen Wesens selber. Deshalb müssen gewisse Fragen aufgeworfen werden, Fragen, die vor allen Dingen bezwecken: klare, durchschaubare Begriffe. An nichts leiden wir heute mehr, gerade in den sogenannten exaktesten Wissenschaften, als an unklaren, undurchschaubaren Begriffen.

Nämlich was heißt es denn eigentlich, wenn ich sage: Wenn ich den Finger hier eingetaucht habe rechts und links, so habe ich, wenn ich die beiden Finger dann in ein Gefäß mit einer Flüssigkeit von bestimmter Temperatur eintauche, verschiedene Empfindungen – was heißt es denn? Ist wirklich objektiv in der Begriffsfeststellung ein Unterschied gegenüber der sogenannten objektiven Feststellung durch das Thermometer? Denken Sie sich doch einmal: Sie tauchen statt des Fingers hier das Thermometer ein und Sie tauchen [ein anderes Thermometer] da ein, so werden Sie verschiedene Thermometerstände bekommen, je nachdem Sie hier oder da eintauchen. Wenn Sie dann die beiden Thermometer nehmen statt der Finger, so wird die Quecksilbersäule andere Tatsachen vollziehen in dem einen und in dem anderen Thermometer: Sie werden hier einen tieferen und hier einen höheren Thermometerstand haben, der eine wird [beim Eintauchen des Thermometers in der Mitte] heraufgehen, der andere wird hinuntergehen. Sie sehen, die Thermometer machen nichts anderes, als was Ihre eigenen Empfindungen machen. Für die Feststellung eines Anschauungsbegriffes besteht kein Unterschied zwischen den beiden Thermometern und den Empfindungen Ihrer Finger. Da und dort wird genau dasselbe festgestellt, nämlich: der Unterschied gegenüber dem früheren Stand.

Und das, worauf es ankommt bei unserer Empfindung, das ist, dass wir nur in uns keinen Nullpunkt tragen. Würden wir einen Nullpunkt in uns tragen, würden wir also nicht bloß das, was unmittelbare Anschauung ist, konstatieren, sondern eine [Vorrichtung] in uns haben, die Temperatur, die wir subjektiv empfinden, auf einen Nullpunkt in uns selbst beziehen – und diesen Nullpunkt auch [in uns tragen] –, dann würden wir durch das, was eigentlich nicht dazugehört, was mit den Vorgängen nichts zu tun hat, dasselbe konstatieren können, was wir durch die Thermometer konstatieren können. Sie sehen also, für die Stellung des Begriffs liegt ein Unterschied nicht vor.

Das ist dasjenige, was als Frage heute gestellt werden muss, wenn man überhaupt in der Wärmelehre auf klare Begriffe kommen will. Denn all diese Begriffe, die da existieren, sind im Wesentlichen unklar. Aber glauben Sie nicht, dass das keine Folgen hat. Dass wir keinen Nullpunkt in uns feststellen können, hängt zusammen mit unserem ganzen Leben: Könnten wir einen Nullpunkt feststellen, so würden wir einen ganz anderen Bewusstseinszustand, ein ganz anderes Seelenleben haben müssen. Gerade dadurch, dass sich dieser Nullpunkt bei uns verbirgt, gerade dadurch leben wir in unserem Leben.

Denn sehen Sie, vieles im Leben beruht ja darauf beim menschlichen Organismus – und beim tierischen Organismus schließlich auch –, dass wir gewisse Prozesse in uns nicht wahrnehmen. Wenn Sie alles dasjenige in subjektiven Empfindungen erleben müssten, was in Ihrem Organismus vorgeht – denken Sie, was Sie da alles zu tun hätten. Denken Sie an den ganzen Verdauungsprozess, wenn Sie den in allen Einzelheiten durchmachen müssten. Vieles von dem, was zu unseren Lebensbedingungen gehört, beruht gerade darauf, dass wir gewisse Dinge nicht in unserem Bewusstsein mitmachen, die sich in dem Organismus vollziehen. Dazu gehört einfach, dass wir keinen Nullpunkt bewusst in uns tragen, dass wir kein Thermometer sind. Sodass eine solche Unterscheidung des Objektiven und Subjektiven, wie sie gemacht wird, einfach für die weitergehenden Betrachtungen des Physikalischen nicht mehr ausreicht.

Das, [die Unterscheidung des Objektiven und Subjektiven,] ist dasjenige, was eigentlich im Grunde genommen eine Phrase ist, die locker ist in der menschlichen Betrachtungsweise seit dem alten Griechentum, die aber locker gelassen werden konnte. Nicht mehr locker bleiben kann sie für die Zukunft. Denn, sehen Sie, schon die alten Griechenphilosophen, Zeno[6] vor allen Dingen – ich muss heute darauf aufmerksam machen, trotzdem es Ihnen pedantisch erscheinen wird –, sie haben auf gewisse Vorgänge im menschlichen Denken hingewiesen, die in einer eklatanten Weise in Widerspruch stehen mit den wahren äußeren Wirklichkeiten. Ich brauche nur an den Achillesschluss zu erinnern, auf den ich oftmals aufmerksam gemacht habe.

Nehmen wir an, wir haben hier den Weg [*s*], den der Achilles [*A*] durchmacht, sagen wir in einer bestimmten Zeit [Zeichnung 2]. So schnell kann er laufen. Und hier haben wir die Schildkröte [*S*]. Die hat den Vorsprung [*A–S*] zu gleicher Zeit. Achilles läuft der Schildkröte nach. Nehmen wir den Moment, da Achilles hier in *S* ankommt. Die Schildkröte läuft weiter. Der Achilles muss ihr nachlaufen. In der Zeit, in der er diese Strecke [*A–S*] durchläuft, ist die Schildkröte hier [in 1] angekommen, und in der Zeit, in der er diesen nächsten Raum [*S*–1] durchläuft, ist sie hier [in 2] angekommen. Und so läuft immer die Schildkröte ein kleines Stückchen vorwärts. Der Achilles muss erst hinter ihr herlaufen, was sie schon durchlaufen hat. Und Achilles kann der Schildkröte nie nachkommen.

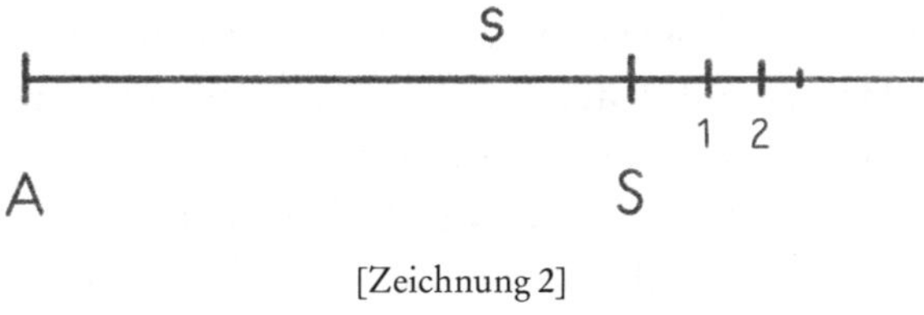

[Zeichnung 2]

Dieses wird gewöhnlich nun von den Menschen so behandelt, wie ganz gewiss manche Gemüter auch derer, die jetzt hier sitzen, die Sache behandeln. Ich sehe es Ihnen an. Sie denken: Das weiß ich ja ganz genau, der Achilles hat ganz natürlich die Schildkröte bald eingeholt, und die Sache ist einfach dumm. Wenn man also die Schlussfolgerung macht: Der Achilles muss immer das frühere Stückchen durchlaufen, die Schildkröte ist voraus, er kommt nie nach. Es ist einfach dumm – sagen die Leute. Das geht aber nicht, dass man so sagt, denn die Schlussfolgerung ist absolut zwingend und bindend, es lässt sich dagegen nichts sagen. Und es ist nicht etwa dumm, wenn dieser Schluss gemacht worden ist, sondern es ist ein außerordentlich

– in der menschlichen Ratio – gescheiter Schluss, denn er ist absolut bindend, und man kommt nicht über ihn hinweg.

Worauf beruht denn aber das Ganze? Solange Sie denken, können Sie nicht anders denken, als dieser Schluss besagt. Aber Sie denken nicht so, weil Sie einfach die Wirklichkeit anschauen und wissen: Der Achilles kommt der Schildkröte selbstverständlich bald nach. Und da verwuseln Sie das Denken mit der Wirklichkeit, lassen sich auf das Denken nicht mehr ein. Den Menschen ist es ja nicht darum zu tun, sich auf das Denken [tiefer] einzulassen, und dann sagen sie: Der, der so denkt, ist einfach dumm. – Durch das [bloße] Denken kriegt man nichts [anderes] heraus, als dass der Achilles der Schildkröte nicht nachkommt. Worauf beruht das aber, dass er ihr nicht doch nachkommt? Das beruht darauf, dass, wenn wir unser [bloß rationales] Denken gerade konsequent auf die Wirklichkeit anwenden, dann wird das, was wir konstatieren, falsch gegenüber den Tatsachen der Wirklichkeit. Es muss falsch werden.

Sobald wir unser rationalistisches Denken auf die Wirklichkeit anwenden, hilft uns nichts darüber hinweg, dass wir falsch sogenannte Wahrheiten konstatieren. Denn wir müssen einfach schließen, wenn der Achilles der Schildkröte nachläuft, dass er jeden Punkt zu durchmessen hat, den die Schildkröte auch durchgemacht hat. Das ist ideell durchaus richtig. In Wirklichkeit aber macht er das nicht, er berührt nicht die Punkte. Seine Beine schreiten weiter aus als die Schildkröte. Er macht das nicht durch, was die Schildkröte durchmacht. Wir müssen uns also anschauen dasjenige, was der Achilles tut.

Wir können uns nicht darauf einlassen, bloß daran zu denken. Dann kommen wir zu anderen Resultaten. Diese Dinge berühren das Gewissen der Menschen manchmal recht wenig, in Wahrheit aber sind sie außerordentlich bedeutsam. Und gerade heute, in der gegenwärtigen Zeit wissenschaftlicher Entwicklung, sind sie von der allergrößten Bedeutung. Dann erst, wenn wir einsehen, wie viel [Wirklichkeit] in unserem Denken über die Naturerscheinungen ist, wenn wir übergehen von den Anschauungen zu der sogenannten Erklärung, dann kommen wir mit den Dingen zurecht.

Sehen Sie, nicht wahr, das Anschauliche, das ist etwas, was einfach beschrieben zu werden braucht. Dass ich Folgendes machen kann, das braucht einfach beschrieben zu werden: Hier habe ich eine Kugel. Wenn ich sie durch dieses Loch werfe, geht sie durch. Das ist jetzt die Anschauung. Wir wollen jetzt einfach diese Kugel etwas erwärmen. Sie sehen, ich kann die Kugel jetzt in das Loch legen, sie geht zunächst nicht durch. Sie wird erst wiederum durchfallen, wenn sie genügend abgekühlt ist. In dem Augenblick, wo ich sie abkühle, indem ich Wasser darauf gieße, geht sie wieder durch. Das ist die Anschauung. Das ist dasjenige, was ich einfach zu beschreiben brauche.

[Zeichnung 3]

Nehmen wir aber an, ich fange jetzt an zu theoretisieren. Ich will es zunächst ganz roh machen, es handelt sich ja um eine Einleitung: Das wäre also die Kugel, die Kugel bestünde aus einer gewissen Anzahl von kleinen Teilen, von Molekülen, Atomen – wie Sie wollen [Zeichnung 3]. Das ist etwas, was nicht mehr Anschauung ist; das ist etwas, was ich dazu theoretisiere. In diesem Augenblick bin ich verlassen von der Anschauung. In diesem Augenblick bin ich in einer außerordentlich tragischen Rolle. Die Tragik empfinden nur diejenigen, die auf solche Dinge eingehen können.

Denn, sehen Sie, wenn wir versuchen, ob Achilles die Schildkröte erreichen kann oder nicht, so können Sie anfangen zu denken: Der Achilles muss den Weg der Schildkröte durchmessen, also wird er sie nie einholen. Das kann man strikt beweisen. Nun machen Sie das Experiment. Sie setzen die Schildkröte hin und den Achilles, oder jemand anderen, auch wenn er nicht so schnell läuft wie Achilles. Sie können jederzeit beweisen, dass die Anschauung Ihnen das Gegenteil von dem liefert, was Ihnen die Schlussfolgerung liefert. Sie werden sehr bald die Schildkröte einholen.

Wenn Sie aber nun über die Kugel theoretisieren wollen, wie ihre Atome und Moleküle angeordnet sind, wo Sie auch die Anschauung verlässt, da können Sie nicht hineinschauen und nachsehen, da werden Sie nur theoretisieren können, und das ist auf diesem Gebiet nicht besser als das, was Sie gegenüber dem Wegstück, das von Achilles nicht durchmessen ist, anführen. Das heißt: Sie tragen die ganze Unvollkommenheit Ihrer Ratio hinein in Ihr Nachdenken über dasjenige, was nicht mehr anschaulich ist. Das ist das Tragische. Wir bauen und bauen Erklärungen auf, indem wir das Anschauliche verlassen, und glauben es dadurch gerade erklären zu können, dass wir Hypothesen und Theorien aufstellen. Und die Folge davon ist, dass wir dann genötigt sind, unserem bloßen Denken zu folgen, dass dieses Denken uns aber in dem Augenblick verlässt, wo wir über die Anschauung hinauskommen. Es stimmt nicht mehr mit der Anschauung [überein].

Sehen Sie, auf diesen Unterschied habe ich schon im vorigen Kursus hingewiesen, indem ich die scharfe Grenze gesetzt habe zwischen dem Phoronomischen und dem Mechanischen.[7] Die Phoronomie beschreibt bloß Bewegungsvorgänge oder Gleichgewichtsvorgänge, aber sie beschränkt sich darauf, das Anschauliche zu konstatieren. In dem Augenblick, wo Sie von der Phoronomie zur Mechanik übergehen, wo der Kraft- und Massebegriff einzuführen ist, in dem Augenblick können wir nicht ausreichen mit dem bloßen Denken, sondern wir beginnen einfach abzulesen von dem Anschaulichen, was vorgeht. Wir können in den einfachsten physikalischen Vorgängen, in denen die Masse eine Rolle spielt, mit dem bloßen Denken nichts mehr anfangen. Und diejenigen Theorien, die im Laufe des neunzehnten Jahrhunderts [mehr oder weniger] aufgebaut worden sind, trotzdem sie sich – das macht nichts aus – für eingeschränkte Gebiete für praktisch erwiesen haben, sie sind also so entstanden, dass eigentlich, um sie [durch die Anschauung] zu verifizieren, notwendig wäre, bis in die Moleküle und Atome hinein Experimente zu machen.[8] Das gilt in Bezug auf das Kleine, das gilt aber auch in Bezug auf das Große.

Sie erinnern sich, dass ich in meinen Vorträgen oftmals aufmerksam gemacht habe auf etwas, das uns jetzt mit einem ganz wissenschaftlichen Charakter in diesen Betrachtungen entgegentreten wird. Ich habe oftmals gesagt: Aus dem, was der Physiker heute über Wärmeverhältnisse und auch über einige andere Dinge, die damit verknüpft sind, heraustheoretisiert, macht er sich gewisse Vorstellungen über die Sonne. Er beschreibt mit einem gewissen Anspruch darauf, dass die Sache stimme, wie die physikalischen Verhältnisse, wie er sagt, auf der Sonne sind. Nun habe ich immer gesagt: Die Physiker würden außerordentlich erstaunt sein, wenn sie das Experiment ausführen könnten, wirklich zur Sonne hinaufzukutschieren und sähen, wie nichts von dem, was sie aus irdischen Verhältnissen heraus rechnen oder heraus theoretisieren, mit den Wirklichkeiten der Sonne übereinstimmt. Heute haben die Sachen tatsächlich schon eine ganz bestimmte praktische Bedeutung, namentlich gegenüber der wissenschaftlichen Zeitentwicklung.

Erst in diesen Tagen ging ja die Nachricht durch die Welt, dass mit großen Mühen die Ergebnisse englischer Forschungen über die Ablenkung des Sternenlichtes[9] im Weltraum auch in Berlin vor einer Gelehrtengesellschaft vorgeführt werden konnten.[10] Da wurde mit Recht auf folgendes hingewiesen. Es wurde gesagt: Ja, die Forschungen von Einstein und dergleichen über die Relativitätstheorie[11] haben eine gewisse Bestätigung erfahren, aber etwas Endgültiges würde man erst sagen können, wenn man so weit wäre, dass man spektralanalytisch untersuchen könnte, wie es sich eigentlich mit dem Sonnenlicht letztlich, namentlich bei Gelegenheit der Sonnenfinsternis, verhält. Da würde man nämlich etwas sehen, was heute noch nicht in den gangbaren physikalischen Instrumenten konstatierbar ist.[12]

Das war die Nachricht, die sich anknüpfte an die letzte Sitzung der Berliner Physikalischen Gesellschaft.[13] Das ist außerordentlich interessant. Denn es muss natürlich der nächste Schritt der sein, nach einer Möglichkeit zu suchen, wirklich spektralanalytisch das Sonnenlicht zu untersuchen. Der Weg muss der nach Messinstrumenten sein, die heute noch nicht da sind. Dann wird man gewisse Dinge, die heute aus geisteswissenschaftlichen Grundlagen heraus schon gewonnen werden können, einfach nachträglich bestätigen können, wie das ja bei vielen Dingen der Fall war, die im Laufe der Jahre entstanden sind, die auch, wie Sie wissen, durch physikalische Experimente in der letzten Zeit herausgekommen sind.[14] Dann wird man einsehen lernen, dass es einfach unmöglich ist, dasjenige, was man imstande ist herauszurechnen aus den Beobachtungen, namentlich der Wärmeerscheinungen in der irdischen Sphäre, auf die Verhältnisse des Weltraumes, auf die Sonnenverhältnisse zu übertragen und sich vorzustellen, dass die Sonnenkorona[15] und dergleichen entsteht aus Antezedenzien heraus, die entnommen sind aus der Betrachtung der irdischen Verhältnisse.

Gerade wie uns unser Denken irreführt, wenn wir das Anschauliche verlassen und in die Welt der Moleküle und Atome hineintheoretisieren, so führt es uns auch irre, wenn wir ins Makrokosmische hinausgehen und das, was wir durch Anschauung in irdischen Verhältnissen festsetzen, auf so etwas wie die Sonne übertragen. Da glaubt man, dass man in der Sonne so etwas wie eine Art glühenden Gasball habe. Von einem glühenden Gasball kann nicht die Rede sein bei der Sonne. Man hat etwas ganz anderes in der Sonne vorliegend. Denken Sie sich einmal: Wir haben irdische Materie. Jede irdische Materie hat einen bestimmten Intensitätsgrad ihres Wirkens, ob man den auf diese oder auf jene Weise misst, auf Dichtigkeit oder dergleichen, darauf kommt es nicht an. Sie hat eine gewisse Intensität des Wirkens. Diese kann auch zu null werden, das heißt, wir können dem scheinbar leeren Raum gegenüberstehen. Aber damit hat es nicht einen Schluss, ebenso wenig wie es einen Schluss hat – nun, schauen wir einmal auf das Folgende: Denken Sie sich, Sie sagen: Ich habe einen Sohn. Der Kerl ist eigentlich ein leichtsinniges Tuch. Ich habe ihm ja ein kleines Vermögen übergeben, aber nun hat er angefangen, es auszugeben. Mehr als bis null kann er nicht heruntergehen. Er kann einmal nichts mehr haben, damit tröste ich mich, er kommt eben einmal bei null an. – Ja, aber nachher kann ich eigentlich einer Enttäuschung unterliegen: Der Kerl fängt an, Schulden zu machen. Dann bleibt er nicht bei null stehen, dann wird die Geschichte noch schlimmer als null. Und das kann eine sehr reale Bedeutung haben. Denn als Vater werde ich eigentlich weniger haben, wenn der Kerl Schulden macht, als wenn er bei null stehen bleibt.[16]

Sehen Sie, dieselbe Betrachtungsweise liegt zugrunde gegenüber den Sonnenverhältnissen. Man geht nicht einmal zur Null, sondern man geht bis zur größtmöglichen Verdünnung; man spricht von dünnem, glühendem Gas. Aber man müsste erstens bis null gehen und dann darüber hinaus. Denn das, was man in der Sonne finden würde, wäre überhaupt nicht vergleichbar mit unserem Materiellen; es wäre auch nicht vergleichbar mit unserem leeren Raum, der der Null entspricht, sondern es geht darüber hinaus. Es ist in einem Zustand negativer materieller Intensität. Da, wo die Sonne ist, würde man finden ein Loch in den leeren Raum hinein. Es ist weniger als leerer Raum da. Sodass alle Wirkungen, die auf der Sonne zu beobachten sind, als Saugwirkungen betrachtet werden müssen, nicht als Druck- oder dergleichen Wirkungen. Die Sonnenkorona darf also nicht so betrachtet werden, wie heute der Physiker sie betrachtet, sondern sie muss so betrachtet werden, dass man das Bewusstsein hat, es geschieht nicht dasjenige, als was es sich darstellt, etwa Druckwirkungen mit dem Index minus, sondern es liegen Saugwirkungen von dem Loch im Raum, von der Negation der Materie vor. Da verlässt uns die Ratio. Da verlässt uns unser Denken gegenüber dem Makrokosmischen, wie es uns verlässt gegenüber dem Mikrokosmischen. In dem Falle, den ich angedeutet habe, können wir [nur] theoretisieren über das Atomistische.[17]

Wir erleben, indem wir subjektiv die Wärmezustände unserer Umgebung beurteilen, gar nicht wirkliche Wärmezustände, sondern wir erleben Differenzen. Das Thermometer zeigt auch Differenzen, es ist kein Unterschied. Wir erleben die Differenzen zwischen unserem eigenen Wärmezustand und demjenigen, in den wir hineinkommen. Den Tatsachen nach tut das auch das Thermometer. Nur haben wir durch Dinge, die nichts mit diesen vorliegenden Tatsachen zu tun haben, durch die Feststellung eines Nullpunktes, die Sache kaschiert.

Sehen Sie, hier liegt etwas vor, was außerordentlich wichtig ist zu berücksichtigen. Wenn wir unsere Aufmerksamkeit den Lichterscheinungen zuwenden, so liegt die Sache so, dass wir die Lichterscheinungen im Wesentlichen verfolgen mit einem Organ, das sehr stark isoliert ist in unserem Organismus. Ich habe das im vorigen

Kursus charakterisiert.[18] Dadurch beobachten wir ja eigentlich niemals Licht – Licht ist Abstraktion –, sondern wir beobachten Farbenerscheinungen.[19] Wenn wir Wärme beobachten, subjektiv, so ist dasjenige, was Empfindungsorgan bei uns ist, was Auffassungsorgan ist, unser ganzer Organismus. Unser ganzer Organismus entspricht da unserem Auge. Er ist nicht ein isoliertes Organ. Wir setzen uns als Ganzes dem Wärmezustand aus. Indem wir mit einem Glied, zum Beispiel mit einem Finger, uns aussetzen, ist das nichts anderes als einen Teil des Auges gegenüber dem ganzen Auge.[20] Während also das Auge ein isoliertes Organ ist und dadurch sich für uns verobjektiviert die Welt des Lichtes in den Farben, ist bei der Wärme ein solches nicht der Fall. Wir sind gleichsam ganz Wärmeorgan. Aber dadurch tritt uns auch nicht so isoliert von draußen entgegen dasjenige, was die Wärme macht, wie uns entgegentritt isoliert dasjenige, was das Licht macht. Unser Auge ist objektiviert in unserem Organismus. Was die Wärme Analoges macht — weil wir es selbst sind, können wir es nicht erleben. Denken Sie einmal, Sie würden mit dem Auge keine Farben sehen, sondern nur Helligkeit unterscheiden, und die Farben als solche würden ganz subjektiv bleiben, bloß Gefühle bleiben: Sie würden niemals Farben sehen. Sie würden von Hell-Dunkel reden, aber die Farben würden nichts in Ihnen bewirken. So ist es bei der Wahrnehmung der Wärme.

Jene Differenzierungen, die Sie beim Licht wegen der Isolierung des Auges wahrnehmen, die nehmen Sie in der Welt der Wärme nicht mehr wahr. Die leben aber in Ihnen. Wenn Sie also von Blau und Rot sprechen bei der Farbe, so haben Sie dieses Blau und Rot außen. Wenn Sie von dem Analogen bei der Wärme sprechen – weil Sie das Wärmeorgan selbst sind –, so haben Sie das, was analog bei der Wärme blau und rot wäre, in sich, Sie sind es selbst. Daher sprechen Sie nicht davon. Und das macht, dass für die Betrachtung des objektiven Wärmewesens eine ganz andere Methode notwendig ist als für die Betrachtung des objektiven Lichtwesens. Und nichts hat so, ich möchte sagen, [verführend] auf die Betrachtungsweise des neunzehnten Jahrhunderts gewirkt, als überall schematisch zu vereinheitlichen. Sie finden überall in den [Physiologien eine Sinnesphysiologie]. Als ob es so etwas überhaupt gäbe. Als ob es etwas gäbe, wo man einheitlich sagen kann, es gilt [sowohl] für das Ohr wie für das Auge oder gar für den Gefühls- oder Wärmesinn.[21]

Es ist ein Unding, von einer [Sinnesphysiologie] zu sprechen und zu sagen, eine Sinneswahrnehmung ist dies oder jenes. Man kann nur sprechen von der isolierten Wahrnehmung des Auges, von der isolierten Wahrnehmung des Ohres, von der isolierten Wahrnehmung unseres Organismus als Wärmeorgan und so weiter. Das sind ganz verschiedene Dinge, und man kann nur wesenlose Abstraktionen aufstellen, wenn man von einem einheitlichen Sinnesvorgang spricht. Aber Sie finden heute überall die Neigung dazu, diese Dinge zu vereinheitlichen. Und so kommen dann Schlüsse zustande, die eigentlich, wären sie nicht so schädlich für unser ganzes Leben, im Grunde genommen humoristisch wären. Wenn einer sagt: Da ist ein Bub, ein anderer Bub hat ihn durchgeprügelt. Und daneben wird behauptet: Gestern hat er Schläge bekommen von seinem Lehrer, der Lehrer hat ihn durchgeprügelt. Ich habe in beiden Fällen das Prügeln beobachtet. Es ist kein Unterschied. Ich schließe daraus, dass der Lehrer von gestern und der böse Bub, der heute die Prügel austeilte, von derselben inneren Wesenheit sind. — Das wäre ein Unding, nicht wahr, das wäre ganz unmöglich.

Aber man macht folgendes Experiment. Man weiß, dass, wenn man Lichtstrahlen in einer gewissen Weise auf einen Hohlspiegel fallen lässt, dass sie parallel gehen; wenn Sie sie durch einen weiteren Hohlspiegel auffangen lassen, sie sich im Brennpunkt vereinigen und Lichterscheinungen hervorrufen.[22] Man macht dasselbe mit den sogenannten Wärmestrahlen. Man kann wiederum konstatieren: Man lässt die Strahlen durch Hohlspiegel auffangen, sich im Brennpunkt vereinigen – man kann sie mit dem Thermometer konstatieren, da entsteht eine Art Wärmebrennpunkt. Das ist dieselbe Geschichte wie beim Licht, also beruht das Licht und die Wärme auf ein und demselben. Die Prügel von gestern und die Prügel von heute beruhen auf ein und demselben. Wenn man im Leben eine solche Schlussfolgerung ausführen würde, würde man ein Tor sein. Wenn man sie in der Wissenschaft ausführt, wie es heute überall gemacht wird, ist man kein Tor, sondern oftmals eine tonangebende Persönlichkeit.

Dennoch, es kommt heute darauf an, nach klaren, durchschaubaren Begriffen zu streben, und ohne diese klaren, durchschaubaren Begriffe kommen wir nicht weiter. Sonst wird niemals durch eine physikalische Weltanschauung eine Grundlage geschaffen werden für eine universelle Weltanschauung, wenn man nicht gerade auf physikalischem Gebiet versucht, zu klaren, anschaulichen Begriffen vorzudringen. Sie wissen ja, und es ist auch durch meinen letzten Kursus hier klar geworden, bis zu einem gewissen Grad wenigstens klar geworden, dass auf dem Gebiet der Lichterscheinungen Goethe ein wenig Ordnung geschaffen hat, dass aber diese Dinge nicht anerkannt sind.

Auf dem Gebiet der Wärmeerscheinungen ist es nun ganz besonders schwierig, weil in der nachgoetheschen Zeit ja die Wärmeerscheinungen vollständig in das Chaos der theoretischen Anschauungen eingelaufen sind und im neunzehnten Jahrhundert die sogenannte mechanische Wärmetheorie Unfug über Unfug gestiftet hat; auf der einen Seite dadurch, dass sie Anschauungsbegriffe geliefert hat auf einem Gebiet, wo die Anschauung nicht hinreicht, und leicht erlangbare, für jeden, der glaubt, auch denken zu können, aber es in Wirklichkeit nicht kann, leicht erlangbare Begriffe geliefert hat.

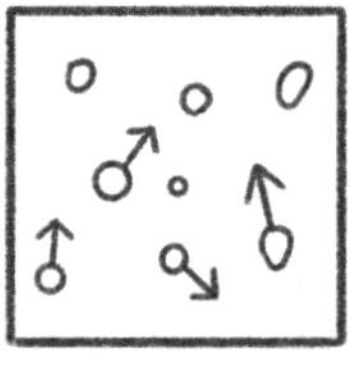

[Zeichnung 4]

Es sind die Begriffe, dass man sich vorgestellt hat: Wenn ein Gas in einem allseitig geschlossenen Gefäß ist, besteht das Gas aus Gasteilchen, aber diese Gasteilchen sind nicht in Ruhe, sondern sie sind in fortwährender Bewegung [Zeichnung 4]. Und natürlich, wenn diese Gasteilchen in fortwährender Bewegung sind, wird in den meisten Fällen, da die Gasteilchen klein sind und ihre Entfernungen verhältnismäßig groß vorgestellt werden, wird so ein Gasteilchen sich durchschlängeln, wird lange nicht auf ein anderes auftreffen, aber zuweilen dann doch. Es prallt dann zurück, und so stoßen sich dann da drinnen die Gasteilchen. Sie kommen in eine Bewegung. Sie bombardieren sich fortwährend gegenseitig. Da geben sie, wenn man sie summiert, die verschiedenen kleinen Stöße, einen Druck auf die Wand und man hat die Möglichkeit auf der einen Seite zu messen, wie hoch die Temperatur ist. Dann sagt man sich: Nun ja, da sind die Gasteilchen drinnen in einem bestimmten Bewegungszustand, sie bombardieren sich. Das Ganze ist in aufgeregter Bewegung. Das stößt sich gegenseitig und stößt auf die Wand; [dadurch entsteht Wärme]. Sie kommen immer schneller und schneller in Bewegung, stoßen immer stärker und stärker an die Wand, und man hat die Möglichkeit, zu sagen: Was ist also Wärme? – Bewegung der kleinsten Teile.

Es ist gewiss, dass heute schon unter der Macht der Tatsachen solche Vorstellungen schon etwas abgekommen sind,[23] allein sie sind nur äußerlich abgekommen. Die ganze Denkweise ruht doch noch auf demselben Grund. Man ist sehr stolz geworden auf diese sogenannte mechanische Wärmetheorie, denn sie soll ja außerordentlich viel erklären. Sie soll zum Beispiel erklären: Wenn ich einfach mit dem Finger über irgendeine Fläche streiche, so wird die Anstrengung, die ich anwende, die Arbeit, die Wucht,[24] verwandelt in Wärme. Ich kann zurückverwandeln Wärme in Arbeit, zum Beispiel bei der Dampfmaschine, wo ich durch die Wärme Vorwärtsbewegungen wahrnehme. Und man hat sich die gangbare, höchst bequeme Vorstellung gebildet: Ja, wenn ich äußerlich das beobachte, was da im Raum geschieht, so sind es mechanische Vorgänge. Die Lokomotive und die Waggons bewegen sich vorwärts und so weiter. Wenn ich dann, sagen wir, durch irgendetwas Arbeit leiste und daraus Wärme entsteht, so ist eigentlich nichts anderes geschehen, als dass die äußerlich wahrnehmbare Bewegung sich verwandelt hat in die Bewegung der kleinsten Teilchen. Das ist eine bequeme Vorstellung. Man kann sagen: Alles in der Welt beruht auf Bewegung, und es verwandelt sich bloß die anschauliche Bewegung in die unanschauliche Bewegung. Diese wird dann als Wärme wahrgenommen. Aber die Wärme ist doch nichts anderes als Stoßen und Drängen der kleinen Gasrüpel, die sich stoßen, die an die Wand stoßen und so weiter. Es ist die Wärme allmählich verwandelt worden im Wesen in das, was jetzt geschehen würde, wenn diese ganze Korona plötzlich anfinge, sich gegenseitig in Bewegung zu setzen, wenn sie sich fortwährend stoßen würde, an die Wand stoßen würde und so weiter. Das ist die Clausius'sche Vorstellung,[25] was vorgeht in einem gasgefüllten Raum. Das ist die Theorie, die herausgekommen ist dadurch, dass man den Achilles-Schluss angewendet hat auf Unanschauliches, und nicht bemerkt, wie man derselben Unmöglichkeit unterliegt, wie wenn man das Denken anwendet auf Achilles und die Schildkröte. Das heißt, es wird nicht so, wie man denkt. Im Inneren eines gaserfüllten Raumes geht es anders zu, [als] den wir uns ausmalen, wenn wir die unanschaulichen Begriffe auf Anschauung übertragen.

Das wollte ich heute einleitungsweise sagen. Sie werden daraus ersehen, dass im Grunde genommen die ganze methodische Art der Betrachtungsweise, die namentlich im Laufe des neunzehnten Jahrhunderts sich herausgebildet hat, in ihren Grundfesten wankt. Denn es beruht ein großer Teil dieser Betrachtungsweise darauf, dass man einfach dasjenige, was man beobachtet als anschauliches Faktum, sich so vorstellt, dass man den Ausdruck, auch den rechnerischen Ausdruck, des Anschauens überleitet [ins Unanschauliche], sodass man Differentialvorstellungen daraus bekommt. Wenn man [das], was man als konstatierbares Faktum hat gegenüber einem gasgefüllten Raum, unter dem bestimmten Druck, rechnerisch ausdrückt – so kann man dadurch, dass man die Vorstellung zugrunde legt: da geschehen die Bewegungen der kleinsten Teile, es in Differentialvorstellungen umwandeln und kann sich dann dem Glauben hingeben, dass, wenn man wiederum integriert, [man] etwas über die Realität herausbekomme. Das, was man einsehen muss, ist, dass, wenn man den Übergang vollzieht von gewöhnlichen rechnerischen Vorstellungen zu Differentialgleichungen, dass man diese Differentialgleichungen, ohne aus der Wirklichkeit vollständig herauszufallen, nicht wiederum in Integralrechnungen [umwandeln] darf. Das liegt der Physik im neunzehnten Jahrhundert zugrunde, dass man durch ein falsches Verständnis über die Beziehung der Integrale zu den Differentialen sich gegenüber der Wirklichkeit falschen Vorstellungen hingegeben hat. Man muss sich klar darüber sein: In gewissen Fällen darf man differenzieren, aber was die Differentialzustände ergibt, darf nicht gedacht werden, als ob es zurückintegriert werden könnte, denn da kommt man nicht in die Wirklichkeit hinein, sondern zu etwas Ideellem. Es ist gegenüber der Natur von großer Wichtigkeit, dass man das durchschaut.

Denn, sehen Sie, wenn ich – und wir werden sehen,[26] in welchem Maße das innerhalb der unorganischen Natur gilt, gerade an den Wärmeerscheinungen – wenn ich einen bestimmten Verwandlungsvorgang ausführe, ich sage, ich leiste Arbeit, bekomme Wärme, so kann ich aus dieser Wärme wiederum Arbeit bekommen. Aber ich kann nicht ohne Weiteres einen organischen Prozess umkehren. Auch große anorganische Prozesse kann ich nicht umkehren, zum Beispiel planetarische Prozesse sind nicht umkehrbar. Wir können nicht uns umgekehrt vorstellen jenen Prozess, der verläuft von der Wurzelbildung einer Pflanze bis zur Blüte, bis zur Fruchtbildung. Der Prozess verläuft vom Keim bis zur Fruchtbildung, er kann nicht zurückverlaufen wie ein Prozess in der unorganischen Natur. In unsere Rechnungen fließt das nicht ein. Denn schon, wenn wir sogar im Unorganischen bleiben, für gewisse makrokosmische Prozesse gilt es nicht. Ich kann heute in keiner Rechnungsformel, wenn ich sie aufstellen könnte für das Wachstum einer Pflanze [– sie würde aber sehr kompliziert ausfallen –], gewisse Werte negativ einsetzen; sie decken sich nicht mit der Wirklichkeit. Die Gestaltung der Blüte aus der Gestaltung des Laubblattes könnte ich nicht negativ einsetzen. Ich würde nicht den Prozess umkehren können. Ich kann auch gegenüber den größeren Erscheinungen der Welt den realen Prozess nicht umkehren.

Das berührt aber nicht die Rechnung: Wenn ich heute eine Mondfinsternis einzusetzen habe, kann ich einfach berechnen, wie eine Mondfinsternis vor unserer Zeitrechnung, zu Thales' Zeiten war und so weiter, das heißt, ich kann in der Rechnung selbst durchaus den Prozess umkehren, aber in der Wirklichkeit würde der Prozess nicht umkehrbar sein. Wir können nicht vom gegenwärtigen Stadium der Weltentwicklung durch Umkehrung des Prozesses zu den früheren Stadien, zum Beispiel zu einer Mondfinsternis, die sich zu Thales' Zeiten zugetragen hat, zurücktreiben. Eine Rechnung kann ich vorwärts und rückwärts behandeln, in der Wirklichkeit deckt sich nichts, was ich mit der Rechnung erfasse. Diese Rechnung schwebt über der Wirklichkeit. Man muss sich klar darüber sein, inwiefern unsere Vorstellungen und Rechnungen sind nur Vorstellungsinhalte. Trotzdem sie umkehrbar sind, gibt es keine umkehrbaren Prozesse in der Wirklichkeit. Das ist wichtig, denn wir werden sehen, [dass] die ganze Wärmelehre auf Fragen dieser Art aufgebaut [ist]: Inwiefern sind innerhalb des Gebietes der Wärmeverhältnisse Naturprozesse umkehrbar, und inwiefern sind sie es nicht.[27]

ZWEITER VORTRAG

Stuttgart, 2. März 1920

Meine lieben Freunde! Schon gestern wurde berührt, dass unter dem Einfluss des Wärmewesens sich dasjenige, was wir im gewöhnlichen Leben Körper nennen, ausdehnt. Wir wollen heute zunächst davon ausgehen, wie sich feste Körper, sogenannte feste Körper, unter dem Einfluss des Wärmewesens ausdehnen. Wir haben zu diesem Zweck hier, damit wir uns die Dinge auch einprägen und sie dann auch in entsprechender Weise im Unterricht verwerten können – es ist ja einfach und elementar zunächst –, wir haben uns hier eine Eisenstange verfertigt [Zeichnung 5]. Diese Eisenstange wollen wir erhitzen und ihre Ausdehnung anschaulich machen dadurch, dass hier an dieser Marke der Hebelarm, der hier angebracht ist, abgehen [und damit die Längenänderung anzeigen] wird. Wenn ich hier mit dem Finger drücke, so bewegt sich dieser Zeiger nach aufwärts.

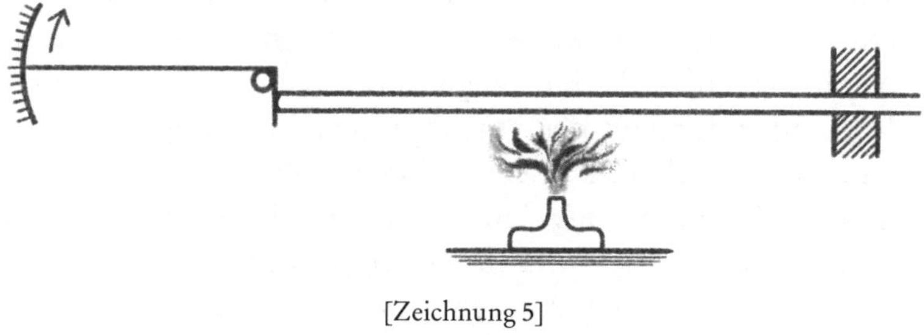

[Zeichnung 5]

Sie werden sehen, dass, wenn wir diesen Stab weiter erhitzen, sich dieser Zeiger ebenfalls aufwärtsbewegen wird, was Ihnen ein Beweis sein wird, dass der Stab sich ausdehnt. Sie sehen schon, wie der Zeiger nach aufwärts rückt. Und Sie sehen, dass mit der fortgehenden Erwärmung der Zeiger mehr und mehr nach aufwärts rückt, was Ihnen ein Beweis ist, dass die Ausdehnung mit der Temperatur wächst. Würde ich statt der Substanz dieses Körpers irgendein anderes Metall verwendet haben und wir würden dann genau messen, so würden wir eine andere Ausdehnung bekommen. Wir würden finden, dass verschiedene solche Körper sich in verschiedener Weise stark ausdehnen. Sodass wir zunächst zu konstatieren hätten, dass die Ausdehnungsfähigkeit, die Stärke der Ausdehnung, von der Substanz abhängt.

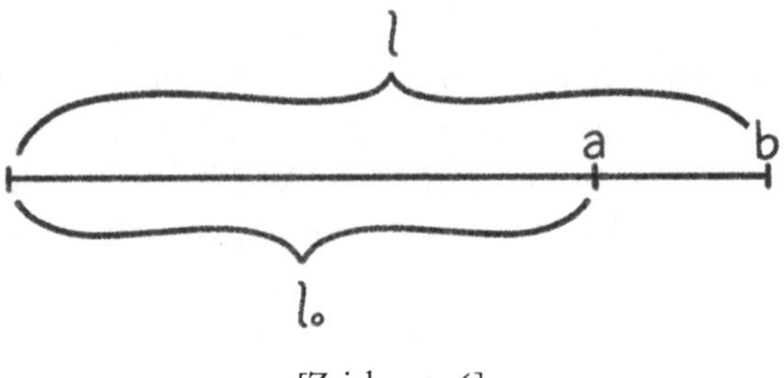

[Zeichnung 6]

Wir sehen zunächst hier ab davon, dass wir eigentlich einen Zylinder vor uns haben. Wir stellen uns zunächst vor, dass wir einfach einen Körper von einer bestimmten Länge ohne Dicke und Breite vor uns haben, und wir beobachten zunächst die Ausdehnung nur nach einer Dimension. Wenn wir uns das veranschaulichen, so bekommen wir Folgendes: Wenn hier festgehalten wird ein Stab, und wir ihn nur eigentlich als eine Länge betrachten, wollen wir zunächst für die Temperatur von der wir ausgehen, [für] den Wärmegrad, von dem wir ausgehen, die Länge dieses Stabes mit l_0 bezeichnen [Zeichnung 6]. Und wir bezeichnen dann die Länge des Stabes, die er bekommt, wenn wir ihn auf die Temperatur T erhitzen, mit l. Nun sagte ich, dass die Stäbe sich verschieden stark ausdehnen, je nachdem sie von der einen oder anderen Substanz sind. Wir können nun immer die Länge der Ausdehnung, also von hier, von a nach b, uns angeben durch einen Bruch, der das Verhältnis der Ausdehnung zu der ursprünglichen Stablänge bezeichnet. Wir wollen das, also diese verhältnismäßige Stärke der Ausdehnung, sagen wir, mit α bezeichnen:

$$\left[\alpha = \frac{l - l_0}{l_0}\right].$$

Dann haben wir die Länge, die der Stab hat, nachdem er sich ausgedehnt hat, also die Länge l, die der Stab hat, die haben wir uns zusammengesetzt zu denken aus seiner ursprünglichen Länge l_0 und aus dem Stückchen, das er in seiner Länge hinzubekommen hat durch die Ausdehnung. Dieses müssen wir dazurechnen. Dadurch, dass ich α als Bruch bezeichnet habe, der das Verhältnis angibt zwischen der Ausdehnung und der ursprünglichen Länge, dadurch bekomme ich, indem ich l_0 mit α multipliziere, die Tendenz der Ausdehnung für eine gewisse Substanz, und ich habe, weil ja die Ausdehnung umso bedeutender wird, je höher die Temperatur wird, das zu multiplizieren mit der Temperatur T. Sodass ich sagen kann, die Stablänge l nach der Ausdehnung [ist]:

$$l = l_0 + l_0\,\alpha\,T = l_0\,(1 + \alpha\,T).$$

Das heißt, will ich feststellen die Länge eines Stabes, der sich durch Erwärmung ausgedehnt hat, so muss ich seine ursprüngliche Länge mit einem Faktor multiplizieren, der hier angegeben wird durch 1 plus die Temperatur, multipliziert mit der verhältnismäßigen Ausdehnungsfähigkeit der betreffenden Substanz. Die Physiker sind gewohnt worden, das α für die betreffende Substanz den Ausdehnungskoeffizienten zu nennen.

Nun habe ich hier einen Stab betrachtet. Stäbe von keiner Breite und keiner Höhe haben wir in Wirklichkeit nicht. Wir haben in

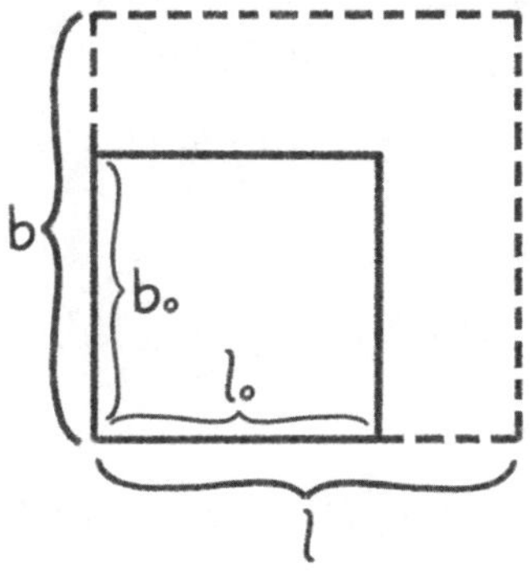

[Zeichnung 7]

Wirklichkeit ja Körper von drei Dimensionen. Wir können, wenn wir nun übergehen von dieser Längenausdehnung zunächst wiederum zur nur gedachten Flächenausdehnung, diese Formel in der folgenden Weise umwandeln: Nehmen wir an, wir betrachten, statt dass wir hier die Längenausdehnung nur betrachtet haben, die Flächenausdehnung [Zeichnung 7]. Wir hätten also hier eine Fläche. So müssten wir uns klar sein, dass die Fläche sich ausdehnt nach zwei Dimensionen, also nach der Erwärmung diese Größe etwa hätte. Wir hätten dann nicht nur die Längenausdehnung nach l, sondern auch die Breitenausdehnung nach b. Und wenn wir die Längenausdehnung zuerst betrachten, hier l_0, so würden wir haben wiederum die Ausdehnung nach dieser Richtung, die ich jetzt angegeben habe, nach l. Und wir haben

$$l = l_0 (1 + \alpha T).$$

Betrachten wir jetzt auch die Breitenausdehnung b_0, was sich ausgedehnt hat zu b, so müsste ich jetzt schreiben – es ist ja selbstverständlich, dass das Ausdehnungsgesetz dasselbe bleibt –

$$b = b_0 (1 + \alpha T).$$

Nun wissen Sie, dass die Fläche sich ergibt, indem ich die Länge mit der Breite multipliziere. Ich bekomme also den ganzen Inhalt der Fläche, der hier der ursprüngliche ist, [indem ich l_0 mit b_0 multipliziere], und hier denjenigen nach der Ausdehnung, indem ich auch nun $l_0 (1 + \alpha T)$ multipliziere mit $b_0 (1 + \alpha T)$:

$$lb = l_0 (1 + \alpha T)\, b_0 (1 + \alpha T).$$

Das heißt, ich bekomme:

$$lb = l_0\, b_0 (1 + \alpha T)^2.$$

Das heißt aber geschrieben:

$$lb = l_0\, b_0 (1 + 2\, \alpha T + \alpha^2 T^2).$$

Damit würde ich die Formel haben für die Ausdehnung einer Fläche.

Wenn Sie sich nun zu der Fläche noch hinzudenken eine Dicke [d], so habe ich diese Dicke in derselben Weise zu behandeln. Ich würde dann noch [d] hinzuzufügen haben:

$$lbd = l_0\, b_0\, d_0\, (1 + 3\,\alpha T + 3\,\alpha^2\, T^2 + \alpha^3\, T^3).$$

Und wenn Sie diese Formel anschauen, dann bitte ich Sie besonders im Auge zu behalten das Folgende: Wenn wir hier die ersten zwei Glieder dieser Formel betrachten, dann werden Sie finden das T in der ersten Potenz. Wenn Sie das dritte Glied betrachten, finden Sie das T in der zweiten Potenz, und das letzte T in der dritten Potenz. Diese beiden letzten Glieder der Formel für die Ausdehnung bitte ich Sie ganz besonders zu berücksichtigen. Merken Sie sich, dass, wenn wir die Ausdehnung eines dreidimensionalen Körpers haben, so bekommen wir für diesen eine Ausdehnung, einen Formelausdruck, der enthält die dritte Potenz der Temperatur – ich will etwas absehen von der zweiten Potenz der Temperatur. Er enthält also die dritte Potenz der Temperatur. Es ist außerordentlich wichtig, dass gerade festgehalten werde an diesen Umständen, dass wir hier bekommen die dritte Potenz der Temperatur.

Da ich immer Rücksicht darauf nehmen muss, dass wir ja hier in der Waldorfschule sind und alles auch auf das Pädagogische hin orientiert sein muss, ist es nötig, Sie darauf aufmerksam zu machen, dass, wenn Sie nun dieselbe Herleitung, die ich hier gemacht habe, in den gebräuchlichen Handbüchern der Physik studieren, so werden Sie in der Art, wie ich hier die Sache dargestellt habe, zu der Schilderung in den gebräuchlichen Handbüchern der Physik[28] einen beträchtlichen Unterschied finden. Ich will Ihnen jetzt mitteilen, wie die Darstellung in den gebräuchlichen Handbüchern der Physik gegeben wird. Da wird gesagt: α ist eine Verhältniszahl. Es ist ja in der Regel ein Bruch.[29] Die Ausdehnung hier ist verhältnismäßig sehr klein im Verhältnis zu der ursprünglichen Länge des Stabes.

Wenn ich einen Bruch habe, der im Nenner eine größere Zahl hat als im Zähler, dann bekomme ich, wenn ich quadriere oder kubiere, eine viel kleinere Zahl. Denn quadriere ich ein Drittel, so bekomme ich schon ein Neuntel, und kubiere ich gar ein Drittel, so bekomme ich ein Siebenundzwanzigstel. Das heißt, die dritte Potenz ist schon ein sehr, sehr kleiner Bruch. α ist ein Bruch, der einen sehr großen Nenner hat in der Regel. Deshalb sagen die gebräuchlichen Handbücher der Physik: Wenn ich nun das Quadrat bilde, α^2 oder gar α^3, mit dem ich zu multiplizieren habe das T^3, so sind das sehr kleine Brüche, die kann man einfach weglassen. Sodass also die gebräuchlichen Handbücher der Physik sagen: Wir lassen diese letzten Glieder der Ausdehnungsformel einfach weg und schreiben lbd – das ist ja das Volumen, ich will also V schreiben –, das ein sich ausdehnender Körper durch eine bestimmte Temperatur annimmt:

$$V = V_0 (1 + 3\,\alpha T).$$

In dieser Art wird die Formel geschrieben für die Ausdehnung eines festen Körpers, indem man sich einfach darauf beruft, dass der Bruch α quadriert und namentlich kubiert so kleine Zahlen gibt, dass man die Sache weglassen kann. Sie wissen, so ist es dargestellt in den gebräuchlichen Physikbüchern. Nun, meine lieben Freunde, damit streicht man weg das Allerwichtigste worauf es ankommt, wenn man nun wirklich sachgemäß Wärmelehre treiben will. Das wird sich uns zeigen, indem wir weiter vorrücken.

Ausdehnung durch das Wärmewesen haben ja nicht nur die festen Körper, sondern Ausdehnung durch das Wärmewesen haben auch die Flüssigkeiten. Sie haben hier, damit Sie es sehen können, eine gefärbte Flüssigkeit [Zeichnung 8]. Wir werden diese gefärbte Flüssigkeit erwärmen. Sie werden nun sehen, dass nach einiger Zeit die gefärbte Flüssigkeitssäule in die Höhe steigt, und daraus werden Sie entnehmen, dass Flüssigkeiten sich ebenso ausdehnen wie feste Körper. Sie sehen, die gefärbte Flüssigkeit steigt, also die Flüssigkeit dehnt sich aus durch Erwärmung.

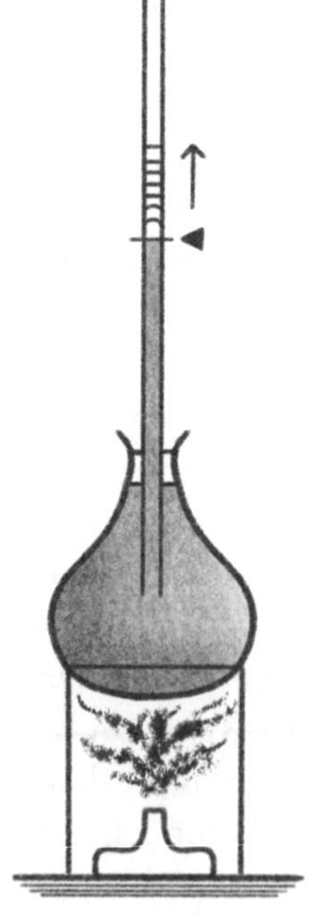
[Zeichnung 8]

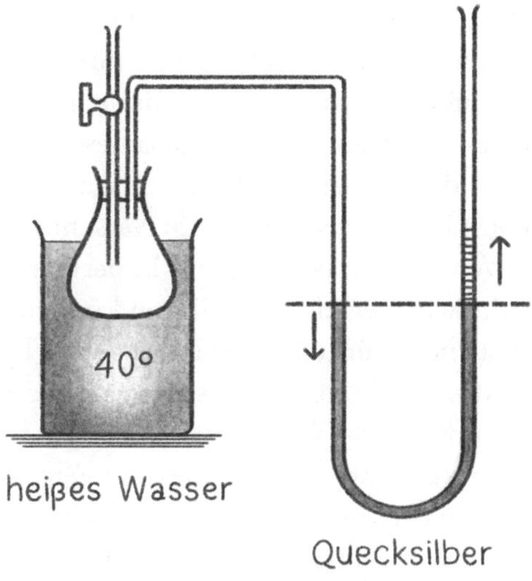

[Zeichnung 9]

Nun, ebenso können wir untersuchen die Ausdehnung eines luftförmigen Körpers. Dazu haben wir hier in dem Kolben Luft, die einfach von außen hineinkommt [Zeichnung 9]. Wir schließen nun die im Kolben befindliche Luft ab und erwärmen diese Luft. Sie werden dann sehen: Wir haben hier ein kommunizierendes Gefäß. Die Eigenschaft der kommunizierenden Gefäße ist ja, dass das Niveau der Flüssigkeit, die darin ist, auf beiden Seiten gleich ist, also beide Höhen umfasst. Sie werden nun sehen, was geschieht, wenn wir einfach die hier drinnen befindliche Luft, also einen luftförmigen Körper, erhitzen. Wir werden es dadurch erreichen, dass in dem Gefäß erwärmtes Wasser ist von einer Temperatur von 40 Grad. Sie sehen, schon rückt hier die Quecksilbersäule hinauf. Warum rückt sie hinauf? Weil der luftförmige Körper, der in diesem Gefäß hier ist, sich ausdehnt. Die Luft strömt hier heraus, drückt auf dieses Quecksilber, die Quecksilbersäule wird durch den Druck auf der anderen Seite gehoben, und Sie sehen daraus, dass dieser luftförmige Körper sich ausgedehnt hat. Sodass wir also sagen können: Sowohl feste wie flüssige wie luftförmige Körper dehnen sich durch Einwirkung des uns noch unbekannten Wärmewesens aus.

Nun aber tritt uns hier sogleich, wenn wir fortrücken von dem Studium der Ausdehnung auf feste Körper, durch das Studium der Ausdehnung bei Flüssigkeiten zu dem Studium der Ausdehnung bei luftförmigen Körpern etwas sehr Bedeutsames entgegen. Ich habe früher gesagt, dass das α hier, die Verhältniszahl der Ausdehnung zur ursprünglichen Länge des Stabes, für verschiedene Substanzen verschieden ist. Wenn wir, was ja weitere Experimente in Anspruch nehmen würde, die wir hier nicht ausführen können, wenn wir nun auch das α untersuchen würden für verschiedene Flüssigkeiten, wir würden noch für das α bekommen verschiedene Werte für verschiedene Flüssigkeitssubstanzen. Wenn wir aber das α untersuchen für luftförmige Körper, namentlich für Gase,[30] so zeigt sich das Eigentümliche, dass nun das α nicht mehr für verschiedene luftförmige Körper verschieden ist, sondern dass das α, der Ausdehnungskoeffizient, wie man es nennt, für die verschiedenen Gase derselbe ist, nämlich annähernd $1/273$.

Diese Tatsache ist von einer ganz eminenten Wichtigkeit. Wir sehen daraus, dass, indem wir vorrücken von den festen Körpern zu den luftförmigen Körpern, eigentlich neue Verhältnisse unter dem Einfluss des Wärmewesens eintreten. Wir sehen daraus, dass sich die verschiedenen Gase nicht verhalten nach ihrer verschiedenen Substanzialität, sondern dass sie sich verhalten dem Wärmewesen gegenüber einfach nach ihrer Eigenschaft, Gase zu sein, dass das Gaswerden etwas ist, was gewissermaßen als eine gemeinschaftliche Eigenschaft über alle Körper kommen kann. Ja, wir sehen daraus, dass das Gaswerden etwas ist, was alle Gase, die uns im irdischen Umkreis bekannt werden können, wenigstens in Bezug auf diese Eigenschaft ihrer Ausdehnungsfähigkeit, zu einer Einheit zusammenfasst.

Halten Sie fest, dass wir einfach an der Ausdehnungsfähigkeit durch die Wärme dazu kommen, sagen zu müssen, dass sich, indem man sich nähert von den festen Körpern zu den Gasen, die differenzierte Ausdehnungsfähigkeit, die wir bei festen Körpern finden, in eine Art Einheit, in eine einheitliche Ausdehnungsfähigkeit sich umwandelt, dass also mit dem festen Zustand verknüpft ist in unserem irdischen Bereich eine Differenzierung der Körperlichkeiten, wenn ich mich vorsichtig ausdrücke. Ich könnte auch sagen, dass verknüpft ist mit dem Festwerden eine Individualisierung der Körperlichkeit. Auf diesen Umstand wird sehr wenig hingewiesen in der neueren Physik. Es wird nicht darauf hingewiesen, weil man wichtigste Dinge einfach dadurch kaschiert, dass man gewisse Größen wegstreicht, mit denen man nichts Rechtes anfangen kann.

Sehen Sie, tiefer hineinsehen in dasjenige, um was es sich da handelt, kann man nur dann, wenn man ein wenig zu Hilfe ruft die Geschichte der physikalischen Entwicklung. Alle die Vorstellungen, die heute in Physikbüchern, überhaupt in der Behandlung der Physik herrschend sind, sind ja im Grunde genommen noch nicht alt. Sie rühren im Wesentlichen aus dem siebzehnten Jahrhundert her, und zwar haben sie ihren Grundcharakter bekommen durch alles dasjenige, was man im siebzehnten Jahrhundert unter dem Neuaufleben eines gewissen wissenschaftlichen Geistes in Europa veranstaltet hat durch die Accademia del Cimento in Florenz,[31] die 1657 gegründet worden ist und in der außerordentlich viele Experimente auf den verschiedensten Gebieten gemacht worden sind, namentlich aber auf dem Gebiet des Wärmewesens, auf dem Gebiet der Akustik, des Tonwesens und so weiter. Wie jung unsere gebräuchlichen Vorstellungen sind auf diesem Gebiet, das zeigt sich ja, wenn man ein wenig eingeht auf gewisse spezielle Veranstaltungen der Accademia del Cimento.

Da wurde zum Beispiel zuerst eigentlich die Grundlage gelegt für unsere moderne Thermometrie. Da wurde zuerst bemerkt, wie in einer Glasröhre, die unten mit einem Zylinder abgeschlossen ist, was Sie ja an jedem Thermometer sehen können, wie da die Erwärmung auf Quecksilber, mit dem die Glasröhre gefüllt ist, wirkt. Da wurde man zum Beispiel erst aufmerksam – in der Accademia del Cimento – darauf, dass ein scheinbarer Widerspruch besteht zwischen der Anschauung, die man sonst gewonnen hat, also zum Beispiel durch ein solches Experiment, wo eine Flüssigkeit sich einfach ausdehnt, und dem, was sich besonders stark zeigte, indem man einen Versuch, der belehrend sein sollte, machte. Man kam so im Allgemeinen zu der Anschauung: Flüssigkeiten dehnen sich auch aus. Aber indem man den Versuch zunächst anstellte mit Quecksilber, fiel es zunächst unter der Erwärmung, und dann erst stieg es. Man musste dafür erst eine Erklärung im siebzehnten Jahrhundert finden, die man ja leicht dafür finden konnte dadurch, dass man sich sagte: Wenn ich erhitze, erhitze ich zunächst das äußere Glas. Das dehnt sich aus. Der Raum, den das Quecksilber ausfüllt, wird größer; es sinkt zuerst, und es beginnt erst der innere Körper etwas zu steigen, wenn die Erwärmung nach dem Inneren vorgedrungen ist.[32]

Solche Begriffe bekam man überhaupt erst seit dem siebzehnten Jahrhundert. Aber mit diesem siebzehnten Jahrhundert war man auch gegenüber all den Ideen, durch die man das Physikalische zu begreifen versuchen sollte, dadurch gar sehr in Rückstand gekommen, dass [sich] ja bis zu dieser Zeit, zur eigentlichen Renaissance, Europa so wenig gekümmert hat um wissenschaftliche Begriffe dieser Art. Es war die Zeit, in der sich hat ausbreiten müssen das Christentum, das in einer gewissen Weise verhindert hat, dass Begriffe sich festlegen konnten, sich ausbilden konnten über physikalische Erscheinungen. Dann, als die Renaissance kam, als man bekannt wurde mit den Vorstellungen, die im alten Griechenland schon waren, war man etwa in der folgenden Lage: Auf der einen Seite, aufgemuntert durch allerlei bereitwillige Unterstützungen, bildeten sich solche Institutionen wie die Accademia del Cimento, und da konnte man nun experimentieren. Man konnte unmittelbar anschaulich machen, wie die physikalischen Erscheinungen verlaufen. Auf der anderen Seite aber wurde man entwöhnt, sich [anschauungsgemäße] Begriffe zu machen über die Dinge. Man wurde entwöhnt, die Erscheinungen wirklich denkend zu erfassen.

Man nahm vielfach die alten griechischen Vorstellungen, die jetzt wieder aufgefangen wurden, aber man verstand sie nicht mehr. Und so nahm man auch die Vorstellung von Feuer oder Wärme, ohne irgendwie das unter diesem Begriff verstehen zu können, was man im alten Griechenland darunter verstanden hat. Und es bildete sich jetzt jene tiefe Kluft zwischen dem Denken und dem, was für die Anschauung durch das Experiment gegeben werden kann. Diese Kluft tut sich immer mehr und mehr auf gerade seit dem siebzehnten Jahrhundert. Die Experimentierkunst wurde dann besonders im neunzehnten Jahrhundert vervollkommnet,[33] aber klare, deutliche Begriffe gingen nicht parallel dieser Vervollkommnung der Experimentierkunst. Und heute stehen wir, indem uns solche klaren, deutlichen, anschaubaren Begriffe fehlen, vielfach vor jenen Erscheinungen ratlos, die das gedankenlose Experimentieren im Lauf der Zeit hervorgebracht hat und die im Weiteren sich nur fruchtbar der menschlichen Geistesentwicklung einverleiben können, wenn wiederum der Weg gefunden wird, nicht nur zu experimentieren und den Verlauf des Experiments äußerlich anzuschauen, sondern in den inneren Gang des Naturgeschehens wirklich einzutreten.

Sehen Sie, beim Eindringen in den inneren Gang des Naturgeschehens kommt dann so etwas außerordentlich stark in Betracht, dass in Bezug auf die Ausdehnungsfähigkeit vollständig neue Verhältnisse eintreten, wenn wir von den festen Körpern zu den Gasen hinaufdringen. Aber man wird niemals ohne die Erweiterung unseres ganzen physikalischen Vorstellungslebens solche Dinge, wie sie heute eigentlich den Tatsachen nach schon vorliegen, wirklich bewältigen können. Zu diesen Tatsachen, die wir schon angeführt haben, kommt ja noch eine andere, die außerordentlich bedeutsam ist.

Nicht wahr, wie eine allgemeine Regel kann man sich bilden aus dem, was wir jetzt schon hier dargestellt haben, den Satz, sagen wir: Erwärmen wir Körper, so dehnen sie sich aus; erkalten wir sie dann wiederum, so ziehen sie sich wiederum zusammen. Sodass der allgemeine Satz gebildet werden könnte: Durch Erwärmung dehnen sich Körper aus, durch Erkaltung ziehen sich Körper zusammen. Nun wissen Sie aber aus der elementaren Physik, dass es von diesem Satz Ausnahmen gibt, vor allen Dingen eine Kardinalausnahme: die bezüglich des Wassers selber. Wenn man Wasser zur Ausdehnung bringt und zum Wiederzusammenziehen, so zeigt sich das Merkwürdige, dass, sagen wir, wenn man Wasser hat von einer Temperatur von acht Grad und man erkaltet es dann, dann zieht es sich zusammen. Das ist selbstverständlich, möchte ich sagen. Aber wenn man dann weiter abkühlt, zieht es sich nicht zusammen, sondern dehnt sich wieder aus. Sodass Eis, das entsteht aus dem Wasser – wir werden über diese Entstehung noch zu sprechen haben –,[34] auf dem Wasser, weil es ausgedehnter und damit weniger dicht ist als das Wasser, auf dem Wasser schwimmen kann.

Eine eigentümliche Erscheinung, dass Eis auf dem Wasser schwimmen kann! Sie rührt davon her, dass dieses allgemeine Gesetz der Ausdehnbarkeit und Zusammenziehbarkeit eben für das Wasser eine Unregelmäßigkeit aufweist, dass das Wasser im Allgemeinen diesem Gesetz nicht so ohne Weiteres folgt. Es wäre ja auch mit unserer ganzen Natureinrichtung eigentümlich bestellt, wenn das anders wäre, wenn diese Ausnahme nicht bestünde. Wenn Sie ein Bassin, einen Teich und so weiter beobachten, so werden Sie sehen, dass selbst bei strengem Winter nur eine Eisdecke da ist, und das Wasser nicht bis unten gefriert. Dass unten das Wasser ungefroren bleibt, das geschieht aus dem Grund, weil das sich oben zunächst bildende Eis schwimmt und dadurch eine Decke bildet, und dass dadurch das darunter befindliche Wasser vor der weiteren Abkühlung bewahrt bleibt. Sie haben immer oben eine Eisdecke und unten ein geschütztes Wasser. Diese Unregelmäßigkeit, die hier auftritt, hängt also mit etwas zusammen, was eigentlich – wenn ich den etwas spießbürgerlichen Ausdruck gebrauchen darf – mit dem Haushalt unserer Natur außerordentlich viel zu tun hat.

Nun, sehen Sie, die physikalische Betrachtungsweise, zu der wir hier unsere Zuflucht suchen wollen, die muss durchaus so sein, wie ich es beim letzten Kursus schon angedeutet habe. Wir müssen es vermeiden, den Weg zu dem Achilles-Schluss mit dem Schildkröten-Schluss hin zu machen. Wir müssen es vermeiden, abzusehen von dem Anschaulichen, wir müssen durchaus den Versuch machen, im Anschaulichen, das heißt, in dem mit der Anschauung Konstatierbaren zu verbleiben. Daher werden wir uns immer streng an das Anschauliche halten und versuchen, aus dem Anschaulichen heraus eine Erklärung für die Erscheinungen zu finden. Wir werden solche Dinge, die einfach in der Anschauung sich ergeben – wie die Ausdehnung, und wie eine solche Unregelmäßigkeit in der Ausdehnung, wie sie uns beim Wasser, also bei einer Flüssigkeit entgegentritt –, solche tatsächlichen Dinge wollen wir uns vor Augen stellen und innerhalb der Tatsachenwelt verbleiben. Das ist auf dem physikalischen Gebiet wirklicher Goetheanismus.

Halten wir also dasjenige, was nun nicht eine Theorie ist, sondern was eine in der Außenwelt konstatierbare Tatsache ist, fest: Mit dem Übergang in den gasigen Zustand tritt eine Vereinheitlichung sämtlicher Substanzen auf der Erde ein. Und mit dem Übergang in den festen Zustand nach unten tritt ein Individualisieren, eine Differenzierung nach Individuen ein.

Sehen Sie, wenn wir uns nun fragen: Wie kann das eigentlich sein, was kann da zugrunde liegen, dass mit dem Übergang aus dem festen in den gasförmigen Zustand durch den flüssigen hindurch eine Vereinheitlichung eintritt, dann kommen wir heute aus unseren gangbaren Begriffen heraus überhaupt außerordentlich schwer zu einem Ausweg. Wir müssen da schon, um im Anschaulichen stehen bleiben zu können, schwerwiegende Fragen anfangen zu stellen. Wir müssen zunächst fragen: Woher haben wir denn überhaupt die Möglichkeit, Körper zum Ausdehnen zu bringen und damit allmählich zur Vergasung und zu der charakterisierten Vereinheitlichung zu bringen?

Sehen Sie, Sie brauchen nur eine Umschau zu halten über all dasjenige, was Sie wissen können über die physikalischen Vorgänge der Erde, so würden Sie sich sagen müssen: Ohne dass Sonnenwirkung da wäre, könnten wir all diese Erscheinungen, die auch unter dem Einfluss des Wärmewesens stattfinden, auf der Erde überhaupt nicht haben. Sie müssen den Blick darauf wenden, welche ungeheure Bedeutung die Sonne in ihrem ganzen Wesen für die irdischen Erscheinungen hat. Und wenn Sie dies, was also wiederum ins Gebiet des Tatsächlichen gehört, ins Auge fassen, so werden Sie sich sagen müssen: Gerade jene Vereinheitlichung, die da auftritt bei dem Übergang von dem festen durch den flüssigen in den gasförmigen Zustand – sie könnte nicht eintreten, wenn die Erde nur sich selbst überlassen wäre. Wir können nur Anhaltspunkte gewinnen zu Vorstellungen über diese Sache, wenn wir über die irdischen Verhältnisse hinausgehen. Damit ist aber etwas außerordentlich Schwerwiegendes gesagt. Denn mit diesem Übergang des physikalischen Denkens durch die Denkweise der Accademia del Cimento und alles dessen, was damit zusammenhängt, wurden die alten Vorstellungen, die durchaus in Griechenland noch üblich waren, entkleidet alles Außerirdischen.[35] Und Sie werden schon sehen, dass wir in den nächsten Tagen ohne historische Hilfe, rein aus der Sache heraus, zu demselben [Ergebnis] kommen werden. Aber ich werde vielleicht leichter zu Ihrem Verständnis den Zugang gewinnen, wenn ich diesen kleinen historischen Exkurs noch einschalte, den ich jetzt machen will.

Ich sagte schon: Die eigentliche Bedeutung derjenigen Begriffe und Ideen, durch die man noch im alten Griechenland die physikalischen Erscheinungen hat begreifen wollen, ist verloren gegangen. Man hat begonnen zu experimentieren, und hat, ich möchte sagen, wortwörtlich ohne den inneren Gedankenweg, der in Griechenland noch gemacht worden ist, die Vorstellungen, die Ideen aufgenommen. Dadurch vergaß die Menschheit gewissermaßen alles dasjenige, was mit diesen physikalischen Vorstellungen im alten Griechenland noch verbunden war. Das alte Griechenland hat noch nicht gesagt: fest, flüssig, gasförmig –, sondern dasjenige, was das alte Griechenland gesagt hat, können wir in unserer Sprache übersetzen damit, dass wir sagen: Was fest war, bezeichnete das alte Griechenland mit Erde. Was flüssig war, bezeichnete das alte Griechenland mit Wasser. Was gasförmig war, bezeichnete das alte Griechenland mit Luft. Und es ist ganz unrichtig, zu glauben, dass, wenn wir unsere Wortbedeutungen Erde, Wasser, Luft haben, und dann irgendwo in älteren Schriften, die noch von der griechischen physikalischen Anschauung beeinflusst sind, die entsprechenden Worte wiederfinden, dass sie dann dasselbe bedeuten.

Wir müssten, wenn wir irgendwo in alten Schriften den Ausdruck Wasser sehen, ihn übersetzen mit Flüssigkeit, wenn wir den Ausdruck Erde sehen, mit festen Körpern. Nur dadurch würden wir richtig die alten Schriften übersetzen. Aber darin liegt etwas sehr Bedeutsames. Dadurch, dass der feste Zustand – wie gesagt, wir wollen das in den nächsten Tagen aus der Sache selbst heraus finden, ich will heute durch diesen historischen Exkurs zu ihrem Verständnis den Zugang gewinnen –, dadurch, dass der feste Zustand mit Erde bezeichnet wurde, drückte man das besonders aus, dass dieser feste

Zustand allein gebunden ist an die Gesetzmäßigkeit unseres irdischen Planeten. Man bezeichnete das Feste deshalb als Erde, weil man dadurch ausdrücken wollte: Wenn ein Körper fest wird, so gerät er ganz und gar unter den Einfluss der irdischen Gesetzmäßigkeit. Dagegen, wenn ein Körper Wasser wird, dann steht er nicht mehr bloß unter dem Einfluss der irdischen Gesetzmäßigkeit, sondern unter dem Einfluss des ganzen Planetensystems. Die Kräfte, die sich geltend machen in einem flüssigen Körper, in dem Wasser, die sind nicht bloß von der Erde herrührend, sondern von dem Planetensystem. Da wirken hinein die Kräfte von Merkur, Mars und so weiter in dem, was flüssig ist. Aber sie wirken so, dass sie gewissermaßen von den Richtungen her, in denen diese Planeten stehen, eben wirken, und eine Art Resultierende in jeder Flüssigkeit werden.

Man hatte also das Gefühl, indem man nur die festen Körper als Erde bezeichnete, dass nur diese unter dem Einfluss der irdischen Gesetzmäßigkeit stehen; dass, indem ein Körper schmilzt, er unter Gesetzmäßigkeiten gerät, die außerirdische sind. Und indem man gar die gasförmigen Körper Luft nennt, da hatte man – wie gesagt, ich stelle es Ihnen jetzt historisch dar –, da hatte man die Empfindung: Ein solcher Körper steht unter dem Einfluss des vereinheitlichenden Sonnenwesens. Er wird hinausgehoben aus dem Irdischen und aus dem bloß Planetarischen und steht unter dem Einfluss des vereinheitlichenden Sonnenwesens. Und man hatte von dem irdischen Luftwesen auch die Anschauung, dass an seiner Konfiguration, seiner inneren Beschaffenheit und Substanzialität die Kräfte der Sonne im Wesentlichen tätig sind.

Sie sehen, die alte Physik hatte einen kosmischen Charakter. Die alte Physik war geneigt, zu rechnen mit Kräften, welche dem Gebiet des Tatsächlichen angehören. Denn der Mond, der Merkur, der Mars und so weiter sind Tatsachen. Aber indem man verloren hatte die Quelle zu dieser Anschauung und zunächst nicht entwickeln konnte das Bedürfnis nach neuen Quellen, verlor man vollständig die Möglichkeit, andere Vorstellungen zu gewinnen als diese, dass, wie die festen Körper selbst in ihrer Ausdehnungsfähigkeit, in ihrer ganzen Konfiguration und Gestaltung abhängig sind von der Erde, so auch die flüssigen und luftförmigen. Sie werden zwar sagen, es fällt keinem Physiker ein, abzusehen davon, dass die Sonne die Luft erwärmt und so weiter. Das tut er zwar nicht, aber, indem er dabei von Vorstellungen ausgeht, wie ich es gestern charakterisiert habe, indem er sich die Sonne in ihrer Erwärmefähigkeit nur nach dem Muster der aus dem Irdischen gewonnenen Begriffe vorstellt: Er verirdischt die Sonne, statt das Terrestrische durch das Solare zu erklären.

Das ist nun das Wesentliche, dass in der Zeit vom fünfzehnten bis siebzehnten Jahrhundert vollständig verloren gegangen ist – vollständig das Bewusstsein [verloren gegangen ist] –, dass unsere Erde ein Körper im ganzen Sonnensystem ist, dass dann auch jedes Einzelne auf der Erde zu tun haben muss mit dem ganzen Sonnensystem und dass das Festwerden der Körper geradezu darauf beruht, dass sich gewissermaßen das Irdische emanzipiert von dem Kosmischen, dass es sich herausreißt, sich selbstständige Gesetze gibt, während zum Beispiel das Gasförmige, die Luft, bleibt in seiner Gesetzmäßigkeit unter dem Einfluss des für die ganze Erde einheitlichen Sonnenwesens. Das ist es, was dann dazu geführt hat, dass man genötigt worden ist, für die Dinge, die früher aus dem Kosmischen erklärt worden sind, irdische Erklärungen zu finden. Da man abgesehen hat davon, die Kräfte zu suchen, die vom Planetensystem ausgehen müssen, wenn ein fester Körper, zum Beispiel Eis, flüssig wird, zu Wasser wird, indem man abgesehen hat, sie im Planetensystem zu suchen, musste man sie hineinverlegen in das Innere des Körpers selber. Man musste nachdenken, nachspintisieren darüber, wie ein solcher Körper aus Molekülen und Atomen zusammengesetzt ist. Und man musste diesen unglückseligen Molekülen und Atomen die Fähigkeiten zuschreiben, die von innen heraus nun bewirken sollten, dass ein Festes in Flüssiges, ein Flüssiges in Gasförmiges übergeführt wird, die Fähigkeiten, die man früher hergeleitet hatte von dem, was tatsächlich im Raum gegeben war, aber allerdings im außerirdischen Kosmos.

So muss man verstehen den Übergang der physikalischen Vorstellungen, wie er sich insbesondere gezeigt hat im krassen Materialismus aller Abhandlungen der Accademia del Cimento, die etwa zehn Jahre geblüht hat, von 1657 bis 1667.[36] Man muss sich vorstellen, dass dieser krasse Materialismus dadurch entstanden ist, dass man allmählich verloren hat Ideen, die veranschaulichen den Anschluss unseres Irdischen an das Kosmische, das Außerirdische. Heute stehen wir vor der Notwendigkeit, hier wiederum Umkehr zu schaffen.

Man wird aus dem Materialismus nicht herauskommen, meine lieben Freunde, wenn man sich nicht wiederum in die Lage versetzt, weniger philiströs zu sein gerade auf dem Gebiet der Physik. Das Philiströse liegt nämlich darin, dass man von konkreten zu abstrakten Begriffen übergeht, denn niemand liebt die abstrakten Begriffe mehr als der Philister. Er möchte alles mit ein paar Formeln, mit ein paar abstrakten Begriffen umfassen. Aber auch die Physik selber wird nicht weiterkommen, wenn sie fortspinnt in solchen Anschauungen – ich will nicht einmal bloß die Theorien umfassen –, in solchen Anschauungen, wie sie seit dem Materialismus der Accademia del Cimento gang und gäbe geworden sind. Vorwärts kommen wir gerade dadurch, dass wir gerade in einem solchen Gebiet wie der Wärmelehre den Anschluss wiederum zu gewinnen versuchen an umfassendere, weiter ausgreifende Ideen, als sie die neuere materialistische Physik gehabt hat.

DRITTER VORTRAG

Stuttgart, 3. März 1920

Meine lieben Freunde! Wir werden heute, um auf das Ziel zuzusteuern, dem wir in den ersten Tagen unserer Betrachtungen schon nahekommen müssen, noch einige Erscheinungen uns ansehen, welche die Beziehung des Wärmewesens zum sogenannten Aggregatzustand betreffen, also zu dem, was, wie ich Ihnen gestern gesagt habe, in der alten physikalischen Weltanschauung bezeichnet wurde als Erde, Wasser, Luft. [Sie wissen ja, dass Erde, Wasser, Luft] – oder, wie wir es heute nennen: feste, flüssige und gasförmige Körper – in andere überzuführen sind. Dabei zeigt sich aber mit Bezug auf das Wärmewesen eine ganz besondere Erscheinung. Ich will die Erscheinung zunächst beschreiben, und wir wollen sie dann einfach konstatieren.

Nehmen wir irgendeinen festen Körper und erwärmen wir ihn, so wird er eben immer wärmer und wärmer, bis er zu einem Punkt kommt, an dem er übergeht aus dem festen in den flüssigen Zustand. Wir können nun, wenn wir ein Thermometer zu Hilfe nehmen, konstatieren, wie, während der Körper immer wärmer und wärmer wird, das Thermometer steigt. In dem Augenblick, in dem der Körper beginnt flüssig zu werden, also zu schmelzen, hört das Thermometer auf zu steigen. Es wartet, bis der ganze Körper flüssig geworden ist, wenn wir das Thermometer an den Körper halten; und es steigt erst wieder innerhalb der Flüssigkeit, die aus dem Körper geworden ist. Sodass wir sagen können: Während des Vorganges des Schmelzens zeigt sich an dem Thermometer kein Ansteigen der Temperatur. Dabei darf man aber nicht glauben, dass das Wärmewesen selber unbeteiligt ist. Wenn wir nun – wir werden auch über solche Vorgänge noch sprechen –, wenn wir nun keine Wärme zuführen würden, so würde das Schmelzen aufhören. Wir müssen also Wärme zuführen, um das Schmelzen bewirken zu können, aber diese Wärme zeigt sich nicht am Thermometer, sondern es fängt erst an, dass sich wiederum Wärme am Thermometer zeigt, wenn das Schmelzen vollzogen ist und nun weiter erwärmt wird die Flüssigkeit, die aus dem festen Körper entstanden ist.

Diese Erscheinungen müssen zunächst einmal genau ins Auge gefasst werden. Denn Sie sehen, dass durch diese Erscheinungen in dem Fortgang des Aufsteigens der Temperatur eine Unterbrechung eintritt. Wir wollen eine Anzahl solcher Erscheinungen zusammenstellen, die uns dann, ohne dass wir übergehen zu irgendwelchen ausgedachten Theorien, zu einer Anschauung über das Wärmewesen werden führen können. Wir haben hier vorbereitet zunächst diesen festen Körper, Natriumthiosulfat. Wir werden diesen Körper zum Schmelzen bringen. Sie sehen hier eine Temperatur von etwa 25 Grad. Nun handelt es sich darum, dass wir diesem Körper Wärme zuführen, und ich bitte irgendjemand als Delegierten sich hierher zu begeben, um zu sehen, wie während des Schmelzens dieses Körpers die Temperatur tatsächlich nicht steigt. [*Kommentar in der Textgrundlage:* Inzwischen ist das Thermometer auf 48 Grad, das ist der Schmelzpunkt des Natriumthiosulfats, gestiegen und dasselbe ist geschmolzen.] Jetzt steigt das Thermometer rasch, weil das Schmelzen vollzogen ist, während es früher stehen blieb während des ganzen Schmelzvorganges.

Nun wollen wir einmal diesen Vorgang uns einfach versinnlichen. Wir können das auf folgende Weise tun. Das Aufsteigen der Tempe-

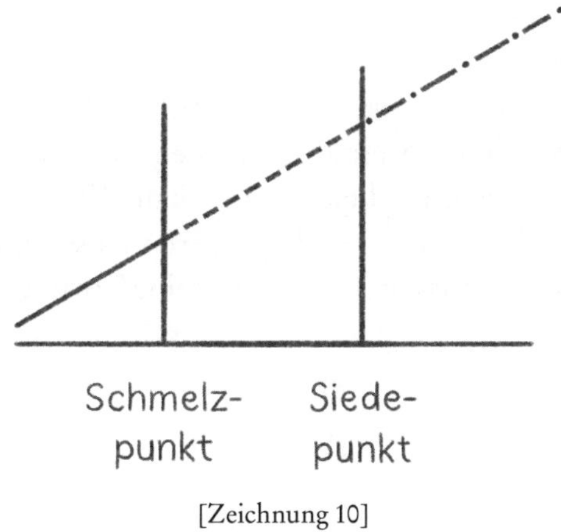

[Zeichnung 10]

ratur wollen wir auffassen als eine Linie, die in dieser Weise aufsteigt [Zeichnung 10].[37] Nehmen wir an, wir seien mit der ansteigenden Temperatur bis zum sogenannten Schmelzpunkt gekommen. Hier beginnt der Körper zu schmelzen. Die Temperatur bleibt, soweit sie durch das Thermometer gezeigt wird, stehen. Wenn ich jetzt weiter erhitze, steigt die Temperatur wieder an. Man würde sehen, dass sich dadurch, durch das Ansteigen der Temperatur, das heißt durch das Zuführen weiterer Wärme, die betreffende Flüssigkeit ausdehnt. Nun handelt es sich darum, dass wir einen solchen flüssig gewordenen Körper nun weiter erhitzen. Dann steigt die Temperatur wiederum und zwar von demselben Punkt aus, an dem sie war beim Schmelzen [punktierte Linie in Zeichnung 10]. Sie steigt, so lange der Körper nun flüssig bleibt.

Wir können kommen zu einem zweiten Punkt, in dem die Flüssigkeit beginnt zu sieden,[38] zu verdampfen. Wir haben wieder dieselbe Erscheinung: Das Thermometer hört auf, die Temperatur anzuzeigen so lange, bis die Flüssigkeit verdampft ist. In dem Augenblick, wo die Flüssigkeit verdampft ist, würden wir, wenn wir in den Dampf hineinhalten könnten das Thermometer, wiederum sehen, wie das Thermometer ansteigt [strichpunktierte Linie in Zeichnung 10]. Sie könnten hier wiederum beobachten, dass während des Verdampfens das Thermometer nicht ansteigt. Ich habe also hier eine zweite Grenze, an der die Thermometererhöhung stehen bleibt. [*Kommentar in der Textgrundlage:* Das Thermometer steigt auf hundert Grad im Wassergefäß an.]

Nun, zu dieser Erscheinung, die ich Ihnen eben vorgeführt habe, bitte ich Sie, eine andere hinzuzunehmen, die Ihnen aus dem gewöhnlichen Leben sehr gut bekannt sein kann [Zeichnung 11]. Wenn wir den festen Körper nehmen, der unseren Ausgangspunkt bildete, so ist dieser, wie Sie wissen, so, dass er seine Form durch sich selbst

[Zeichnung 11]

beibehält, seine Form, die er einmal hat. Wenn ich irgendeinen festen Körper hierherlege, so bleibt er, wie er ist.

Wenn Sie eine Flüssigkeit nehmen, also dasjenige, was durch den Schmelzpunkt hindurchgegangen ist bei der Erwärmung, so wissen Sie, dass ich eine Flüssigkeit nicht hinlegen kann stückweise, sondern ich habe nötig, sie in einem Gefäß zu halten, und sie bleibt in der Form des Gefäßes und bildet oben eine horizontale Niveaufläche [Zeichnung 12].

[Zeichnung 12]

Wenn ich ein Gas nehme, Dampf, der durchgegangen ist durch den Siedepunkt, so kann ich den nicht behalten in einem solchen Gefäß [Zeichnung 12]. Da geht er mir fort. Einen solchen Dampf kann ich nur aufbehalten in einem Gefäß, das allseitig geschlossen ist [Zeichnung 13], sonst geht mir der Dampf nach allen Seiten hin fort. Das gilt wenigstens zunächst für den oberflächlichen Anblick, und wir wollen von diesem oberflächlichen Anblick zunächst einmal ausgehen.

[Zeichnung 13]

Und jetzt bitte ich Sie, folgende Erwägungen mit mir zu machen. Diese Erwägungen stellen wir an, um durch ihr Zusammenbringen zuletzt uns wirklich zu einer Art Erfassung des Wärmewesens hinbegeben zu können. Wodurch habe ich denn überhaupt die ansteigende Temperatur konstatiert? Ich habe sie konstatiert durch die Ausdehnung des Quecksilbers. Diese Ausdehnung des Quecksilbers hat sich vollzogen im Raum. Und wenn auch das Quecksilber bei unserer mittleren Temperatur eine Flüssigkeit ist, so müssen wir uns doch klar sein, dass, wenn es auch zusammengehalten wird in dem Gefäß, so summieren sich doch die Ausdehnungen nach den drei Dimensionen, und wir bekommen sie als Ausdehnung nach der einen Seite heraus. Wir haben doch bei der Ausdehnung des Quecksilbers nach den drei Dimensionen nur reduziert auf die eine Dimension hin, sodass wir also das Ansteigen der Temperatur konstatieren durch die Ausdehnung eines Körpers.[39]

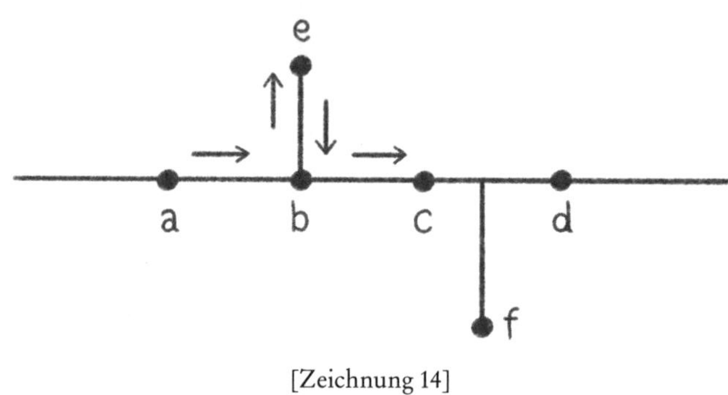

[Zeichnung 14]

Gehen wir von dieser Betrachtung, die wir zugrunde gelegt haben, aus, und sehen wir uns das Folgende an [Zeichnung 14]: Nehmen wir einmal eine Linie – man kann eine Linie natürlich nur denken – und sagen Sie sich, auf dieser Linie lägen eine Anzahl Punkte, *a*, *b*, *c*, *d* und so weiter. Wenn Sie zu diesen Punkten kommen wollen, so können Sie durchaus in dieser Linie bleiben. Wenn Sie zum Beispiel hier stehen [*a*], können Sie zu dem Punkt *c* gelangen, indem Sie die Linie durchlaufen. Sie können zurücklaufen und wiederum den Punkt *a* erreichen. Kurz, wenn ich die Punkte *a*, *b*, *c*, *d* erreichen will, kann ich durchaus in der Linie bleiben. Anders liegt das, wenn wir den Punkt *e* oder den Punkt *f* ins Auge fassen. Sie können nicht bei der Linie verbleiben, wenn Sie zu dem Punkt *e* und zu dem Punkt *f* gelangen wollen. Sie müssen aus der Linie herausgehen, um zu dem Punkt *e* und zu dem Punkt *f* zu gelangen. Sie müssen also irgendwie auf der Linie laufen und dann aus der Linie heraustreten, um zu diesen Punkten zu gelangen.

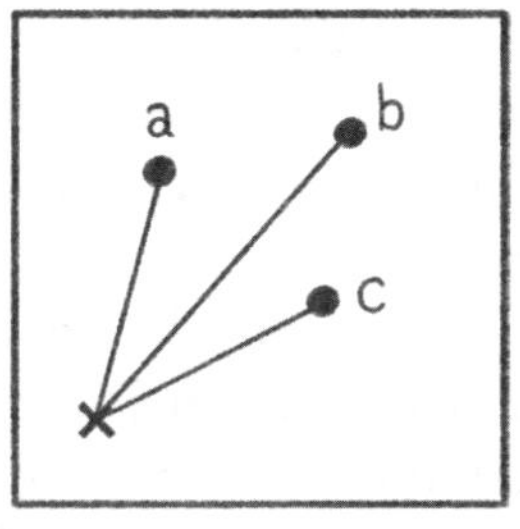

[Zeichnung 15]

Jetzt nehmen Sie an, Sie betrachten eine Fläche, sagen wir die Fläche der Tafel, und ich registriere wiederum auf der Fläche der Tafel eine Anzahl Punkte: *a*, *b*, *c* [Zeichnung 15]. Um diese Punkte zu erreichen, können Sie durchaus in der Fläche der Tafel bleiben. Wenn Sie hier sind [x], können Sie den Weg machen, der gar nicht aus der Tafel herausgeht, zu jedem dieser Punkte. Sie können aber nicht, wenn Sie in der Tafel verbleiben wollen, zu dieser Spitze, die hier [vor der Tafel] ist, gelangen, die einen weiteren Punkt darstellt. Da müssen Sie aus der Tafel herausgehen.

Auf diese Weise ist es möglich, sich eine Anschauung über die Dimensionalität des Raumes zu machen, indem man sich sagt: Für Punkte, die in der ersten Dimension liegen, ist es möglich, durch diese eine Dimension auch zu ihnen zu gelangen. Für Punkte, die in der zweiten Dimension liegen, ist es auch möglich, zu ihnen zu gelangen. Für Punkte aber, die außerhalb der einen Dimension liegen, kann man nicht, ohne aus dieser Dimension zu gehen, zu diesen Punkten gelangen. Ebenso kann man nicht zu Punkten, die in der dritten Dimension liegen, durch ein Durchlaufen der Fläche gelangen.

Was tritt ein, wenn ich rede nur von den Punkten *e* und *f* mit Bezug auf die eine Dimension, in der die Punkte *a*, *b*, *c*, *d* liegen [Zeichnung 14]? Denken Sie sich einmal ein Wesen, welches nur in der Lage wäre, eine einzige Dimension zu beobachten, welches keine Vorstellung hätte von einer zweiten und dritten Dimension. Ein solches Wesen würde, geradeso wie Sie im dreidimensionalen Raume sich bewegen, sich nur in der einen Dimension bewegen. In dem

Augenblick, wo dieses Wesen den Punkt *a* mitnimmt bis hierher [*b*] und der Punkt dann abweicht und nach *e* geht, in dem Augenblick würde aus der einen Dimension heraus für dieses Wesen der Inhalt dieses Punktes einfach verschwinden. Er ist nicht da für ein solches Wesen, das nur wahrnehmen könnte in einer solchen Dimension, in dem Augenblick, wo er aus der einen Dimension herausgeht.

Ebenso sind alle Punkte nicht da für ein Wesen, das nur in den zwei Dimensionen der Fläche wahrnehmen kann, die außerhalb der beiden Dimensionen der Fläche liegen. Und wenn ein Punkt, der in der Fläche liegt, sich einfallen lässt, aus der Fläche herauszugehen, so würde dieses Wesen kein Mittel haben, um diesen Punkt weiter zu verfolgen. Er würde aus dem Bereich seines Raumes verschwinden.[40]

Ein solches Wesen, ein Wesen, das nur wahrnehmen könnte in einer einzigen Dimension, was würde es denn für eine Geometrie haben? Es würde nur eine eindimensionale Geometrie haben. Es würde nur innerhalb der einen Dimension von Entfernungen und dergleichen in ihren Gesetzen reden können. Ein Wesen, das nur in zwei Dimensionen wahrnehmen kann, würde nur von den Gesetzen der ebenen Figuren sprechen können, würde nur eine zweidimensionale Geometrie haben. Wir Menschen haben eine dreidimensionale Geometrie zunächst. Ein Wesen mit einer eindimensionalen Geometrie hätte gar keine Möglichkeit, irgendwie dasjenige geometrisch zu versinnlichen, was ein Punkt tut, der aus der einen Dimension hinausgeht. Ein Wesen mit einer zweidimensionalen Geometrie hätte keine Möglichkeit, das zu verfolgen, was ein Punkt tut, der aus den zwei Dimensionen herausgeht und nachher da [vor der Tafel] ist.

Wir Menschen – ich sage es noch einmal – haben eine dreidimensionale Geometrie. Nun denken Sie, wo ich hier genötigt bin, ich könnte ebenso gut – weil ich es ja eigentlich zu tun habe, wie schon früher gesagt, bei der Ausdehnung des Quecksilbers mit drei Dimensionen, die nur auf eine Dimension reduziert sind –, ich könnte, wie ich hier, nur durch die Tafel veranlasst, auf zwei Dimensionen eine Linie gezogen habe, [sie] auch so ziehen, dass ich sie auf ein Raumkoordinatensystem bezöge [Zeichnung 16], also dass ich die Figur so ziehe, dass ich hier hätte eine Abszissenachse, eine Ordinatenachse und senkrecht eine dritte Achse darauf; ich würde diese Linie als eine Raumlinie ziehen können. In dem Augenblick, in dem ich ankomme entweder bei dem Schmelzpunkt oder Siedepunkt, in dem Augenblick bin ich nicht in der Lage, irgendwie mit dem Ziehen dieser Linie [in Zeichnung 10] fortzufahren.

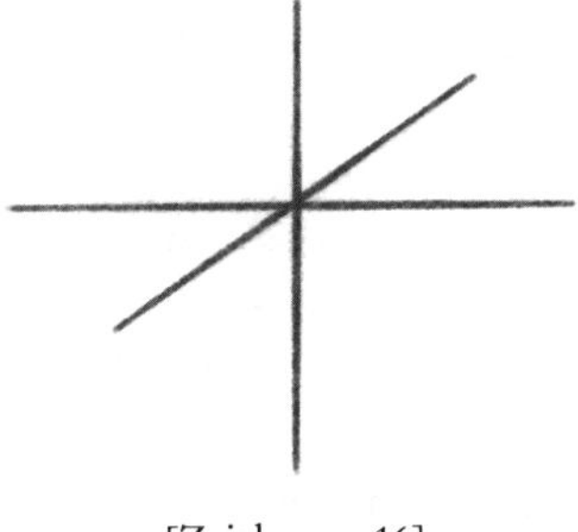

[Zeichnung 16]

Es gäbe, theoretisch ausgedrückt, hypothetisch ausgedrückt, eine Möglichkeit, fortzufahren. Nehmen wir einmal an, ich könnte die Sache so machen. Ich könnte sagen: Das Ansteigen der Temperatur würde durch diese Linie dargestellt [Zeichnung 17]. Ich müsste dann, indem irgendwelche Faktoren gleich bleiben, anderes hier verändern [und] von einem anderen Punkt oben [weitergehen], und könnte fortfahren. So würde ich noch einen Anhaltspunkt haben, in meiner Welt zu bleiben. Aber einen solchen Anhaltspunkt habe ich nicht. Denn ich muss einfach, wenn ich diese Temperaturkurve zeichne, von demselben Punkt ausgehen, auf dem die Temperatur steht, nachdem der betreffende Körper geschmolzen oder verdampft ist [× – – – × in der Zeichnung 17]: auf demselben Punkt, auf dem sie angekommen ist, wenn das Schmelzen oder Verdampfen begonnen hat. Sie sehen daraus, dass ich hier mit Schmelzpunkt und Siedepunkt einfach zu etwas genötigt bin, das sich mit nichts vergleichen lässt als mit der Lage, in der ein eindimensionales Wesen ist, wenn ihm ein Punkt aus seiner einen Dimension in die zweite Dimension hinaus verschwindet, oder ein zweidimensionales Wesen, wenn ihm ein Punkt in die dritte Dimension verschwindet.

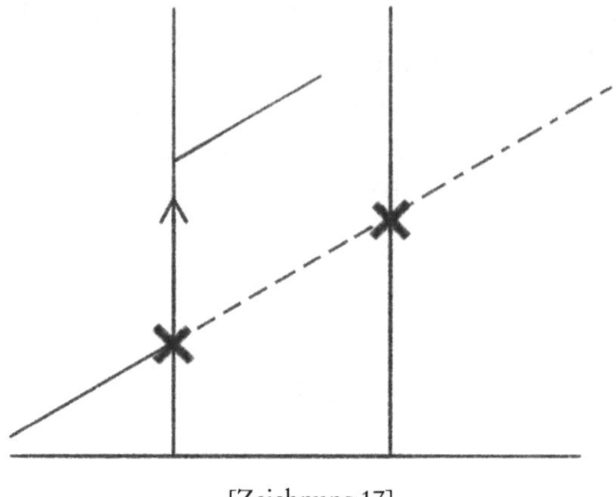

[Zeichnung 17]

Wenn der Punkt [*a* von *e*] wiederum hereinkommt [Zeichnung 14] und von derselben Stelle [*b*] aus weitergeht, wenn also der Punkt *a* hierher [nach oben zu *e*] verschleppt ist [siehe Pfeile in Zeichnung 14], hinausgeht, und nun gewartet wird, und der Punkt wiederum zurückkommt, so muss ich von derselben Stelle [*b*] seinen Lauf weiterverfolgen in der einen Dimension drinnen.

Rein erscheinungsgemäß gesprochen, liegt mir ja nichts anderes vor, wenn mir die Temperatur verschwindet beim Schmelzpunkt und Siedepunkt, als dass meine Temperaturkurve unterbrochen wird und ich sie von demselben Punkt aus nach einiger Zeit fortsetzen muss. Aber dasjenige, was während der Unterbrechung mit der Wärme geschieht, das fällt ebenso aus dem Bereich heraus, in dem ich meine Kurve ziehe – und ich sage ausdrücklich, ich kann sie als Raumkurve ziehen. Es ist zunächst – ich sage zunächst – Analogie vorhanden zwischen diesem Verschwinden des Punktes *a* aus der ersten in die zweite Dimension hinein, und dem, was da geschieht mit der durch das Thermometer angezeigten Wärme, während das Thermometer stillsteht beim Schmelzpunkt und Siedepunkt.[41]

Nun handelt es sich darum, mit dieser Erscheinung eine andere in Zusammenhang zu bringen. Sehen Sie, auf dieses In-Zusammenhang-Bringen der Erscheinungen kommt nämlich alles an; nicht auf das Ausdenken irgendwelcher Theorien, sondern auf das Zusammenbringen der Erscheinungen, sodass sie sich gegenseitig beleuchten und erklären. Das ist der Unterschied der Goethe'schen Physik von der heute herrschenden, dass die Goethe'sche Physik die Erscheinungen einfach zusammenstellt, damit sie sich gegenseitig beleuchten, während die heutige Physik, wenn sie überhaupt wagt, zu Theorien überzugehen, darauf aus ist, zu den Erscheinungen hinzuzutheoretisieren, hinzuzufantasieren. Denn Atome und Moleküle sind ja im Wesentlichen nichts anderes, als zu den Erscheinungen hinzuerfunden, hinzufantasiert.

So wollen wir denn eine andere Erscheinung mit dieser hier zusammenhalten, mit dem Verschwinden der durch das Thermometer konstatierbaren Temperatur während des Schmelzens. Diese andere Erscheinung tritt uns entgegen, wenn wir unsere gestrige Formel ins Auge fassen, wenn wir die Formel ins Auge fassen:

$$V = V_0 (1 + 3\,\alpha T + 3\alpha^2 T^2 + \alpha^3 T^3).$$

Sehen Sie, diese Formel, von der sagte ich gestern, dass Sie insbesondere die zwei letzten Glieder ins Auge fassen sollen. Es ist besonders wichtig für uns heute, das T^3 einmal ins Auge zu fassen, die dritte Potenz der Temperatur.

Nehmen Sie einmal eine gewöhnliche Raumdimensionalität. Bei dieser gewöhnlichen Raumdimensionalität sprechen Sie, wenn es ein mathematischer Körper ist, von Länge, Breite und Höhe. Das sind ja im Wesentlichen die drei Raumdimensionen. Nun können wir, wenn wir einen Stab erwärmen, wie wir das gestern getan haben, die Ausdehnung dieses Stabes betrachten. Wir können auch die Temperatur dieses Stabes betrachten. Aber wir können eines nicht herbeiführen: Wir können nicht herbeiführen, dass der Stab, während er sich ausdehnt, nicht Wärme in seine Umgebung abgibt, dass er nicht Wärme ausströmt, ausstrahlt. Das können wir nicht verhindern. Wir können unmöglich eine Wärmeausdehnung uns denken – bitte auf das Wort zu achten – nur nach einer Dimension. Wir können wohl eine reine Raumausdehnung – das tut man ja immer in der Geometrie – nach einer Dimension, nämlich als Linie denken, wir können aber niemals einen Wärmezustand auch nur denken, der sich bloß längs einer Linie ausdehnt.[42] Wir können, wenn wir dies beachten, [sagen], dass der Fortgang der Wärme – als Kurve jetzt gedacht, nicht im Raum[43] – wirklich etwas anderes ist als versinnbildlicht durch diese Kurve, die ich hier aufgezeichnet habe [Zeichnung 17]. Ich fasse nicht den ganzen Vorgang der Wärme durch diese Kurve ins Auge. Da ist noch irgendetwas anderes im Spiel als dasjenige, was ich durch diese Kurve ins Auge fassen kann. Und das, was da im Spiel ist, das muss ändern die ganze Natur und Wesenheit desjenigen, was ich eigentlich durch diese Kurve abbilde, was ich als Symbolum gebrauche für die Darstellung des Wärmezustandes, gleichgültig ob ich sie geometrisch oder arithmetisch fasse.

Wir haben also das Eigentümliche hier, dass, wenn wir durch unsere landläufigen geometrischen Linien erfassen wollen den Wärmezustand, insofern er durch die [Temperatur] zum Vorschein kommt, [wir] ihn nicht voll erfassen können. Das aber hat eine andere Wirkung. Denken Sie sich einmal, Sie haben eine Linie [Zeichnung 18]. Diese Linie hat eine bestimmte Länge l.

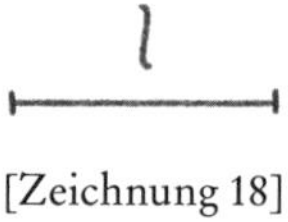

[Zeichnung 18]

Sie erheben diese Linie zum Quadrat; so können Sie dieses l^2 aufzeichnen durch diese Quadratfläche [Zeichnung 19].

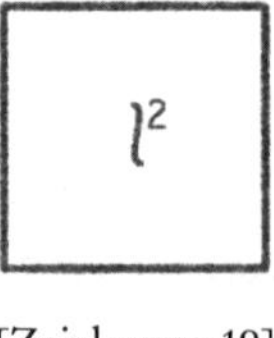

[Zeichnung 19]

Nehmen Sie an, Sie bilden l^3, so können Sie diese dritte Potenz aufzeichnen durch den Würfel, durch den Raumkörper [Zeichnung 20].

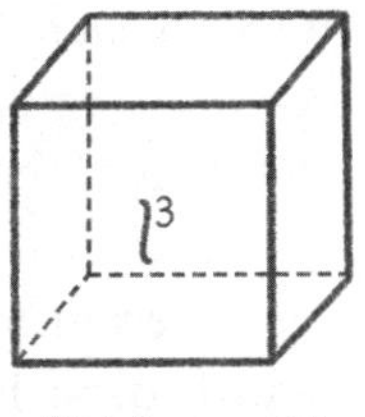

[Zeichnung 20]

Aber nehmen Sie an, ich bilde die vierte Potenz l^4, was soll ich denn jetzt tun, wenn ich weiterzeichnen will? Ich kann von der Linie zur Fläche, von der Fläche zum Körper übergehen, aber was kann ich denn jetzt tun, um zur vierten Potenz überzugehen, wenn ich nach derselben Methode weiterrücken will? Ich kann da nichts machen; innerhalb unseres dreidimensionalen Raumes kann ich nichts machen. Das gilt zunächst für mathematische Raumgrößen. Aber wir haben gesehen, dass der Wärmezustand, insofern er durch die Temperatur zur Anschauung kommt, gar nicht ausdrückbar ist durch Raumgrößen. Da ist noch etwas anderes drinnen. Sonst könnte ein Wärmezustand, der längs eines Stabes ist, aufgefasst werden als bloß längs eines Stabes verlaufend. Das ist aber unmöglich.

Die Folge davon ist, dass ich, wenn ich konsequent zu Werke gehe, nicht in der Lage bin, die Potenzierungen des T in derselben Weise aufzufassen, wie ich die Potenzierung der Raumgrößen auffasse. Ich bin nicht in der Lage, dasselbe zu denken über die Potenzierung des T, wie ich denke über die Potenzierung des l oder irgendeiner anderen bloßen Raumgröße. Und wenn zum Beispiel – ich will das heute zunächst einmal nur hypothetisch behandeln –, wenn ich zum Beispiel nur die eine Potenz, die erste Potenz von dem T hätte, und diese nicht ausdrückbar wäre als Linie, so könnte die zweite Potenz T^2 nicht ausdrückbar sein als Fläche. Und schon die dritte Potenz T^3 könnte nicht ausdrückbar sein durch eine Raumgröße. Ich würde, wie ich bei mathematischen Raumgrößen erst nachdem ich die dritte Potenz gebildet habe, aus dem Raum herauskommen, vielleicht schon auf der zweiten Potenz aus unserem Raum herauskommen, und bei der dritten nicht mehr drinnen sein.[44]

Also denken Sie sich, Sie müssten sich das *T* in ganz anderer Natur vorstellen als Raumgrößen. Sie müssten das gewöhnliche *T* schon als etwas Quadriertes auffassen, als eine zweite Potenz, und Sie müssten das quadrierte *T* schon als dritte Potenz auffassen und das kubierte *T* als vierte Potenz, wobei Sie aus unserem gewöhnlichen Raum herauskommen. Denken Sie, dann würde diese Formel ein ganz besonderes Gesicht bekommen. Dann würde das letzte Glied, das in [dieser Formel für die Volumenausdehnung] drinnen ist, mich zwingen, aus dem dreidimensionalen Raum herauszugehen. Ich würde dann, indem ich einfach rechne, genötigt sein, mit dem letzten Glied meiner Formel aus dem dreidimensionalen Raum herauszurücken. Das [sage] ich jetzt rein hypothetisch, also als Möglichkeit, wie man das ja tut bei mathematischen [Formeln].

Nicht wahr, wenn Sie ein Dreieck betrachten und konstatieren, dass das Dreieck drei Winkel hat, so haben Sie zunächst ein gedachtes Dreieck. Weil das Denken zu bequem ist, dass Sie es sich versinnlichen, zeichnen Sie es sich auf. Aber die Zeichnung hat damit nichts zu tun. Sie haben gegeben: Die Summe der Winkel ist 180 Grad. Oder: In einem rechtwinkligen Dreieck ist das Quadrat über der Hypotenuse gleich der Summe der [Quadrate über den beiden] Katheten. Das ist etwas, was man zunächst eben behandelt, wie ich jetzt das *T* in seiner Potenz behandelt habe.[45]

Jetzt gehen wir zurück und sehen uns dasjenige an, was wir als Erscheinung konstatiert haben. So macht man es ja in der Geometrie. Überhaupt, wenn ich an einer Brücke oder sonst wo nötig habe, ein Dreieck zu beobachten, so verifiziert sich das, was ich am abstrakten Dreieck gedacht habe. Was ich am abstrakten *T* gedacht habe, das hat zunächst – wir wollen der Wirklichkeit immer näher auf den Leib rücken, aber schrittweise –, das hat zunächst gewisse Ähnlichkeit mit dem, was dargestellt ist beim Schmelzen und Verdampfen. Das Schmelzen und Verdampfen war ich nicht imstande, in die drei Raumdimensionen hineinzukriegen. Die kann ich nur hereinkriegen, indem ich aufhöre, die Kurve zu ziehen, und wiederum sie dann fortsetze. Wenn nun die Voraussetzungen zutreffen, die ich vorhin vor Ihnen machte, dann wäre ich auch genötigt, bei der dritten Potenz, bei dem Kubus der Temperatur, aus dem dreidimensionalen Raum hinauszugehen.

Sehen Sie, da habe ich Ihnen einen Weg gezeigt, der in einer gewissen Weise eingeschlagen werden muss, wenn man versuchen will, die Erscheinungen, die sich dem Wärmewesen gegenüber zeigen, einfach zusammenzustellen, um durch diese Zusammenstellung etwas Ähnliches zu gewinnen wie im vorhergehenden Kursus für die Betrachtung des Lichtwesens.

Von ganz anderen Voraussetzungen ist der Physiker Crookes ausgegangen.[46] Und merkwürdig ist, dass er immerhin durch seine Erwägungen zu einem ähnlichen Resultat gekommen ist wie das, was wir jetzt bloß hypothetisch hingestellt haben, dessen Wirklichkeit wir dann zu Leibe rücken werden in den nächsten Betrachtungen. Auch er kommt dazu, die Veränderungen der Temperatur überhaupt als etwas zu betrachten, was zu tun hat mit einer Art vierten Dimension des Raumes. Es ist heute wichtig, auf diese Sache hinzuweisen aus dem Grund, weil ja die Relativisten, Einstein an der Spitze vor allen Dingen,[47] indem sie über die drei Dimensionen des Raumes hinausgehen, sich genötigt sehen, zur Zeit überzugehen, und diese als vierte Dimension zu bezeichnen, sodass man in den Einstein'schen Formeln überhaupt als vierte Dimension die Zeit bezeichnet findet. Während Crookes sich genötigt fand, als die vierte Dimension die Ab- oder Zunahme des Wärmezustandes anzusehen. Das als eine historische Einschiebung.

Zu diesen Erscheinungen bitte ich Sie jetzt dasjenige zu nehmen, was ich auch früher erwähnt habe. Ich habe gesagt: Einen gewöhnlichen festen Körper kann ich hinlegen, er wird seine Form behalten, das heißt, er hat einen bestimmten Umriss. Einen flüssigen Körper muss ich in ein Gefäß hineinlaufen lassen. Er bildet immer eine Niveaufläche und nimmt im Übrigen die Form des Gefäßes an. So ist es nicht beim gas- oder dampfförmigen Körper. Der dehnt sich nach allen Seiten aus. Ich muss, um ihn zu begrenzen, ihn in ein allseitig geschlossenes Gefäß einfassen. Dieses allseitig geschlossene Gefäß gibt ihm seine Form, sodass ich bei einem Gas eine Form nur habe, wenn ich das Gas einschließe in ein allseitig geschlossenes Gefäß.

Wenn ich einen festen Körper habe, so hat er seine Form eben dadurch, dass er ein fester Körper ist. Er hat sie gewissermaßen von selbst. Ich lasse die Flüssigkeit als Zwischenzustand jetzt aus, und will als die Gegensätze den festen und den gasförmigen Körper beschreiben. Der feste Körper versorgt sich gewissermaßen selbst mit dem, was ich beim Gasförmigen zufügen muss: die Wandung von allen Seiten.

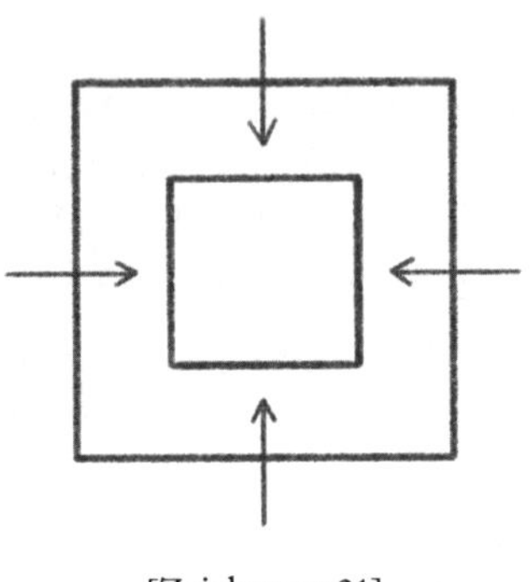

[Zeichnung 21]

Nun tritt aber beim Gas etwas Besonderes auf. Wenn Sie ein Gas, statt dass sie es da drinnen haben, in ein kleineres Gefäß einschließen [Zeichnung 21] – dieselbe Gasmenge, dadurch dass Sie von allen Seiten die Wand zusammendrücken –, so müssen Sie eben drücken, Sie müssen Druck ausüben. Das heißt nichts anderes als: Sie müssen den Druck des Gases überwinden. Sie haben es zu tun an den Wänden, die die Formung bilden, mit einem Druck. Wir können also sagen: Ein Gas, welches das Bestreben hat, nach allen Seiten davonzulaufen, das wird durch den Widerstand der Wände zusammengehalten. Dieser Widerstand ist von selbst da, indem ich einen festen Körper habe. Sodass ich, indem ich gar nichts theoretisiere, sondern einfach den ganz gewöhnlichen Tatbestand ins Auge fasse, einen polarischen Gegensatz von Gas und festem Körper so definieren kann, dass ich sage: Dasjenige, was ich von außen hinzufügen muss beim Gas, ist beim festen Körper von selber da.

Aber nun können Sie, indem Sie das Gas abkühlen, zurückgehend wiederum zum Siedepunkt, aus dem Dampf die Flüssigkeit gewinnen; indem Sie weiter abkühlend zurückgehen bis zum Schmelzpunkt, können Sie aus der Flüssigkeit wiederum die festen Körper gewinnen. Das heißt, Sie können einfach durch Vorgänge, die zusammenhängen mit dem Wärmewesen, das hervorrufen, dass Sie nicht mehr nötig haben, von außen die Formung zu bilden, sondern dass die Formung sich von innen von selbst bildet. Da ich nichts anderes getan habe, als den Wärmezustand zu verändern, so ist es ja selbstverständlich, dass diese Formung irgendwie mit der Änderung des Wärmezustandes zusammenhängt. Beim festen Körper ist etwas da, was beim gasförmigen Körper noch nicht da war. Wenn wir dem festen Körper entgegenhalten irgendeine Wand, drückt der feste Körper auf diese Wand zunächst nicht, wenn wir nicht selber andrücken. Wenn wir dem Gas entgegenhalten eine feste Wand, drückt das Gas immer auf die feste Wand. Sie sehen, wir kommen da zu dem Begriff des Druckes und müssen dieses Entstehen des Druckes in Zusammenhang bringen wiederum mit dem Wärmezustand. Wir müssen also sagen: Es muss aufgesucht werden eine bestimmte Beziehung zwischen der Formung des festen Körpers, zwischen dem allseitigen Zerfließen des Gases und dem Entgegenwirken durch den Wändedruck. Wenn wir diese Beziehungen aufsuchen, können wir hoffen, in das Wesen des Zusammenhanges zwischen der Wärme und den Körpern wirklich einzudringen.

VIERTER VORTRAG

Stuttgart, 4. März 1920

Meine lieben Freunde! Sie werden vielleicht bemerkt haben, dass es bei diesen Betrachtungen im Wesentlichen auf eine gewisse Zielsetzung ankommt. Wir wollen eine Reihe von Erscheinungen aus dem Gebiet des Wärmewesens so zusammenstellen, dass wir zuletzt herausfinden können, worin dieses Wärmewesen eigentlich besteht. Wir haben uns im Wesentlichen bisher bekannt gemacht mit gewissen Zusammenhängen, die uns durch Erscheinungen innerhalb des Gebietes des Wärmewesens entgegentreten können, und wir haben namentlich beobachtet, in welchem Zusammenhange steht das Wärmewesen mit der Ausdehnungsfähigkeit der Körper. Wir haben dann versucht, zunächst einige Bildvorstellungen festzusetzen über die Gestalt eines festen Körpers, eines flüssigen Körpers und eines luft- oder gasförmigen Körpers. Und ich habe auch gesprochen über die Zusammenhänge des Wärmewesens mit diesen ja an den Körpern hervorzurufenden Verwandlungen: dem Übergang vom festen in den flüssigen, in den gasförmigen, dampfförmigen Zustand.

Nun möchte ich Ihnen jetzt vorführen diejenige Erscheinung, die uns wird zeigen können, welche Verhältnisse auftreten, wenn wir es zu tun haben mit Gasen, mit Dämpfen, von denen wir ja schon wissen, dass sie einen gewissen Zusammenhang haben mit dem Wärmewesen dadurch, dass wir durch das Wärmewesen den gasförmigen Zustand hervorrufen können, dass wir wiederum durch eine gewisse Veränderung des Wärmegrades aus einem dampf- und gasförmigen Körper einen flüssigen herstellen können. Sie wissen, dass, wenn wir einen festen Körper haben, wir unmöglich diesen festen Körper mit einem anderen festen Körper durchdringen können. Die Beobachtung solcher einfachen elementaren Verhältnisse ist aber außerordentlich wichtig, wenn wir eindringen wollen in das eigentliche Wärmewesen.

Und dasjenige, was hier jetzt vorgeführt werden soll, das soll zeigen, wie Wasserdampf, den wir hier erzeugen, zunächst hier herübergeht in diesen Kolben und dann eben in diesem Kolben drinnen sein wird. Wir werden also diesen Kolben mit Wasserdampf anfüllen. Also wir haben allmählich Wasserdampf in diesem Kolben drinnen, und wir werden nun von der anderen Seite zuleiten einen anderen Dampf, dessen Bildung Sie verfolgen können dadurch, dass er hier in einem gefärbten Zustand ist. [*Kommentar in der Textgrundlage:* Das Experiment wird vorgeführt.] Sie sehen also, trotzdem wir den Kolben gefüllt hatten mit Wasserdampf, ging der andere Dampf von der anderen Seite in den mit Wasserdampf gefüllten Raum ein, das heißt: Ein Gas hindert nicht, dass ein anderes Gas in denselben Raum eindringt, in dem schon eines drinnen ist. – Wir wollen auch diese Erscheinung zunächst als eine solche festhalten, wollen uns also klar darüber sein, dass gas- oder dampfförmige Körper in einem bestimmten Maße füreinander durchdringlich sind.

Ich will Ihnen nun eine andere Erscheinung noch vorführen, welche Ihnen zeigen soll noch einen anderen Zusammenhang des Wärmewesens mit anderen Tatsachen [Zeichnung 22]. Wir haben hier in der linken Röhre Luft, die einfach in demselben [Zustand] ist wie die äußere Luft, von der wir fortwährend umgeben sind. Ich muss erwähnen, dass diese äußere Luft, von der wir fortwährend umgeben sind, unter einem gewissen Druck, unserem gewöhnlichen Atmo-

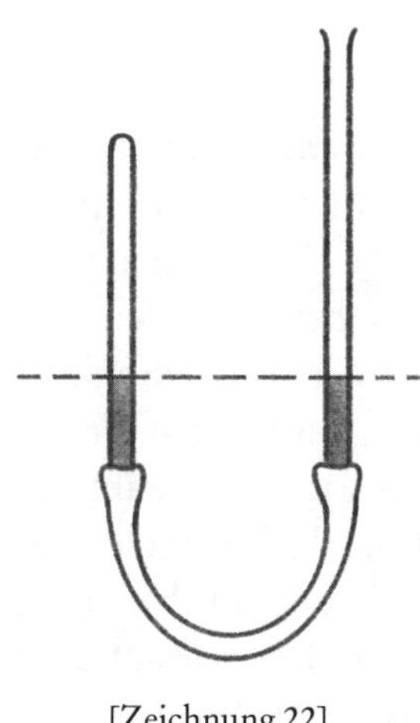

[Zeichnung 22]

sphärendruck steht, der ja fortwährend auch auf uns selbst drückt. Sodass wir sagen können: Die Luft, die wir hier drinnen haben, links, ist unter genau demselben Druck wie die äußere Luft selbst, was sich dadurch zeigt, dass die Quecksilbersäule links und rechts auf demselben Niveau stehen bleibt. Sie sehen daraus, dass links und rechts die Quecksilbersäule gleich hoch steht; dass hier die äußere Luft, die ja noch von oben freien Zugang hat, unter genau demselben Druck steht wie die Luft hier in dem linken allseitig geschlossenen Glasrohr.

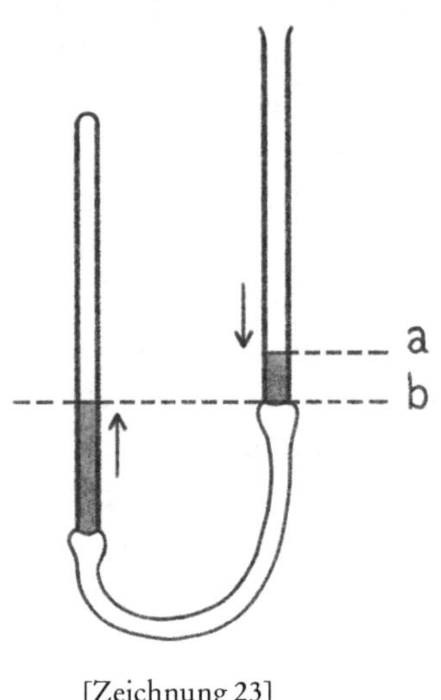

[Zeichnung 23]

Wir wollen nun eine Veränderung dadurch hervorrufen, dass wir den Druck, der auf die Luft ausgeübt wird in dem linken Glasrohr, vergrößern [Zeichnung 23]. Das können wir dadurch erreichen, dass wir die rechte Röhre hier heben. Indem wir diese gehoben haben, haben wir hinzugefügt zu dem gewöhnlichen Atmosphärendruck, dem gewöhnlichen Druck, der nur auf die im linken, also im anderen Glasrohr eingeschlossene Luft ausgeübt wird, noch jenen Druck, der von der erhöhten Quecksilbersäule herrührt. Also einfach das Gewicht der Quecksilbersäule von hier [*a*] bis hierher [*b*] habe ich hinzugefügt. Dadurch aber, dass wir auf diese Weise den Druck, der auf diese Luft hier ausgeübt wird, vermehrt haben um jenen Druck, der entspricht dem Gewicht dieser Quecksilbersäule [*a–b*], ist, wie wir sehen, der Rauminhalt, das Volumen, wie man es nennt, in der anderen Glasröhre ein kleinerer geworden, sodass wir sagen können: Wenn wir auf ein Gas einen erhöhten Druck ausüben, so nimmt sein Volumen, sein Rauminhalt ab.

Dieses müssen wir als eine weitere Erscheinung festhalten, müssen festhalten, dass Rauminhalt und auf das Gas ausgeübter Druck sich in einem umgekehrten Verhältnis zueinander verhalten. Je größer der Druck, desto geringer der Rauminhalt; je größer der Rauminhalt wird, desto geringer muss der Druck sein, der auf das Gas ausgeübt wird. Wir können aus dieser Erscheinung die Gleichung ableiten, dass sich der Rauminhalt V_1 zu dem Rauminhalt V_2 verhält wie umgekehrt der Druck P_2 zum Druck P_1:

$$V_1 : V_2 = P_2 : P_1,$$

woraus folgt:

$$V_1 \times P_2 = V_2 \times P_2.$$

Daraus ergibt sich also als ein relativ allgemeines Gesetz.[48] Wir können ja immer nur von relativen Gesetzen sprechen, bei späteren Betrachtungen werden wir dann sehen warum.[49] Daraus ergibt sich für den Zusammenhang zwischen Volumen und Druck bei Gasen, dass das Produkt aus dem Volumen und aus dem Druck für Gase konstant bleibt, wenn wir die Wärme dieselbe sein lassen.

Solche Erscheinungen müssen, wie gesagt, zusammengestellt werden, um uns dem Wesen der Wärme zu nähern. Und darum [handelt es sich], dass wir auf der einen Seite – weil wir ja durch unsere Betrachtungen zugleich eine Grundlage für die pädagogische Behandlung auch für die Schule schaffen wollen, auf der anderen Seite uns Erkenntnisse verschaffen wollen –, darum handelt es sich, dass wir auf der einen Seite kennen die Denkweise der gegenwärtigen Physik und auf der anderen Seite uns bekannt machen mit dem, was zu geschehen hat, damit man aus verschiedenen, ich könnte sagen, Hindernissen herauskommt, die in der gegenwärtigen Physik für eine wirkliche Erkenntnis des Wärmewesens waltend sind.

Wenn Sie sich vergegenwärtigen, dass wir es zu tun gehabt haben im Wesentlichen neben dem Wärmewesen mit Volumenausdehnung, mit Veränderung also des Raumes und mit Veränderung des Druckes, so müssen Sie sich sagen, die sind uns aufgetreten – ich muss nämlich, um unser Ziel zu erreichen, möglichst genau sprechen, was sonst gewöhnlich nicht geschieht auf diesem Gebiet –, es sind uns entgegengetreten, will ich also sagen, im Verlauf unserer Betrachtung über das Wärmewesen, mechanische Tatsachen: Raumänderungen, Druckänderungen. Mechanische Tatsachen sind uns entgegengetreten.

Nun stand für die moderne Physikentwicklung diese Tatsache da, dass auftrat, wenn man das Wärmewesen betrachtete, mechanisches Geschehen. Dieses mechanische Geschehen wurde gewissermaßen dasjenige, an dem man überhaupt die Wärmeerscheinungen beobachtete. Das Wärmewesen lässt man gewissermaßen in der Sphäre des Unbekannten stehen, und man betrachtet im Wesentlichen die mechanischen Vorgänge, die unter dem Einfluss des Wärmewesens sich abspielen. Man betrachtet, indem man von der Wärmeempfindung als von etwas angeblich Subjektivem absieht, bei der Veränderung des Wärmezustandes – des Wärmeempfindens –, die Ausdehnung, sagen wir des Quecksilbers, also etwas, das in das Gebiet der mechanischen Erscheinungen gehört. Man betrachtet dann die Abhängigkeit des Wärmezustandes, sagen wir eines Gases, von den Druckverhältnissen, was wir noch weiterverfolgen werden, und haben es da wieder zu tun damit, dass man eigentlich etwas Mechanisches betrachtet, und das Wärmewesen gewissermaßen links liegen lässt.

Wir haben gestern gesehen, dass es eigentlich einen guten Grund hat, warum dieses Wärmewesen links liegen gelassen worden ist. Denn wir haben gesehen, wie dieses Wärmewesen in dem Augenblick, wo wir es in die Rechnung einführen, den gewöhnlichen Rechnungen Schwierigkeiten macht, wie wir zum Beispiel eine dritte Potenz der Temperatur gar nicht in derselben Weise behandeln können wie eine gewöhnliche dritte Raumpotenz. Und da die landläufige Wärmelehre mit den Potenzen der Temperatur nichts hat anfangen können, hat sie in der Ausdehnungsformel, wie ich Ihnen ja auch in den früheren Betrachtungen gesagt habe, die zweite und dritte Potenz der Temperatur einfach gestrichen.[50]

Nun brauchen Sie sich aber nur das Folgende zu überlegen. Sie brauchen sich nur zu überlegen, dass uns ja in der Sphäre der äußeren Natur der Wärmezustand immer entgegentritt an äußeren mechanischen Vorgängen, vor allen Dingen an Raumvorgängen. Die Raumvorgänge sind schon da. An den Raumvorgängen erscheint dann die Wärme. Das bedingt, meine lieben Freunde, dass wir, durch diese einfache Überlegung gezwungen, die Wärme so behandeln müssen, wie wir behandeln jene Raumlinie, die uns aus der ersten Potenz einer Ausdehnung in die zweite Potenz der Ausdehnung führt.

Wenn wir die erste Potenz der Ausdehnung, die Linie, betrachten, und wir wollen zur zweiten Potenz in der Betrachtung übergehen, so müssen wir aus der Linie hinausgehen [Zeichnung 24]. Wir müssen also zu der einen Dimension die andere hinzufügen, wir müssen irgendwie aus der ersten Potenz in die zweite Potenz übergehen. Wir müssen uns die [Richtung der Linie] der zweiten Potenz ganz anders denken [als] wie wir uns die [Richtung der Linie] der ersten Potenz denken.

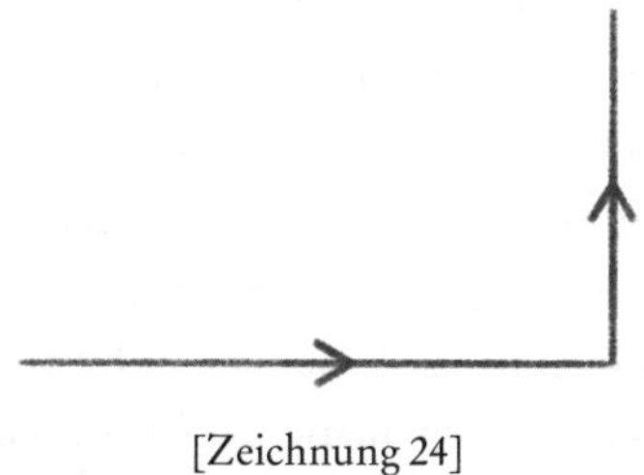

[Zeichnung 24]

Genau dasselbe aber müssen wir machen, wenn wir einen Temperaturzustand betrachten. Gewissermaßen ist die erste Potenz da in der Ausdehnung. Die Veränderung der Temperatur ist etwas, was mit der Ausdehnung so erscheint, wie hier die zweite Richtlinie zur ersten Richtlinie erscheint. Ich kann auch gar nicht anders, als die Zeichnung so machen, dass ich, indem ich zur Ausdehnung die Temperaturänderung hinzufüge, zu der Abszissenlinie die Ordinatenlinie hinzufüge [Zeichnung 24]. Das aber bedingt, dass wir genötigt sind, alles dasjenige, was aus dem Wärmewesen heraus auftritt, also die Temperaturänderung, nicht als erste Potenz zu behandeln, sondern schon von vornherein als zweite Potenz, und die zweite als eine dritte.[51] Und wenn wir die dritte Potenz der Temperatur haben, so können wir nicht mehr in unserem gewöhnlichen Raum drinnen bleiben. Eine einfache Überlegung, die allerdings durch etwas subtile Begriffe angestellt werden muss, zeigt Ihnen, dass es unmöglich ist, wenn wir die im Raum, also in der dritten Dimension, waltende Wärme betrachten, zu bleiben bei der dritten Dimension des Raumes.[52] Sie zeigt Ihnen, dass in dem Augenblick, wo wir es mit den drei Dimensionen des Raumes zu tun haben, wir genötigt sind, wenn wir die Wärmewirkung betrachten, aus dem Raum selber hinauszugehen.

Nun macht sich ja die moderne Physik zur Aufgabe, behufs Erklärung der Erscheinungen innerhalb des dreidimensionalen Raumes zu bleiben. Und indem sie sich diese Aufgabe setzt, muss sie, da man innerhalb des dreidimensionalen Raumes das Wesen der Wärme nicht finden kann, an dem Wärmewesen vorübergehen. Sie kann das Wärmewesen nur durch seine Äußerungen im dreidimensionalen Raum erfassen.

Sehen Sie, hier liegt ein sehr wichtiger Punkt, wo gewissermaßen schon innerhalb der unorganischen Naturerscheinungen, der physikalischen Erscheinungen, eine Art Rubikon zu einer höheren Weltanschauung überschritten werden muss. Und man muss schon sagen: Weil so wenig der Versuch gemacht wird, hier an diesen Punkten zu einer Klarheit zu kommen, deshalb herrscht auch diese Klarheit so wenig auf dem Gebiet unserer höheren Weltanschauung.

Denken Sie sich nur einmal, wenn die Physiker ihren Studenten beibringen würden, dass man einfach aus den gewöhnlichen Raumverhältnissen, in denen sich die mechanischen Vorgänge abspielen, herauskommen muss, indem man die Wärmeerscheinungen beobachtet, dann würden diese Lehrer der Physik hervorrufen bei denjenigen Menschen, die als erkennende Menschen gelten, weil sie so etwas wie Physik sich angeeignet haben, sie würden die Vorstellung bei ihnen hervorrufen, dass man schon nicht in Wirklichkeit Physik kennenlernen kann, ohne aus dem dreidimensionalen Raum hinauszukommen.

Und dann würde es viel leichter sein, eine höhere Weltanschauung zu begründen vor den Menschen der Welt. Denn diese Menschen der Welt würden sagen, selbst wenn sie nicht Physik gelernt haben: Wir können das zwar nicht beurteilen, aber diejenigen, die Physik gelernt haben, die wissen, dass man zunächst durch die Physik von dem Raum zu anderen Verhältnissen aufsteigen muss als diejenigen, die sich im Raum selber abspielen können. Daher hängt auch so sehr viel daran, dass wir in der Physik solche Verhältnisse bekommen, wie sie hier in diesen Betrachtungen werden versucht werden. Es würde immer sich sonst das herausstellen, dass auf der einen Seite versucht würde, so in der populären Welt eine auf geistigen Grundlagen fußende Weltanschauung zu verbreiten, dann aber würden die Physiker geltend machen: Wir erklären alle Erscheinungen durch rein mechanische Vorgänge.

Das führt dazu, dass die Menschen dann sagen: Ja, im Raum sind überhaupt nur mechanische Vorgänge; Leben muss auch mechanischer Vorgang sein, Seelenvorgänge müssen auch nur mechanische Vorgänge sein, Geistesvorgänge auch. – Die strenge Wissenschaft will nichts wissen von irgendwelchen geistigen Grundlagen der Welt. Und die strenge Wissenschaft wirkt als eine besonders intensive Autorität aus dem Grunde, weil die Leute sie nicht kennen. Denn dasjenige, was man kennt, das beurteilt man gewöhnlich und lässt sich von ihm nicht eine autoritative Gewalt aufzwingen. Dasjenige, was man nicht kennt, dem verfällt man gewöhnlich als der Autorität. Würde mehr getan werden zur Popularisierung der sogenannten strengen exakten Wissenschaft, dann würde die autoritative Gewalt gewisser Leute, die hinter Mauern im Besitz dieser exakten Wissenschaft sind, wesentlich schwinden.

Es hat sich nun im Lauf des neunzehnten Jahrhunderts hinzugefügt zu den Tatsachen, die wir schon beobachtet haben, eben noch die andere, die ich auch schon angedeutet habe, die darin besteht, dass man nicht nur mechanische Vorgänge auftreten sieht im Verlauf der Vorgänge mit dem Wärmewesen – [so]dass man zunächst Wärme überführen kann in mechanische Vorgänge, was Sie ja sehen bei der gewöhnlichen Dampfmaschine, wo erhitzt wird, und der mechanische Vorgang der Fortbewegung eintritt –; [sondern] dass man [auch] umgekehrt mechanische Vorgänge, Reibung und dergleichen, wiederum überführen kann in Wärme, indem dasjenige, was der mechanische Vorgang ist, bewirkt, wie man sagt, das Auftreten von Wärme. Sodass man also Wärmevorgänge und mechanische Vorgänge ineinander umwandeln kann.

Wir wollen heute die Sache zunächst einmal vorläufig, präliminarisch betrachten und dann auf einzelne Erscheinungen eingehen, die auf dieses Gebiet gehören.

Man hat dann auch des Weiteren gefunden, dass nicht nur Wärmevorgänge, sondern auch elektrische Vorgänge, Vorgänge, die in das Gebiet der Chemie gehören, sich umwandeln lassen in mechanische Vorgänge. Und daraus hat sich dasjenige entwickelt, was man gewohnt worden ist im Laufe des neunzehnten Jahrhunderts eben die mechanische Wärmetheorie zu nennen. Diese mechanische Wärmetheorie hat also zunächst als ihre erste Grundlage: Die Wärme und mechanische Leistung, sagen wir, können ineinander umgewandelt werden.

Nun müssen wir zunächst einmal uns dieses Urteil etwas näher ansehen. Ich kann Sie wirklich nicht davon befreien, Sie auf die elementaren Bestandteile der Urteile zu führen, welche in das Gebiet der Physik gehören. Würden wir gerade bei diesen entscheidenden Betrachtungen uns nicht darauf einlassen, die elementaren Urteilsbestände aufzusuchen, so würden wir überhaupt verzichten müssen, gerade im Gebiet des Wärmewesens, das ein entscheidendes ist, irgendeine Klarheit hervorzurufen. Wir müssen daher schon die Frage aufwerfen: Was heißt es denn überhaupt, wenn ich irgendwo aufzeige: Wärme, die ich hervorrufe wie in der Dampfmaschine, erzeuge äußere Bewegung, also äußere mechanische Arbeit? Was heißt das, wenn ich es umwandle in das Urteil: Durch Wärme ist äußere mechanische Arbeit geleistet worden? Unterscheiden wir einmal nur dasjenige, was wir als Tatsachen konstatierbar haben, und dasjenige, was wir dann als ein Urteil an diese Tatsachen angefügt haben. Wir haben konstatiert, dass sich ein Vorgang, der sich als ein Wärmevorgang zeigt, hinterher offenbart durch einen Arbeitsvorgang, durch einen mechanischen Vorgang. Nun wurde daran das Urteil gefügt: Der Wärmevorgang, die Wärme als solche, habe sich umgewandelt in den mechanischen Vorgang, in die mechanische Arbeitsleistung.

Ja, meine lieben Freunde, wenn ich in dieses Zimmer hereintrete und in diesem Zimmer irgendeine Temperatur finde, die mir behaglich ist, so trete ich herein und sage mir innerlich, vielleicht ganz unbewusst, ohne dass ich mir das selbst ausspreche: In diesem Zimmer ist es mir behaglich. Ich setze mich hin an den Schreibtisch und schreibe irgendetwas. Das ist entstanden im Gefolge desjenigen, was vorher geschehen ist: Ich bin in das Zimmer getreten, der Wärmezustand hat auf mich gewirkt. Hinterher ist das entstanden, was ich niedergeschrieben habe. Ich könnte Ihnen in einer gewissen Weise das sagen: Nun, wenn ich hier Kellerwärme gefunden hätte, so hätte ich mich aus dem Staub gemacht und hätte nicht diese Arbeit vollzogen, die Arbeit des Niederschreibens dessen, was dann herausgekommen ist. Wenn ich nun an diese Tatsache das Urteil anfüge: Die Wärme, die mir zugeführt worden ist, hat sich in die Arbeit, die hinterher sichtbar geworden ist, verwandelt, dann habe ich offenbar in meinem Urteilsbestand etwas ausgelassen. Alles dasjenige, was ich nur durch mich vollziehen konnte, habe ich ausgelassen. Ich muss aber alles das, was ich ausgelassen habe, wenn ich eine totale Wirklichkeit ins Urteil hereinbekommen will, aufnehmen.

Die Frage entsteht nun: Wenn in der ganzen äquivalenten Tatsachenfolge Wärme vorhanden ist, die ich hervorgerufen habe wie in der Dampfmaschine, und nachher Arbeit entsteht, die Fortbewegung der Lokomotive, und ich einfach sage, es habe sich die Wärme in Arbeit verwandelt, habe ich nicht vielleicht da denselben Fehler gemacht wie den, den ich mache, wenn ich in dem vorhergehenden Urteil einfach von der Verwandlung des Wärmezustandes in die Wirkung – die aber nur dadurch eingetreten ist, dass ich selbst mich eingeschaltet habe –, aufgetreten ist?[53]

Es ist scheinbar vielleicht sogar trivial, auf eine solche Sache aufmerksam zu machen, aber diese Trivialität wird gerade in der ganzen mechanischen Wärmetheorie übersehen, vergessen. Und darauf kommt außerordentlich viel an. Darauf kommt es an, dass man zwei

Dinge miteinander verbindet: Das erste, dass in dem Augenblick, wo man aus der Sphäre der mechanischen Vorgänge übertritt in die Sphäre, wo Wärme wirkt, man überhaupt den dreidimensionalen Raum verlassen muss. Und [zweitens,] dass man also einfach, indem man die äußeren Naturerscheinungen beachtet, das vielleicht nicht hat, was man in dem Fall als Einschiebsel hat, wenn sich Wärme in mein Schreibprodukt verwandelt hat. Wenn sich Wärme in mein Schreibprodukt verwandelt hat, dann kann ich an meiner äußeren leiblichen Offenbarung beobachten, dass sich etwas eingeschaltet hat. Wenn ich aber einfach der Tatsache gegenüberstehe, dass ich den dreidimensionalen Raum verlassen muss, sofern sich mir Wärme in äußere Leistung verwandelt, so kann ich doch sagen: Vielleicht das Wichtigste, was zu dieser Umwandlung führt, vollzieht sich außerhalb des dreidimensionalen Raumes. Dasjenige, was mir entsprechen würde, dass ich mich einschalte, vollzieht sich außerhalb des dreidimensionalen Raumes. Und ich begehe dieselbe Oberflächlichkeit, wenn ich einfach von der Umwandlung der Wärme in mechanische Arbeit rede, wie ich [eine Oberflächlichkeit] begehe, wenn ich von der Umwandlung der Wärme in mein Schreibprodukt rede und dabei vergesse, dass ich selber eingeschaltet bin.

Das hat aber eine sehr bedeutende, universelle Konsequenz, denn es nötigt mich, die äußere Natur auch in ihren leblosen, in ihren unorganischen Erscheinungen so anzusehen, dass ich mich bei ihr geführt denke in ein Wesen, das sich selbst nicht innerhalb des dreidimensionalen Raumes ausdrückt, das gewissermaßen waltet hinter dem dreidimensionalen Raum. Und dieses ist ein Entscheidendes in Bezug auf die Beobachtung des Wärmewesens selber.

Wir können jetzt, indem wir dieses als Elementarbestandteil des Urteils im Wärmegebiet aufgewiesen haben, ein wenig wiederum zurückblicken auf das, was wir schon angedeutet haben: auf des Menschen eigenes Verhältnis zum Wärmewesen. Wir können vergleichen andere Wahrnehmungssphären mit der Wahrnehmungssphäre des Wärmewesens. Ich habe schon darauf hingewiesen, dass, indem wir zum Beispiel Licht wahrnehmen, wir diese Wahrnehmung des Lichtes und der Farbe gebunden sehen an abgesonderte Organe, die einfach in unseren Organismus hineingelegt sind,[54] sodass wir nicht davon sprechen können, dass wir mit unserem ganzen Organismus gegenüberstehen dem Farben- beziehungsweise Lichtwesen, sondern dass wir nur mit einem Teil unseres Organismus dem Licht- oder Farbenwesen gegenüberstehen. Ebenso ist es bei den akustischen, bei den Tonerscheinungen. Wir stehen mit einem Teil, mit den Gehörorganen, dem Tonwesen gegenüber.

Dem Wärmewesen stehen wir gegenüber mit unserem ganzen Organismus. Dadurch ist aber unser Verhältnis zum Wärmewesen bedingt. Wir stehen mit unserem ganzen Organismus dem Wärmewesen gegenüber. Und wenn wir genauer zusehen, wenn wir versuchen, diese Tatsache, ich möchte sagen, in Menschenerkenntnis umzuwandeln, so müssen wir sagen: Wir sind eigentlich dieses Wärmewesen ja selbst. Insofern wir hier im Raum als Mensch wandeln, sind wir dieses Wärmewesen ja selbst. In dem Augenblick, wo Sie sich die Temperatur um ein paar Hundert Grade erhöht denken würden, würden Sie nicht identisch sein können mit dem Temperaturzustand, ebenso wenig, wenn Sie sich die Temperatur um ein paar Hundert Grade vertieft denken. So gehört das Wärmewesen zu dem, in dem wir stets drinnen stehen, das wir aber nicht in unser Bewusstsein hereinnehmen; das wir als selbstverständliches Wesen erleben, aber nicht ins Bewusstsein hereinnehmen. Nur wenn Abweichungen vom normalen Zustand eintreten, werden sie uns in irgendeiner Form bewusst.

Nun kann, angeknüpft an diese Tatsache, eine zweite beobachtet werden. Das ist es: Sie können sich fragen: Wenn Sie irgendwie an einen erwärmten Gegenstand herantreten und den Wärmezustand mit Ihrem eigenen Organismus beobachten – Sie können es tun mit der Fingerspitze, auch mit der Zehenspitze, Sie können es tun an einem anderen Ort Ihres Organismus, meinetwillen mit dem Ohrläppchen; gewissermaßen mit dem ganzen Organismus können Sie den Wärmezustand wahrnehmen.

Aber Sie können noch etwas anderes mit Ihrem ganzen Organismus wahrnehmen. Sie können das wahrnehmen, was auf Ihren Organismus drückt. Und da sind Sie wiederum nicht gebunden im strengen Sinne, so wie zum Beispiel bei der Farbenwahrnehmung an das Auge, an ein bestimmtes Glied Ihres Organismus. Es wäre ja sehr angenehm, wenn wenigstens zum Beispiel der Kopf ausgenommen wäre von dieser Druckwahrnehmung. Wir könnten ihn dann nicht in unbehaglicher Weise anschlagen und die Folgen davon tragen müssen.

Wir können sagen: Es besteht eine innige Verwandtschaft in der Art unseres Verhältnisses zur Außenwelt zwischen den Wärmeempfindungen und den Druckempfindungen. Wir haben heute gesprochen von Druckverhältnissen im Verhältnis zur Volumenänderung. Wir kommen jetzt zurück auf unseren eigenen Organismus und finden die Wärmeverhältnisse in einer innigen Verwandtschaft mit den Druckverhältnissen. Solch eine Tatsache müssen wir auch zur Begründung des Folgenden durchaus ins Auge fassen.

Aber es gibt noch etwas anderes, was wir unseren folgenden Betrachtungen vorausschicken müssen. Sie wissen, gerade in den gebräuchlichen Handbüchern über physikalische, physiologische Vorgänge wird eigentlich recht viel Wesens davon gemacht, dass wir bestimmte Organe haben, oder uns selbst haben zur Wahrnehmung der gewöhnlichen Sinnesqualitäten. Wir haben das Auge für die Farbe, das Ohr für den Ton, das Geschmacksorgan für gewisse chemische Vorgänge und so weiter; wir haben verteilt über unseren ganzen Organismus gewissermaßen das einheitliche Wärmeorgan, aber auch das einheitliche Druckorgan.

Nun wird gewöhnlich darauf aufmerksam gemacht, dass aber auch noch anderes wahrgenommen wird, wofür wir, wie man nun sagt, keine Organe haben: Magnetismus, Elektrizität, die wir nur in ihren Wirkungen wahrnehmen, die gewissermaßen draußen stehen bleiben, die wir nicht unmittelbar wahrnehmen. Man sagt dann wohl auch: Man nehme an, dass unser Auge nicht lichtempfindlich, sondern elektrizitätsempfindlich sei, so würde es, wenn es hinschaut auf einen Telegrafendraht, die strömende Elektrizität drinnen wahrnehmen. Es würde die Elektrizität nicht bloß in Wirkungen wahrnehmen, sondern so wie die Farben- und Lichtvorgänge unmittelbar wahrnehmen. Das können wir nicht. Wir können also nur sagen: Elektrizität zum Beispiel ist etwas, wofür wir zur unmittelbaren Wahrnehmung keine Organe haben. Es gibt also Naturqualitäten, zu deren Wahrnehmung wir Organe haben, und Naturqualitäten, zu deren Wahrnehmung wir keine Organe haben. So sagt man.

Nun handelt es sich darum, ob sich nicht vielleicht für den, der etwas unbefangener die Erscheinungen betrachtet als diejenigen, die zu diesem Urteil kommen, doch noch etwas anderes ergibt. Sie wissen ja alle, meine lieben Freunde, wie innig zusammenhängt dasjenige, was wir unsere gewöhnlichen passiven Vorstellungen nennen, durch die wir die Welt wahrnehmen, mit den Eindrücken des Auges, des [Ohres], weniger schon zusammenhängt mit dem, was wir durch Geschmack und Geruch wahrnehmen. Versuchen Sie nur einmal, rein aus dem Sprachbestand heraus, sich die Summe Ihres höheren Vorstellungslebens einmal zu ziehen, so werden Sie sehen, dass man noch in den Worten, die wir zur Repräsentierung unserer Begriffe brauchen, überall die Reste der höheren Sinnesqualitäten wahrnehmen. Sogar wenn wir das sehr abstrakte Wort Sein aussprechen, so hängt seine Wortbildung zusammen mit: Ich habe gesehen. Ich nenne dasjenige das Seiende, dasjenige, was ist, was ich gesehen habe. Im Sein steckt noch das Gesehen-Haben drinnen. Und ohne dass man dabei in den Materialismus verfällt – wir werden sehen, aus welchem Grund man ihm nicht zu verfallen braucht –, wenn man sagt, dass unsere Vorstellungswelt eigentlich eine Art Filtrierens des Sehens und Hörens ist, schon weniger des Riechens und Schmeckens ist, denn wenige solcher Sinneswahrnehmungen [des Riechens und Schmeckens] stecken in unserer Vorstellungswelt drinnen. Dadurch, dass unser Bewusstsein innig zusammen ist mit diesen unseren höheren Sinnesqualitäten, dadurch nimmt auch unser Bewusstsein dieses passive höhere Vorstellungswesen auf.

Allein, wir haben innerhalb unseres Seelenwesens auch von der anderen Seite her unseren Willen, und Sie werden sich erinnern, wie oft ich gerade in den anthroposophischen Vorträgen betont habe, dass dem Willen gegenüber der Mensch eigentlich schläft. Er wacht im Grunde genommen nur im Gebiet seiner höheren passiven Vorstellungen. Was Sie wollen, nehmen Sie ja auch nur durch diese Vorstellungen wahr. Sie haben die Vorstellung: Ich hebe dieses Glas auf. Ja, was darin Vorstellungsbestandteile sind, das ist durchaus etwas, worin die Reste der Außenwahrnehmungen sind. Sie stellen sich etwas vor, was durchaus in das Gebiet der Sichtbarkeit gehört. Auch wenn Sie es denken, haben Sie das Nachbild des Sichtbaren. Solch ein Nachbild in unmittelbarer Art können Sie sich nicht verschaffen von dem eigentlichen Willensvorgang, von dem, was nun geschieht, indem Sie den Arm ausstrecken, mit der Hand das Glas umfassen, es heben. Das ist ein vollständig im Unbewussten bleibender Vorgang, was sich da abspielt zwischen Bewusstsein und feineren Vorgängen in dem Arm. Das bleibt so unbewusst, wie uns die Schlafzustände, in die wir verfallen vom Einschlafen bis zum Aufwachen, nur bleiben.[55] Aber kann man denn leugnen, dass diese Vorgänge, wenn wir sie auch nicht wahrnehmen, doch da sind? Diese Vorgänge müssen doch innig verbunden sein mit unserem Menschenwesen, denn wir sind es doch, die das Glas heben.

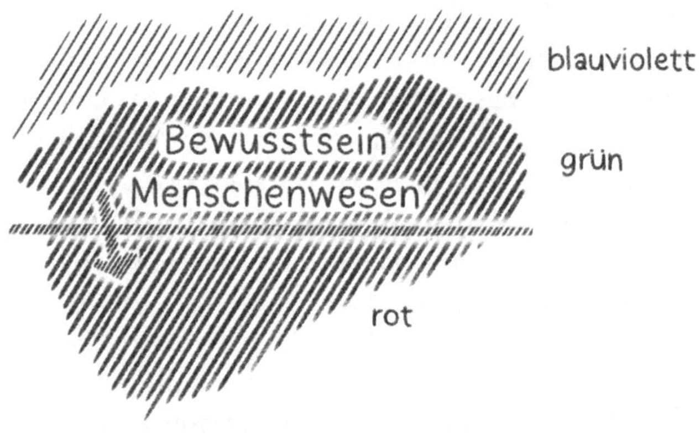

[Zeichnung 25]

Wir werden also im Gebiet unseres Menschenwesens geführt von dem, was unmittelbar im Bewusstsein lebt, zu den Willensvorgängen, die gewissermaßen aus dem gewöhnlichen Gebiet des Bewusstseins herausragen [Zeichnung 25]. Nehmen wir an, alles das, was über dieser Linie liegt, sei im Gebiet des Bewusstseins. Was unterhalb liegt, also in die Willensvorgänge sich einsenkt, sei außerhalb des Bewusstseins [rot]. Gehen wir nun von da ab zum Gebiet der äußeren Naturerscheinungen: Wir finden unser Auge innig verbunden mit den Farbenerscheinungen, etwas, was wir im Bewusstsein überschauen; wir finden unser Ohr verbunden mit den Tonerscheinungen, etwas, was wir mit dem Bewusstsein überschauen. Dunkel, aber immerhin noch für das Bewusstsein traumhaft überschaubar, ist Schmecken und Riechen. Wir haben wieder etwas, was durchaus in das Gebiet des Bewussten hereingehört, aber mit der Außenwelt sich innig berührt.

Indem wir aber übergehen zu magnetischen und elektrischen Erscheinungen, entzieht sich uns dasjenige, was in Elektrizität und Magnetismus unmittelbar lebt, für das, was wir überschauen in unmittelbarem Zusammenhang unserer Organe mit der Natur. Es entzieht sich uns. Da sagen eben die Physiker, die Physiologen: Wir haben dafür keine Organe, das kann nur äußerlich wahrgenommen werden, es sondert sich von uns ab, es ist da draußen [blauviolett]. — Wir haben also ein Gebiet, an das wir uns nähern, wenn wir nach der Außenwelt hingehen: Da haben wir Lichterscheinungen, Wärmeerscheinungen. Die Elektrizitätserscheinungen, wo entschlüpfen sie uns denn? Wir spüren nicht mehr den Zusammenhang mit den Organen. Wir haben in uns, indem wir Licht- und Tonerscheinungen verarbeiten, filtrierte Abdrücke in unserem Vorstellen. Wenn wir aber da hinuntergehen [rot], entschlüpft unser eigenes Wesen uns in den Willen hinein.

Ich werde jetzt etwas Paradoxes sagen, aber denken Sie es durch bis morgen: Denken Sie, wir wären nicht lebendige Menschen, sondern lebendige Regenbögen, und wir würden mit unserem Bewusstsein gerade sitzen im grünen Teil des Regenbogens, des Spektrums. Wir würden mit unserem Unbewussten angrenzen auf der einen Seite an das Blauviolett des Regenbogens, das würde uns entschwinden nach der einen Seite hin wie die Elektrizität; nach der anderen Seite würden wir angrenzen an Gelb und Rot, das würde uns entschwinden, wie nach innen unser [Wille]. Wenn wir Regenbögen wären, würden wir Grün nicht wahrnehmen, so wie wir das, was wir unmittelbar sind, nicht wahrnehmen unmittelbar; wir erleben es. Wir würden aber angrenzen, indem wir hier gewissermaßen aus dem Grün herausgehend ins Gelb übergehen, das eigene Innere. Wir würden sagen: Ich, Regenbogen, nähere mich meiner Röte, die ich aber als Inneres nicht mehr wahrnehme; ich, Regenbogen, nähere mich meinem Blauviolett, was sich mir aber entzieht. Ich bin da mitten drinnen. – Wären wir also denkende, lebendige Regenbögen, so würden wir so im Grün drinnen sitzen und auf der einen Seite den blauvioletten Pol haben, auf der anderen Seite den rotgelben Pol [haben], wie wir jetzt als Menschen mit unserem Bewusstsein irgendwo sitzen, auf der einen Seite die Naturqualitäten haben, die sich uns so entziehen wie Magnetismus und Elektrizität, auf der anderen Seite die inneren [Qualitäten], die sich uns so entziehen wie die Willenserscheinungen.

FÜNFTER VORTRAG

Stuttgart, 5. März 1920

Meine lieben Freunde! Ich hätte Ihnen gerne heute noch einige Versuche vorgeführt, die jene Tatsachenreihe ergänzen würden, die wir brauchen zu unserem Ziel, allein es ist das heute noch nicht möglich, und ich muss daher den Vortrag etwas anders einrichten, als ich es beabsichtigt hatte, zum Teil, weil es uns nicht gelungen ist, die Apparate in den nötigen Zustand zu versetzen, dann auch, weil man keinen Alkohol bekommen konnte, wie es uns ja auch gestern an Eis fehlte.

So werde ich im Wesentlichen in jener Betrachtung fortfahren, mit der ich gestern begonnen habe. Sie brauchen nur einen Blick zurückzuwerfen auf alle diejenigen Tatsachen, die wir uns vor Augen gestellt haben zum Zwecke eines Überblickes über das Verhalten verschiedener Körper zu dem Wärmewesen, und Sie werden sehen, dass gewisse typische Erscheinungen uns eben entgegentreten so, dass wir sagen können: Es besteht ein Ausdruck in diesen Erscheinungen, der zusammenhängen muss mit dem Verhältnis des zunächst uns unbekannten Wärmewesens, des Druckes, der auf irgendeinen Körper ausgeübt werden kann, auch der Gestaltungsfähigkeit, die ein fester Körper zum Beispiel annehmen kann, und eben dem Wärmegrad, dem Wärmezustand, ebenso wie der Größe des Rauminhaltes, des Volumens. Wir können ja verfolgen, wie auf der einen Seite feste Körper sich verflüssigen. Wir können sehen, wie während der Verflüssigung des festen Körpers eine Temperatur äußerlich durch Thermometer oder Temperaturmesser nicht zu konstatieren ist, sodass gewissermaßen die Wärmezunahme stillsteht, bis die Verflüssigung zu Ende ist. Wenn wir es dann mit einer Flüssigkeit zu tun haben, dehnt sich diese wieder weiter aus unter der Wärmezustandszunahme. Wir können andererseits sehen, wie ein flüssiger Körper sich in Dampf oder Gas verwandelt und wie dieselben Erscheinungen eintreten gewissermaßen des Verschwindens des Wärmezustandes und Wiederauftretens, wenn der ganze Körper in gasigen Zustand übergegangen ist.

Wir haben da – Sie können es sich ja selbst vor Augen führen, was damit zusammenhängt – eine Tatsachenreihe, die wir gewissermaßen mit den Augen, den Sinnen und mit den Instrumenten verfolgen können. Dann haben wir gestern aufmerksam gemacht auf gewisse innere Erlebnisse, die der Mensch selber unter dem Einfluss des Wärmewesens macht, die er aber auch macht unter dem Einfluss anderer Sinnesqualitäten, wie des Lichtes, des Tones, die er hat an solchen äußeren Vorgängen, wie Magnetismus und Elektrizität, die es nicht bis zu einer wirklichen Sinnesempfindung, wenigstens unmittelbar, bringen, weil, wie die gebräuchliche Physik sagt, dazu bei dem Menschen kein Organ vorhanden ist. Wir sehen ja das, was Elektrizitäts-, was magnetische Wirkungen sind, nur mittelbar, indem wir konstatieren, wie die magnetischen Körper andere Körper anziehen, und wir sehen bei den Elektrizitätsvorgängen die verschiedensten Wirkungen. Allein, ein unmittelbares Wahrnehmungsvermögen, wie wir es für Licht und Ton haben, haben wir für Elektrizität und Magnetismus nicht.

Wir haben uns dann besonders vor Augen geführt und müssen besonders festhalten, dass ja unsere eigentlichen passiven Vorstellungen, durch die wir uns erkennend die Welt vergegenwärtigen, eigentlich destillierte höhere Sinneswahrnehmungen sind.[56] Sie werden überall sehen, wo Sie prüfen, dass Sie solche höheren Vorstellungen haben. Sie werden sehen, wie schließlich doch – ich habe das gestern sogar für den Seinsbegriff erwähnt – Ihre höheren Vorstellungen hinterher destillierte Wahrnehmungen der höheren Sinne sind. Sie können noch anklingen hören Töne in den Bezeichnungen, die wir haben in den höheren Vorstellungen. Sie können überall noch durchscheinen sehen, was diese Vorstellungen vom Licht her haben.

Nur bei einer ganz bestimmten Reihe von Vorstellungen können Sie das nicht, wie Sie das sehr bald bemerken werden. Sie können es nicht bei den eigentlich mathematischen Vorstellungen. Bei diesen mathematischen Vorstellungen – ich meine, insofern es bei ihnen auf Mathematisches ankommt – ist ein Zurückführen auf irgendetwas Tonliches oder Sichtbares nicht vorhanden. Wir dürfen dabei natürlich keine Verwechslung begehen. Der Mensch wird sofort an Tonliches erinnert, wenn er von Schwingungszahlen der Tonwellen redet. Das meine ich hiermit natürlich nicht. Ich meine alles dasjenige, was man an mathematischen Vorstellungen gewinnt und was rein mathematisch ist, also zum Beispiel den Inhalt des pythagoreischen Lehrsatzes, oder dass die Summe [der Winkel] eines Dreiecks 180 Grad ist, oder dass das Ganze größer ist als seine Teile und so weiter. Dasjenige, was diesen rein mathematischen Vorstellungen zugrunde liegt, das führt nämlich zuletzt nicht zurück auf Gesehenes oder Gehörtes, sondern das führt, wenn man es letztlich verfolgt, zurück eigentlich auf Willensimpulse in uns, so sonderbar das zunächst erscheint.

So sonderbar das zunächst erscheint, sie werden überall sehen, wenn Sie sich wirklich aneignen eine Art Psychologie dieser Dinge, dass Menschen, wenn sie ein Dreieck zeichnen – das äußere Dreieck ist ja nur eine Versinnlichung –, dass sie in der Vorstellung, die sie gewinnen, die dreifach um die Ecke gegangene Entfaltung ihres Willens vorstellen, eine dreifach um die Ecke gegangene Entfaltung durch die Handbewegung oder durch das Gehen, durch das Sich-Wenden. Das, was Sie da als Willensvorstellungen drinnen haben, das tragen Sie in Wirklichkeit in ganz rein mathematische Vorstellungen hinein.[57] Das ist ja der eigentliche Unterschied zwischen den anderen Vorstellungen und den mathematischen Vorstellungen, jener Unterschied, der zum Beispiel Kant[58] oder anderen Philosophen so viel Kopfzerbrechens machte.

Sie können unterscheiden das innerlich Zwingende der mathematischen Vorstellungen von dem bloß Empirischen, dem Nichtzwingenden der anderen Vorstellungen. Dieser Unterschied rührt davon her, dass die mathematischen Vorstellungen so eng gebunden sind an uns selbst, dass wir unser Willenswesen in sie hineintragen und nur das, was wir innerhalb der Willenssphäre erfahren, in die mathematischen Operationen hineinlegen. Deshalb erscheinen die Ergebnisse uns so gewiss. Und was wir nicht so eng mit uns verbunden fühlen, sondern nur dadurch fühlen, dass ein Organ eingelagert ist an einer

Stelle, das erscheint uns ungewiss und empirisch. Das ist der wirkliche Unterschied.

Nun muss ich Sie darauf aufmerksam machen, dass, wenn wir in diese Willenssphäre hinuntergehen, wo heraufdämmert in der Abstraktheit die Summe unseres rein mathematischen, geometrischen Vorstellens, so kommen wir in das Gebiet des Willens, der in seinem eigentlichen Verlauf, wie er in unseren Organen waltet, uns innerlich so unbekannt ist, wie Elektrizität und Magnetismus uns äußerlich unbekannt sind. Und ich habe das gestern zu veranschaulichen versucht dadurch, dass ich Sie aufforderte, sich vorzustellen, Sie wären ein lebendig denkender Regenbogen und würden in der Farbe des Grün Ihr Bewusstsein halten, daher das Grün nicht wahrnehmen, sondern nach beiden Seiten hin ins Unbekannte eintauchen. Ich habe das Rot verglichen mit dem Eintauchen in die unbekannte Willenssphäre, und nach außen [das Blauviolett mit dem Eintauchen] in die elektrischen, magnetischen und ähnlichen Sphären.

Nun, ich schaltete hier an dieser Stelle unseres Kursus diese, ich möchte sagen, diese psychologisch-physiologische Betrachtungsweise ein, weil es ganz wesentlich ist, dass bei allen zukünftigen physikalischen Betrachtungen das eigentlich Physikalische wiederum zurückgeführt werde an den Menschen. Es ist unmöglich, dass jene Konfusionen, welche die Physik heute aufweist, herauskommen aus der Physik, wenn wir nicht wiederum anknüpfen an den Menschen. Das werden wir bei der weiteren Verfolgung der Wärmeerscheinungen sehen. Aber diese Anknüpfung an den Menschen ist, wenigstens dem heutigen Denken, nicht gar so leicht, und zwar aus dem Grund, weil der Mensch heute wirklich nicht sehr gut die Brücke zu schlagen versteht zwischen dem, was er äußerlich in der Welt der Raumerscheinungen oder überhaupt der äußeren Sinneserscheinungen wahrnimmt, und dem, was er innerlich erlebt.

Es ist heute ein solcher Dualismus vorhanden zwischen alledem, was wir uns als Wissen aneignen über die äußere Welt und alledem, was wir innerlich erleben, dass diese Brücke außerordentlich schwer zu schlagen ist. Aber sie muss gerade zum Heil der physikalischen Wissenschaft geschlagen werden. Daher muss angeknüpft werden, mehr zur Veranschaulichung als zur Erklärung, an eine Erscheinung im Menschen selbst, durch die sich wenigstens in etwas begreiflich wird machen lassen, wie wir uns eigentlich bei der Betrachtung so schwerwiegender physikalischer Erscheinungen, wie bei denen des Wärmewesens, zu verhalten haben.

Ich möchte Sie da auf Folgendes hinweisen: Nehmen Sie an, Sie lernen auswendig ein Gedicht. Sie werden, indem Sie dieses Gedicht auswendig lernen, zunächst nötig haben, sich die Vorstellungen zu vergegenwärtigen, die diesem Gedicht zugrunde liegen, und Sie werden zunächst immer sehr versucht sein, während Sie das Gedicht dann rezitieren, diese Vorstellungen in sich ablaufen zu lassen. Aber Sie werden auch wissen, dass, je öfter Sie das Gedicht rezitieren, namentlich wenn ein Zeitraum dazwischenliegt, und dann eine Zeit kommt, wo Sie sich bis zu einem gewissen Grad ersparen, die Vorstellungen in derselben Intensität innerlich ablaufen zu lassen, wie Sie sie zuerst haben ablaufen lassen. Und es kann, wenigstens – man verachtet das ja sehr, aber wir wollen es doch besprechen –, es kann, wenigstens in Annäherung, asymptotisch, möchte ich sagen, eine Zeit kommen, wo wir imstande sind, ohne weiter nachzudenken, was das Gedicht enthält, es einfach mechanisch herzusagen.

Gewiss, wir werden uns, weil wir ja Menschen sind, dieser Stufe des rein mechanischen Hersagens schon aus dem Gemütszustand nicht gern nähern wollen, aber wenigstens denkbar ist es, dass wir es bis zu dieser [Farce] bringen, dass wir gar nicht mehr nachzudenken brauchen, sondern, wenn wir die erste Zeile anschlagen, läuft das Gedicht herunter, ohne dass wir viel nachdenken. Verspüren Sie, dass das ein Endzustand ist, dem man sich nähert, wie sich die Asymptote der Hyperbel nähert. Das aber führt Sie darauf, dass, wenn wir ein Gedicht sprechen, wir es doch im Grunde genommen mit einem Ineinanderlaufen zweier verschiedener Tätigkeiten unseres Organismus zu tun haben: mit einem mechanischen Ablaufen gewisser Vorgänge unserer Organisation und mit dem Begleiten dieses mechanischen Ablaufens gewisser Vorgänge unserer Organisation durch unsere seelischen Vorstellungen. Mit etwas also, von dem wir ganz gut sagen können, dass es als Mechanisch-Äußerliches im Raum abläuft, und auf der anderen Seite mit etwas, was als Seelisches sich ganz dem Wesen des Raumes entzieht.

Wenn Sie nun – in Gedanken können Sie das ja tun – wenn Sie nun auf dasjenige, was mechanisch abläuft, was physikalisch abläuft, bloß hinhören zum Beispiel bei der Rezitation eines Gedichtes in einer Sprache, die Sie nicht verstehen, dann haben Sie einen mechanischen Ablauf, einen physikalischen Ablauf. In dem Augenblick, wo Sie sich denken dasjenige, was innerlich begleitet diesen mechanischen Ablauf, haben Sie ein Seelisches, welches Sie nicht zu den Raumerscheinungen dazu [bringen können]. Sie können nicht die Gedanken, mit denen der rezitierende Mensch seine Rezitation begleitet, in den Raum hinaus so versetzen wie die mechanischen Vorgänge des Sprachablaufes, des Wortablaufes.

Ich mache Sie nun aufmerksam auf ein Analogon: Wenn wir verfolgen die Erwärmung, die wir einem festen Körper zufügen, bis er zu seinem Schmelzpunkt kommt, [da] wird die Temperatur immer höher und höher. Wir können das am Thermometer verfolgen, dann sehen wir, dass das Thermometer stehen bleibt, [während] der Körper schmilzt. Wenn er geschmolzen ist, fängt das Thermometer wieder an zu steigen. Es ist ja unmöglich zunächst, zu verfolgen thermometergemäß, was mit dem Wärmewesen geschieht, während der Körper schmilzt. Ein Analogon besteht [jedoch] zwischen dem, was wir äußerlich verfolgen können mit dem Thermometer – die äußeren physikalischen Vorgänge –, und dem, was wir an der Wortfolge verfolgen können physikalisch, und ein Analogon besteht [nun] zwischen dem, was sich uns entzieht, dem, was der Rezitierende in seiner Vorstellung erlebt, und dem, was mit diesem Wärmewesen geschieht, während das Schmelzen vor sich geht.

Sie sehen, hier haben wir ein Beispiel, wo wir wenigstens zunächst analog zurückführen können eine äußerliche Beobachtung auf etwas am Menschen. Wir haben nicht so naheliegende Beispiele für dieses Brückenschlagen bei anderen Gebieten der menschlichen Betätigung, als beim Sprechen, weil wir da beim Menschen auf der einen Seite, wenn auch fast in unendlicher Entfernung, die Möglichkeit haben, dass wir das Auswendiggelernte nur herunterratschen mechanisch, und auf der anderen Seite nicht herunterratschen, sondern, ohne dass wir sprechen, nur innerlich denken, wodurch sich das dem Raum entzieht. Wir haben bei anderen Sphären nicht diese menschliche Betätigung, wir haben nicht die Möglichkeit, geradezu zu sehen, wie das eine in das andere übergeht. Vor allen Dingen wird uns das nicht so leicht, wenn wir das Wärmewesen verfolgen wollen, weil wir da schon physiologische, psychologische Untersuchungen anstellen müssen, wie sich das Wärmewesen verhält, wenn wir es selber in uns aufgenommen haben.

Ich habe Ihnen gestern, nur um etwas zu veranschaulichen, gesagt: Ich trete in einen Raum, der behaglich erwärmt ist. Ich setze mich hin und schreibe etwas. Ich kann nicht so leicht den Zusammenhang zwischen dem, was ich da erfahre, erlebe, indem ich in den warmen Raum trete, finden. Es erwärmt mich selbst mit dem, was innerlich in mir vorgeht, wenn ich meine Gedanken niederschreibe. Ich kann nicht so leicht den Zusammenhang konstatieren, wie ich den Zusammenhang konstatieren kann zwischen dem Abratschen der Sprache und dem Denken innerlich. Deshalb wird es natürlich schwierig, durch inneres Erleben irgendetwas zu finden, was dem Wärmeerlebnis von außen im rein inneren Erleben entsprechen würde. Dennoch handelt es sich darum, dass wir uns allmählich annähern Vorstellungen, die uns auf diesem Wege weiterführen können. Und da möchte ich zunächst aufmerksam machen auf etwas, was Sie aus der Anthroposophie heraus wissen.

Sie wissen, wenn wir den Versuch machen, unsere Gedanken durch Meditation weiterzuführen,[59] weiterzuführen an innerer Intensität, also wenn wir unser Denken so bearbeiten, dass wir immer wieder und wiederum in den Zustand hineinkommen, wo wir wissen, dass wir innerlich Seelentätigkeit anwenden, ohne den Körper zu Hilfe zu nehmen, dann geschieht das nicht, ohne dass sich unser ganzes inneres Seelenleben verwandelt. Man kann nicht mit den gewöhnlichen abstrakten Gedanken in eine höhere Region des menschlichen Seelenlebens kommen. Die Gedanken werden dann bildlich, und man muss sie erst aus dem imaginativen Element zurückversetzen in unser abstraktes Element, wenn man sie der Außenwelt vortragen will, die nicht mit dem Imaginativen bekannt ist. Aber Sie brauchen nur einmal eine Darstellung durchzusehen, die sich bemüht, möglichst sachlich zu sein, wie zum Beispiel meine «Geheimwissenschaft», die deshalb die reinen Abstraktlinge so schockiert hat. Da muss schon der Versuch gemacht werden, die Dinge ins Bildliche hinüberzuführen, wie ich es bei der Saturn- und Sonnendarstellung habe tun müssen im äußersten Maße. Da finden Sie lauter bildliche Vorstellungen in das andere hineingemischt.

Das wird den Menschen so sehr schwer, ins Bildliche überzugehen, weil man da nicht mehr kann die Dinge ins Abstrakte hinüberleiten. Dem liegt nämlich zugrunde, dass, wenn wir abstrakt denken, wenn wir uns bewegen in engen Vorstellungen, die die Menschen heute am meisten gewohnt sind und die am liebsten in der Wissenschaft, namentlich in der Naturwissenschaft, angewendet werden, so sind das durchaus Vorstellungen, zu denen wir unseren Körper gebrauchen. Wir können zum Beispiel durchaus nicht den Körper entbehren, wenn wir dasjenige, was heute als physikalische Gesetze in den Physikbüchern steht, durchdenken wollen. Da müssen wir so denken, dass wir unseren Körper als Instrument haben. Wenn man in die Sphäre des Imaginativen hinaufkommt, dann müssen die abstrakten Vorstellungen sämtlich verwandelt werden, weil man da eben nicht mehr den Körper verwendet zum inneren Seelenleben.

So können Sie also jetzt hinschauen auf, ich möchte sagen, das ganze Gebiet des imaginativen Denkens. Dieses Gebiet des imaginativen Denkens hat in uns selber nichts mehr zu tun mit demjenigen, was noch an unsere äußere Leiblichkeit gebunden ist. Wir steigen auf in eine Region, wo wir leben als seelisch-geistiges Wesen, ohne dass das zu tun hat mit unserer äußeren Leiblichkeit. Das heißt aber mit anderen Worten: Wir kommen in dem Augenblick, wo wir aufsteigen ins Imaginative, aus dem Raum hinaus. Wir sind dann selbst nicht mehr im Raum.

Sehen Sie, das hat eine sehr bedeutsame Konsequenz. Ich habe Ihnen beim vorigen Kursus müssen einen strengen Unterschied machen zwischen alldem, was bloß phoronomisch ist, und dem, wo dann Mechanisches, wie zum Beispiel die Masse, in unsere Betrachtung eintritt.[60] Solange ich beim Phoronomischen bleibe, brauche ich hier die Dinge nur in Gedanken auf eine Tafel, auf ein Blatt aufzuzeichnen, und ich bekomme die Veranschaulichung dessen, was ich in dem Gebiet der Bewegung, des Rauminhaltes und so weiter denken kann. Aber ich muss eben dann bei dem bleiben, was räumlich und zeitlich anschaulich ist. Warum ist das so? Das ist so aus einem ganz bestimmten Grund. Sie müssen sich nämlich klar sein darüber: Alle Menschen, wie sie hier auf der Erde leben, sind wie Sie selber im Raum und in der Zeit drinnen. Sie nehmen einen gewissen Raum ein und verhalten sich als Raumkörper zu anderen Raumkörpern. Also, indem Sie über den Raum reden, sind Sie gar nicht in der Lage, etwas ernsthaftig, wenn Sie die Dinge vorurteilslos betrachten, in kantischen Vorstellungen hinzustellen. Denn wenn der Raum in uns sein könnte, so könnten wir nicht selber im Raum drinnen sein. Wir können uns nur einbilden, dass der Raum in uns ist. Wir werden von dieser Vorstellung, von dieser Einbildung sofort geheilt, wenn wir uns klar werden, dass dieses Drinnensein im Raum für uns eine sehr reale Bedeutung hat. Wenn der Raum in uns wäre, könnte es keine Bedeutung haben, ob ich in Moskau oder in Wien geboren bin. Das hat aber eine sehr reale Bedeutung, wo ich in den realen Raum hineingeboren bin. Ich bin also als irdisch-empirischer Mensch durchaus ein Ergebnis der Raumtatsachen, das heißt, ich gehöre als Mensch den Verhältnissen an, die sich im Raum ausbilden.

Ebenso ist es mit der Zeit. Sie alle wären andere Menschen geworden, wenn Sie zwanzig Jahre früher geboren worden wären. Das heißt: Ihr Leben hat nicht die Zeit in sich, sondern die Zeit hat Ihr Leben in sich. Sie stehen also als empirischer Mensch im Raum und in der Zeit darinnen. Und indem wir reden über Raum und Zeit, auch wenn wir uns unsere Willensimpulse in der Geometrie, wie ich es eben erwähnt habe, bildhaft ausdrücken, so ist das [so], weil wir selber in den Raumverhältnissen und Zeitverhältnissen drinnen leben und dadurch mit ihnen gerade verwandt sind und so a priori über sie reden können, wie wir das in der Mathematik tun.

Wenn Sie übergehen zu dem Begriff schon der Masse, da geht es nicht so. Da müssen Sie sich sagen: Sie machen als Mensch mit Bezug auf die Masse – gestatten Sie den trivialen Ausdruck, die Österreicher werden mich verstehen –, Sie machen sich mit Bezug auf die Masse eine Extrawurst zurecht, während Sie [sonst] nicht sagen können, dass Sie ein Stück des Raumes oder der Zeit herausreißen, sondern in dem allgemeinen Raum und [der] Zeit drinnen leben – Sie gehören dazu. Sie nehmen [jedoch] in der Tat, schon wenn Sie essen und trinken, aus der allgemeinen Masse etwas heraus und machen es zu Ihrer eigenen Masse. Diese Masse ist dann in Ihnen. Es ist gar nicht zu leugnen, dass diese Masse mit all ihren Betätigungen, all ihren Potentialen in Ihnen tätig ist. Das ist etwas, was in Ihnen ist. Aber es ist zu gleicher Zeit dasjenige, worüber wir nicht so reden können wie über Raum und Zeit. Gerade indem Sie selber teilnehmen, ich möchte sagen, mit Ihrem inneren Eigentum an der Masse, indem Sie sie in sich erleben, gestattet Ihnen diese Masse gar nicht, dass sie in Ihnen so bewusst wird wie Raum und Zeit. Wir kommen also da, wo wir gerade unser Eigenes haben von der Welt, in die uns unbekannten Gebiete hinein. Das hängt ja damit zusammen, dass zum Beispiel unser Wille im höchsten Grad von Massevorgängen in uns abhängig ist. Aber die Massevorgänge sind uns gerade unbekannt. Bezüglich ihrer schlafen wir gerade. Und wir verhalten uns zu einem Massevorgang in uns, während unser Wille tätig ist, nicht anders als zwischen Einschlafen und Aufwachen in der Welt irgendwo. Wir wissen von dem einen und anderen nichts. Es ist zwischen diesen beiden Verhaltungen des menschlichen Bewusstseins kein unmittelbarer Unterschied.

So kommen wir dazu, [das Physikalische] an den Menschen heranzurücken allmählich. Es ist dasjenige, wovor sich die Physik so scheut: es an den Menschen heranzurücken. Aber man kommt auch auf keine andere Weise dazu, über die Welt wirklich sachgemäße Vorstellungen zu gewinnen, als indem man ebenso verwandt wird mit dem in der Welt, mit dem man zunächst unverwandt ist, wie man verwandt ist mit Raum und Zeit. Über Raum und Zeit reden wir aus unserer, sagen wir, Vernunft heraus. Daher die [Gewissheit] der mathematischen und phoronomischen Wissenschaften. Über dasjenige, was wir bloß äußerlich durch unsere Sinne erfahren und was mit der Masse verknüpft ist, können wir nur eben wiederum zunächst durch Erfahrung reden. Aber wir würden anfangen, ebenso reden zu können über das, wenn wir den Zusammenhang zwischen der Tätigkeit irgendeines Masseteiles in uns und der Tätigkeit der äußeren Masse ebenso klar auseinandersetzen könnten wie das offenbare Verhältnis zwischen uns und der Zeit oder zwischen uns und dem Raum. Das heißt, wir müssten so innig verwachsen mit der Welt auch für die physikalischen Vorstellungen, wie wir verwachsen mit der Welt für die mathematischen oder phoronomischen Vorstellungen.

Das ist aber das Eigentümliche, dass wir, während wir vom eigenen Leibe unabhängig werden, worinnen alles sitzt, was wir so verschlafen wie die Willenserscheinungen, während wir aufrücken zum imaginativen Vorstellen, nähern wir uns einen Schritt hinein in die Welt. Wir kommen immer wiederum näher dem, was eigentlich sonst unbekannt in uns waltet, und es gibt keinen anderen Weg, in die Objektivität der Tatsachen hineinzukommen,[61] als in uns selber mit unserer eigenen inneren Seelenentwicklung vorwärtszuschreiten. Während wir uns von unserer eigenen Materialität entfernen, nähern wir uns immer mehr und mehr demjenigen, was draußen in der Welt vorgeht.

Allerdings, die elementarsten Erfahrungen auf diesem Gebiet sind nicht so ganz leicht zu machen, denn man muss sich schon darauf verlegen, Dinge zu bemerken, die eigentlich gewöhnlich nicht in Augenschein genommen werden. Aber ich möchte Ihnen da etwas verraten, was Sie vielleicht schon in Erstaunen versetzt. Nehmen Sie an, Sie kommen auf dem Gebiet des imaginativen Vorstellens ein Stück weiter, Sie kommen wirklich hinein in das imaginative Vorstellen. Da tritt etwas in Ihnen ein, was Sie eben vielleicht etwas in Erstaunen versetzen wird: Es wird Ihnen jetzt leichter als früher, ein Gedicht, das Sie gelernt haben, bloß äußerlich hinzuratschen, nicht schwerer wird es Ihnen, sondern leichter. Ja, wenn Sie sich ganz genau beobachten, ohne Schonung Ihres Seelenegoismus, so werden Sie sogar finden, dass Sie viel mehr Neigung haben, ein Gedicht herunterzuratschen, ohne es mit Gedanken zu verfolgen, wenn Sie eine okkulte Entwicklung durchgemacht haben, als wenn Sie eine solche nicht durchgemacht haben. Sie verachten auch nicht mehr so stark dieses Ins-Mechanische-Übergehen, wenn Sie eine okkulte Entwicklung durchgemacht haben, als vorher. Das sind solche Dinge, wie man sie eigentlich gewöhnlich nicht voraussetzt, die man aber meint, wenn man immer wiederum sagt: Die Erlebnisse bei der okkulten Entwicklung sind eigentlich entgegengesetzt den Vorstellungen, die man sich gewöhnlich zuerst macht, wenn man noch nicht eingetreten ist in eine okkulte Entwicklung.

Und so ist es auch, dass, wenn man nur eine weitere Stufe überschreitet, man auch dahin kommt, nun die eigenen Vorstellungen wiederum im gewöhnlichen Leben leichter beobachten zu können. Deshalb kommt für jeden, der okkult vorschreitet, sehr leicht die Gefahr – er ist in der Regel, wenn er eine ordentliche okkulte Schulung durchmacht, durch diese Schulung geschützt –, aber es kommt die Gefahr, nachher ein materialistischer Mensch zu werden. Die Versuchung, ein Materialist zu werden, ist gerade für den, der eine okkulte Entwicklung durchmacht, außerordentlich naheliegend. Ich werde Ihnen an einem Fall sagen, warum.

Sehen Sie, im gewöhnlichen Leben liegt ja wirklich das vor, dass Theoretiker behaupten, das Gehirn denkt. Aber im gewöhnlichen Leben hat das noch kein Mensch wahrgenommen. Im gewöhnlichen Leben kann man gut einen Dialog führen, den ich mit einem Jugendfreund in meiner Kindheit geführt habe,[62] der ein krasser Materialist war und es immer mehr und mehr wurde. Der sagte: Wenn ich denke, denkt mein Gehirn. – Ich sagte dazumal immer: Ja, aber wenn du neben mir gehst, sagst du doch immer: Ich will das, ich denke. Warum sagst du denn nicht: Mein Gehirn will das, mein Gehirn denkt. Dann lügst du ja fortwährend. – Das ist aus dem Grunde [so], weil der, der theoretischer Materialist ist, ganz natürlich niemals die Möglichkeit hat, Vorgänge des Gehirns zu beobachten. Er kann die materiellen Vorgänge nicht beobachten. Daher bleibt der ganze Materialismus bei ihm Theorie.

In dem Augenblick, wo man nämlich etwas vorschreitet vom imaginativen zum inspirierten Vorstellen, kommt man dazu, nun wirklich Parallelvorgänge im Gehirn beobachten zu können. Da wird einem wirklich dasjenige, was in der Materialität der Leiblichkeit ist, auch anschaulich – abgesehen davon, dass es außerordentlich versucherisch ist, dasjenige, was man da anschaut in der eigenen Tätigkeit, einem immer wieder und wiederum als bewundernswert erscheint: Denn diese Tätigkeit des Gehirns ist ja anschaulich etwas viel Bewundernswürdigeres als alles, was die theoretischen Materialisten davon beschreiben können – also liegt die Versuchung vor, weil man kommt zu der anschaulichen Betätigung des menschlichen Gehirns, gerade dann Materialist zu werden. Man ist nur davor auch, wie gesagt, schon geschützt.

Aber indem ich Ihnen diese Stufe der okkulten Entwicklung dargelegt habe, habe ich Sie zu gleicher Zeit dahin geführt, Ihnen zu zeigen, wie mit der okkulten Entwicklung man gleichzeitig die Möglichkeit gewinnt, nun auch in die materiellen Vorgänge tiefer sich hineinzubewegen. Das ist das Eigentümliche: Wer bloß als Abstraktling zum Geist sich erhebt, wird ziemlich ohnmächtig den Naturerscheinungen gegenüber. Wer sich wirklich zum Geist erhebt, der kommt dazu, tiefer in die Natur gerade hineinschauen zu können. Er verwächst dann mit den anderen Erscheinungen der Natur, wie er vorher nur mit Raum und Zeit verwachsen war.

Das, was wir da anschaulich gemacht haben, das müssen wir jetzt auf die eine Seite stellen gewissermaßen, und das, was uns bis jetzt in den Wärmeerscheinungen entgegentritt, das müssen wir auf die andere Seite stellen.

Was ist uns in den Wärmeerscheinungen entgegengetreten? Nun, wir verfolgen das Ansteigen der Temperatur, indem wir einen festen Körper erwärmen bis zum Flüssigwerden. Wir verfolgen, wie die Temperatursteigerung verschwindet für eine Zeit, [dann] wiederum erscheint, bis der Körper zu sieden beginnt, zu verdampfen beginnt.

Und wenn wir sie dann wieder weiterverfolgen, können wir noch etwas anderes verfolgen [Zeichnung 26]. Wir können verfolgen – an dem Experiment, das wir ausführen wollten und demnächst ausführen werden,[63] wird sich das klarer zeigen –, wir können verfolgen, dass wir eben ein Gas – oder Dampf – allseitig einschließen müssen, wenn es seine Form haben soll, wie aber auch dieses Gas oder dieser

Dampf allseitig drückt auf die Umgebung, allseitig sich zu zerstreuen strebt, und wir nur dadurch – wir haben hier einen Übergangszustand zwischen Gas und festem Körper – ihm eine Form beibringen, dass wir diesem Druck einen Gegendruck entgegensetzen, also nur dadurch, dass wir sie ihm von außen beibringen.

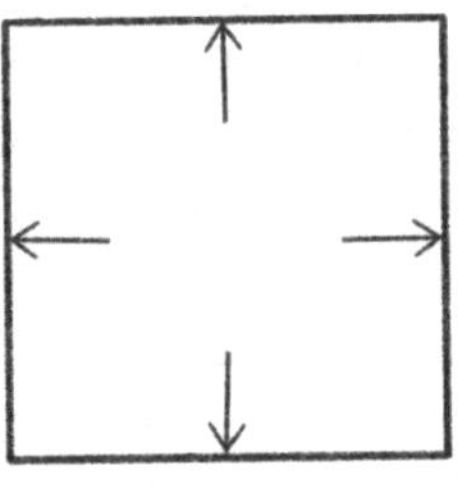

[Zeichnung 26]

In dem Augenblick, wo wir durch Temperaturerniedrigung den Übergang zum festen Körper finden, besorgt er für sich selbst, sich die Form zu geben [Zeichnung 27]. Wir erleben, indem wir rein Temperatursteigerung und Temperaturgefälle erleben, äußerlich ein Formen, ein Bilden: Wir erleben ein Sich-Gestalten und wir erleben eine Auflösung der Gestalt.

[Zeichnung 27]

Das Gas löst uns die Gestalt auf, der feste Körper bildet uns die Gestalt. Wir erleben auch den Übergang zwischen beiden und wir erleben gerade diesen Übergang in außerordentlich interessanter Weise. Denn denken Sie einmal, wenn Sie den zwischen dem festen Körper und dem Gas in der Mitte stehenden Zustand ins Auge fassen, das Wasser, den flüssigen Körper, so müssen Sie ihn nicht in einem allseitig geschlossenen Gefäß aufbewahren, sondern in einem

Gefäß, das nur von unten und von den Seiten geschlossen ist [Zeichnung 28]. Oben bildet er die Niveaufläche, auf der die Schwerlinie, die Verbindungslinie eines Teilchens mit dem Mittelpunkt der Erde, immer senkrecht steht, sodass wir sagen können, wir haben hier einen Übergangszustand zwischen Gas und festem Körper.

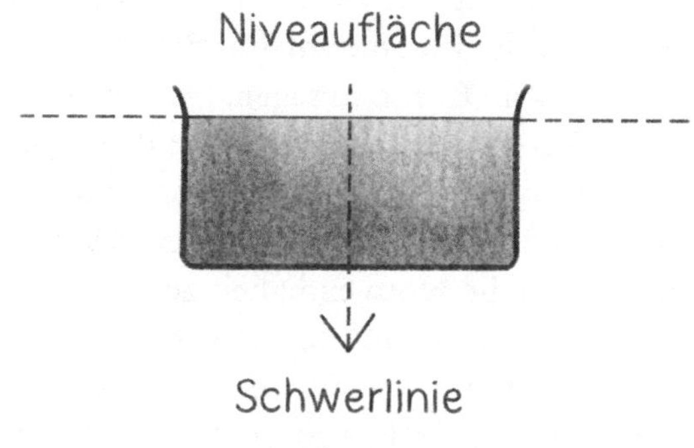

[Zeichnung 28]

Beim Gas haben wir nirgends eine solche Niveaufläche. Beim Wasser haben wir noch die eine Niveaufläche. Beim festen Körper haben wir dasjenige, was wir beim Wasser nur nach oben haben, rundherum. Sehen Sie, das ist ein außerordentlich interessanter und bedeutungsvoller Zusammenhang. Denn der weist uns darauf hin, dass der feste Körper eigentlich überall so etwas wie eine Niveaufläche hat, aber sie sich durch seine eigene Wesenheit besorgt. Wodurch besorgt denn das Wasser sich diese Niveaufläche? Es steht eben auf ihr senkrecht die Schwerlinie der Erde. Es besorgt sich diese Niveaufläche durch die ganze Erde. Sodass wir sagen können: Wenn wir Wasser haben, so nimmt ein Punkt dieses Wassers zu der ganzen Erde dasjenige Verhältnis an, was ein Punkt eines festen Körpers zu irgendwas in [seinem] Inneren hat. Dadurch ist der feste Körper etwas Abgeschlossenes, was das Wasser nur darstellt in seinem Verhältnis zur Erde. Und das Gas streikt. Das geht dieses Verhältnis zur Erde gar nicht mehr ein. Das entzieht sich diesem Verhältnis zur Erde. Das hat nirgends eine solche Niveaufläche.

Sie sehen aber daraus, dass wir in die Notwendigkeit versetzt sind, zu einem alten Begriff wiederum zurückzugehen. Ich habe Sie aufmerksam gemacht in einer der vorigen Stunden, dass man noch in der alten griechischen Physik den festen Körper die Erde genannt hat. Das hat man nicht getan aus jenen oberflächlichen Vorstellungen heraus, die man heute oftmals mit solchen Dingen verbindet, sondern das hat man deshalb getan, weil man sich bewusst war: Der feste Körper besorgt für sich selbst etwas, was beim Wasser durch die Erde besorgt wird. Er übernimmt für sich selber die Rolle des Erdigen. Man hat bloß ein Recht zu sagen: Das Erdige sitzt in einem festen Körper. Im Wasser sitzt es nicht ganz drinnen, sondern die Erde behält sich die Rolle, eine Niveaufläche zu bilden, selber vor.

Sie sehen also, schon indem man vom festen Körper zum Wasser vorschreitet, macht sich die Notwendigkeit geltend, unsere Betrachtungen nicht nur auszudehnen auf das, was wir vor uns haben, sondern wir können gar nicht über das Wasser eine Auskunft bekommen, wenn wir nicht das ganze, über die Erde verbreitete Wasser als Einheit auffassen und diese seine Einheit zum Mittelpunkt der Erde in Beziehung bringen. Ein Stück Wasser ebenso physikalisch zu betrachten wie ein Stück festen Körpers, ist ein Unsinn, ein ebensolcher Unsinn, wie ein Stück meines kleinen Fingers, das ich abschneiden würde, für sich als Organismus zu betrachten. Es stirbt ja sogleich ab. Es hat als Organismus nur eine Bedeutung mit dem ganzen Organismus zusammen. Die Bedeutung, die der feste Körper für sich hat, hat das Wasser für sich nicht. Es hat sie erst im Zusammenhang mit der ganzen Erde. Und so ist es für alles auf der Erde befindliche Flüssige überhaupt.

Und wiederum, wenn wir vom Flüssigen zum Gasförmigen übergehen, kommen wir dazu, dass sich das Gasförmige dem irdischen Gebiet entzieht. Es bildet keine gewöhnliche Niveaufläche. Es nimmt teil an all dem, was nicht irdisch ist. Das heißt: Wir müssen das, was im Gas wirkt, nicht bloß auf der Erde suchen, sondern wir müssen die Umgebung der Erde zu Hilfe nehmen, müssen in weite Räume gehen, und da die Kräfte suchen. Es gibt, wenn wir die Gesetze des Gasigen kennenlernen [wollen], nichts anderes als eine astronomische Betrachtung.

So sehen Sie, wie das hineingestellt wird in den ganzen Erdenzusammenhang, wenn wir diese Erscheinungen betrachten, die wir bisher nur aufgeführt haben. Und wenn wir an solch einen Punkt kommen, wie der Schmelz- oder Siedepunkt ist, da treten Dinge ein, die uns jetzt ganz merkwürdig werden müssen. Denn, geraten wir zum Schmelzpunkt, so kommen wir von dem Erdigen eines festen Körpers, wo er für sich selbst die Gestalt, den Zusammenhang besorgt, hinein in dasjenige, was allirdisch ist. Die Erde fängt an, zu kapern den festen Körper, indem er in den flüssigen Zustand übergeht. Aus seinem eigenen Bereich geht der feste Körper in den Wirkungsbereich der ganzen Erde über, wenn wir beim Schmelzpunkt ankommen. Er hört auf, eine Individualität zu sein. Und wenn wir den flüssigen Körper in den gasförmigen Zustand überführen, dann kommen wir dazu, dass auch jenes Verhältnis zur Erde, das durch die Bildung der Niveaufläche sich äußert, gelöst wird, dass in dem Augenblick, wo wir zum Gas übergehen, der Körper in den Bereich des Außerirdischen kommt, sich gewissermaßen abhebt vom Irdischen. Wenn wir einem Gas gegenüberstehen, haben wir in den Wirkungskräften des Gases das, was sich der Erde schon entzogen hat. Wir können also, gerade wenn wir diese Erscheinungen betrachten, gar nicht umhin, von dem gewöhnlichen Physikalisch-Irdischen in das Kosmische überzutreten. Denn wir stehen nicht mehr in der Realität drinnen, wenn wir auf das, was wirklich wirkt in den Dingen, nicht aufmerksam werden.

Aber nun treten uns ja andere Erscheinungen gegenüber. Nehmen Sie eine solche Erscheinung, wie die ist, die Sie ja genau kennen, auf die ich ja aufmerksam gemacht habe: dass das Wasser sich sehr merkwürdig verhält,[64] dass Eis auf dem Wasser schwimmt, also weniger dicht ist als Wasser, dass also Wasser, indem es vom festen in den flüssigen Zustand übergeht, seine Temperatur erhöht, also sich zusammenzieht, dichter wird. Dadurch nur kann Eis auf Wasser schwimmen. Da haben wir also zwischen null und vier Grad etwas, wo das Wasser sich wiederum entzieht den allgemeinen Vorgängen, die uns sonst bei Temperaturerhöhungen entgegentreten, dass ein Körper dünner und dünner wird durch Erwärmung. Dieses Spatium von vier Graden, wo das Wasser immer [dichter] wird, ist sehr lehrreich.

Was sehen wir denn in diesem Spatium? Da sehen wir, wie das Wasser kämpft. Es ist als Eis ein fester Körper mit seinen inneren Zusammenhängen, eine Art Individualität. Jetzt soll es selbstlos in den ganzen Bereich der Erde übergehen. Diese Selbstlosigkeit will es sich nicht gleich gefallen lassen. Es kämpft gegen dieses Übergehen in eine ganz andere Sphäre. Solche Dinge müssen durchaus beachtet werden. Dann aber wird es auch anfangen Sinn zu haben, darauf hinzuschauen, wie unter gewissen Verhältnissen, also sagen wir beim Schmelzpunkt und Siedepunkt, die thermometrisch konstatierbare Wärme zurücktritt, verschwindet. Sie verschwindet so, wie uns diese leibliche Wirksamkeit verschwindet, indem wir ins Imaginative aufsteigen.

Es wird, wenigstens zunächst – wir werden auf diese Dinge noch eingehen –, es wird Ihnen nicht so sehr paradox erscheinen, wenn wir versuchen, zu verfolgen: Was wird denn nun dann, wenn ein Wärmezustand [es] uns notwendig macht, die Temperatur in die dritte Potenz zu erheben, das heißt also in die für diesen Fall vierte Dimension, also aus dem Raum herauszugehen? Wir wollen uns nun diese Voraussetzung zunächst einmal vor die Seele stellen und dann morgen darüber weiterreden. Es könnte ja auch, wie die Tätigkeit unseres Leibes übergeht ins Geistige, wenn wir ins Imaginative hineinkommen, es könnte ebenso gut ein Übergang stattfinden zwischen dem Äußerlich-Sichtbaren, was da im Wärmebereich vor sich geht, und zwischen Erscheinungen, die dahinterstehen, auf die nur hingedeutet wird, wenn die Wärme als thermometrisch messbare Wärme vor unseren Augen verschwindet. Wir müssen fragen: Was wird hinter dem Vorhang getan? Was unterrichtet uns über die Vorgänge, die hinter diesem Vorhang vor sich gehen? Das ist die Frage, die wir uns heute stellen wollen. Morgen sprechen wir dann darüber weiter.

SECHSTER VORTRAG

Stuttgart, 6. März 1920

Meine lieben Freunde! Wir werden heute zunächst einige Erscheinungen anschauen, welche aus dem Gebiet sind der Zusammengehörigkeit von Wärme, Druck und Ausdehnung der Körper. Denn Sie werden sehen, dass durch die zusammenschauenden Betrachtungen desjenigen, was wir erfahren können an solchen Erscheinungen, sich uns gerade der Weg eröffnen wird zum Verständnis dessen, was das Wärmewesen eigentlich ist.

Wir werden zunächst einmal die Erscheinung betrachten, die sich hier ergibt durch den Inhalt dieser drei Röhren [Zeichnung 29: 1, 2, 3]. In der ersten Röhre rechts [1] haben wir eine Quecksilbersäule, wie man sie in einer Barometerröhre hat, und oben etwas Wasser. Wasser, welches in einer solchen Weise in einem Raum drinnen ist, verdunstet fortwährend. Wir haben das Wasser in dem sogenannten Vakuum, in dem leeren Raum, und wir können sagen: Wasser verdunstet. Die kleine Menge Wassers, die drinnen ist, verdunstet fortwährend. Wir können diese Verdunstung durch die Anwesenheit des Wasserdampfes, der drinnen ist, konstatieren: Wenn Sie vergleichen die Quecksilbersäule in ihrer Höhe, wie sie hier in dieser Röhre [1] ist, mit der Quecksilbersäule hier drinnen [*b*], die unter dem normalen Luftdruck steht, über welcher also hier kein verdunstendes Wasser, also kein Wasserdampf ist, so werden Sie sehen, dass diese Quecksilbersäule [1] tiefer steht wie jene [*b*]. Diese Quecksilbersäule kann natürlich nur tiefer stehen als diejenige im Barometer, wenn der Druck, der oben [1] ausgeübt wird, vorhanden ist, während hier oben [*b*] kein Druck vorhanden ist von irgendetwas. Es ist ein leerer Raum, sodass diese Quecksilbersäule [*b*] nur entgegensteht dem äußeren Atmosphärendruck, als ihm das Gleichgewicht haltend. Hier [1] wird sie heruntergedrängt. Wenn wir abmessen, werden wir finden, dass wir hier [*b*] von dieser Höhe ab eine höhere Quecksilbersäule haben. Um was sie hier [1] niedriger ist, wird durch den

Druck, die sogenannte Spannkraft des darin befindlichen verdunstenden Wassers, bewirkt, das heißt, es wird die Quecksilbersäule [1] mehr heruntergedrängt.

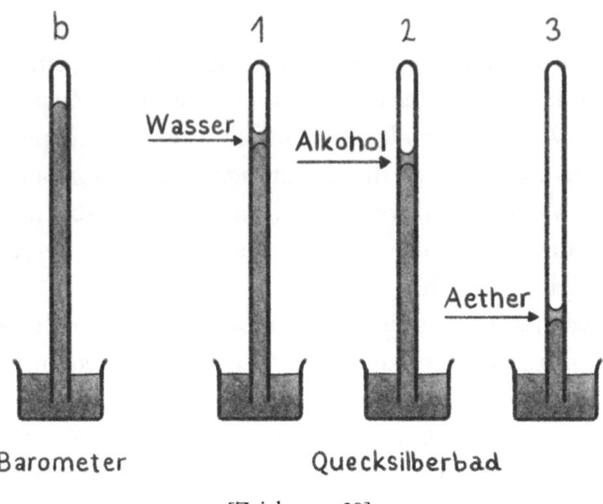

[Zeichnung 29]

Wir sehen also, dass Dampf immer auf die Wände drückt, und zwar wird ein bestimmter Druck unter einem bestimmten Wärmezustand ausgeübt. Das können wir dadurch konstatieren, dass wir den oberen Teil dieser Glasröhre erwärmen. Sie werden sehen, wenn die Temperatur höher wird, wird die Quecksilbersäule [1] sinken, das heißt, der Druck wird größer werden. Wir werden also sehen, dass ein Dampf umso mehr auf die Wand drückt, je höher seine Temperatur ist. Sie sehen die Quecksilbersäule jetzt schon sinken und sehen, wie die Spannkraft, die Druckkraft mit der Temperatur wächst. Das Volumen, das dann der Dampf einnehmen will, wird vergrößert.

In der zweiten Röhre [2] haben wir über dem Quecksilber Alkohol. Wiederum sehen Sie den Alkohol da drinnen flüssig einen gewissen Rauminhalt hindurch. Er verdunstet ebenfalls – er verdunstet ebenfalls, daher ist auch diese Säule [2] weniger hoch als die linke am Barometer [*b*]. Wenn ich abmesse, werde ich aber auch finden, dass sie hier [2] weniger hoch ist, als früher die Quecksilbersäule [1] unter dem Einfluss des verdunsteten Wassers war. Wir müssen warten, bis hier [1] die Säule wiederum so hochsteigt, als sie vor der Erwärmung war. Dann würden wir finden, dass abhängt die Spannung auch von der Substanz selber, die wir verwenden. Diese Spannung ist also größer bei Alkohol als bei Wasser. Auch hier [2] könnte ich wiederum denselben Versuch machen: Sie werden sehen, dass die Spannung wesentlich höher wird, wenn wir die Temperatur erhöhen. Wenn wir den Dampf so weit abkühlen, dass wir ihn wieder haben unter derselben Temperatur wie früher, dann steigt das Quecksilber: also bei geringerem Druck, geringerer Spannkraft. Sie sehen, die Säule [2] steigt. Das heißt: Die Spannkraft beim Alkoholdampf ist wesentlich größer.

In der dritten Röhre [3] haben wir unter sonst gleichen Verhältnissen Äther eingefüllt, der wiederum verdunstet. Sie sehen, die Säule [3] ist hier sehr niedrig. Daraus ersehen Sie, dass, wenn wir Äther unter sonst gleichen Verhältnissen zum Verdunsten bringen, drückt er wesentlich anders als verdunstendes Wasser drückt. Es hängt also ab der Druck, der auf die Umgebung von einem Gase ausgeübt wird, von der Temperatur, aber auch von der Substanz selber. Auch hier [3] können Sie sehen, dass das Volumen wesentlich größer wird, dass das Verdunsten des Äthers also wesentlich stärker drückt. Wir wollen auch hier wiederum die Erscheinungen festhalten, da wir gerade durch die Überschau über die Erscheinungen zu unserem Resultat kommen wollen.

Nun, eine Erscheinung, die ich Ihnen besonders vorführen will, ist diese: Sie wissen aus den vorhergehenden Betrachtungen und auch sonst aus der Elementarphysik, dass wir feste Körper in flüssige, flüssige in feste Körper überführen können, indem wir sie über den sogenannten Schmelzpunkt bringen nach oben oder unten. Nun, wenn ein flüssiger Körper wiederum fest wird, also unter den Schmelzpunkt heruntergebracht wird, so tritt er uns zunächst als fester Körper entgegen. Das Merkwürdige, und das, was wir wieder ins Auge zu fassen haben bei unserer Überschau, ist dieses, dass, wenn wir jetzt beim festen Körper einen stärkeren Druck anwenden als derjenige war, unter dem er sich verfestigt hat, kann er wiederum flüssig werden. Also, er kann unter einer tieferen Temperatur wieder flüssig werden als diejenige ist, in der er zum festen Zustand übergeht.

Sie wissen, bei null Grad geht Wasser über in den festen Zustand, wird zu Eis. Es müsste also das Eis bei allen Temperaturgraden, die unterhalb null liegen, ein fester Körper sein. Wir werden nun hier an diesem Eis ein Experiment machen, durch das Sie sehen werden, dass, ohne dass wir die Temperatur erhöhen [wir es flüssig machen können] – würden wir es unter gewöhnlichen Verhältnissen flüssig machen wollen, so würden wir die Temperatur erhöhen müssen –, aber wir werden die Temperatur nicht erhöhen, sondern wir werden auf das Eis einen mächtigen Druck ausüben.[65] Diesen Druck üben wir dadurch aus, dass wir dieses Gewicht anhängen. Es wird hier das Eis zerschmelzen. Sie werden also sehen, dass das Eis hier durchgeschnitten wird, weil es sich unter dem von dem Draht ausgeübten Druck verflüssigt. Sie werden nun erwarten, dass, indem dieser Eisblock durch den Druck zu Wasser wird in der Mitte, nun links und rechts die beiden Eisstücke herunterfallen. Wenn wir schneller machen würden, würden wir das Experiment gelingen sehen.

[*Kommentar in der Textgrundlage:* Das Zerschneiden des Eisblocks geht so langsam vor sich, dass am Ende der Stunde darüber Folgendes hinzugefügt wird:] Wenn Sie jetzt hierher treten, werden Sie sehen, dass, wenn Sie auch warten würden, bis der Schnitt richtig durchgeführt ist, Sie doch nicht zu fürchten hätten, dass zwei Eisstücke herunterplumpsen würden. Es wird sofort wiederum über dem Draht das Eis zusammenwachsen, und der Draht geht ganz durch, fällt unten durch, und der Eisblock bleibt ganz.

Sie sehen daraus, dass da, wo der Druck ausgeübt wird durch Vermittlung des Drahtes, Flüssigkeit entsteht. Aber in dem Augenblick, wo der Druck wieder nicht ausgeübt wird darüber, hat sich die Flüssigkeit sogleich wiederum zum Eis verfestigt, das heißt, es wächst wiederum zusammen. Diese Verflüssigung des Eises durch den Draht hält eben nur stand – wenn die Temperatur dieselbe bleibt – unter dem Einfluss des betreffenden Druckes. Man kann also auch einen festen Körper unterhalb seines Schmelzpunktes zurückverflüssigen. Er braucht aber dann die Fortdauer dieses Druckes, um flüssig zu bleiben. Hört der Druck auf, dann tritt wiederum der feste Zustand ein. – Das ist das, was Ihnen entgegengetreten sein würde, wenn Sie hier noch einige Stunden warten würden.

Das dritte, was wir uns vor Augen führen wollen und was eine weitere Stütze sein wird für unsere Betrachtungen, das ist das Folgende: Wir könnten nehmen irgendwelche geeignete Körper, denn im Prinzip gilt es eigentlich für alles, was wir betrachten wollen, für alle diejenigen Körper, die miteinander eine Legierung eingehen, das heißt, sich so verbinden können, dass sie sich durchdringen, ohne chemische Verbindung zu werden. Wir haben hier in einem Probiergläschen Blei. Blei ist nun ein Körper, der bei 327 °C schmilzt, also übergeht aus dem festen in den flüssigen Zustand. In einem anderen Probiergläschen haben wir Wismut, das bei 269 °C schmilzt, und hier haben wir Zinn, das bei 232 °C schmilzt. Wir haben also drei Körper, welche alle Schmelzpunkte haben über 200 °C. Wir werden nun diese drei Körper, indem wir sie zuerst schmelzen, also in flüssigen Zustand überführen, miteinander zu einer Legierung verbinden, sodass sie dann durcheinandergehen, ohne eine chemische Verbindung zu werden. [*Kommentar in der Textgrundlage:* Die drei Metalle werden einzeln geschmolzen und zusammengegossen.]

Sie werden nun sich leicht denken können: Wenn wir irgendeines dieser drei Metalle, die ja durchaus einen Schmelzpunkt über 200 °C haben, einfach in kochendes Wasser hineintun, so bleibt es fest, denn das Wasser hat nur einen Schmelzpunkt von 0 °C und einen Siedepunkt von 100 °C, es kann also keines dieser drei Metalle in diesem Wasser zum Schmelzen kommen. Nun werden wir aber den Versuch machen, in eben siedendes Wasser die Legierung, die Ineinanderfügung der drei Metalle hineinzubringen, also in Wasser von 100 °C.

Schon jetzt kann konstatiert werden, was da eigentlich zugrunde liegt. Wir halten das Thermometer herein in die Legierung der drei Metalle und stellen fest in dem noch flüssigen Metallgemisch drinnen eine Temperatur von 175 °C. Sie sehen daraus: Keines der einzelnen Metalle würde bei dieser Temperatur noch flüssig sein, jedes wäre schon fest. Die Legierung der drei Metalle ist noch flüssig. Sodass wir schon daraus sagen können: Wenn wir Metalle durcheinandermischen, so kann die Erscheinung eintreten, dass der Schmelzpunkt, der Punkt, bei dem das Metallgemisch flüssig wird, eigentlich tiefer ist als der Schmelzpunkt eines jeden der einzelnen Metalle. Sie sehen also, wie sich Körper gegenseitig beeinflussen. Und wir werden gerade aus dieser Erscheinung eine wichtige Grundlage zu schöpfen haben in unserer Überschau über die Wärmeerscheinungen.

Nun geben wir die noch flüssige Metalllegierung bei 100 °C glatt hinein in das siedende Wasser, das also ebenfalls 100 °C hat. Und jetzt lassen wir das Wasser auskühlen. Beobachten wir nun die Temperatur. Es ist die Metalllegierung noch drinnen flüssig, sie wird dann fest werden. Das heißt, wir kommen zum Schmelzpunkt herunter, und wir können dann, indem das Wasser unter den Siedepunkt geht, konstatieren an dem Punkt der Temperatur, auf dem das Wasser angekommen ist, wann die Metalllegierung fest wird, also wo sie ihren Schmelzpunkt hat. Sie sehen also: Der Schmelzpunkt des Metallgemisches ist eigentlich tiefer als der Schmelzpunkt jedes einzelnen Metalls.[66]

Nun, wir haben diese Erscheinungen wiederum zu den anderen hinzugefügt, um eben eine weiter ausgebreitete Grundlage für die Überschau zu haben, und wir können jetzt noch einige Betrachtungen anknüpfen an dasjenige, was wir uns schon gestern vor Augen geführt haben über den Unterschied des festen, des flüssigen, des gas- oder dampfförmigen Zustandes. Sie wissen, dass feste Körper, namentlich eine größere Anzahl von Metallen und andere mineralische Körper, nun nicht in unbestimmter Gestalt, sondern in ganz bestimmten Gestalten, in sogenannten Kristallen auftreten. Sodass wir sagen können: Unter den gewöhnlichen Verhältnissen, unter denen wir auf der Erde leben, treten uns die festen Körper in Kristallform, also in ganz bestimmten Gestaltungen entgegen. Das muss natürlich darauf aufmerksam machen, nachzudenken darüber, wie solche Kristallgestaltungen entstehen, welche Kräfte bei diesen Kristallgestaltungen zugrunde liegen. Wir müssen nun, um Vorstellungen über diese Dinge zu gewinnen, darauf sehen, wie sich nun etwa die ganze Summe von auf der Erdoberfläche befindlichen und nicht mit der Erdenmasse direkt zusammenhängenden festen Körpern verhalten.

Sie wissen, wenn wir einen festen Körper irgendwo in der Hand halten und lassen ihn los, so fällt er zur Erde. Man deutet das in der Physik gewöhnlich so, dass man sagt: Die Erde zieht diese festen Körper an, sie übt eine Kraft aus. Unter dem Einfluss dieser Kraft, der Schwerkraft oder Gravitation, fällt der Körper zur Erde.

Wenn wir irgendeinen flüssigen Körper haben und ihn dann abkühlen, so wird er uns, wenn er fest wird, auch auftreten können in bestimmten Kristallgestalten.

Die Frage wird nun entstehen: Wie ist überhaupt das Verhältnis derjenigen Kraft, welcher alle festen Körper zunächst unterliegen, der Schwerkraft, zu den Kräften, welche ja doch auch da sein müssen, und auf eine bestimmte Art bewirken müssen, dass sich feste Körper in kristallinischen Gestalten ausleben? Sie können sich leicht denken, die Schwerkraft als solche, durch die ein Körper zur Erde fällt – wenn wir überhaupt von einer solchen Schwerkraft reden wollen zunächst –, sie kann es nicht sein, die zu gleicher Zeit mit der Bildung der Kristallformen etwas zu tun hat. Denn dieser Schwerkraft unterliegen alle Kristallformen; wie ein Körper auch äußerlich gestaltet sein mag, er folgt dieser Schwerkraft. Wir finden, wenn wir eine Anzahl von festen Körpern so behandeln, dass wir ihnen ihre Unterlage entziehen, dass sie alle in parallelen Linien zur Erde fallen. Wir können dieses Fallen etwa in der folgenden Weise darstellen [Zeichnung 30].

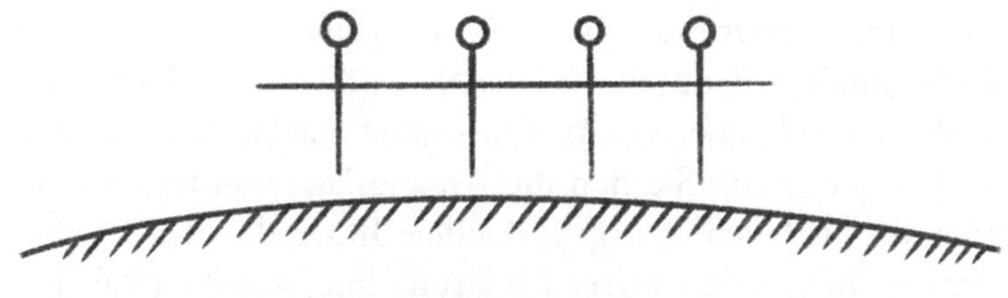

[Zeichnung 30]

Wir können sagen: Welche Gestalt auch immer irgendwelche feste Körper haben, sie fallen in der Richtung einer Senkrechten auf die Erdoberfläche zur Erde. Wenn wir nun andererseits wiederum die Senkrechte ziehen auf diese zueinander parallelen Linien, bekommen wir eine parallele Fläche zur Erdoberfläche. Wir können alle möglichen senkrechten Schwerlinien, die wir durch irgendwelche Körper bekommen, so behandeln, dass wir eine gemeinsame, zur Erdoberfläche parallele, auf diese Schwerlinien senkrechte Fläche ziehen. Diese Fläche ist zunächst eine gedachte. Wir fragen uns: Wo ist diese Fläche wirklich? Sie ist bei flüssigen Körpern wirklich: Eine Flüssigkeit, die ich nehme, die ich in ein Gefäß gebe, bei der kann ich sehen, wie das, was ich sonst als eine Senkrechte auf die einzelne Schwerlinie ziehe, als Flüssigkeitsniveau wirklich vorhanden ist [Zeichnung 31].

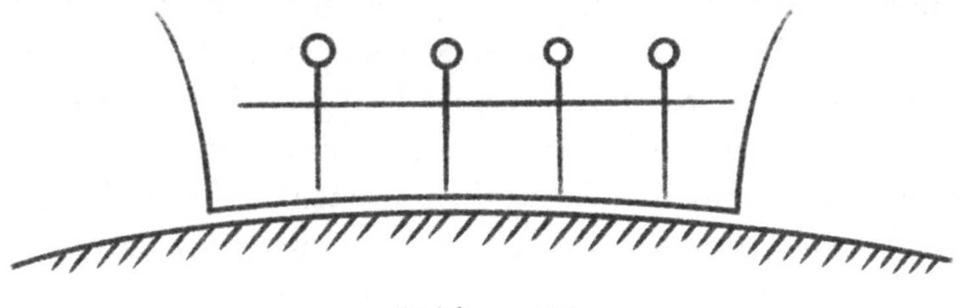

[Zeichnung 31]

Wie ist denn das eigentlich, was bedeutet das denn eigentlich? Dies, was wir jetzt zusammengestellt haben, ist etwas ungeheuer Schwerwiegendes. Denn denken Sie sich einmal das Folgende: Es würde jemand sagen, wie um Ihnen zu erklären, wie es sich verhält mit der Niveaufläche der Flüssigkeit: Da ist ein Gefäß, da drinnen habe ich eine Flüssigkeit, die bildet eine Niveaufläche. Jedes Teilchen der Flüssigkeit hat das Bestreben, zur Erde hinzufallen. Dadurch, dass die Kräfte in der Flüssigkeit selber verhindern, dass die Teilchen zur Erde hinfallen, dadurch wird die Niveaufläche gebildet. Die ist da wirklich vorhanden und die die Flüssigkeit macht, dass das entsteht.

Denken Sie, wenn Sie nun die Anfangslage von festen Körpern nehmen, die Sie fallen lassen, so zeichnet Ihnen die Natur selber das hin, was Sie hier behufs dieser Erklärung hingezeichnet haben. Und Sie müssen sich die Niveaufläche dazu denken: Ich sagte daher früher: Bei festen Körpern ist die Niveaufläche zunächst gedacht als die Senkrechte auf die Schwerlinie. Wenn Sie diesen Gedanken durchdenken, finden Sie das Merkwürdige, dass dasjenige, was Sie sonst machen, um Gedanken hineinzubringen in die Flüssigkeit, das macht eine Anzahl von festen Körpern vor Ihnen. Die zeichnen Ihnen gewissermaßen das auf, was in der Flüssigkeit materiell da ist. Wir können sagen: Der Körper von niedrigerem Aggregatzustand, der feste Körper in seinem Verhalten auf der Erdoberfläche, der verrät uns wie im Bild dasjenige, was eigentlich bei der Flüssigkeit da ist, was bei der Flüssigkeit materiell ist, beim Wasser, das [die Verwirklichung] dieser Linien verhindert als Falllinien. Das wird bildlich, wenn ich den festen Körper in seinem ganzen Verhältnis zur Erde betrachte.

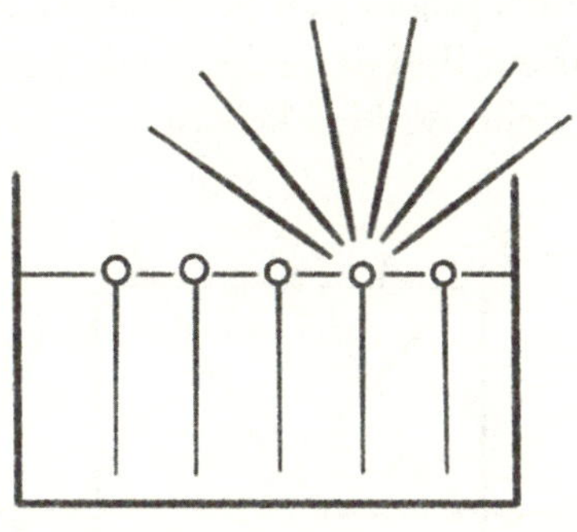

[Zeichnung 32]

Denken Sie, was ich dadurch kann. Dadurch würde ich, wenn ich mir aufzeichne die Schwerlinien [und] die Niveaufläche unter dem [Eindruck eines Fallens] eines Systems von festen Körpern, dadurch würde ich ein Bild bekommen der Schwerkraftwirkung. Das würde direkt ein Bild sein der flüssigen Materie.

Wir können weitergehen. Wenn wir bei irgendeiner Temperatur das Wasser nur genügend lang da drinnen lassen – deshalb sagte ich, die Dinge sind alle relativ[67] –, so trocknet es aus. Irgendwie verdunstet das Wasser immer, das heißt, es ist eigentlich nur ein relativer Zustand vorhanden, bei dem wir sagen können: Das Wasser bildet eine Niveaufläche, es muss nur in seiner Form von den anderen Seiten gehalten werden, während es nach der einen Seite eine Niveaufläche bildet. – Es verdunstet fortwährend; im Vakuum also schneller.

Deshalb können wir sagen: Wenn wir hier Linien zeichnen [Zeichnung 32], nach denen das Wasser eigentlich fortwährend strebt, so müssen das Kraftlinien des Wassers sein, deren Richtung als Weg dann wirklich auch eingehalten wird, wenn das Wasser verdunstet.

Wenn ich aber diese Linien, nach denen das Wasser strebt, einzeichne, bekomme ich nichts anderes als ein Bild eines Gases, das in einem allseitig geschlossenen Raum ist und nach allen Seiten wirklich strebt, nach allen Seiten zerstiebt [Zeichnung 33]. An der Oberfläche des Wassers ist ein Streben danach, das, wenn ich es einzeichne, um das Streben zu erklären, ein Bild ist von dem, was wirklich vorgeht, wenn ich ein Gas freilasse und es sich nach allen Seiten verbreitet. Sodass ich wieder sagen kann: Dasjenige, was ich an der Flüssigkeit bemerke als Kraft, das ist mir ein Bild desjenigen, was beim Gas wirklich ist, was beim Gas materielle Wirklichkeit ist.

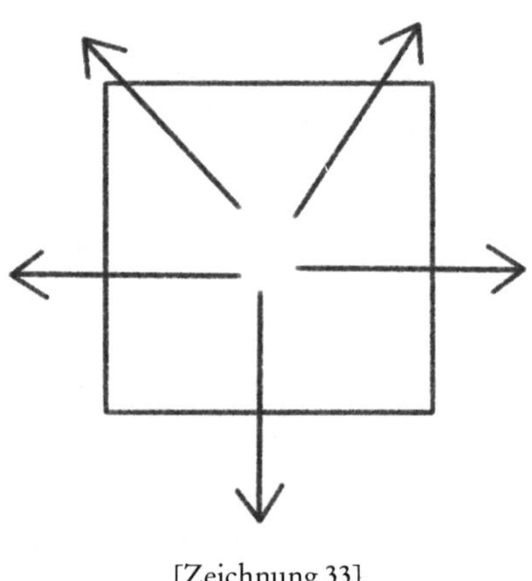

[Zeichnung 33]

Wir haben eine kuriose Tatsache: Wenn wir in einer gewissen Weise richtig Flüssigkeiten betrachten, so nehmen wir wahr in diesen Flüssigkeiten Bilder des gasförmigen Zustandes. Wenn wir feste Körper richtig betrachten, nehmen wir wahr Bilder des flüssigen Zustandes. In jedem folgenden Zustand nach unten entstehen Bilder des vorhergehenden Zustandes. Dehnen wir das bis nach oben aus. Wir können sagen: Im festen Körper entdecken wir die Bilder des Flüssigen. Im flüssigen Körper entdecken wir die Bilder des Gasförmigen. Im gasförmigen Körper entdecken wir die Bilder der Wärme.

Das wird dasjenige sein, was wir insbesondere morgen näher durchzuführen haben werden. Aber ich will noch das sagen: Wir haben versucht, heute den Gedankenübergang zu finden von den Gasen zur Wärme. Es wird morgen schon noch klarer werden. Und wenn wir diesen Gedankenweg weiterverfolgen werden:

im Festen die Bilder des Flüssigen,
im Flüssigen die Bilder des Gasförmigen,
im Gasförmigen die Bilder der Wärme,

dann haben wir ja einen wichtigen Schritt gemacht. Wir haben die Möglichkeit gewonnen, an den Bildern, die sich uns an dem Gaszustande ergeben werden, in dem menschlichen Beobachtungsfeld Offenbarungen der Wärme, und zwar des wirklichen Wärmewesens dann zu haben. Wir gewinnen die Möglichkeit, das, wovon wir jetzt immer sagen mussten, dass es ein zunächst Unbekanntes ist, dadurch aufzuklären, dass wir in der richtigen Weise seine Bilder im gasförmigen Zustand suchen. Wir müssen die Bilder des Wärmewesens bei den Körpern des gasförmigen Zustandes suchen. Allerdings, wir müssen das richtig tun. Wenn man einfach den Umfang der Erscheinungen, den wir schon beobachtet haben, so beschreiben, wie es die gegenwärtige Physik gewohnt ist, wenn man so von den Gasen redet, kommt man zu nichts. Aber wenn man richtig ins Auge fasst dasjenige, was sich uns für Körper unter dem Einfluss von Druck und Temperatur ergeben hat, dann werden wir sehen, wie wir tatsächlich vor dem Ergebnis stehen werden, dass uns zunächst das Gasige verrät, was eigentlich das Wärmewesen ist.

Nun wirkt aber das Wärmewesen weiter beim Erkalten in flüssige und feste Zustände hinein. Und wir werden in die Notwendigkeit versetzt werden, nun zu verfolgen – am gasigen Zustand werden wir [das] am besten sehen können, anschaulich –, was das Wärmewesen ist. Am flüssigen und festen Zustand werden wir sehen müssen, ob das Wärmewesen eine besondere Veränderung für sich selbst erlebt, um dann herauszubekommen durch diesen Unterschied, wo es sich offenbart im Gasförmigen, wo es uns seine Bilder zeigt, und [ebenso] im Flüssigen und Festen, auf das wirkliche Wesen der Wärme selbst zu kommen.

SIEBTER VORTRAG

Stuttgart, 7. März 1920

Meine lieben Freunde! Sie erinnern sich noch, wie wir gestern hier den Eisblock hatten, von dem man zunächst hätte vermuten können, dass, wenn wir ihn durch einen Draht durchschneiden, der von einem Gewicht beschwert ist, links und rechts der halbe Block herunterfalle. Sie haben sich schon, trotzdem wir den Versuch nur im Beginn zeigen konnten, überzeugt, dass das gar nicht der Fall ist, dass gewissermaßen, nachdem durch den Druck eine Verflüssigung eingetreten ist in der Richtung des Durchganges des Drahtes, sofort wiederum oben der Eisblock zusammenwächst. Das heißt, dass nur durch den Druck eine Verflüssigung eingetreten ist, dass aber deshalb, weil wir das Eis als Eis erhalten, sofort wiederum das Wärmewesen sich hier so [betätigt] – ich will meine Ausdrücke ganz genau gebrauchen –, dass das Wärmewesen sich hier so betätigt, dass eben der Block wiederum sich zusammenfügt.

Nicht wahr, das überrascht Sie furchtbar zunächst? Aber es überrascht Sie nur aus dem Grund, weil Sie es nicht in der Art, wie man es nötig hat bei einer wirklich sachgemäßen Verfolgung der physikalischen Erscheinungen, betrachten. In einem anderen Falle machen Sie das Experiment fortwährend und sind gar nicht verwundert darüber, nämlich wenn Sie den Bleistift nehmen und durch die Luft fahren, so durchschneiden Sie sie fortwährend, und hinterher schließt sie sich wiederum. Sie haben gar nichts anderes getan, als dasselbe Experiment, was wir gestern mit dem Eisblock gemacht haben, auszuführen, nur in einer etwas anderen Sphäre, einem etwas anderen Gebiet.

Wir können aber aus dieser Betrachtung verhältnismäßig viel lernen, denn wir sehen daraus, dass, wenn wir einfach mit dem Bleistift durch die Luft fahren – wir wollen jetzt nicht untersuchen, durch welches Verhältnis –, sich durch die Eigenschaften des Materiellen der Luft selbst der Schnitt, den wir bewirkt haben, wiederum schließt.

Bei Eis können wir nicht anders aus den Verhältnissen als denken, dass da das Wärmewesen daran beteiligt ist, dass es dasselbe tut, was die Luft selbst tut. Sie haben darin nur eine weitere Ausführung desjenigen, was ich Ihnen gestern gesagt habe. Wenn Sie sich denken die Luft, und Sie denken sie durch einen durchgeführten Schnitt getrennt und sich immer wieder vereinigend, so führt die Luftmaterie alles das aus, was Sie dabei wahrnehmen. Wenn Sie einen festen Körper, also Eis nehmen, so ist die Wärme so darin betätigt wie die materielle Luft hier selber.[68] Das heißt: Es entsteht Ihnen ein richtiges Bild von dem, was in der Luft vorgeht.[69] Und Sie haben wiederum bestätigt, dass wir, indem wir den gasigen, den dampfförmigen Zustand betrachten – Luft ist dampfförmig, gasig eigentlich –, wir in dem materiellen Vorgang des Gases selbst dasjenige haben, was ein Bild sein kann dessen, was im Wärmewesen vor sich geht.

Und wenn wir dann an einem festen Körper die Wärmeerscheinungen anschauen, haben wir im Grunde genommen nichts anderes, als dass wir auf der einen Seite den festen Körper haben, auf der anderen Seite dasjenige, was im Gebiet des Wärmewesens sich vollzieht. Wir sehen gewissermaßen nur anschaulich für unser Auge als Erscheinungen innerhalb des Wärmegebietes dasjenige sich abspielen, was wir sonst im Gas sich abspielen sehen. Daraus können wir neuerdings schließen – nicht einmal schließen, wir geben nur das Anschauliche wieder –, wir können neuerdings sagen: Wollen wir uns dem wahren Wesen der Wärme nähern, so müssen wir versuchen, so gut wir es können, einzudringen in das Gebiet des Gases, [in das Gebiet] innerhalb des gasigen Körpers. Und in dem, was in dem gasigen Körper geschieht, werden wir einfach Abbilder sehen von dem, was innerhalb des Wärmewesens vor sich geht. Sodass uns die Natur wie vor Augen zaubert, indem sie uns gewisse Erscheinungen in den gasigen Körpern offenbart, dasjenige, was Bild ist der Vorgänge im Wärmewesen.

Sehen Sie, was uns da leitet, liegt ja allerdings weit ab von der gegenwärtigen Betrachtungsweise, wie sie auf dem Gebiet der Naturwissenschaften, eigentlich, wirklich der Naturwissenschaften, nicht bloß der Physik, üblich ist.

Aber wozu führt schließlich eine solche Betrachtungsweise? Ich habe hier ein Werk von Eduard von Hartmann, in dem Eduard von Hartmann ein Spezialgebiet von seinem Gesichtspunkt aus behandelt, eben gerade die moderne Physik.[70] Ein Mann, der nun wirklich sich ganz aus dem Geist der Gegenwart heraus einen breiten Horizont verschafft hat, sodass er als, sagen wir, Philosoph sich in die Lage versetzt hat, etwas über die Physik zu sagen. Nun ist es interessant, wie aus dem ganzen Geist der Gegenwart heraus solch ein Mensch über die Physik spricht. Er beginnt gerade im ersten Kapitel: «Physik ist die Lehre von den Wanderungen und Wandlungen der Energie und von ihrer Zerlegung in Faktoren und Summanden.» Er muss natürlich, indem er dieses sagt, gleich Folgendes hinzufügen. Er sagt: «Physik ist die Lehre von den Wanderungen und Wandlungen der Energie» [Wucht][71] «und von ihrer Zerlegung in Faktoren und Summanden. Die Gültigkeit dieser Definition ist unabhängig davon, ob man die Energie als ein selbstständiges Letztes auffasst, das nur von uns gedanklich zerlegt wird, oder ob man sie als ein aus anderweitigen Faktoren wirklich entstandenes Produkt ansieht, und unabhängig auch davon, ob man dieser oder jener Ansicht über die Konstitution der Materie huldigt. Sie setzt nur voraus, dass alle Wahrnehmung und Empfindung auf Energie zurückweisen, dass die Energie Ort und Gestalt ändern kann, und dass sie ihrem Begriff nach zerlegbar ist.»[72]

Was heißt das, wenn man so etwas sagt? Das heißt: Man macht den Versuch, dasjenige, was man physikalisch vor sich hat, so zu definieren, dass man ja nicht nötig hat, auf sein Wesen einzugehen. Man bildet eine Definition, die durch ihre besondere Eigenart es unnötig macht, auf das Wesen einzugehen, denn man schließt das Wesen aus. Man bildet einen Energiebegriff und sagt: Alles, was uns entgegentritt äußerlich physikalisch, ist nur eine Umwandlung dieses Energiewesens. Das heißt: Man wirft aus seinen Begriffen alle Essenzialität heraus und glaubt ganz sicher zu sein, wenn man nichts mehr erfasst, dass man dann wenigstens sichere Definitionen gibt. Das ist aber in unsere physikalischen Vorstellungen gerade in einer furchtbaren Weise eingezogen. Es ist so eingezogen, meine lieben

Freunde, dass wir kaum heute leicht in die Lage kommen, solche Versuche zu machen, welche uns das, was ist, wirklich veranschaulichen. Es sind schon alle unsere Versuchswerkzeuge, wie wir sie uns für unsere physikalischen Untersuchungen verschaffen können, so eingerichtet, dass sie gewissermaßen auf die theoretische Anschauung der gegenwärtigen Physik dressiert sind. Wir können nicht leicht dasjenige, was wir heute zur Hand haben, dazu verwenden, um in das Wesen der Dinge physikalisch einzudringen. Das Heil wird nur allein darin bestehen, dass zunächst eine gewisse Anzahl von Menschen sich findet, die sich bekannt macht mit den notwendigen methodischen Konsequenzen eines wirklichen Eingehens auf das Wesen der physikalischen Erscheinungen, und dass diese Anzahl von Menschen sich dazu findet, auch schon die Versuchseinrichtungen, ja schon die Einrichtungen der Werkzeuge zu den Versuchen, so zu machen, dass man allmählich in das Wesen eindringt.

Wir brauchen tatsächlich nicht bloß eine Umwandelung unserer Weltanschauung in Begriffen, wir brauchen heute durchaus selber von unseren Gesichtspunkten aus Forschungsinstitute.[73] Wir werden nicht können so schnell die Menschen von anthroposophischen Gesichtspunkten aus erreichen, wie es notwendig ist, wenn wir nicht auf der anderen Seite die heute gewohnten Gedankenrichtungen dadurch aus ihren eingefahrenen Geleisen herausbringen können, dass wir den Leuten einfach ebenso durch den Versuch zeigen: Das ist richtig, was wir über die Dinge sagen – wie heute der Physiker imstande ist, durch dasjenige, was ihm schon die Fabriken [an Mess- und Versuchsinstrumenten] einrichten, den Menschen zu zeigen, scheinbar zu zeigen, dass das stimmt, was er ihnen zeigt. Dazu aber ist natürlich wirklich notwendig, dass wir erst vordringen zum wirklich physikalischen Denken. Und zum wirklich physikalischen Denken gehört ja, dass wir uns in eine Vorstellungsrichtung hineinbringen, wie ich sie in diesen Tagen, und insbesondere gestern, zuerst angedeutet habe.

Nicht wahr, der heutige Physiker sieht einfach auf dasjenige hin, was geschieht, und er wird dann, wenn er auf das hinsieht, was geschieht, möglichst bestrebt sein, abzustreifen das, was er wahrnimmt, und nur auf das hinzuschauen, was er errechnen kann. So macht er diesen Versuch, den wir heute vor unsere Seele stellen wollen, möglichst früh aus dem Grund, weil er sich ja auch erst ausbauen wird im Verlauf der Stunde: Wir bringen hier ein rotierendes Schaufelrad in eine Flüssigkeit, sodass wir, indem wir das Rad in Drehung versetzen durch diesen Umsetzungsapparat, eine mechanische Arbeit verrichten – wir lassen sie von der Maschine verrichten. Dadurch aber, dass diese mechanische Arbeit eingreift in die Geschehnisse im Wasser, in das das Schaufelrad eingetaucht ist, dadurch werden wir eine erkleckliche Erwärmung des Wassers hervorrufen, und wir haben den einfachsten, elementarsten Versuch vor uns, durch den, wie man sagt, mechanische Arbeit in Wärme oder, wie man auch sagt, in thermometrische Energie umgewandelt wird. Wir haben jetzt eine Temperatur von 16 Grad und werden nach einiger Zeit die Temperatur wiederum untersuchen. [*Kommentar in der Textgrundlage:* Die Temperaturerhöhung wird später konstatiert.]

Nun kommen wir noch einmal zurück zu dem, was wir schon ausgesprochen haben. Wir haben gewissermaßen das physikalische Schicksal der Körperlichkeit dadurch zu erfassen versucht, dass wir diese Körperlichkeit durchgeführt haben durch den Schmelzpunkt und durch den Siedepunkt, wodurch der feste Körper zum flüssigen, der flüssige zum gasförmigen wird. Ich will in vereinfachten Ausdrücken jetzt sprechen.

Wir haben gesehen, dass das Wesentliche des festen Körpers ist: das Gestalthaben. Er emanzipiert sich gewissermaßen von dem, was gestaltbildend bei einer Flüssigkeit ist, wenigstens relativ [gestaltbildend] ist, wenn die Flüssigkeit nicht durch die Zeit zum Verdunsten gebracht wird. Der feste Körper hat also seine feste Gestalt irgendwie; die Flüssigkeit muss in ein Gefäß eingeschlossen werden und unterliegt für ihre Niveaubildung, die sich überall an der Oberfläche des festen Körpers ebenso zeigt, den Kräften der ganzen Erde. Das haben wir uns ja vor die Seele geführt. Sodass wir nicht anders können als sagen: Indem wir eigentlich im Grunde die Summe alles Flüssigen auf der Erde betrachten, wir diese Summe alles Flüssigen auf der Erde, wenn wir sie physikalisch wirklich betrachten wollen, mit der Erde als eine Körperlichkeit anzusehen haben. Das Feste emanzipiert sich nun von diesem Verbundensein mit der Erde, es individualisiert sich, nimmt seine eigene Gestalt an.

Wenn wir nun, zunächst beibehaltend die Ausdrucksweise der gebräuchlichen Physik, in dem, was man Schwerkraft nennt, die Ursache für die Niveaubildung der Flüssigkeit sehen, so muss man doch, wenn man im rein Anschaulichen stehen bleibt, dasjenige, was man sonst einfach entgegensetzt im rechten Winkel der Niveaubildung, in irgendeiner Weise hineinverlegen in den individualisierten festen Körper. Man muss in irgendeiner Weise denken, dass dasjenige, was hier [bei der Flüssigkeit] mit der Niveaubildung zu tun hat und was man sich denkt als Schwerkraft der Erde, in irgendeiner Weise auch im festen Körper irgendwo drinnen sitzt und die verschiedenen Niveaus bewirkt, dass also der feste Körper gewissermaßen die Schwerkraft individualisiert. Wir sehen also, dass der feste Körper die Schwerkraft für sich in Anspruch nimmt.

Aber wir sehen auf der anderen Seite ja auch, dass die Niveauwirkung aufhört in dem Augenblick, wo wir zum Gas übergehen. Das Gas bildet kein Niveau. Wollen wir eine Gestalt des Gases haben, eine Grenze seines Rauminhaltes, so müssen wir das durch den Einschluss in ein Gefäß von allen Seiten her bewirken. Sodass wir also, indem wir von der Flüssigkeit zum Gas übergehen, die Niveaubildung aufhören sehen. Wir sehen das Hinausstreben über auch diesen noch irdischen Rest von Gestaltenbilden, der im Niveau sich äußert, und wir sehen alle Gase zusammen – die uns schon dadurch als eine Einheit entgegengetreten sind, dass sie sich in dem gleichen Ausdehnungskoeffizienten offenbaren –, wir sehen alle Gase zusammen als ein einheitlich Materielles von der Erde sich emanzipieren.

Nun fassen Sie diesen Gedanken ganz streng: Sie stehen hier als Mensch, also als Kohlenstofforganismus, auf der festen Erde, sind unter den Erscheinungen, die die festen Körper der Erde bewirken. Diese Erscheinungen, die die festen Körper der Erde bewirken, die unterliegen als solche der Schwerkraft, die sich angeblich überall äußert. Sodass Sie eigentlich, indem Sie auf der Erde als Mensch stehen, um sich herum haben die festen Körper, die sich in irgendeiner Weise die Schwerkraft angeeignet haben müssen zu ihrer Gestaltbildung.

Aber in den Erscheinungen, die diese festen Körper bewirken in dem Fallen, in dem Fallen, wie ich es gestern gesagt habe, zu dem Sie sich ein ideelles Niveau hinzuzudenken haben, das Sie überall bilden können, in dem haben Sie etwas, was Sie sich denken können als eine Art Kontinuum, als etwas, was sich überall ausbreitet, was gewissermaßen eine unsichtbare Flüssigkeit ist. Sodass die festen Körper, sofern sie auf der Erde sich bewegen, Erscheinungen hervorrufen, in der Summe dieser Erscheinungen eine Flüssigkeit darstellen. Sie machen das Gleiche, was eine materielle Flüssigkeit in sich macht. Sodass wir eigentlich sagen können: Indem wir auf der festen Erde stehen, nehmen wir dasjenige wahr und nennen es Schwerkraft, was beim Wasser niveaubildend ist.

Nun denken Sie sich aber, wir würden in der Lage sein als Menschen, auf einem flüssigen Weltkörper zu leben, wir würden so organisiert sein, dass wir auf einem flüssigen Weltkörper leben würden. Dann würden wir müssen ober[halb] der Niveaubildung dieser Flüssigkeit sein. Und wir würden dann, ebenso wie wir jetzt im Verhältnis sind zu dem Flüssigen, im Verhältnis zum Gasförmigen sein, das aber nach allen Seiten strebt. Das heißt aber nichts Geringeres als: Wir würden da keine Schwerkraft wahrnehmen können. Zu reden von der Schwerkraft würde aufhören, einen Sinn zu bekommen. Schwerkraft nehmen also nur diejenigen Wesen wahr und ihr unterliegen nur diejenigen Körperlichkeiten, die auf einem Planeten, der fest ist, sind. Wesen, welche leben könnten auf einem Planeten, der flüssig ist, würden nichts wissen von einer Schwerkraft. Man könnte nichts davon reden. Und Wesen, die nun gar auf einem Weltkörper leben, der gasig ist, die würden das Entgegengesetzte der Schwerkraft, das Streben nach allen Seiten vom Zentrum weg, als das Normale ansehen müssen.

Wenn ich mich paradox ausdrücken will: Bei Wesen, die einen gasförmigen Planeten bewohnen, müssten die Körper, statt hinzufallen zum Planeten, fortwährend abgeschleudert werden. Sodass wir, wenn wir den Übergang finden jetzt in wirklich physikalisches Denken, nicht bloß in mathematisches Denken, das sich außerhalb des Wirklichen stellt, sondern wenn wir wirklich physikalisch denken, so müssen wir uns sagen: Wir beginnen, indem wir auf einem festen Planeten stehen, um uns die Schwerkraft zu haben. Und indem wir vom festen zum gasförmigen Planeten schreiten, gehen wir durch eine Art Nullzustand hindurch und kommen zu einem entgegengesetzten Zustand, zu einer räumlichen Kraftäußerung, welche nur negativ im Verhältnis zur Schwerkraft aufgefasst werden könnte [Zeichnung 34].

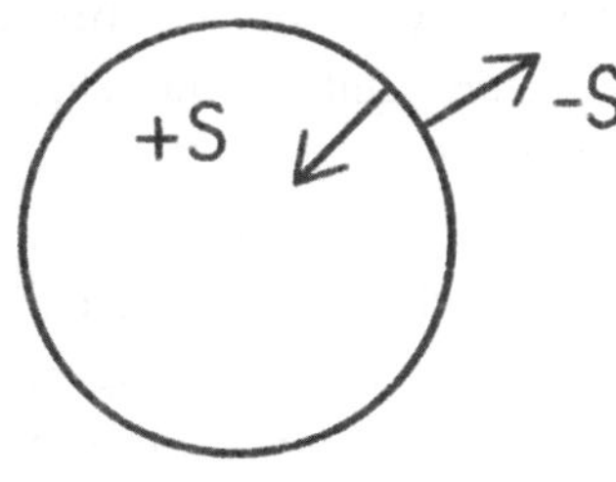

[Zeichnung 34]

Sie sehen also, wir kommen, indem wir da durch das Materielle durchgehen, tatsächlich zu einem Nullpunkt im räumlichen Sein, zu einer Nullsphäre im räumlichen Sein, sodass wir von der Schwerkraft nur als von etwas sehr Relativem sprechen können.[74] Ja, aber sehen wir denn nicht, dass, wenn wir einem Gas Wärme zuführen – wir haben die Versuche darnach gemacht –, Wärme, die seine Zerstreuungskraft immer erhöht, ist das nicht schon das Bild, das ich Ihnen entworfen habe [Zeichnung 35]?

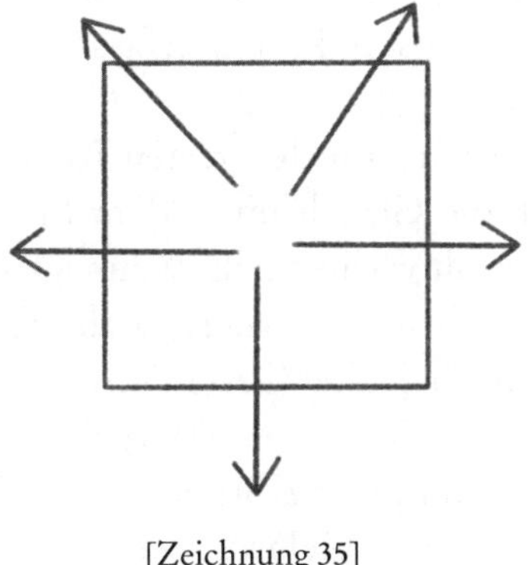

[Zeichnung 35]

Liegt nicht dasjenige, was da im Gas tätig ist, schon jenseits der Nullsphäre, zu der die Schwere hintendiert? Können wir nicht, indem wir innerhalb der Erscheinungen bleiben, und weiterdenken, dass, indem wir den Übergang finden von einem festen zum gasförmigen Planeten, wir durch einen Nullpunkt durchgehen unterhalb der Schwerkraft? Oberhalb verwandelt sich diese Schwerkraft für das physikalische Denken zu ihrem Gegenteil, zur negativen Schwerkraft. Aber wir finden sie, wir brauchen sie gar nicht [bloß] zu denken. Das Wärmewesen tut dasselbe, was diese innere, [diese negative] Schwerkraft tut.

Wir sind jetzt gewiss noch nicht angekommen, aber wir haben doch so viel schon erreicht, dass wir das Wesen der Wärme relativ erfassen können insoweit, dass wir sagen können: Das Wesen der Wärme äußert sich gerade so wie die Negation der Schwerkraft, die negative Schwerkraft. Wenn man also in physikalischen Formeln, die die Schwerkraft in sich enthalten, eine Schwerkraftgröße negativ einsetzt, so muss dem wirklichkeitsgemäßen Denken nach diese Formel nicht mehr vorstellen Schwerkraftlinie oder Schwerkraftgröße, sondern Wärmekraftlinie und Wärmekraftgröße. Sie sehen also, dass man auf diese Art die Mathematik erst beleben kann. Man kann einfach die Formeln nehmen, die sich uns ergeben, als etwas, was wir rein mechanisch betrachten als ein Schwerkraftsystem. Setzen wir in den Formeln die Größen negativ, so sind wir genötigt, dasjenige, was früher Schwerkraft war, als Wärme anzusehen. Daraus ersehen Sie aber, dass wir nur dadurch, dass wir die Erscheinungen in ihrem Konkreten erfassen, zu wirklichen Resultaten kommen.

Wir sehen, indem wir von den festen Körpern zu den flüssigen übergehen, wie sich die Gestalt unter dem Einfluss des Flüssigwerdens auflöst. Die Gestalt verliert sich. Wenn ich einen Kristall auflöse oder zum Schmelzen bringe, verliert er die Gestalt, die er vorher gehabt hat. Er nimmt diejenige Gestalt an, die zunächst – weil eben das [im] Allgemeinen in Flüssigkeit übergeht – es unter den Einfluss der [ganzen] Erde kommt. Der Körper nimmt eine Niveaufläche der Erde an und muss in einem Gefäß aufbewahrt werden.

Aber es zeigt sich – wir wollen die Sache zunächst auch wiederum bloß der Erscheinung nach festhalten, wir können es später konkreter begreifen –, wenn die Flüssigkeitsmenge nur genügend klein ist, so zeigt sich, dass der Tropfen entsteht, die Kugelform. Flüssigkeiten haben also, wenn sie genügend klein sind, die Möglichkeit, sich auch von der allgemeinen [niveaubildenden] Schwerkraft zu emanzipieren und in einem Spezialfall dasjenige sich anzueignen, was sonst bewirkt, dass polyedrisch bestimmte Gestalten erscheinen, die in den Kristallen erscheinen. Aber die Flüssigkeiten haben dann die Eigentümlichkeit, sich eine einheitliche Gestalt zu bilden, die Kugelform. Und wenn ich nun diese Kugelform mir ansehe, die ist gewissermaßen die Zusammenfassung, die Synthese aller polyedrischen Formen, aller Kristallformen.[75]

Wenn ich nun weitergehe von der Flüssigkeit zum Gas, so habe ich das Auseinanderstreben, die Auflösung der Kugelform, aber jetzt nach außen. Nun kommen wir allerdings zu einem etwas schwierigeren Begriff: Denken Sie sich einmal, Sie stehen irgendeiner einfachen Gestalt, einem Tetraeder gegenüber, und Sie würden das Tetraeder so umkehren, wie man einen Handschuh umkehrt [Zeichnung 36]. Dann würden Sie nämlich allerdings bemerken, wenn Sie es umkehren wollten im Ganzen, dass Sie durch die Kugelform durchgehen müssten, und dass dann der Negativkörper erscheint, für den alle Verhältnisse negativ sind, der gewissermaßen so ist, dass, wenn Sie hier das Tetraeder haben, irgendwie ausgefüllt, so müssten Sie sich diesen Negativkörper so vorstellen, dass der ganze übrige Raum angefüllt ist. Da ist es gasig.

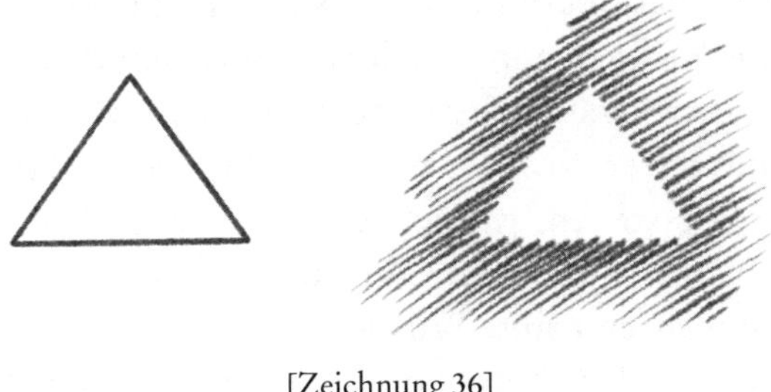

[Zeichnung 36]

Nun denken Sie sich den übrigen Raum angefüllt, ausgespart ist ein tetraedrisches Loch drinnen. Dann haben Sie den ganzen übrigen Raum angefüllt, und in diesem ausgefüllten Raum ein tetraedrisches Loch drinnen. Da ist es hohl. Sie müssten dann, wenn Sie die Sache real auffassen, in alle Größen, die sich auf dieses Tetraeder beziehen, die Größen negativ einsetzen. Dann kriegen Sie das Negativtetraeder, das ausgesparte Tetraeder, während sonst im Tetraeder Materie drinnen ist. Aber der Zwischenzustand, wo das positive Tetraeder in [einen] negativen Tetraeder übergeht, das ist die Kugel.[76] Jeder polyedrische Körper geht in seine Negation über, indem er durch die Kugel wie durch einen Nullpunkt, eine Nullsphäre schreitet.

Jetzt verfolgen Sie das im Konkreten bei den Körpern. Sie haben die festen Körper mit Gestalten; sie gehen durch die Flüssigkeitsform, das heißt Kugelform durch, und werden Gase. Wollen wir die Gase richtig betrachten, so müssten wir sie als Gestalten betrachten, aber als Negativgestalten. Wir kommen also da zu einer Gestaltung hinaus, die wir nur erfassen können, wenn wir durch die Nullsphäre ins Negative hineinkommen. Das heißt: Indem wir uns zu den Gasvorgängen, die Bilder der Wärmevorgänge sind, begeben, kommen wir durchaus nicht in ein Gestaltenloses; es wird uns nur schwieriger sie zu erfassen als die Gestalten unserer Umgebung, die positive Gestalten sind, nicht negative Gestalten sind. Ja, aber zu gleicher Zeit sehen wir daraus, dass jeder Körper, in dem überhaupt das Flüssige irgendwo in Betracht kommt, in einem Zwischenzustand ist. Er ist in dem Zwischenzustand, von Gestaltetem zu dem, was wir gestaltlos nennen, also zu negativ Gestaltetem, überzugehen.

Haben wir irgendwo ein Beispiel, wo wir so etwas verfolgen können, außer dem, was in unserer allernächsten Umgebung ist, was wir anschauen, aber nicht eigentlich erleben? Wir befinden uns [nachher] so ziemlich in demselben Erlebniszustand, wenn wir neben der Verflüssigung eines festen Körpers oder [neben] der Verdampfung eines flüssigen Körpers stehen, wie wir vorher waren. Aber können wir so etwas irgendwie miterleben? Wir können es miterleben und wir erleben es fortwährend mit. Wir erleben es dadurch mit, dass wir Erdenmenschen sind und dass die Erde zwar in der Nähe, in der wir sie bewohnen, tatsächlich ist ein grundfester Körper, und dann stehen Körper darauf, die in unserer Umgebung die verschiedenen Erscheinungen bewirken, die wir dann anschauen. Aber außerdem ist das Flüssige eingebettet in das Irdische [als Ganzes] und gehört dazu. Und auch das Gasförmige gehört dazu. Und es besteht tatsächlich ein großer Unterschied zwischen dem, was ich nennen möchte – damit wir einen Ausdruck dafür haben, wir werden uns diesen Dingen schon nähern –, was ich nennen möchte Wärmenacht und Wärmetag.

Was ist die Wärmenacht? Die Wärmenacht ist gegenüber der Lichtnacht dasjenige, was eben unter dem Einfluss des Wärmewesens des Kosmos geschieht mit unserer Erde. Was kann da geschehen? Nun, wir werden in der nächsten Zeit die Erscheinungen auf der Erde so verfolgen, dass wir wirklich sehen werden, was aber sehr leicht mit dem Gedanken auch zu erreichen ist: Unter dem Einfluss der Wärmenacht strebt die ganze Erde – wir könnten uns ja zunächst beschränken, indem wir sagen: die Erdatmosphäre – nach Gestalt.[77] Während der Wärmenacht, also während wir dem Sonnenwesen nicht ausgesetzt sind mit unserem Erdenwesen, während das Erdenwesen sich selbst überlassen ist, während es sich emanzipieren kann von den Einwirkungen des kosmischen Sonnenwesens, strebt es nach einer festen Gestalt, wie der Tropfen nach einer festen Gestalt strebt, wenn er sich der umliegenden Schwerkraft entziehen kann. Wir haben also, indem wir statt der Lichtnacht die Wärmenacht in Betracht ziehen, das fortwährende Bestreben der Erde nach Gestalt. Aber es ist nicht ganz richtig gesprochen, wenn ich sage: Es strebt die Erde nach der Tropfenform. Sie strebt nach viel mehr in der Wärmenacht: nach Gestaltung, nach Kristallisation. Und dasjenige, was wir nächtlich erleben, das ist ein fortwährendes Auftauchen von Kraftlinien, die nach Kristallisation streben, während bei Tag unter dem Einfluss des Sonnenwesens ein fortwährendes Auflösen dieses Kristallisationsstrebens da ist, ein fortwährendes Überwindenwollen der Gestalt.

Und wenn wir von der Wärmemorgendämmerung und Wärmeabenddämmerung sprechen, müssen wir eigentlich bei dieser Wärmemorgendämmerung sprechen davon, dass bei der Wärmemorgendämmerung, nachdem die Erde in der Wärmenacht sich zu kristallisieren versucht, dieser Kristallisationsprozess sich wiederum auflöst und die Erde bei der Wärmemorgendämmerung durch die Kugelgestalt durchgeht [mit ihrer] Atmosphäre; dann versucht sie sich zu zerstreuen.

Es kommt wiederum nach dem Wärmetag eine Wärmeabenddämmerung. Die Erde versucht wiederum eine Kugel zu bilden und sich während der Nacht zu kristallisieren, sodass wir die Erde einzufangen haben in einen kosmischen Prozess, der darin besteht, dass während der Wärmenacht die Erde sich zusammenzuziehen versucht, dass, wenn der Gang fortgesetzt werden könnte, die Sonne Verschwinden gemacht werden könnte, die Erde zum Kristall werden könnte. Das wird zur rechten Zeit verhindert, indem die Erde wieder durchgeführt wird durch die Wärmemorgendämmerung, durch die Kugelform, dann der Versuch der Erde entsteht, sich in den Weltraum zu zerstreuen, bis wiederum den Kräften entgegengewirkt wird durch die Wärmeabenddämmerung. Wir haben es also nicht zu tun bei unserer Erde mit irgendetwas, was wir als ein Festbegrenztes im Weltraum hinzeichnen könnten, sondern wir haben es mit etwas zu tun, das im Kosmos fortwährend schwingt, Wärmetag und Wärmenacht durchschwingt.[78]

Sehen Sie, auf solche Dinge hin werden wir unsere Forschungsinstitute einzurichten haben. Wir werden zu unseren gewöhnlichen Thermometern und Hygrometern und so weiter hinzuzuerfinden haben Instrumente, durch die wir werden zeigen können, dass gewisse Vorgänge, die sich innerhalb des Irdischen, namentlich innerhalb des flüssigen und gasförmigen Irdischen [vollziehen], anders vollziehen bei Nacht und anders vollziehen bei Tag.

Sie sehen also: Hier führt uns eine sachgemäße physikalische Betrachtungsweise dazu, nun wirklich endlich einmal da zuzugreifen, jene feinen Unterschiede durch entsprechende Messinstrumente zu demonstrieren, die sich ergeben zwischen allen Erscheinungen, die namentlich innerhalb des Flüssigen und Gasförmigen sich vollziehen, für den Tag und für die Nacht. Wir werden in der Zukunft müssen ein gewisses Experiment machen bei Tag, es in der entsprechenden

Stunde in der Nacht wiederholen, und wir werden müssen feine Messinstrumente haben, welche uns die Erscheinungen verschieden zeigen bei Tag und bei Nacht. Denn bei Tag sind nicht jene Kräfte, die die Erde zu kristallisieren streben durch unsere Erscheinungen durchgehend, die bei Nacht eben da sind. Da treten Kräfte auf, die aus dem Kosmos kommen in der Nacht. Und diese kosmischen Kräfte, die die Erde zu kristallisieren versuchen, die müssen das in den Erscheinungen zeigen. Und da eröffnet sich uns der Experimentierweg, um wiederum für die Erde ihren Zusammenhang mit dem Weltall zu konstatieren.

Sie sehen, diejenigen Forschungsinstitute, die im Sinne unserer anthroposophisch orientierten Weltanschauung in der Zukunft eingerichtet werden müssen, sie werden bedeutsame Aufgaben haben. Sie werden wirklich müssen mit Dingen rechnen, mit denen man gegenwärtig in den allerseltensten Fällen rechnet bei gewissen Erscheinungen. Natürlich, bei Lichterscheinungen tun wir es heute schon, wenigstens bei gewissen Erscheinungen, indem wir künstlich Nacht hervorrufen müssen, das Zimmer verdunkeln und so weiter, aber bei anderen Erscheinungen, die sich unterhalb einer gewissen Nullsphäre vollziehen, versuchen wir das nicht. Dadurch kommen wir dann zu der Idee, dasjenige, was wir [durch solche Experimente] finden würden als anschauliche Ergebnisse – wenn wirklich [anschauliche Ergebnisse] existieren würden –, das verlegen wir stattdessen ins Innere der Körper und reden von allerlei Kräften, die sich abspielen zwischen Atomen und Molekülen. Das Ganze beruht nur darauf, dass wir glauben, wir könnten bei Tag alles erforschen. Wir werden den Unterschied, zum Beispiel der Kristallisationsgestalten, auf diese Weise erst herausfinden, dass wir dasselbe Experiment erst ausführen bei Tag und dasselbe Experiment ausführen bei Nacht.

Das ist dasjenige, auf was im Besonderen aufmerksam gemacht werden muss. Nun wird auf diesem Weg sich erst eine wahre Physik ergeben. Denn heute stehen im Grunde genommen die physikalischen Erscheinungen chaotisch nebeneinander. Wir sprechen von mechanischer Energie, sprechen von akustischer Energie zum Beispiel. Aber es wird durchaus nicht dann, wenn wir über diese Dinge physikalisch forschen, in der richtigen Weise gedacht darüber, dass ja alle mechanischen Energien sich nur abspielen können da, wo auf irgendeine Weise physikalische Körper sind. Akustische Energien weisen ja immer darauf hin, dass wir ja nicht mehr in der Sphäre der festen Körper sind, sodass dann die Flüssigkeitssphäre zwischen der rein mechanischen Energie und der akustischen Energie drinnen liegt. Ja, aber wenn wir nun hinauskommen aus dem Gebiet, in dem wir am leichtesten die akustische Energie beobachten, bei luftförmigen Körpern, dann kommen wir ja, als zu dem nächstanstoßenden sogenannten Aggregatzustand, zu der Wärme, die so übergelagert ist dem Gas, wie der flüssige Körper dem festen Körper. Und wir würden also, wenn wir das äußerlich auffassen würden, haben:

x	
Wärmeartiges	
Gasförmiges	Akustisches
Flüssiges	
Festes	Mechanisches

Wir würden innerhalb des [Festen] als Charakteristisches das Mechanische finden. Wir würden innerhalb des Gasförmigen das Charakteristische des Akustischen finden. Wie wir das Flüssige ausgelassen haben, müssen wir hier die Wärme auslassen, und hier oben etwas anderes, was ich zunächst als *x* bezeichnen würde, finden. Wir würden auf der anderen Seite des Wärmewesens etwas zu suchen haben. Und zwischen diesem *x* und unseren gewöhnlichen, in der Luft sich vollziehenden akustischen Erscheinungen, würde das Wärmewesen liegen wie zwischen den gasförmigen und festen Körpern das flüssige Wesen liegt. Sie sehen, wir versuchen einzufassen das Wärmewesen auf irgendeine Weise, uns ihm anzunähern auf irgendeine Weise. Und wenn Sie sich sagen: Es liegt die Flüssigkeit zwischen dem Gasförmigen und dem Festen, also muss zwischen dem *x* und dem Gasförmigen das Wärmewesen liegen – so müssen Sie auf eine ähnliche Weise die Übergänge durch das Wärmewesen hindurch zu dem *x* suchen. Sie müssen also etwas finden, was jenseits des Wärmewesens eben liegt, wie zum Beispiel die Tonwelt, insofern sie sich durch die Luft äußert, jenseits des Wärmewesens liegt.

Damit sehen Sie aber den Versuch, wirklich solche physikalischen Begriffe zu bilden, welche hinausgehen aus dem bloß Abstrakten und zu erfassen versuchen das Physikalische. So wie die Geometrie die Raumformen ja wirklich erfasst, aber niemals mechanische Begriffe etwas anderes als die Bewegung fester Körper erfassen können, so erfassen solche Begriffe, wie wir sie uns jetzt bilden, tatsächlich das physikalische Wesen. Sie tauchen in das physikalische Wesen unter. Und nach solchen Begriffen muss man streben. Daher würde ich glauben, dass es geradezu im rechten Sinn zu dem gehört, was sich herausbilden könnte aus dem Universellen, aus dem heraus die Freie Waldorfschule[79] gedacht ist, wenn man versuchen würde, nun wirklich auch das Experimentelle auszudehnen in der Weise, wie das heute angedeutet worden ist, wenn man dasjenige, was sehr vernachlässigt worden ist in unseren physikalischen Erscheinungen, die Zeit und den Zeitverlauf, in das physikalische Experiment hineinbeziehen würde.

ACHTER VORTRAG

Stuttgart, 8. März 1920

Meine lieben Freunde! Wir haben gestern das Experiment gemacht, das zeigen soll nach den gebräuchlichen Anschauungen, wie sich mechanische Arbeit, die wir hervorgerufen haben, indem wir ein Schaufelrad zur Drehung und damit zur Reibung an einer Wassermasse gebracht haben, in Wärme umwandelt. Ich habe Ihnen gezeigt, dass das Wasser, an dem sich das Schaufelrad rieb, wärmer wurde.

Heute wollen wir gewissermaßen das Umgekehrte machen.[80] Wir haben also damit gestern gezeigt, dass irgendwie gesucht werden muss eine Erklärung dafür, dass – wenn wir jetzt besser aussprechen die Tatsachen als durch den Gedanken der bloßen Verwandlung –, dass unter dem Einfluss einer geleisteten Arbeit Wärme entstehen kann. Jetzt wollen wir einen umgekehrten Vorgang verfolgen. Wir wollen hier [Zeichnung 37] zunächst Luft erwärmen, wollen also richtig auf dem Weg eines Verbrennungsprozesses, der dann hier weiter wirkt auf die Luft, den Druck der Luft erhöhen, Spannung hervorrufen – also ein Mechanisches aus der Wärme – und wollen nach demselben Prinzip, nach dem alle Dampfmaschinen bewegt werden, umsetzen diese Wärme auf dem Umweg des Druckes in mechanische Arbeit. Dadurch, dass wir den Druck wirken lassen nach der einen Seite hier auf die Fläche unten, dadurch wird dieser Kolben hier in die Höhe getrieben. Dadurch, dass wir wiederum abkühlen den Dampf, wird der Druck vermindert, der Kolben geht wiederum zurück, und wir bekommen die mechanische Arbeit, die auf- und absteigende Bewegung. Wir werden dabei verfolgen können, wie das Wasser, das wiederum entsteht, wenn wir hier abkühlen, das Kondensationswasser in diesen Kolben hineingeht, und wir werden dann untersuchen, ob nun, nachdem wir den ganzen Vorgang sich haben abwickeln lassen, nachher die Wärme, die wir hier erzeugt haben, sich ganz umgewandelt hat in solche Arbeit, in die Arbeit des Auf-und-Ab-Bewegens dieses Kolbens, oder ob uns irgendwie eine Wärme verloren gegangen ist. Die Wärme, die verloren geht, nicht sich umwandelt, würde in der Hitze des Wassers erscheinen müssen. Es würde dann das Kondensationswasser in dem Fall, wo die ganze Wärme verwandt wird zur Erzeugung von mechanischer Arbeit, würde das Kondensationswasser unfähig sein, eine Erhöhung der Temperatur hervorzurufen.[81]

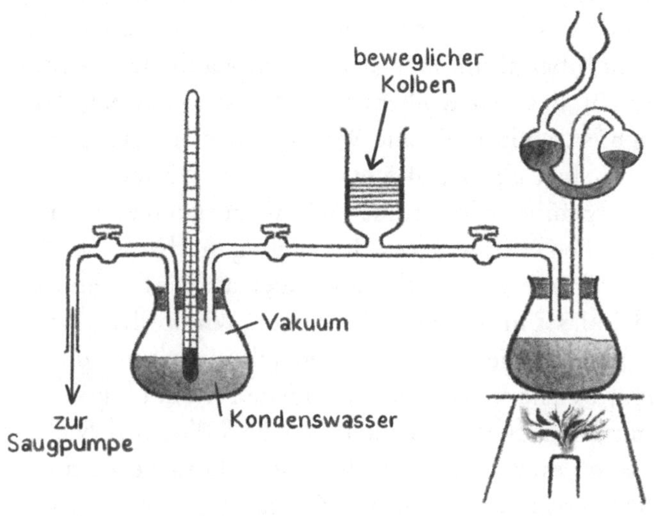

[Zeichnung 37]

Findet eine Erhöhung der Temperatur statt, das heißt, können wir an diesem Thermometer konstatieren, dass das Wasser über [die gewöhnliche Zimmertemperatur hinaus] erwärmt ist, dann rührt diese Erwärmung her von der Wärme, die wir angewendet haben. Dann hat sich nicht die [ganze] Wärme in Arbeit verwandelt, wir waren nicht imstande dazu, es ist noch etwas übrig geblieben. Wir wollen also konstatieren, ob die ganze [Wärme in Arbeit] verwandelt werden kann, oder noch etwas übrig bleibt und sich an der Erwärmtheit des Kondensationswassers zeigt.

Das Wasser hat [zunächst] 20 Grad, wir werden dann sehen, ob das Kondensationswasser wirklich bis 20 Grad abgekühlt ist [und bleibt], also [alle] Wärme zur Arbeit verwandelt wird, oder ob [die

Temperatur] dieses Kondensationswassers steigt und dadurch Wärme verloren gehen würde.[82]

Jetzt kondensieren wir [den Dampf], das Kondenswasser tropft hinüber, und auf diese Art kann natürlich jetzt eine Maschine getrieben werden. Wenn der Versuch vollständig gelingt, können Sie sicher sein, dass das Kondenswasser hier eine wesentliche Erhöhung der Temperatur bewirkt. Und es ist dieses der Weg, auf dem man zeigen kann, dass, wenn man den zum gestrigen umgekehrten Versuch macht, überzuführen Wärme in mechanische Arbeit, die eben darin besteht, dass der Kolben sich auf und ab bewegt, dass es dann unmöglich ist, vollständig alle Wärme, die man erzeugt hat, in mechanische Arbeit überzuführen; dass, wenn Wärme in mechanische Arbeit übergeführt wird, immer Wärme zurückbleibt, dass wir also in jeder solchen erzeugten, zur Erzeugung mechanischer Arbeit verwendeten Wärme einen Teil haben, der als Rest bleibt, sich nicht umwandeln lässt in mechanische Arbeit. Wir wollen zunächst auch hier [nur] die Erscheinung festhalten, [aber] jetzt uns die Gedanken vorführen, welche sich die gebräuchliche Physik und diejenigen, die auf ihr mit ihren Anschauungen fußen, über die ganze Sache machen.

Wir haben es zunächst mit der ersten Tatsache zu tun, dass wir überhaupt verwandeln können, wie man sagt, Wärme in mechanische Arbeit, und mechanische Arbeit in Wärme. Daraus hat sich, wie ich ja schon erwähnte, die Ansicht gebildet, dass jede solche Form von sogenannter Energie – Wärmeenergie, mechanische Energie, und man könnte das Experiment auch für andere Energien machen –, dass jede solche Energie in eine andere sich umwandeln lässt. Von dem Maß der Umwandlung wollen wir jetzt absehen und nur an der Tatsache festhalten.

Nun sagt der gegenwärtige physikalische Denker: Es ist also unmöglich, dass, wenn irgendwo eine Energie erscheint, eine Kraftwirkung erscheint, diese von irgendetwas anderem herkommt als von einer schon vorhandenen anderen Energie. Wenn ich also irgendwo ein in sich geschlossenes System von Energien habe, zunächst von Energien einer bestimmten Form, und es treten mit andere Energien auf, so müssen diese die Umwandlung der schon vorhandenen

Energien des geschlossenen Systems sein. Nirgends kann in einem geschlossenen System eine Energie anders denn als Umwandlungsprodukt erscheinen. Eduard von Hartmann,[83] der, wie ich schon angedeutet habe, die gegenwärtigen physikalischen Ansichten in seine philosophischen Begriffe fasst, hat diesen sogenannten ersten Satz der mechanischen Wärmetheorie ausgesprochen mit den Worten: «Ein Perpetuum mobile der ersten Art ist eine Unmöglichkeit.»[84] Was wäre ein Perpetuum mobile der ersten Art? Ein Perpetuum mobile der ersten Art wäre eben eine Einrichtung, wodurch eine Energie als solche in einem geschlossenen Energiesystem entstehen würde. Sodass also Eduard von Hartmann die hierauf bezügliche Tatsachenreihe eben dahin zusammenfasst, dass er sagt: «Ein Perpetuum mobile der ersten Art ist eine Unmöglichkeit.»[85]

Nun kommen wir zu der zweiten Tatsachenreihe, die sich uns durch das heutige Experiment veranschaulicht hat: Wir können in einem in sich scheinbar geschlossenen System von Energien die eine Energie in die andere umwandeln. Dabei zeigt sich, dass die Umwandlung aber doch gewissen Gesetzmäßigkeiten unterliegt, die mit der Qualität der Energien zusammenhängen, und zwar so, dass eben Wärmeenergie sich nicht ohne Weiteres ganz umwandeln lässt in mechanische Energien, sondern immer ein Rest bleibt. Sodass es also unmöglich ist, Wärmeenergie in einem geschlossenen System so in mechanische Energie umzuwandeln, dass nun wirklich alle Wärme als mechanische Energie erscheint. Würde man dies [erreichen] können, dass alle Wärme als mechanische Energie erscheint, dann würde man wiederum die mechanische Energie umwandeln können in Wärme. Es würde [möglich] sein, dass in einem solchen geschlossenen System eine Energiequalität in die andere sich umwandeln würde. Man würde damit die Möglichkeit geboten haben, immer das eine in das andere umzuwandeln. Eduard von Hartmann drückt wiederum diesen Satz so aus, dass er sagt:[86] Ein solches geschlossenes System, in dem man zum Beispiel die ganze vorhandene Wärme umwandeln könnte in mechanische Arbeit, wo man mechanische Arbeit wiederum umwandeln könnte in Wärme, wo also ein Kreislauf entsteht, wäre ein Perpetuum mobile der zweiten Art.

Aber auch ein solches Perpetuum mobile der zweiten Art ist eine Unmöglichkeit, sagt er, und dies sind im Grunde genommen für die Denker des neunzehnten Jahrhunderts und des angehenden zwanzigsten Jahrhunderts auf dem Gebiet der Physik die zwei Hauptsätze der sogenannten mechanischen Wärmelehre:

Ein Perpetuum mobile der ersten Art ist eine Unmöglichkeit.
Ein Perpetuum mobile der zweiten Art ist eine Unmöglichkeit.

Die Sache hängt sogar mit der Geschichte der Physik im neunzehnten Jahrhundert zusammen. Der Erste, der aufmerksam gemacht hat auf diese scheinbare Umwandlung des Wärmewesens in andere Energieformen oder anderer Energieformen in Wärme, das war ja Julius Robert Mayer,[87] der im Wesentlichen aufmerksam geworden ist auf den Zusammenhang zwischen Wärme und anderen Energieformen als Arzt, indem er in der heißen Zone eine andere Beschaffenheit des venösen Blutes bemerkt hat als in der kalten Zone und daraus schloss auf eine andere Art der physiologischen Arbeit in dem einen und in dem anderen Falle beim menschlichen Organismus. Er hat dann hauptsächlich aus diesen seinen Erfahrungen, die er vermehrt hat, später eine etwas verwuselte Theorie aufgestellt, und bei ihm hat eigentlich diese Theorie noch keinen anderen Umfang als den: Man könne entstehen lassen aus der einen Energieform die andere.

Dann ist die Sache von verschiedenen anderen Leuten, unter anderen von Helmholtz,[88] weiter ausgearbeitet worden. Schon bei Helmholtz tritt nun eine eigentümliche Form des physikalisch-mechanischen Denkens als Ausgangspunkt der ganzen Betrachtung auf. Nimmt man gerade die wichtigste Abhandlung von Helmholtz,[89] durch die er die mechanische Wärmetheorie zu stützen versucht in den Vierzigerjahren des neunzehnten Jahrhunderts, so liegt die schon – und zwar jetzt als Postulat – dem Hartmann'schen Gedanken zugrunde: Ein Perpetuum mobile der ersten Art ist eine Unmöglichkeit. Weil ein Perpetuum mobile unmöglich ist, müssen die verschiedenen Energiearten nur Umwandlungen voneinander sein, es kann niemals eine Energieform aus dem Nichts entstehen.

Man kann dann den Satz, von dem man ausgeht als einem Axiom:[90] «Ein Perpetuum mobile der ersten Art ist eine Unmöglichkeit», umwandeln in den anderen: «Die Summe der Energien im Weltsystem ist konstant». Es entsteht niemals eine Energie, es vergeht niemals eine Energie. Es verwandeln sich nur die Energien. Die Summe der Energien im Weltsystem ist konstant.

Die beiden Sätze enthalten im Grunde genommen genau dasselbe:

Es gibt kein Perpetuum mobile der ersten Art.
Die Summe aller Energien im Weltall ist konstant.

Nun, darum handelt es sich, dass wir mit der Denkweise, die wir schon angewendet haben bei all unseren Betrachtungen, einmal in diese ganze Anschauungsart ein wenig hineinleuchten.

Sehen Sie, man sieht hier an einem solchen Experiment, dass, wenn man den Versuch macht, Wärme in sogenannte Arbeit umzuwandeln, dann Wärme gewissermaßen für die Umwandlung in Arbeit verloren geht, dass Wärme wieder erscheint, dass also nur ein Teil der Wärme in Arbeit, in eine andere Energie, in mechanische Energieformen, umgewandelt werden kann. Man kann dann das, was man daran sieht, auf das Weltall anwenden. Das ist auch geschehen von den Denkern des neunzehnten Jahrhunderts. Etwa so sagten sich diese Denker: In der Welt, in der uns vorliegenden Welt, in der wir leben, ist mechanische Arbeit vorhanden, ist Wärme vorhanden. Fortwährend geschehen Prozesse, durch die Wärme in mechanische Arbeit umgewandelt wird. Wir sehen, dass Wärme da sein muss, damit wir überhaupt mechanische Arbeit erzeugen können. Denken Sie nur einmal, wie wir einen großen Teil unserer Technik darauf eben gestützt haben, dass wir aus der ursprünglichen Verwendung von Wärme mechanische Arbeit zutage treten lassen. Aber dabei wird sich immer zeigen, dass wir niemals vollständig Wärme umwandeln können in mechanische Arbeit, dass immer ein Rest bleibt. Und wenn das so ist, müssen sich diese Reste so summieren, dass keine mechanische Arbeit mehr geleistet werden kann, dass wir einfach nicht mehr zurückverwandeln können die Wärme in mechanische Arbeit. Die Reste der unverwendbaren Wärme summieren sich, und das Weltall geht entgegen jenem Zustand, in dem sich alle mechanische Arbeit in Wärme verwandelt haben wird.[91]

Man hat auch gesagt, das Weltall, in dem wir leben, geht seinem Wärmetod[92] entgegen, wie man es auch etwas gelehrter nennen kann. Über den sogenannten Entropiebegriff[93] wollen wir in einer der kommenden Betrachtungen noch sprechen. Jetzt interessiert uns zunächst, dass man hier aus einem Experiment heraus Gedanken schöpfte über den Gang unseres zunächst für den Menschen in Betracht kommenden Weltalls.

Eduard von Hartmann hat die Sache nett ausgeführt, indem er sagt: Man sieht also – physikalisch beweisbar –, dass der Weltprozess, in dem wir leben, zunächst dadurch verläuft, dass in ihm Vorgänge sind: auf der einen Seite Wärmeprozesse, auf der anderen Seite mechanische Prozesse, dass aber zuletzt alle mechanischen Prozesse übergehen werden in Wärmeprozesse. Dann wird keine mechanische Arbeit mehr geleistet werden können. Das Weltall ist an seinem Ende angekommen. Es zeigen uns also die physikalischen Erscheinungen, sagt Eduard von Hartmann, dass der Weltprozess ausbummelt. Dieses ist seine Art, über die Vorgänge, innerhalb welcher wir leben, sich auszusprechen. Wir leben also in einem Weltall, das uns durch seine Prozesse erhält, aber die Tendenz besteht, immer bummlicher zu werden und zuletzt ganz auszubummeln – ich wiederhole nur Eduard von Hartmanns eigene Worte.[94]

Nun müssen wir uns aber über das Folgende klar werden: Gibt es denn so irgendetwas wie die Möglichkeit zunächst, in einem geschlossenen System eine Summe von Prozessen hervorzurufen? Merken Sie wohl, was ich sage: Wenn ich an der Summe meiner Experimentierwerkzeuge stehe, so stehe ich doch wahrlich nicht im Vakuum, im leeren Raum, und selbst dann, wenn ich glauben könnte, dass ich im leeren Raum stehe, bin ich ja noch nicht ganz sicher, ob nicht dieser leere Raum sich nur dadurch als leer zeigt, dass ich zunächst nicht wahrnehme, was in ihm noch drinnen ist. Stehe ich denn jemals mit meinem Experimentieren außerhalb irgendeines geschlossenen Systems? Ist denn nicht dasjenige, was ich selbst im einfachsten Experiment verrichte, nicht bloß ein Eingriff in den gesamten Prozess des Weltalls, das mich zunächst umgibt? Darf ich anders vorstellen, als wenn ich zum Beispiel hier diese ganze Sache mache, dass das in dem Zusammenhang des ganzen Weltprozesses etwas Ähnliches ist, wie wenn ich eine kleine Nadel nehme und mich hier steche? Wenn ich mich hier steche, empfinde ich einen Schmerz, der hält mich ab, einen Gedanken zu fassen, den ich sonst erfasst hätte. Aber ganz gewiss darf ich nicht, wenn ich das, was hier geschieht, in seinem ganzen Zusammenhang betrachten will, bloß den Druck der Nadel und die Lädierung der Haut, der Muskeln ins Auge fassen, denn ich würde ja den ganzen Prozess dadurch nicht ins Auge fassen.

Der Prozess ist damit nicht erschöpft. Denken Sie einmal, ich nehme durch eine Ungeschicklichkeit eine Nadel, steche mich, spüre den Schmerz. Ich werde abrücken [von der Nadel]. Das, was da auftritt als eine Wirkung, das ist doch ganz entschieden nicht zu erfassen, wenn ich bloß dasjenige, was hier in diesem Hautteil vor sich geht, ins Auge fasse. Und dennoch ist das Abrücken [von] der Nadel nichts weiter als eine Fortsetzung derjenigen Prozesse, die ich beschreibe, wenn ich eben nur den ersten Teil ins Auge fasse. Wenn ich den ganzen Prozess beschreiben will, muss ich Rücksicht nehmen darauf, dass ich da mit meiner Nadel nicht in die Kleider gestochen habe, sondern in den Organismus, den ich als Ganzes aufzufassen habe, der seinerseits wiederum reagiert als ganzer Organismus und als solcher dasjenige hervorruft, was dann die Folge des ersten [Teils, des Nadelstichs,] ist.

Darf ich ohne Weiteres hier, indem ich solch ein Experiment mir vor Augen stelle, sagen: Ich habe erwärmt, mechanische Arbeit hervorgerufen – die Wärme, die da übrig geblieben ist im Kondensationswasser, die ist eben übrig geblieben durch sich selbst? Ich stehe ja nicht mit der ganzen Einrichtung, sodass ich sie eingebohrt da habe, in Zusammenhang. Es könnte ja die Entstehung oder das Behalten der Wärme, das Auftreten im Kondensationswasser, zusammenhängen mit der Reaktion des ganzen großen Systems auf den Prozess hier, wie mein Organismus reagiert auf den kleinen Prozess des Stechens der Nadel. Dasjenige, was ich also vor allen Dingen zu berücksichtigen habe, ist: Dass ich niemals die Experimentalanordnung als ein geschlossenes System ansehen darf, sondern mir bewusst bleiben muss, dass diese ganze Experimentalanordnung unter den Einflüssen der Umgebung steht und auch der Energien, die eventuell aus dieser Umgebung wirken.

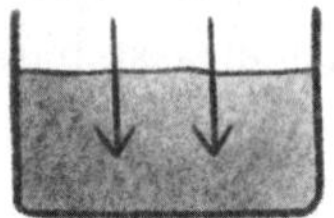

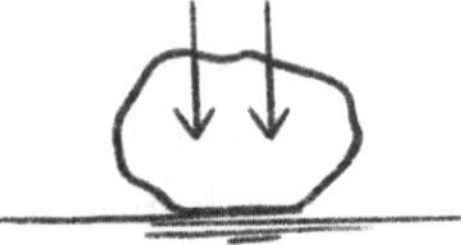

[Zeichnung 38]

Halten Sie mit diesem nun ein anderes zusammen: Nehmen Sie an, Sie haben zunächst wiederum im Gefäß eine Flüssigkeit mit der Niveaufläche, wodurch Sie voraussetzen Kraftwirkung senkrecht auf die Niveaufläche. Denken Sie nun, es geht über diese Flüssigkeit durch Abkühlung in einen gestalteten festen Körper [Zeichnung 38]. Es ist ganz unmöglich, dass Sie sich jetzt nicht denken, dass diese Richtungen hier, diese Kraftrichtungen nicht von einer anderen in irgendeiner Weise durchkreuzt werden. Denn diese Kraftrichtungen bewirken ja eben, dass ich das Wasser in einem Gefäß aufbewahren muss, dass nur durch die Niveaufläche die Form des Wassers da ist.[95]

Wenn nun bei der Verfestigung eine geschlossene, gestaltete Form entsteht, ist es unbedingt notwendig, vorauszusetzen, dass nun Kräfte hinzutreten zu denen, die früher vorhanden waren. Das liefert die unmittelbare Anschauung, dass da Kräfte hinzutreten zu denen, die früher vorhanden waren. Und zunächst ist der Gedanke ganz absurd, zu glauben, dass diese Kräfte die Gestalt bewirken – die irgendwie schon im Wasser drinnen gewesen wären –, denn sie hätten ja sonst, wenn sie drinnen gewesen wären, im Wasser die Gestalt bewirken müssen. Sie sind also aufgetreten. Sie können nicht im Wassersystem enthalten gewesen sein, sie müssen von außerhalb des Wassersystems an dieses Wassersystem herangekommen sein.[96]

Nehmen wir daher die Erscheinung so wie sie ist, so müssen wir sagen: Wenn irgendwo eine Gestalt auftritt, so tritt sie tatsächlich als eine Neuschöpfung auf. Bleiben wir nur innerhalb desjenigen, was wir anschaulich konstatieren können, so tritt die Gestalt als eine

Neuschöpfung auf. Wir sehen es ja förmlich anschaulich, wenn wir aus einer Flüssigkeit einen festen Körper entstehen lassen. Die Gestalt tritt anschaulich auf als Neuschöpfung, und sie wird wieder aufgehoben, wenn wir den Körper in eine flüssige Form umwandeln. Man fasse nur so etwas einmal auf danach, was die Anschauung liefert. Was folgt denn aus dem ganzen Vorgang, wenn man wirklich das Anschauliche in einen Begriff umwandelt? Es folgt daraus, dass sich der feste Körper selbstständig zu machen versucht, dass der feste Körper versucht, in sich ein geschlossenes System zu bilden, dass er einen Kampf mit seiner Umgebung eingeht, um ein geschlossenes System zu werden.

Ich möchte sagen, man kann es hier mit Händen greifen, dass hier durch die Verfestigung des Flüssigen der Versuch der Natur vorliegt, zu einem Perpetuum mobile zu kommen. Das Perpetuum mobile entsteht nur nicht, weil das System sich nicht selbst überlassen wird, weil die ganze Umgebung darauf wirkt. So können Sie zu der Anschauung vorrücken: In unserem uns gegebenen Raum ist fortwährend an den verschiedenen Punkten die Tendenz vorhanden zur Entstehung eines Perpetuum mobile. Aber sonst entsteht [sofort] gegen diese Tendenz eine Gegentendenz. Sodass wir sagen können: Wenn irgendwo die Tendenz entsteht, ein Perpetuum mobile zu bilden, so bildet sich in der Umgebung die Gegentendenz, die Entstehung des Perpetuum mobile zu verhindern. Wenn Sie die Denkweise [so] orientieren, dann modifizieren Sie die abstrakte Denkweise der modernen Physik des neunzehnten Jahrhunderts ganz und gar. Die geht davon aus: Ein Perpetuum mobile ist unmöglich, daher – und so weiter. Wenn man in der Tatsachenwelt stehen bleibt, muss man sagen: Ein Perpetuum mobile will fortwährend entstehen. Nur die Konstitution des Weltalls verhindert dies.

Und die Gestalt eines festen Körpers, was ist sie? Sie ist der Ausdruck des Kampfes. Dieses Bild, das sich im festen Körper bildet, das ist der Ausdruck des Kampfes zwischen der Substanz als Individualität, die ein Perpetuum mobile bilden will, und der Verhinderung der Bildung des Perpetuum mobile durch das ganze All, das relative All, in dem sich dieses Perpetuum mobile bilden will. Die Gestalt eines Körpers ist das Resultat der Verhinderung dieses Strebens, ein Perpetuum mobile zu werden, ich könnte auch sagen statt Perpetuum mobile, weil das vielleicht da oder dort besser gefallen würde, eine Monade, ein in sich selbst geschlossener, seine eigenen Kräfte in sich tragender und seine Form erzeugender Körper, [ein] Wesen.

Wir kommen, und hier liegt ein entscheidender Punkt, geradezu dazu, umzukehren den ganzen Ausgangspunkt nicht der Physik, insofern sie Experimente liefert, die auf Tatsachen beruhen, sondern der ganzen [theoretischen] physikalischen Denkweise des neunzehnten Jahrhunderts. Sie arbeitete mit ungültigen Begriffen. Sie konnte nicht sehen, wie in der Natur [doch] das Streben überall vorliegt nach dem, was sie für unmöglich hielt. Es war [dieser Denkweise] verhältnismäßig [leicht], es für unmöglich zu halten; aber es ist nicht aus dem Grund unmöglich, aus dem, als einem abstrakten Grund heraus, die Physiker angenommen haben, es sei unmöglich das Perpetuum mobile, sondern das Perpetuum mobile ist deshalb unmöglich, weil in dem Augenblick, wo es entstehen soll an irgendeinem Körper, sogleich die Umgebung den Neid empfindet – wenn ich jetzt einen Ausdruck moralischer Art anwenden darf – und das Perpetuum mobile nicht entstehen lässt. Es ist aus einer Tatsachengrundlage heraus unmöglich, nicht aus einer logischen Grundlage heraus unmöglich.[97] Sie können sich denken, wie viel Verkehrtheiten in einer Theorie stecken müssen, die abseits von der Wirklichkeit gerade ihre Grundpostulate aufstellt. Wenn man bei der Wirklichkeit stehen bleibt, kommt man eben nicht herum um dasjenige, was ich Ihnen gestern zunächst im Schema anführte, zu zeigen. Wir werden dieses Schema in den nächsten Tagen noch weiter herausarbeiten.

Ich sagte Ihnen: Wir haben zunächst das Gebiet der festen Körper. Diese festen Körper sind diejenigen, welche in sich feste Gestalten zeigen. Wir haben gewissermaßen anstoßend an das Gebiet der festen Körper das Gebiet der Flüssigkeiten. Die Gestalten lösen sich auf, verschwinden, wenn der feste Körper in die Flüssigkeit übergeht. Wir haben den vollen Gegensatz des Festen in dem Auseinanderstreben, [in dem] Die-Gestalt-Aufheben des gasförmigen Körpers: negative Gestalt.

Wie aber äußert sich denn diese negative Gestalt? Sehen wir vorurteilslos auf gasige oder luftförmige Körper hin, betrachten wir sie zum Beispiel da, wo sich bei ihnen zeigt, bei diesen gas- oder luftförmigen Körpern, wie wahrnehmbar werden kann dasjenige, was bei ihnen, diesen gas- oder luftförmigen Körpern, der Gestalt entspricht.

Ich habe Sie gestern hingewiesen auf das Gebiet der Akustik, der Tonwelt. Im Gasigen wissen Sie, beruht das Tönende auf den Verdichtungen und Verdünnungen in [seinem] Entstehen. Mit Verdichtung und Verdünnung haben wir es aber auch beim ganzen Gas zu tun, wenn wir die Temperatur ändern. Suchen wir also, indem wir die Flüssigkeit überspringen, dasjenige, was dem bestimmt Gestalteten des festen Körpers im Gase entspricht, so müssen wir es suchen bei der Verdichtung und Verdünnung. Im festen Körper haben wir die bestimmte Gestalt; im Gas haben wir Verdichtung und Verdünnung.

x	↑	Materiellwerden – Geistigwerden
Wärme		
Gas	Negative Gestalt [aufgehobene Gestalt]	Verdichtung – Verdünnung ↓
Flüssigkeiten	[aufgelöste Gestalt]	[Niveaubildung]
Feste Körper	[feste] Gestalt	[bestimmte Gestaltung]

Und kommen wir zu dem, was das angrenzende Gebiet an das Gas ist, das wie die Flüssigkeit an das Gebiet der festen Körper angrenzt – und wir wissen ja, wie die festen Körper das Bild der Flüssigkeit geben, die Flüssigkeit das Bild der Gase in ihrer Gesamtheit, so die Gase das Bild der Wärme –, so haben wir uns das Gebiet der Wärme als das nächste vorzustellen. Als nächstes Gebiet werde ich mir zunächst ein *x* zu postulieren haben. Und wenn ich zunächst nur durch Analogie – wir werden sie verifizieren in den nächsten Betrachtungen – weiterzukommen versuche, so muss ich als Verdichtung und

Verdünnung etwas Weiteres suchen in diesem *x*-Gebiet drinnen. Ich muss für Verdichtung und Verdünnung etwas Weiteres in dem *x* suchen, wie ich hier das Flüssige übersprungen habe.[98]

Wenn Sie zuerst eine feste, geschlossene Gestalt haben, dann dazu kommend, dass der Körper gasig ist, sich das Gestaltete nur noch im flüssigen Gestalteten der Verdichtung und Verdünnung ausdrückt, und Sie denken sich gesteigert die Verdichtung und Verdünnung, was muss denn da werden? Solange Verdichtung und Verdünnung da ist, ist natürlich noch immer Materie da. Aber wenn Sie nun weiter verdünnen und immer weiter verdünnen, so kommen Sie ja zuletzt aus dem Gebiet des Materiellen heraus. Und Sie müssen als die weitere Fortsetzung einfach, indem Sie in dem Charakter des Ganzen bleiben, sagen: Materiellwerden – Geistigwerden. Sie kommen, indem Sie über das Gebiet der Wärme hinaufsteigen, in das *x* hinein, kommen in ein Gebiet hinein, wo sie sprechen müssen einfach, wenn Sie festhalten den Charakter, der da liegt im Übergang von der festen Gestalt in die flüssige Gestalt, vom Verdichten und Verdünnen in das Materiesein und Nicht-Materiesein hinein. Sie können nicht anders, als in das Materiesein und Nicht-Materiesein hineinkommen.

Das heißt: Wir kommen, indem wir durch das Gebiet der Wärme durchschreiten, tatsächlich in etwas hinein, was sich in gewissem Sinne als eine gerechte Fortsetzung erweist dessen, was wir in den unteren Gebieten beobachtet haben. Der feste Körper widerstrebt der Wärme, die Wärme wird mit ihm nicht recht fertig. Der flüssige Körper geht schon mehr auf die Intentionen der Wärme ein. Das Gas folgt ganz und gar den Intentionen der Wärme, es lässt mit sich machen, was die Wärme mit ihm machen will, es ist in seinen materiellen Vorgängen ganz und gar ein Bild des Wärmewesens selber. Ich kann sagen: Das Gas ist im Wesentlichen in seinem eigenen substanziellen Verhalten dem Wärmewesen ähnlich. Der Ähnlichkeitsgrad der Materie mit der Wärme wird immer größer, je weiter ich vorschreite vom festen Körper durch den flüssigen Körper zum Gas. Das heißt: Flüssigwerden und Verdampfen der Materie bedeutet ein Ähnlichwerden der Materie [mit] der Wärme. Aber indem ich dann das Gebiet der Wärme überschreite, indem also die Materie ganz der Wärme ähnlich wird, hebt sie sich selber auf.

So stellt sich für mich die Wärme hinein zwischen zwei sehr stark voneinander verschiedene Gebiete, die essenziell verschieden sind: das Geistgebiet und das Materiegebiet. Zwischen drinnen steht das Wärmegebiet. Nur wird uns der Übergang in die Realität etwas schwierig, denn wir haben auf der einen Seite da hinaufzusteigen in das, wo es scheint immer geistiger zu werden, und auf der anderen Seite da hinunter, wo es scheint immer materieller zu werden. Und da geht es scheinbar in die Unendlichkeit [hinauf], in die Unendlichkeit hinunter.

Aber nun bietet sich eine andere Analogie, die ich Ihnen heute noch hinzeichne aus dem Grund, weil durch anschauliche Verfolgung der einzelnen Naturtatsachen sich [diese Analogie] in der Tat für eine gesunde Naturwissenschaft entwickeln kann, und die vielleicht nützlich sein kann, die Sache sich einmal vor die Seele ziehen zu lassen: Wenn Sie das gewöhnliche Spektrum, wie es gewöhnlich entsteht, betrachten, so haben Sie Rot, Orange, Gelb, Grün, Blau, Indigo, Violett [Zeichnung 39]:

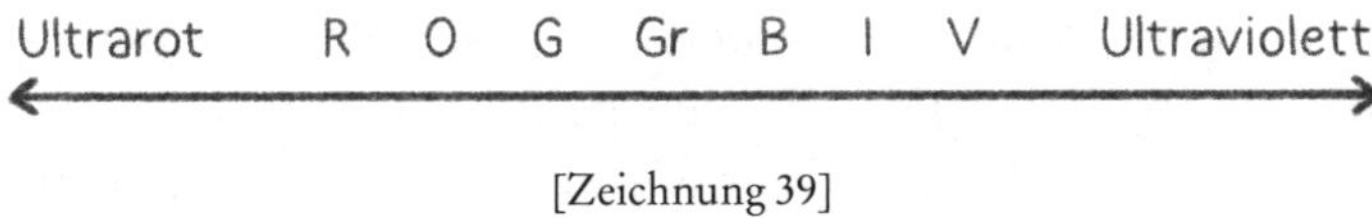

[Zeichnung 39]

Sie haben die Farbenreihe in ungefähr sieben Nuancen wie in einem Band nebeneinander verlaufend. Aber Sie wissen ja auch, dass das Spektrum hier nicht ein Ende hat und auch hier nicht, dass wir hier [links], indem wir das Spektrum verfolgen, zu immer wärmeren und wärmeren Gebieten kommen und zuletzt ein Gebiet haben, wo nicht mehr Licht, wohl aber noch Wärme auftritt, das ultrarote Gebiet.[99] Jenseits des Violetts haben wir [rechts] auch kein Licht mehr; wir bekommen das Ultraviolett, das nur noch chemische, das heißt also materielle Wirkungen entfaltet.[100]

Aber Sie wissen ja auf der anderen Seite, dass im Sinne der Goethe'schen Farbenlehre[101] diese Linie hier dadurch zu einem Kreis gemacht werden kann und man die Farben anders anordnen kann, dass man nun nicht bloß betrachtet das Verhalten des Lichtes, aus dem ein Spektrum sich bildet, sondern betrachtet die Dunkelheit, aus der ein Spektrum sich bildet, die auch dann in der Mitte nicht Grün, sondern Pfirsichblüt [hat] und von da ausgehend die anderen Farben [Zeichnung 40].

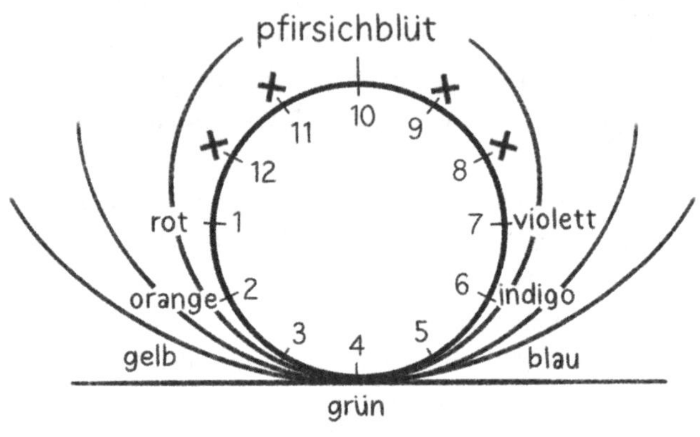

[Zeichnung 40]

Ich bekomme, wenn ich die Dunkelheit betrachte, das negative Spektrum. Und stelle ich die beiden Spektren zusammen, so bekomme ich zwölf Farben, die sich genau unterscheiden lassen in einem Kreis: Rot, Orange, Gelb, Grün, Blau, Indigo, Violett. Hier [rechts oben] wird das Violett immer mehr und mehr dem Pfirsichblüt ähnlich, hier [zwischen Pfirsichblüt und Violett] sind zwei Nuancen dazwischen, hier [links oben] wiederum zwei Nuancen zwischen Pfirsichblüt und Rot, und Sie bekommen dann, wenn Sie die Gesamtheit dieser Farbennuancen verfolgen, zwölf gewissermaßen Farbenzustände, wenn ich den Ausdruck gebrauchen darf.

Daraus können Sie ersehen, dass das, was man gewöhnlich als Spektrum schildert, auch dadurch entstanden gedacht werden kann, dass Sie sich denken, ich könnte durch irgendetwas diesen Farbenkreis hier entstehen lassen, und würde ihn immer größer und größer machen nach der einen Seite hin; dadurch würden mir diese oberen fünf Farben immer mehr und mehr hinausrücken, bis sie mir zuletzt entschwänden; die untere Biegung ginge nahezu in die Gerade über, und ich bekäme dann die gewöhnliche Spektrumfolge der Farben, indem mir nur entschwunden sind nach der anderen Seite die anderen fünf Farben.

Ich stellte jetzt zuletzt die Farben hin. Könnte es nicht auch [beim vorangehenden Schema] mit dem Gehen-ins-Unendliche so etwa der Fall sein wie hier beim Spektrum? Dass ich etwas Besonderes herausbekäme, wenn ich nun suchte: Was wird, wenn das, was da [im Schema] in die Unendlichkeit scheinbar fortgeht, aber sich zum Kreis rundet und da wiederum zurückkommt? Könnte es nicht so etwas geben wie eben eine Art von anderem Spektrum eben, das mir umfasste auf der einen Seite den Zustand von über der Wärme bis hinunter zur Materie, aber dass ich auch so zum Schließen bringen kann wie hier das Farbenspektrum zur Pfirsichblüt-Farbe? Diesen Gedankengang wollen wir morgen weiter fortsetzen.

NEUNTER VORTRAG

Stuttgart, 9. März 1920

Meine lieben Freunde! Gerade wenn man von den von der heutigen Physik angenommenen Verwandlungen der Kräfte und der Energien spricht, so wird es nötig, darauf aufmerksam zu machen, in welcher Weise etwa hinzudeuten ist auf dasjenige, was hinter diesen Verwandlungen eigentlich steckt. Wir werden uns in diesen Betrachtungen ganz systematisch nähern diesem hinter den Energieverwandlungen Steckenden. Zu diesem Zweck möchte ich heute neben das gestrige Experiment ein anderes stellen, wo wir auch Arbeit verrichten durch die Aufwendung einer anderen Energie, als in dieser Arbeit unmittelbar zum Vorschein kommt.

Wir werden gewissermaßen in einer anderen Sphäre hervorrufen ein Bild desjenigen, was gestern auch geschehen ist, indem wir hier ein Rad zur Drehung bringen, zur Bewegung bringen, also eine Arbeit verrichten [Zeichnung 41]. Denn wir könnten ja dann die Drehung des Rades übertragen auf irgendwelche Maschinerie und diese Drehung des Rades als Bewegung verwenden. Wir werden die Drehung des Rades dadurch hervorrufen, dass wir in diese Schaufeln einfach Wasser hineinfließen lassen, das durch seine Schwerkraft uns das Schaufelrad in Bewegung bringt. Die Kraft, die einfach irgendwie drinnen steckt in dem fließenden Wasser, diese Kraft ist es, welche wir in die Rotationskraft des Rades übertragen.

Wir werden nun hier in diesen Trog Wasser hineinfließen lassen, um das herunterfließende Wasser früher, als das beim bisherigen Versuch der Fall war, einem Niveau begegnen zu lassen [Experiment].[102] Das, was eigentlich zu zeigen ist, das ist, dass dadurch, dass wir nun unten ein Niveau schaffen, wir bewirken, dass die Drehung des Rades doch eigentlich langsamer wird, als sie früher war. Nun, sie wird umso langsamer, je mehr das untere Niveau dem oberen näher rückt, sodass wir sagen können: Wenn wir bezeichnen die Höhe von dem absoluten Wasserstand zu diesem Punkt hier [*a*], wo das Wasser an-

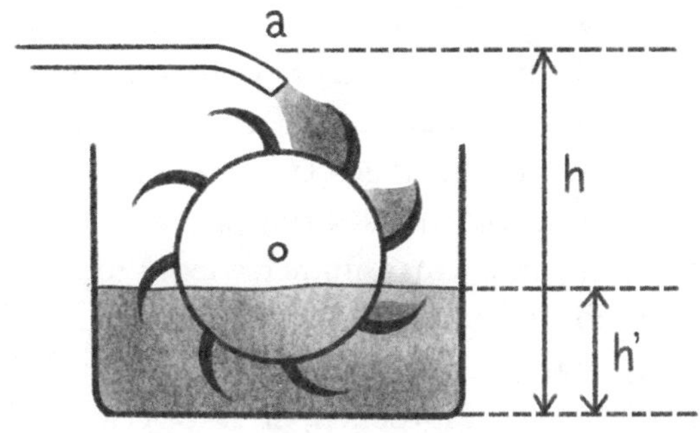

[Zeichnung 41]

fließt an unser Rad, wenn wir diese bezeichnen mit *h*, und bezeichnen die senkrechte Entfernung zwischen dem absoluten Wasserstand und der Niveaufläche, die wir da unten haben, mit *h'*, so bekommen wir eine Differenz heraus von *h – h'*, und wir können sagen: Dasjenige, was wir leisten können an dem Rad, wird irgendwie zusammenhängen – in welcher Weise, werden wir eben suchen im Laufe unserer Betrachtungen – mit der Differenz der beiden Niveaus.

Wir haben auch gestern bei unserem Experiment eine Art Niveaudifferenz gehabt [*T – T'*]. Denn denken Sie sich, wir bezeichnen den Wärmezustand, der in unserem Raum herrscht am Beginn unseres Experiments, mit *T'*, und wir bezeichnen den Wärmezustand, den wir hervorrufen, also die Erwärmung, die wir bewirken, damit die mechanische Arbeit geleistet werden kann, die wir gestern leisteten in dem auf- und absteigenden Kolben, wir bezeichnen diese Erwärmung durch *T*. So werden wir auch in irgendeiner Weise sagen können: Von dieser Differenz zwischen *T* und *T'* hängt die geleistete Arbeit ab, also auch hier von etwas, das in einer gewissen Beziehung als eine Niveaudifferenz bezeichnet werden kann.

Ich muss Sie besonders aufmerksam darauf machen, dass uns zunächst diese beiden Versuche darauf hinweisen, wie wir es zu tun haben überall da, wo so etwas eintritt, was man heute als Umwandlung der Energie bezeichnet, mit Niveaudifferenz. Was nun diese Niveaudifferenz für eine Rolle spielt, was da eigentlich hinter der Verwandlung der Energien steckt, die sich zum Beispiel Eduard von

Hartmann erst hinweggeschafft hat, bevor er an eine Definition der physikalischen Erscheinungen geht, das werden wir nur finden, wenn wir, um nun den ganzen Umfang der Wärmeerscheinungen gewissermaßen zu beleuchten, den gestrigen Gedankengang heute fortsetzen und zu einem gewissen Abschluss bringen.

Bei diesen Dingen muss man immer wieder und wiederum hinweisen auf ein schönes Wort, das Goethe gesprochen hat im Hinblick auf die physikalischen Erscheinungen. Dieses Wort, er hat es in verschiedener Art ausgesprochen, er sagte etwa: Was ist eigentlich alle Erscheinung an äußeren physikalischen Apparaten gegen das Ohr des Musikers,[103] gegen dasjenige, was also als Erscheinung, als Offenbarung des Naturwirkens uns entgegentritt durch das Ohr des Musikers selbst. – Goethe wollte eben darauf hinweisen, dass man durchaus nicht zum Ziele kommt, wenn man die physikalischen Erscheinungen abgesondert vom Menschen betrachtet. Die physikalischen Erscheinungen im Zusammenhang mit dem Menschen, also die akustischen Erscheinungen im Zusammenhang mit den Gehörwahrnehmungen des Menschen nun in richtiger Art betrachten, das kann allein auch nach Goethes Ansicht zum Ziel führen.

Aber wir haben gesehen, dass große Schwierigkeiten auftreten, wenn wir so etwas wie die Wärmeerscheinungen an den Menschen heranbringen wollen, und nun etwa die Wärmeerscheinungen wirklich im Zusammenhang mit der Wesenheit des Menschen betrachten wollen. Und es weist auf eine solche Betrachtungsweise, ich möchte sagen, sogar die Tatsache hin, die zu der sogenannten Entdeckung der neueren mechanischen Wärmetheorie geführt hat. Dasjenige, was da in der neueren mechanischen Wärmetheorie spukt, das ist ja eigentlich ausgegangen von einer am menschlichen Organismus gemachten Beobachtung durch Julius Robert Mayer.

Julius Robert Mayer, der Arzt war, hat bei Aderlässen, die er genötigt war in Java, also in den Tropengegenden, auszuführen, bemerkt, dass das venöse Blut dort bei Tropenleuten eine rötere Färbung hat als bei Leuten in nördlicheren Zonen. Daraus hat er mit Recht geschlossen, dass der Vorgang, der sich abspielt, um die Färbung des venösen Blutes herbeizuführen, ein anderer ist, je nachdem der

Mensch in einer wärmeren oder kälteren Umgebung lebt, also genötigt ist, mehr Wärme oder weniger Wärme an seine Umgebung zu verlieren, also auch genötigt ist, mehr oder weniger Wärme durch die Sauerstoffaufnahme, durch die Atmung zu ersetzen. Davon ist er ausgegangen, Julius Robert Mayer, dass diese gewissermaßen innere Arbeit, die der Mensch verrichtet, indem er den Prozess, dem er unterworfen ist durch die Sauerstoffaufnahme, weiter verarbeitet, dass dieser Prozess wesentlich verinnerlicht wird, das hat er eigentlich gefunden, wenn der Mensch weniger genötigt ist, mit der äußeren Umgebung zu arbeiten. Der Mensch braucht in den Tropengegenden, also wenn er weniger genötigt ist, Wärme an seine Umgebung zu verlieren, weniger mit dem äußeren Sauerstoff zusammen eine Arbeit zu verrichten, als er nötig hat, wenn er mehr Wärme an seine Umgebung verliert. Und dadurch ist gewissermaßen in kälteren Zonen der Mensch so beschaffen, dass er die Lebensarbeit, die er verrichtet, um überhaupt auf der Erde da zu sein, mehr in Gemeinschaft mit seiner Umgebung verrichtet. Er muss mehr mit dem Sauerstoff der Luft zusammenarbeiten in kälteren Gegenden als in wärmeren Gegenden, wo er weniger mit der Umgebung zusammenarbeitet und mehr in seinem inneren Wesen arbeitet.

Sie sehen da zu gleicher Zeit hinein in ein Getriebe der ganzen menschlichen Organisation. Sie sehen, dass es einfach in der Umgebung wärmer zu sein braucht, und der Mensch arbeitet mehr innerlich individuell, als er arbeitet, wenn es in seiner Umgebung kälter ist und er daher mehr in der Gemeinsamkeit mit den äußeren Vorgängen seiner Umgebung arbeiten muss. Von diesem Prozess, der also darstellt gewissermaßen eine Beziehung des Menschen mit seiner Umgebung, von diesem Prozess ist die Betrachtung der mechanischen Wärmetheorie ausgegangen. Diese Beobachtung hat Julius Robert Mayer 1842 dazu geführt, zuerst seine kleine Abhandlung an die Poggendorff'schen Annalen damals zu schicken.[104] Von ihr ist ja ausgegangen im Grunde genommen die ganze physikalische Bewegung, die dann nachher gekommen ist. Grund genug, als dazumal diese Abhandlung von Julius Robert Mayer den Poggendorff'schen Annalen übergeben worden ist, sie zurückzuweisen als vollständig talentlos.[105]

Wir haben da die eigentümliche Erscheinung, dass heute die Physiker sagen: Wir haben die Physik auf ganz neue Bahnen geleitet, wir denken über die physikalischen Erscheinungen ganz anders als vor dem Jahre 1842 – aber es muss zu gleicher Zeit darauf hingewiesen werden, dass die damaligen Physiker diese Abhandlung von Julius Robert Mayer – und es waren eigentlich die besten Physiker, die darüber zu entscheiden hatten[106] – als gänzlich talentlos erklärt haben und sie nicht aufgenommen haben in die Poggendorff'schen Annalen.[107]

Nun sehen Sie, man könnte sagen: Mit dieser Abhandlung ist aber doch in gewisser Weise der Schluss gemacht worden mit den früheren, allerdings unvollkommenen, aber immerhin so gehaltenen physikalischen Betrachtungen, dass man sie in Goethe'schem Sinne an den Menschen oder bis zum Menschen herangebracht hat. Nach dieser Abhandlung geht eine Physik auf, welche das Heil der physikalischen Betrachtung darin sieht, dass man gewissermaßen den Menschen als nicht daseiend betrachtet, wenn man von [physikalischen] Tatsachen sprechen will. Das ist ja auch das wesentliche Charakteristikum der physikalischen Betrachtungen der Gegenwart – in manchen Publikationen wird das sogar als etwas Notwendiges hervorgehoben für das Heil der Physik[108] –, dass in ihnen nichts spielen soll, was irgendwie an den Menschen selber herangebracht ist, [was] mit dem Menschen selber, und sei es auch nur mit dem eigenen organischen Prozess, zu tun hat. Aber auf diesem Wege kann man eben zu nichts kommen. Und es wird uns die Fortsetzung des gestrigen Gedankenganges, der ja ein Gedankengang ist herausgeholt aus der Tatsachenwelt, dazu führen, die physikalischen Erscheinungen an den Menschen heranzubringen.

Ich möchte das Wesentliche noch einmal vor Ihnen entwickeln. Wir gehen aus von dem Gebiet der festen Körper, finden ein Einheitliches, zunächst erscheinungsgemäß, in der Gestaltung. Wir gehen dann gewissermaßen durch den Mittelzustand des Flüssigen, der die Gestaltung nur noch in der Niveaubildung bewahrt, über zu den gasigen Körpern, welche dasjenige, was im Gebiet der festen Körper vorhanden ist, als gestaltenloses Wesen nur noch haben, als

Verdünnung und Verdichtung. Wir kommen dann, angrenzend an das Gasgebiet, in das Wärmegebiet, wiederum gewissermaßen, wie es das flüssige Gebiet ist, ein Mittelgebiet, und kommen dann zu unserem *x*. Und wir haben gestern gesehen, dass, wenn wir denselben realen Gedanken fortsetzen, wir für das *x* zu denken haben an Materiebildung und Entmaterialisierung. Es ist nun ja fast selbstverständlich, dass wir von dem *x* weiterschreiten könnten: Geradeso wie wir weiterschreiten können von dem *x* zu einem *y* und zu einem *z*, geradeso wie wir weiterschreiten können, indem wir zum Beispiel im Lichtspektrum vorwärtsgehen von dem Grün ins Blau, ins Violett und zum Ultraviolett.

z			
y			
x	Materiebildung – Entmaterialisierung		
Wärmegebiet			
Gasige Körper	Verdünnung – Verdichtung	[gestaltenloses Wesen, flüssige Gestalt, Begleitung der Tonwesenheit]	[Bild der Wärme]
Flüssige Körper	[Niveaubildung]		[Bild des Gasigen]
Feste Körper	Gestaltung	[geschlossene Gestalten]	[Bild des Flüssigen]
U	[Gestalt wirkt auf Gestalt]		[Bild des Festen]

Und nun handelt es sich darum, die gegenseitigen Beziehungen zu studieren zwischen diesen verschiedenen Gebieten. Wir sehen auftreten immer in jedem Gebiet ganz bestimmte charakteristische, ich möchte sagen Wesensträger: Wir sehen ebenso auftreten in dem untersten Gebiet eine geschlossene Gestalt, in dem gasigen Gebiet gewissermaßen eine flüssige Gestalt, das Verdichten und Verdünnen, das begleitet – ich will jetzt genau sprechen – unter gewissen Verhältnissen die Tonwesenheit. Wir sehen dann auftreten, indem wir hindurchschreiten durch das Wärmegebiet in das *x*-Gebiet, die Materialisierung und Entmaterialisierung. Und die Frage, die da entstehen muss, ist diese: Wie wirkt nun das eine Gebiet in das andere Gebiet hinein?

Nun habe ich Sie schon darauf aufmerksam gemacht, dass in einer gewissen Weise, wenn wir von Gas sprechen, die Vorgänge im Gasigen so gedacht werden können, dass sie in ihrem Verlauf das Bild geben desjenigen, was im Wärmewesen geschieht. Wir könnten sagen, das Gas wird gewissermaßen von dem Wärmewesen mitgerissen und fügt sich in seiner materiellen Gestalt demjenigen, was das Wärmewesen will, sodass wir in den Vorgängen innerhalb des gaserfüllten Raumes, den Vorgängen, die an das Gas gebunden sind, gewissermaßen Abbilder sehen desjenigen, was die Wärme tut. Wir können also sagen: Im Gas finden wir gewissermaßen Bilder desjenigen, was im Wärmewesen geschieht. Das geht nicht an, unter einem anderen Bild vorzustellen, als so, dass wir uns Gas und Wärme in einer gewissen Weise voneinander durchdrungen denken, sodass tatsächlich das Gas ergriffen wird in seiner Raumausdehnung von dem, was das Wärmewesen will. Gas und Wärme würden sich also durchdringen, würden gerade in ihrer Durchdringung uns an den Vorgängen im Gas verraten, was eigentlich im Wärmegebiet geschieht. Wiederum können wir sagen: Die Flüssigkeit zeigt uns in einer gewissen Weise zu dem Gasigen ein ähnliches Verhältnis wie das Gasige zum Wärmewesen. Das Feste zeigt uns zu der Flüssigkeit dasselbe Verhältnis wie die Flüssigkeit zum Gas, das Gas zur Wärme.

Was tritt denn aber im Gebiet des Festen auf? Im Gebiet des Festen treten Gestaltungen auf, richtige Gestaltungen, Gestaltungen, die in sich geschlossen sind. Diese Gestaltungen, die in sich geschlossen sind, sie sind gewissermaßen dasjenige, was uns wiederum Bild ist desjenigen, was im Flüssigen nur wirkt. Nun können wir hier gehen zu einem Gebiet *U* unter dem Festen, das wir zunächst hypothetisch annehmen, und wir wollen uns Begriffe verschaffen, um dann zu sehen, ob diese Begriffe irgendwo anwendbar sind im Reich der äußeren wahrnehmbaren Erscheinungen. Wir wollen uns durch die Fortsetzung dieses Gedankenganges, der ja, wie Sie wohl empfinden, im Wirklichen wurzelt, Begriffe schaffen, von denen wir hoffen können, dass sie uns dann auch wiederum, weil sie aus dem Wirklichen gewonnen sind, ein Stück in die Wirklichkeit hineintragen.

Was müsste denn geschehen, wenn so irgendetwas eine Wirklichkeit wäre wie das Gebiet *U*? Da müsste gewissermaßen im Gebiet *U* wiederum bildhaft dasjenige auftreten, was im vorhergehenden Gebiet, im Gebiet der festen Körper, eigentlich äußere Tatsache ist. Es müsste dieses Gebiet *U* uns wiederum das Bildgebiet geben des Gebietes der festen Körper. Im Gebiet der festen Körper sind Gestalten; irgendwo Gestalten, Gestalten die ja aus ihrem inneren Wesen heraus gestaltet sind oder wenigstens aus ihrem Verhältnis zur Welt gestaltet sind – das können wir erst in den nächsten Tagen weiter verfolgen –, aber es treten Gestalten auf, es müssen Gestalten auftreten in ihren gegenseitigen Verhältnissen.

Gehen wir noch einmal zurück ins flüssige Gebiet. Da haben wir gewissermaßen durch die nach außen die Flüssigkeit abschließende Niveaufläche diese Flüssigkeit als einen Körper im Zusammenhang mit der ganzen Erde. Wir müssen also in der Schwerkraft etwas sehen, was verwandt ist den Kräften, die die Gestaltungen bewirken auf den festen Körper. Wir müssen also, wenn wir den Gedankengang real fortsetzen, irgendwie finden, was ebenso im Gebiet des *U* geschieht, wie die Gestaltenbildung im Gebiet der festen Körper geschieht, dadurch, dass das Gebiet der festen Körper das Bild gibt der Flüssigkeiten. Mit anderen Worten: Wir müssen die Wirkung sehen können im Gebiet *U*, welche die verschiedenen Gestaltungen aufeinander ausüben, das verschieden Gestaltete aufeinander ausübt. Wir müssen irgendwie die Wirkung sehen können. Wir müssten sehen können, wie unter dem Einfluss verschieden zueinander sich verhaltender Gestalten irgendetwas entsteht.

Es müsste im Gebiet der Wirklichkeit etwas geben, was unter dem Einfluss der verschiedenen Gestaltungen im Gebiet des Festen entsteht. Man hat heute eigentlich nur den Beginn [eines solchen Einflusses]. Denn nehmen Sie irgendwie einen Körper, zum Beispiel den Turmalin, der in sich trägt ein Prinzip der Gestaltung. Lassen Sie in verschiedener Weise den gestalteten Turmalin, ich meine die innere Tendenz des Gestaltens, so wirken, dass Gestalt auf Gestalt wirken kann, was Sie zum Beispiel vorliegend haben, wenn Sie durch zwei Turmaline durchschauen, die Turmalinzange[109] nehmen und durch zwei Turmaline durchschauen: Bald können Sie durchschauen, bald verfinstert sich das Gesichtsfeld. Sie haben nur die Turmaline zueinander verdreht, Sie haben ihre gestaltende Kraft in ein verschiedenes Verhältnis gebracht. Diese Erscheinung, die hängt innig zusammen mit derjenigen, wo, angeblich durch den Durchgang des Lichtes durch körperliche Systeme, die verschieden gestaltet sind, uns die sogenannten Polarisationsfiguren erscheinen. Diese Polarisationserscheinungen erscheinen immer unter dem Einfluss der Wirkung des Gestalteten aufeinander. Wir haben die merkwürdige Tatsache vorliegend, dass wir im Gebiet des Festen gleichsam hinblicken in ein anderes Gebiet, das sich zum Festen so verhält wie das Gebiet des Festen zum Flüssigen.

Und indem wir uns fragen: Wo entsteht denn unter den Einflüssen der gestaltenbildenden Kraft im Gebiet des *U* dasjenige, was – wenn die Schwerkraft, die bei der Flüssigkeit nur niveaubildend ist, gestaltend im Gebiet des Festen auftritt –, geschieht, wenn wir beobachten die sogenannten Polarisationsfiguren, die wirklich in einem Gebiet liegen, das unterhalb des Festen sich befindet? Wir blicken da tatsächlich in ein Gebiet hinein, das unterhalb des Festen sich befindet.

Aber wir sehen daraus noch etwas anderes. Wir könnten ja lange hineinschauen in ein solches Körpersystem, und es möge da unter den verschiedenen Kräften das Verschiedenste vor sich gehen, was da die Wirkungen verschiedener Gestaltungen aufeinander darstellt, wir würden nichts sehen, wenn nicht in die festen Körper etwas anderes noch hineindrängte, als dass sich zunächst das Gebiet des Festen mit dem Gebiet *U* durchdringt. Es dringt zum Beispiel noch da hinein Licht, das uns diese Wirkungen der Gestaltung erst sichtbar macht.

Das, was ich jetzt ausgesprochen habe, meine lieben Freunde, das hat zuwege gebracht, dass die Physik des neunzehnten Jahrhunderts sich innerhalb des Lichtes selber zu schaffen machte, und dasjenige, was durch das Licht nur sichtbar wird, als eine Wirkung des Lichtes selbst ansah. Wenn man auf diese Polarisationsfiguren hinschaut, muss man einen ganz anderen Ursprung als den aus dem Licht suchen. Was da geschieht, hat unmittelbar gar nichts mit dem Licht zu tun. Das Licht dringt nur auch ein in dieses Gebiet *U* und macht dasjenige, was da geschieht, was dadurch geschieht, dass diese Gestaltungen Bildcharakter annehmen, sichtbar. Sodass wir sagen können: Wir haben es mit einer Durchdringung zu tun der verschiedenen Gebiete, die wir hier auseinandergelegt haben fächerartig, wir haben es mit einer [Durchdringung] dieser verschiedenen Gebiete im Wirklichen zu tun.

Und wir werden jetzt auch in einer sachgemäßen Weise zu dem kommen können, was uns zum Beispiel im Gebiet des Gasigen durch das Gestaltende noch in der gleichsam verflüssigten Gestalt auftritt. Wir werden zu besseren Begriffen geführt für das Gesagte, wo uns, wenn Verdichtung oder Verdünnung auftreten, bei Gelegenheit dieser Verdichtung und Verdünnung die Tontatsachen vor die Seele treten durch die Vermittlung des Hörorgans. Und wir werden nicht nötig haben, die Verdichtungen und Verdünnungen im Gaskörper geradezu zu identifizieren mit demjenigen, was uns als die verschiedenen Tonwirkungen entgegentritt. Sondern wir werden etwas zu suchen haben, was dann auftritt im Gebiet der Verdichtungen und Verdünnungen innerhalb des Gases, wenn diese Verdichtungen und Verdünnungen in entsprechender Weise da sind.[110]

Wir werden genötigt, dasjenige, was eigentlich geschieht, so auszusprechen, dass wir sagen: Zunächst lassen wir im Unbestimmten dasjenige, was wir als Ton bezeichnen. Aber wenn wir im Gasigen herbeiführen gewisse gesetzmäßige Verdichtungen und Verdünnungen, so tritt dasjenige auf, was uns in der Tonwirkung bewusst wird.[111]

Diese Art, die Sache auszusprechen, ist sie nicht ganz parallel der, wenn ich sagen würde: Wir können uns im Weltall vorstellen Wärmezustände von sehr hohen Temperaturen, über hundert Grad;

wir können uns vorstellen Wärmezustände von sehr niedriger Temperatur, tief unten, Kältezustände; zwischendrinnen finden wir ein Gebiet, in dem der Mensch sich aufhalten und sich bilden kann?

Es wird uns möglich sein, zu sagen: Wenn irgendwo im Weltall sich abspielt so eine große Schwingung, wo übergeht der Zustand der Wärme von einer sehr hohen Temperatur in eine sehr tiefe, so liegt etwas dazwischen, wo der Mensch entstehen kann. Es ist die Gelegenheit dazu gegeben, dass der Mensch entstehen kann, wenn sonst irgendwelche Ursachen zur Menschheitsentstehung da sind. Wir werden aber jedenfalls nicht sagen: Der Mensch ist das Abschwingen des Wärmezustandes der Körper in die tiefe Temperatur und das Zurückschwingen – denn beim Zurückschwingen würde ja auch wieder die Gelegenheit entstehen –, wir werden das nimmermehr sagen.

Aber in der Physik sagen wir fortwährend: Der Ton ist nichts anderes als die Verdichtung und Verdünnung der Luft, der Ton ist eine Wellenbewegung, die sich ausdrückt in Verdichtung und Verdünnung der Luft. Wir gewöhnen uns dadurch vollständig ab, die Sache so anzusehen, dass wir in den Verdichtungen und Verdünnungen einfach den Träger sehen des Tones, nicht den Ton selbst. Sodass wir uns auch für den gasigen Zustand etwas vorzustellen haben, was einfach in das Gas hineindringt, aber einem anderen Gebiet angehört, und was im Gebiet des Gases [durch Verdichtung und Verdünnung] die Möglichkeit erhält, so aufzutreten, dass eine Vermittlung zwischen ihm und [unserem Hörorgan] möglich wird.

Nur wenn man die Begriffe so formt, spricht man eigentlich über physikalische Erscheinungen richtig. Wenn man die Begriffe aber so formt, dass man einfach den Ton oder die Tonbildungen identifiziert mit den Luftschwingungen, dann wird man eben dazu verführt, das Licht auch zu identifizieren mit Ätherschwingungen. Man schreitet von etwas, was nur ungenau gefasst wird, zu dem Ausdenken, Ausfantasieren einer Tatsachenwelt vorwärts, die eigentlich nur das Geschöpf eines ungenauen Denkens ist. In vieler Beziehung ist dasjenige, von dem die Physik namentlich am Ende des neunzehnten Jahrhunderts spricht, nichts anderes als das Geschöpf eines ungenauen Denkens. Und wir stecken, wenn wir die gebräuchliche Physik verfolgen, noch tief darinnen [in der Schwierigkeit], uns aneignen zu müssen in den physikalischen Begriffen nichts weiter als Geschöpfe des ungenauen Denkens.

Nun handelt es sich aber darum, dass wir ja haben, wenn wir vorschreiten von dem Wärmegebiet zu dem *x*, *y*, *z*, gewissermaßen die Aussicht, da ins Unendliche fortgehen zu müssen, und hier [bei *U*] haben wir die Aussicht, ebenfalls ins Unendliche fortgehen zu müssen.

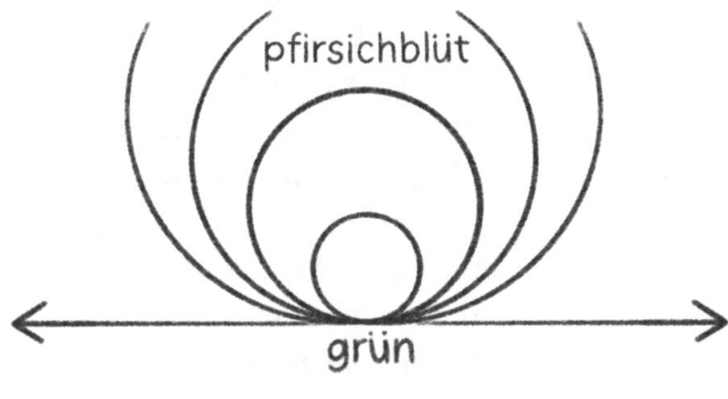

[Zeichnung 42]

Sehen Sie, ich habe Sie schon gestern darauf aufmerksam gemacht: Dasselbe liegt ja vor im Spektrum, wo wir auch gewissermaßen genötigt sind, wenn wir uns das Spektrum, so wie es im Gewöhnlichen auftritt, vor Augen stellen, bei der Verfolgung des Weges vom Grün durch das Blau zum Violett, hinaus ins Unendliche oder wenigstens ins Unbestimmte fortzuschreiten, ebenso nach dem Rot hin. Wir können uns aber [vorstellen], wenn wir das gesamte Spektrum ins Auge fassen [Zeichnung 42] – das gesamte Gebiet der Farbenerscheinungen ins Auge fassen, und dieses Spektrum gebildet denken dadurch, dass die Farbenreihe der zwölf wirklich vollständigen Farben, die sich nur auf einem Kreis charakterisieren lässt, der unten Grün, oben Pfirsichblüt hat, und dazwischen die anderen Farben –, dass sich dieser Kreis immer [mehr] vergrößert; dass Pfirsichblüt uns hier nach oben verloren geht, und nach einer Seite hier nach dem Rot, andererseits nach dem Violett verläuft und über beides hinaus. Wir haben also im gewöhnlichen Spektrum eigentlich einen Teil von dem, was da sein würde, wenn durch die den Menschen umgebende Erscheinungswelt die Vollständigkeit der Farben erscheinen könnte. Wir haben nur einen Teil davon.

Nun gibt es etwas, was höchst merkwürdig ist. Ich glaube, meine lieben Freunde, wenn Sie die gebräuchlichen Darstellungen der Optik in den Physikbüchern zur Hand nehmen und vorrücken zu dem, was da gewöhnlich gegeben wird als Erklärung einer speziellen Spektralerscheinung, nämlich des Regenbogens, wird Ihnen doch, wenn Sie es gerne haben, bei klaren Begriffen zu bleiben, etwas unbehaglich zumute werden. Denn die Erklärungen des Regenbogens sind wirklich so gehalten, dass man ganz ohne Boden dasteht. Man ist genötigt, zum Regentropfen seine Zuflucht zu nehmen und da allerlei Gänge der Lichtstrahlen im Regentropfen drinnen zu verfolgen, und man ist dann genötigt, sich dieses ziemlich einheitliche Bild des Regenbogens zusammenzusetzen eigentlich aus dem Zusammenfügen von lauter kleinen Bildern, die noch besonders abhängig sind von der Art, wie man dazu steht, Bildern, die eigentlich durch Regentropfen entstehen.

Kurz, Sie haben in diesen Erklärungen etwas von einer atomistischen Auffassung einer Erscheinung, die ziemlich als Einheit in unserer Umgebung wirkt. Aber noch unbehaglicher als gegenüber dem Regenbogen, also dem Spektrum, das die Natur selbst vor uns hinzaubert, kann uns werden, wenn wir gewahr werden, dass eigentlich dieser Regenbogen, von dem wir sprechen, gar niemals in Wirklichkeit allein auftritt. Er mag noch so sehr sich verbergen, es ist immer der zweite Regenbogen da. Und was zusammengehört, lässt sich einmal nicht auseinanderhalten. Die beiden Regenbogen, von denen der eine nur undeutlicher ist als der andere, die gehören notwendigerweise zusammen, und im Gebiet der Erklärungen für das Entstehen des Regenbogens darf man nicht einmal versuchen, nur den einen Farbenstreifen erklären zu wollen, sondern man muss sich klar sein darüber, dass die Totalität der Erscheinung – die relative Totalität der Erscheinung – eben etwas ist, was nun in der Mitte etwas anderes ist und zwei Randbänder hat. Das eine Randband ist der etwas deutlichere Regenbogen, das andere Randband ist der undeutlichere Regenbogen. Man hat es zu tun mit einem Bild, das uns in der großen Natur erscheint und das in der Tat sich hineinstellt fast in das ganze All, dass wir nun das ansehen als etwas Einheitliches.

Nun, wenn wir genau zusehen, so werden wir ja ganz gut gewahr werden, dass der zweite Regenbogen, der Nebenregenbogen, eigentlich eine Umkehrung des ersten ist, dass der zweite Regenbogen tatsächlich in einer gewissen Weise aufgefasst werden kann als eine Art Spiegelbild des ersten Regenbogens, dass er ihn gewissermaßen spiegelt, den ersten, deutlicheren Regenbogen. Wir haben also da, sobald wir übergehen von den Teilerscheinungen, die in unserer Umgebung auftreten, zu einer relativen Totalität, der wir gegenüberstehen, wenn wir unsere ganze Erde als im Verhältnis zum kosmischen System auffassen, etwas, was eigentlich sein Antlitz ganz verändert. Zunächst will ich nur auf diese Erscheinung hinweisen. Wir werden im Verlauf unserer Betrachtung diesen Erscheinungen schon nähertreten.

Dadurch also, dass uns der zweite Regenbogen auftritt, wird gewissermaßen die Sache, die da [in der Zeichnung 42] erscheint, zu einem geschlossenen System. Das System ist nur ungeschlossen, solange ich meinem speziell hier in meiner Umgebung auftretenden Spektrum gegenüberstehe. Und die Erscheinung des Regenbogens müsste mich eigentlich dazu verführen, daran zu denken, dass ich eigentlich, wenn ich mir dieses Spektrum vor Augen stelle durch ein Experiment, die Natur nur an einem Zipfel halte, dass mir irgendwo am entgegengesetzten Zipfel etwas verloren geht; dass da noch irgendwo noch etwas ist im Unbekannten, dass ich eigentlich zu jedem siebenfarbigen Spektrum den Nebenregenbogen dazu brauche.[112]

Sehen Sie, diese Erscheinung und ihre Verwandlung in Begriffe, halten Sie zusammen mit diesem Gang unseres realen Begriffes, den wir hier ins Auge gefasst haben. Wir versuchen ja hier [in der Zeichnung 42] das Farbenband, das sich uns ins Unbestimmte erweitert, zusammenzuschlagen, indem wir das eine in das andere hineinschlagen. Wenn wir das nun auch hier machen würden, was würde da werden? Da würden wir, indem wir vom festen Körper in das *U* hinausgehen und vielleicht noch weiter den Weg da hinuntermachen, ihn so machen, dass er uns von oben wieder zurückkommt und geschlossen würde. Aber jetzt, wenn wir diesen Weg nach unten machen und von oben wieder zurückkommen und ihn geschlossen machen, was würde sich denn da bilden? Was würde da geschehen?

Ich will einmal, um Sie auf das zu führen, das Folgende versuchen: Nehmen Sie an, Sie gehen wirklich in irgendeiner die Sache versinnlichenden Zeichnung [43] nach der einen Richtung.[113] Wir gehen aus, sagen wir von der Sphäre, wo wir in diesen Betrachtungen haben sagen können, die Schwerkraft wird negativ. Wir sind gewissermaßen bei einer der Sphären angelangt. Wir gehen von da aus nach unten und wir stellen uns vor, bei unserem Weg nach unten, da müssten wir ins Gebiet der Flüssigkeit, des Festen hineinkommen. Jetzt, wenn wir aber da weiter fortgehen, müssten wir eigentlich – es ist schwer, es zu zeichnen – von der anderen Seite wiederum zurückkommen. Indem wir von der anderen Seite wieder zurückkommen, würden wir uns hineinschieben in das frühere Gebiet, in dasjenige, was von der anderen Seite kommt.

[Zeichnung 43]

Das heißt, indem ich da fortschreite vom Festen in das *U*-Gebiet, würde ich, wenn ich den ganzen Schwanz da nehmen würde und ihn umkehre und da hineinbringe, es hier durchstopfen müssen.

Ich könnte das Bild auch so zeichnen [Zeichnung 44], dass ich so fortschreite von der Nullsphäre durch die Flüssigkeit in das Feste, das *U*-Gebiet so mache, dann wiederum zurückgehe und hier wiederum hereinkomme.[114] Sodass ich etwa sagen könnte: Ich betrachte das Gas, das tendiert hierhin, wo ich das Blau gezeichnet habe, nach dieser Seite. Aber in der Weltenkreisung kommt von der anderen Seite her dasjenige, was da eindringt, durchsetzt es, erscheint aber darin nur als Bild. Es imprägniert gewissermaßen dasjenige, was da zurückkommt, das Hingehende, und erscheint darin als Bild. Die Flüssigkeit in ihrem Wesen durchdringt das Gebiet des Festen, indem sie ihm nachläuft, und erscheint darin als Gestaltung; oder irgendwas, was mehr in unserer symbolischen Zeichnung [44] nach oben gelegen ist, als Ton, dringt in das Gasgebiet ein und erscheint darin.

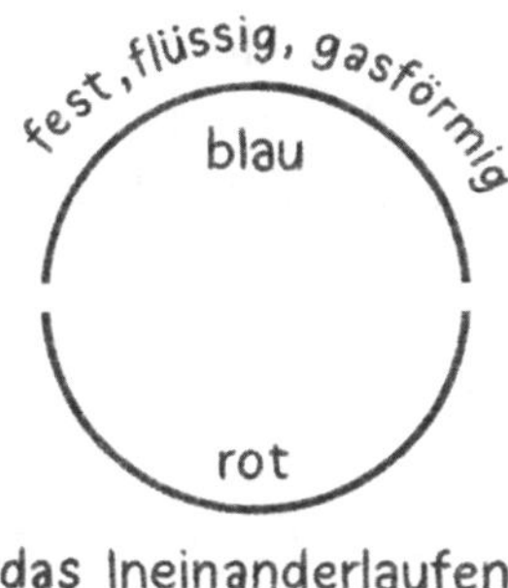

[Zeichnung 44]

Überlegen Sie sich einmal dieses Zurückkommen und dadurch Ineinanderlaufen des Weltprozesses, wodurch Sie zur Notwendigkeit geführt werden, eben nicht bloß einfach einen Weltenkreislauf zu denken, sondern einen solchen Kreislauf zu denken, dass, indem das hier geht, das Weitergehende immer wiederum hereinkommt in dasjenige, was schon da war, also sich durchschiebt durch das, was schon da war [Zeichnung 45]. Dann bekommen Sie eine Grundlage für reale Gedanken, die Ihnen zum Beispiel auch helfen werden, das Auftreten, sagen wir des Lichtes, das auf einem ganz anderen Gebiet liegen muss, in der Materie zu sehen, indem die Materie einfach dasjenige ist, was davongelaufen ist, das Licht hinten nachläuft und sich hineinschiebt. Da sind Sie allerdings dann genötigt, wenn

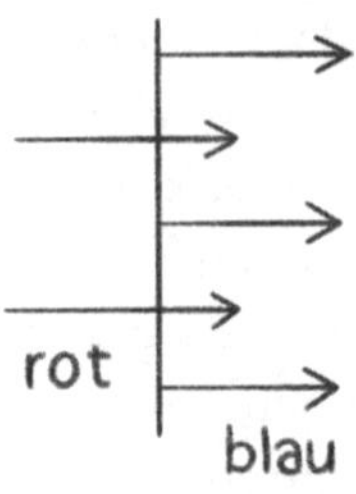

[Zeichnung 45]

Sie diese Dinge mit mathematischen Formeln betrachten wollen, die mathematischen Formeln etwas zu erweitern.

Wenn Sie wollen: Es ist das alte Symbolum von der Schlange, die sich in den Schwanz beißt, das Symbol der alten Weisheit. Nur dass die alte Weisheit das eben alles in Symbolen ausgesprochen hat und wir genötigt sind, an die realen Dinge heranzutreten – aber wir müssen diesen Prozess überwinden.

ZEHNTER VORTRAG

Stuttgart, 10. März 1920

Meine lieben Freunde! Wir wollen zunächst, bevor wir die Betrachtung, die wir gestern fortgesetzt haben, und an deren Ende wir nahezu stehen, weiterführen, wollen wir sie uns noch durch einige Versuche unterstützen. Wir werden zunächst hier [Zeichnung 46] einen Lichtzylinder erzeugen, welcher dadurch entsteht, dass wir das Licht hindurchscheinen lassen durch diesen Spalt, und in den Lichtzylinder hineinbringen hier einen Ballon, der angerußt ist, sodass das Licht nicht durchgeht. Wir haben dann dasjenige, was geschieht, zum Ausdruck gebracht an diesem Thermometer.

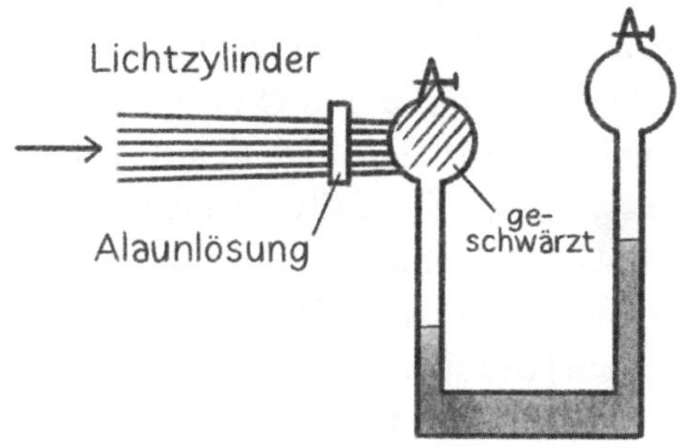

[Zeichnung 46]

Sie sehen, unser, sagen wir, Energienzylinder bewirkt, indem er uns hier dasjenige durchschickt, das sich durch das Licht äußerlich offenbart, dass hier die Quecksilbersäule sinkt. Wir haben es also zu tun mit dem, was sonst eintritt unter dem Einfluss einer Ausdehnung. Wir müssen also voraussetzen, dass hier Wärme durchgeht und Ausdehnung bewirkt und diese Ausdehnung uns am Sinken der Quecksilbersäule anschaulich wird. Sodass wir also sagen können: Es würde ja hier entstehen, wenn wir auffangen würden, sagen wir, durch ein Prisma, das Lichtbündel, ein Spektrum. Wir bilden kein Spektrum, sondern wir fangen einfach das Licht auf, sammeln es, und wir bekommen dadurch, dass wir jetzt gesammelt haben, was in diesem Energienzylinder ist, eine sehr starke Ausdehnung. Sie sehen, die Quecksilbersäule sinkt sehr stark.

Wir stellen jetzt in den Gang des Energienzylinders eine Alaunlösung, und wir wollen sehen, was dadurch eintritt.[115] Wir haben also gezwungen dasjenige, was da durchgeht, was sich uns auch äußern würde durch seine Lichtseite, dadurch beeinflusst, dass wir ihm entgegengestellt haben eine Alaunlösung, und wir wollen nun sehen, was unter dem Einfluss der Alaunlösung geschieht. Wir können auf diese Weise – Sie werden es zuletzt sehen – den vollkommenen Gleichgewichtszustand der rechten und linken Quecksilbersäule wieder herbeiführen, wodurch Sie sehen werden, dass vorher Wärme durchgegangen ist und jetzt durch die Alaunlösung die Wärme abgehalten wird, also keine mehr durchgeht, sondern nur die im Raum sonst allgemein vorhandene Wärme auch hier zum Ausdruck kommt. Es ist also in dem Augenblick, wo ich in den Energiezylinder hineinstelle die Alaunlösung, die Wärme in ihrem weiteren Fortgehen verhindert. Das heißt, ich sondere aus dem, was sich mir als Licht und Wärme zugleich kundgibt, heraus die Wärme und lasse nur hier das Licht durchstrahlen – zunächst wollen wir nur dieses festhalten. Es strahlt auch noch anderes durch. Aber daraus können wir ersehen, dass [wir] der sich ausbreitenden Licht-Wärme-Energie gegenüber so verfahren können, dass wir das Licht weitergehen lassen [und] durch die in den Weg gestellte Alaunlösung die Wärme heraussondern können.

Das ist das eine, was wir zunächst rein als Erscheinung festhalten können. Das andere, was wir, bevor wir in unseren Betrachtungen weitergehen, als Erscheinung uns vor Augen führen wollen, das ist: Wenn wir das Wärmewesen untersuchen wollen, so können wir es in seinem Verhalten zunächst dadurch untersuchen, dass wir irgendeinen Körper an irgendeiner Stelle erwärmen. Wir merken dann, dass der Körper nicht bloß an der einen Stelle, wo wir ihn erwärmen, erwärmt bleibt, sondern dass die Wärme, die ich hinzuführe an einer Stelle, dem nächsten Teil, wiederum dem nächsten Teil und so weiter mitgeteilt wird, sodass zuletzt über den ganzen Körper Wärme ausgebreitet ist [Zeichnung 47] – nicht nur das: wenn ich einen Körper nun zur Berührung mit dem ersten bringe, auch der zweite Körper warm wird – er wird wärmer werden, als er früher war –, und man ist in der gegenwärtigen Physik gewohnt worden, zu sagen: Die Wärme erfährt eine Verbreitung durch Leitung. Man spricht von Wärmeleitung. Die Wärme wird geleitet von einer Stelle eines Körpers zu den anderen; sie wird auch geleitet von einem Körper zu einem anderen Körper, der mit ihm in Berührung ist. Sie können schon durch ganz oberflächliche Beobachtungen feststellen, dass diese Wärmeleitung eine verschiedene ist bei den verschiedenen Substanzen.

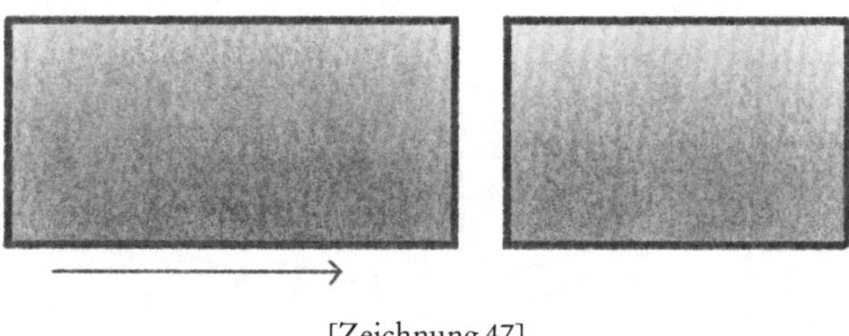

[Zeichnung 47]

Wenn Sie eine Metallstange nehmen, sie in den Fingern halten, mit dem anderen Ende in die Flamme hineingehen, so werden Sie sie wahrscheinlich bald fallen lassen. Die Wärme wird sehr schnell von dem einen Ende zu dem anderen geleitet. Man sagt dann: Ein Metall ist ein guter Wärmeleiter. Wenn Sie dagegen eine Holzstange in die Hand nehmen und in die Flamme halten, werden Sie nicht versucht sein, unter dem Einfluss der Wärmeleitung sie schnell fallen zu lassen. Holz ist ein schlechter Wärmeleiter. Und so kann man von guten und schlechten Wärmeleitern sprechen.

Nun aber, durch einen anderen Versuch klärt sich dieses eigentlich erst auf. Und diesen anderen Versuch, den können wir nun wiederum heute nicht machen, weil es wieder vergeblich gewesen wäre, wenn wir ein zweites Mal noch versucht hätten, Eis zu besorgen und dann da das Eis hätten verarbeiten müssen in bestimmter Weise. Das wäre nicht gegangen. In günstigeren Zeiten kann auch ein solcher Versuch einmal gemacht werden [Zeichnung 48]: Wenn man unter gewissen

Umständen aus Eis eine Linse bereitet, wie man die Glaslinse hat, und dann durch eine Wärmequelle – einfach eine Flamme – ausstrahlen lässt Wärme, so kann man gerade so, wie man nach dem gebräuchlichen Ausdruck sagt, dass sich die Lichtstrahlen sammeln, auch die Wärmestrahlen sammeln und kann durch ein hier hingestelltes Thermometer konstatieren, dass wirklich hier so etwas wie eine Ansammlung von Wärme unter dem Einfluss der Eis-Linse [vorliegt], durch die die sich ausbreitende Wärme hindurchgegangen ist.

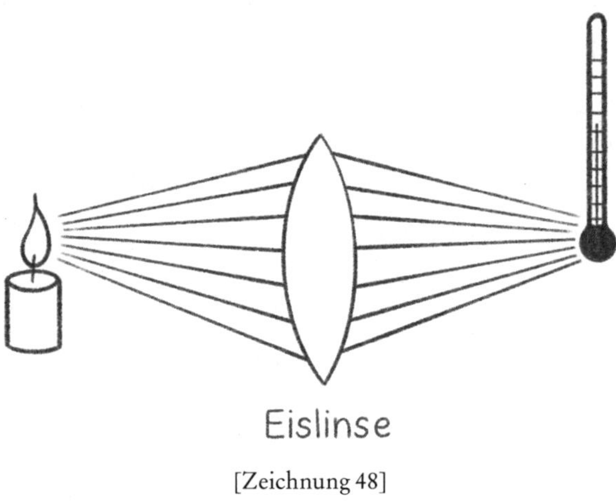

[Zeichnung 48]

Nun können Sie aus diesem Versuch leicht sehen, dass es sich hier nicht um dasselbe handeln kann wie bei der Wärmeleitung, trotzdem die Wärme sich ausgebreitet hat, denn sonst hätte die Eis-Linse nicht bleiben können eine Eis-Linse.

Es handelt sich also darum, dass wir zweierlei Arten von Ausbreitung der Wärme haben: eine solche, welche im Wesentlichen beeinflusst diejenigen Körper, über die sich die Wärme ausbreitet, und eine solche Ausbreitung von Wärme, bei der dasjenige gleichgültig ist, was der Wärme im Wege steht, wo wir also es zu tun haben müssten mit der Ausbreitung des eigentlichen Wärmewesens, wo wir gewissermaßen die Wärme selber sich ausbreiten sehen. Während wir doch erst, wenn wir genau sprechen, fragen müssen: Was breitet sich denn eigentlich aus, wenn wir die Wärme einem Körper mitteilen und dann sehen, dass [er] Stück für Stück wärmer wird? Wir müssen die Frage aufwerfen: Ist es denn nicht [vielleicht] ein höchst unklarer Ausdruck, wenn wir davon sprechen, dass es die Wärme selbst ist, die sich von einem Stück des Körpers zum anderen ausdehnt, wenn wir nur am Körper selber dieses Wärmerwerden konstatieren?[116]

Denn sehen Sie, hier muss ich wieder darauf aufmerksam machen, dass es sich darum handelt, wirklich genaue Vorstellungen und Begriffe zu fassen: Wenn Sie, statt dass Sie einfach hier [selbst die Wärmeausbreitung] empfinden, wenn Sie [statt dessen] einen ziemlich großen Eisenstab, Metallstab, nehmen, ihn hier [unten am einen Ende] erhitzen, aber nicht so erhitzen, dass es [jemandem] schadet, was ich jetzt beschreiben werde, und wenn Sie hier Buben hinaufstellen, und Sie die Buben dann – es darf natürlich nicht zu stark sein – schreien lassen, [dann zeigt sich:] Wenn es unten warm wird, so wird wohl zuerst der erste, dann der zweite, dann der dritte schreien und so weiter. Nacheinander schreien die Buben. Aber Sie werden doch nicht versucht sein zu sagen: Das Schreien der Buben wird fortgeleitet. Sie werden nicht versucht sein zu sagen: Das, was ich hier bei dem ersten Buben bemerkt habe, leitet sich fort auf den zweiten, auf den dritten, auf den vierten und so weiter. Aber wenn der Physiker heute hier erhitzt und hier dann die Empfindung der Wärme hat, so sagt er: Die Wärme wird einfach fortgeleitet. Während er doch eigentlich nur dasjenige, was der Körper tut: ihm die Empfindung der Wärme geben, so Stück für Stück beobachtet, wie hier, dass die Buben quieksen, wenn sie die Wärme erfahren. Sie können doch da nicht sagen, dass sich das Schreien fortpflanzt.

Wir wollen nun auch den Versuch machen, zu zeigen, wie verschiedene Metalle, die hier als Stäbe vorhanden sind, in verschiedener Weise sich verhalten zu dem, was man gewöhnt worden ist, Wärmeleitung zu nennen, und wie wir nun wirklichkeitsgemäße Begriffe werden zu bringen versuchen. Wir geben hier [heißes] Wasser hinein [Zeichnung 49]. Dadurch, dass die Stäbe unten ins Wasser gehen, werden sie erwärmt. Wir werden nun sehen, welche Wirkung das hier auf unsere Versuchszusammenstellung hat, wie ein Stab nach dem anderen sich erwärmen wird, sodass wir dann tatsächlich eine Art

Skala uns vorstellen können. Wir werden die Möglichkeit haben, die Wirkungen der Wärme fortlaufend zu zeigen bei den verschiedenen Substanzen. Die Stäbe bestehen aus Kupfer [Cu], Nickel [Ni], Blei [Pb], Messing, Zink [Zn], Eisen [Fe].[117] Das Quecksilberjodid färbt sich rot in folgender Reihenfolge: Kupfer, Nickel, Zink, Messing, Eisen, Blei. Das Blei ist also hier unter diesen Metallen der schlechteste Wärmeleiter, wie man sagt.

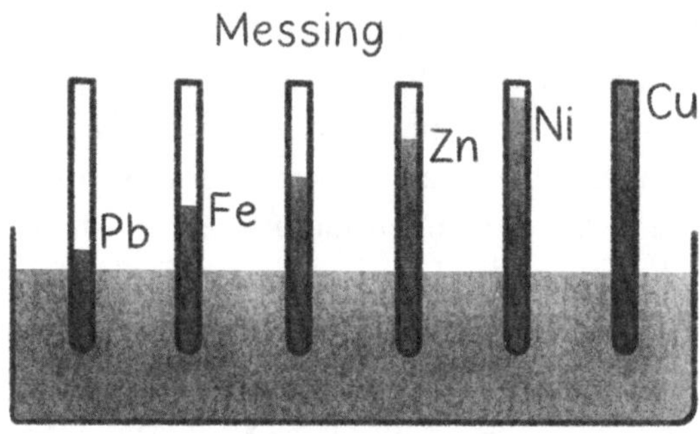

[Zeichnung 49]

Die Versuche werden hier gezeigt aus dem Grund, dass wir nun uns die schon öfter besprochene Überschau bilden können über die Erscheinungen im Wärmewesen, um so nach und nach aufzusteigen zur Erkenntnis dessen, was das Wärmewesen in Wirklichkeit ist.

Nun haben wir schon durch unsere gestern fortgesetzte Betrachtung gesehen, wie wir, wenn wir das Gebiet der Körperlichkeit ins Auge fassen, in einer gewissen Weise unterscheiden können das Gebiet des Festen, in dem wir im Wesentlichen verfolgen können dasjenige, was sich gestaltet. Wir haben dann gewissermaßen als eine Zwischenstufe das Flüssige, und gehen dann über zu dem Gasigen. Und wir haben in dem Gasigen dasjenige, was entspricht der Gestaltung im Festen, als Verdichtung und Verdünnung anzusehen. Dann haben wir wieder eine Art Zwischenzustand gerade dasjenige, was wir suchen, die Wärme. Aus welchem Grund wir sie hierher schreiben dürfen haben wir gesehen.[118] Und dann kommen wir, wie ich gesagt habe, in eine Art *x* hinein, und wir würden, wenn wir den Gedankengang ganz real fortsetzten, zu finden haben Materialisierung und Entmaterialisierung, würden dann aufsteigen müssen zu einem *y*, zu einem *z*, wie ich sagte, in ähnlicher Weise, wie wir beim Lichtspektrum den Übergang finden vom Grün durch das Blau zum Violett und dann scheinbar ins Unendliche hinein. Wir haben aber gestern konstatieren müssen, dass wir auch das Gebiet des Festen hier fortsetzen können in eine Art *U* hinein, sodass wir die Gebiete unserer Körperlichkeit durch diese dem Spektrum nachgebildete Anordnung uns vorstellen können; gerade dann uns vorstellen können, wenn wir im Wirklichen verbleiben wollen.

z	
y	
x	Materialisierung – Entmaterialisierung
Wärmegebiet	
Gasige Körper	Verdünnung – Verdichtung
Flüssige Körper	[Niveaubildung]
Feste Körper	Gestaltung
U	[Gestalt wirkt auf Gestalt]

Nun handelt es sich darum, dass wir den Gedanken weiter verfolgen, den wir schon gestern ausgesprochen haben: Gerade so, wie beim Spektrum wir zusammenfassen können dasjenige, was uns nach dem Violett hin entschwindet und nach dem Rot hin entschwindet, indem wir das nach links und rechts geradlinig sich ausdehnende Spektrum zusammenfassen, kreisförmig, so können wir uns die sich ändernden Zustandsgebiete der Körperlichkeit nach der einen Seite und nach der anderen Seite so denken, dass sie eigentlich nicht charakterisiert werden durch eine Gerade, die sich nach der einen oder anderen Seite ins Endlose verirrt, sondern dass dasjenige, was hier [nach oben] scheinbar ins Unbestimmte oder Unendliche geht, hier [unten] zurückgeht, ebenso dieses [nach unten Gehende von oben zurückkehrt] [Pfeile], und eigentlich dasjenige, was vorliegt, durch einen Kreis charakterisiert werden kann, durch eine wenigstens in sich selbst zurücklaufende Linie.

Nun entsteht die Frage: Was können wir da finden hier? Wenn wir das gewöhnliche Spektrum betrachten, so können wir wenigstens irgendetwas da finden. Im Sinne der Goethe'schen Optik betrachtet, wissen Sie, dass wir die Spektralfarben so zusammenstellen können, wenn wir das Spektrum nicht einseitig, sondern mit all seinen möglichen Farben nehmen, sodass wir auf der einen Seite haben das Grün, welches gewissermaßen eine Mittelfarbe ist, wenn wir ein Helles zum Spektrum machen; wie auf der anderen Seite die Pfirsichblütfarbe, welche ebenso eine Mittelfarbe ist, wenn wir ein Dunkles zum Spektrum machen. Wir haben also Grün, Blau, Violett, verlaufend bis Pfirsichblüt auf der einen Seite und auf der entgegengesetzten Seite Grün, Gelb, Orange, Rot bis Pfirsichblüt. Wir können, indem wir den Kreis schließen, an der Stelle, wo er sich schließt, das Pfirsichblüt bemerken [Zeichnung 40].

Wenn wir nun hier unseren Zustandskreis für die verschiedenen Zustände der Körperlichkeit schließen, können wir da etwas finden? Jetzt sind wir an einem außerordentlich wichtigen Punkt.

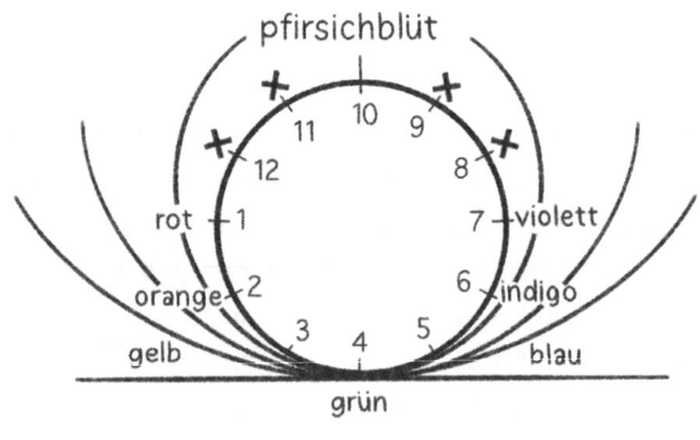

[Zeichnung 40]

Was müssen wir [im Schema der Naturzustände] hierher setzen in derselben Art, wie wir hierher beim gewöhnlichen Spektrum, das gewissermaßen uns ein Bild geben soll für das Zustandsspektrum, in derselben Art, wie wir hierher die Pfirsichblütfarbe setzen? Was müssen wir hierher setzen?[119]

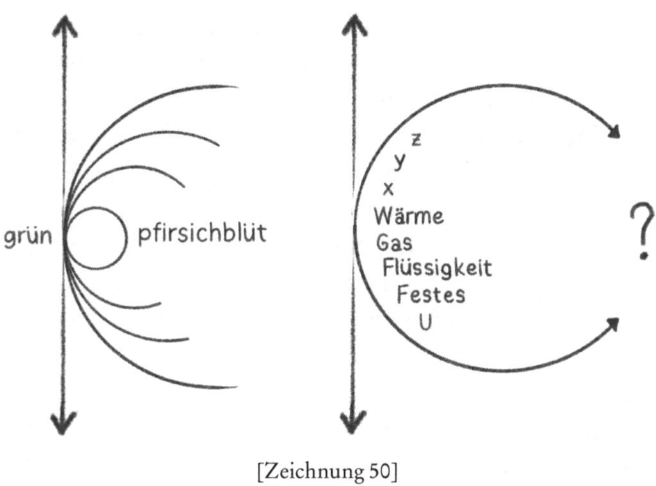

[Zeichnung 50]

Vielleicht wird Ihnen der Gedanke, der hier sich einfach herausspringend aus der Tatsachenwelt ergeben muss, nicht gar so schwer, wenn ich ihn zunächst auf die folgende Weise einzuleiten versuche. Was ist denn dasjenige, was wir da eigentlich vor uns haben, uns gewissermaßen entschwindend nach der einen Seite und nach der anderen Seite, wie uns das Farbenspektrum nach dem Violett auf der einen Seite, nach dem Rot auf der anderen Seite entschwindet? Was ist das, was wir da vor uns haben? Es ist nichts Geringeres als im Grunde genommen die ganze Natur [Zeichnung 50]. Es ist im Grunde genommen die ganze Natur. Sie können in dem, was man als das Reich der Natur bezeichnet, nichts finden, was nicht irgendwo untergebracht werden muss in Gestaltung, unter[halb von] Gestaltung, [und weiter oben] in dem, was ich hier noch mit *x*, *y*, *z* bezeichnet habe und so weiter. Die Natur entschwindet uns auf der einen Seite, wenn wir die körperlichen Zustände durch die Wärme hindurch verfolgen; sie entschwindet uns auf der anderen Seite, wenn wir die Gestaltungen verfolgen, zunächst die Gestaltungen des Reiches des Festen, des Unterfesten, die wir in den Polarisationsfiguren sehen, wo Gestalt auf Gestalt wirkt. – Sie können sich diese Turmalinzange ansehen, dann sehen Sie ein Helles oder ein Dunkles. Nur durch die Durcheinanderwirkung der Gestalten erscheint das, was einmal dunkel, einmal hell erscheint und so weiter.

Nun, für uns ist jetzt das Wesentliche, darauf zu kommen, was wir hierher zu setzen haben, wenn wir die Natur verfolgen auf der einen Seite bis dahin, wo sie sich hier begegnet mit dem, was als Strömung charakterisiert werden kann von der anderen Seite her. Was steht da? Da steht nämlich nichts anderes drinnen als der Mensch als solcher. Da steht der Mensch drinnen. So steht der Mensch drinnen, dass er auffasst dasjenige, was von der einen Seite kommt; dass er auffasst dasjenige, was von der anderen Seite kommt. Wie fasst er denn dasjenige auf, was zunächst auf diesem Wege kommt [Pfeil von unten]? Er ist gestaltet. Er hat auch eine Gestalt in sich. Wenn wir nach seiner Gestalt fragen unter den Gestalten, die die anderen Körper haben, so müssen wir sagen: Der Mensch hat auch eine Gestalt. Also dasjenige, was als gestaltende Kräfte wirkt, das ist in ihm.

Nur müssen wir uns fragen: Gehört dasjenige, was als gestaltende Kräfte wirkt, in die Sphäre des Bewusstseins hinein? Beim im Menschen entstehenden Bewusstsein nicht. Denn stellen Sie sich einmal vor, Sie würden einen Begriff von der menschlichen Gestalt nicht dadurch bekommen, dass Sie sich selbst annähern oder dass Sie andere Menschen sehen. Sie würden durch inneres Erleben zunächst einen Begriff von der Gestalt nicht bekommen können.[120] Wir sind gestaltet, aber in unserem unmittelbaren Bewusstsein haben wir die Gestalt nicht gegeben.

Was haben wir statt der Gestalt in unserem unmittelbaren Bewusstsein? Das kann man nur erfahren, meine lieben Freunde, wenn man nach und nach vollständig unbefangen, sagen wir, die Entwicklung des Menschen selber im physischen Leben betrachtet. Zunächst, wenn der Mensch in das physische Leben eintritt, da muss er sich sehr plastisch verhalten zu seinen Bildungskräften, das heißt, es muss in ihm viel gestaltet werden. Je mehr wir uns nähern dem vollständigen Kindsein,[121] desto mehr wird in uns gestaltet, und unser Älterwerden ist durchaus begleitet von dem Zurücktreten der Gestaltungskräfte. Und in demselben Maße, als die Gestaltungskräfte zurücktreten, treten unsere bewussten Vorstellungskräfte auf. Sie kommen aus uns heraus, je mehr die Gestaltungskräfte zurücktreten. Wir können Gestalten umso mehr vorstellen, je mehr wir die Fähigkeit verlieren, uns zu gestalten. Das ist zunächst, wenigstens während der Wachstumsperiode des Menschen, als eine wahrhaftig ebenso deutliche Tatsache zu bemerken, wie andere deutliche Tatsachen zu bemerken sind.[122]

Daraus aber ersehen Sie, dass wir sagen können: Die Gestaltungskräfte können wir erleben; dasjenige, was draußen die Körper gestaltet, können wir erleben. Wodurch erleben wir dies? Dadurch erleben wir es, dass es in uns Vorstellung wird. Jetzt sind wir an den Punkten, wo wir die gestaltende Kraft an den Menschen heranbringen. Die gestaltende Kraft ist nicht das, was man irgendwie erträumen kann. Man muss die Antworten auf die Fragen, vor die uns die Natur stellt, nicht aus dem Spekulieren oder Philosophieren, sondern aus der Wirklichkeit heraus geben. Und in der Wirklichkeit sieht man: Die gestaltende Kraft zeigt sich uns da, wo gewissermaßen die Gestalt vor uns selber sich in unserem Vorstellen auflöst, wo sie zum Vorstellen wird. In der Vorstellung erleben wir das, was sich uns außen entzieht an Kraft, indem sich die Körper gestalten.

Wenn wir also den Menschen hierher stellen [Zeichnung 51],[123] so können wir sagen: Er erlebt von unten herauf die Gestalten als Vorstellung. Was erlebt er denn von oben herunter? Wo zunächst, wenn wir von dem Gasigen ausgehen, das Wärmeartige uns erscheint, was erlebt denn der Mensch da? Nun, hier werden Sie wiederum, wenn Sie unbefangen auf die Erscheinungen am Menschen selber hinschauen, nicht umhinkönnen, sich zu sagen: Wie hängt zusammen der Wille des Menschen mit zunächst den Wärmeerscheinungen? Sie brauchen ja nur, jetzt physiologisch, ins Auge zu fassen, wie wir nötig haben ein gewisses Zusammenarbeiten mit der äußeren Natur, um Wärme zu erzeugen, um zum Wollen zu kommen. Aber indem wir das Wollen zur Wirklichkeit machen, erscheint gerade die Wärme.

Die Wärme müssen wir eben dadurch verwandt ansehen mit dem Wollen. Ebenso wie wir die gestaltenden Kräfte außen in den Dingen verwandt ansehen müssen mit dem Vorstellen, müssen wir alles dasjenige, was sich außen als Wärme verbreitet, verwandt ansehen mit demjenigen, was in uns der Wille ist. Wärme also können wir ansehen als Wille, nur dass wir eben in unserem Willen das Wesen der Wärme erleben.[124]

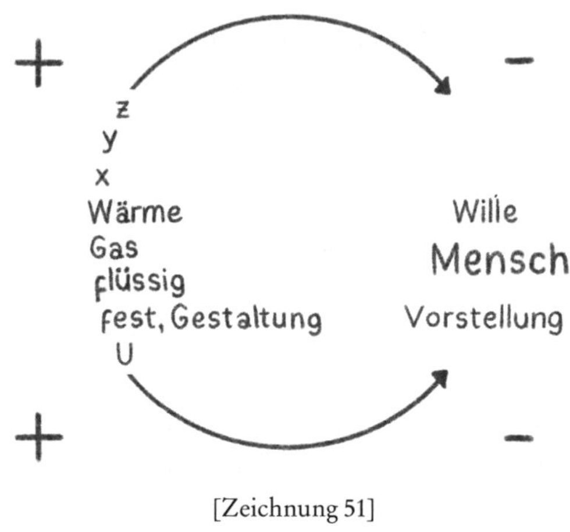

[Zeichnung 51]

Wie könnten wir also, wenn uns äußerlich Gestaltung entgegentritt, diese Gestaltung uns definieren? Wir schauen sie an, diese Gestaltung, in irgendeinem festen Körper. Wir wissen: Würde diese Gestaltung unter gewissen Bedingungen durch unseren eigenen Lebensprozess verwandelt worden sein, so würde Vorstellung entstanden sein. Diese Vorstellung ist nicht drinnen in der äußeren Gestaltung. Es ist ungefähr so, wie wenn ich das Geistig-Seelische im Tode von einem Leiblichen sich trennen sehe. Wenn ich äußerlich die Gestaltungen in der Natur sehe, so ist dasjenige, was die Gestaltungen bewirkt, nicht da. Es ist in Wahrheit nicht da. Es ist so nicht da, wie das Geistig-Seelische in einem Leichnam nicht [da] ist, aber drinnen gewesen ist. Wenn ich also mein Auge auf die äußere Natur richte, so muss ich sagen: Da ist irgendwie in der Gestaltung wirksam – ich will jetzt nicht sagen, wirksam gewesen, sondern wirksam werdend, das werden wir noch sehen –, aber da ist irgendwie wirksam dasselbe, was in mir als Vorstellung lebt.

Wenn ich in der Natur Wärme wahrnehme, so ist irgendwie wirksam dasselbe, was in mir als Wille lebt. Im [vorstellenden und wollenden] Menschen haben wir dasjenige, was draußen in der Natur uns als Gestaltung und als Wärme entgegentritt.

Nun aber gibt es ja alle möglichen Zwischenstufen zwischen dem Wollen und Vorstellen. Sie werden bei einem auch nur einigermaßen vernünftigen Selbstbeobachten bald herausfinden, dass Sie eigentlich niemals vorstellen, ohne eine Willensanstrengung zu vollziehen. Eine Willensanstrengung wird allerdings besonders in der Gegenwart bei den meisten Menschen als unbequem empfunden. Man gibt sich mehr dem unbewussten Willen hin, dem Gehen der Gedanken, man liebt es nicht, den Willen hineinzusenden in das Gedankengebiet. Aber ganz willensentblößter Gedankeninhalt ist eigentlich niemals vorhanden, ebenso wenig wie ein Wille vorhanden ist, der nicht durch Gedanken orientiert ist. Also, wenn wir von Gedanke und Willen, von Vorstellung und Willen sprechen, so haben wir es eigentlich zu tun nur mit Grenzen, mit dem, was nach einer Seite das Gedankliche ausbildet, nach der anderen Seite das Willensmäßige ausbildet. Und wir können daher sagen, dass, indem wir den gedankentragenden Willen und den willensträchtigen Gedanken in uns erleben, wir ganz wahrhaftig und wesentlich erleben das äußere Gestalten in der Natur und das äußere Wärmewesen in der Natur. Es gibt eben keine andere Möglichkeit, als im Menschen aufzusuchen das Wesen desjenigen, was uns äußerlich in seinen Erscheinungen entgegentritt.

Und verfolgen Sie diesen Gedanken nun weiter. Sehen Sie, wenn Sie die Zustände der Körperlichkeit nach der einen Seite weiterverfolgen, so können Sie sagen: Sie müssten linienmäßig den Fortgang ins Unbestimmte verfolgen, nach der anderen Seite auch linienmäßig den Fortgang ins Unbestimmte verfolgen.

Das Entgegengesetzte muss gerade hier der Fall sein. Wie muss es denn hier sein? Wie muss es denn im Menschen sein? Ja, wir müssen dasjenige, was wir hier ins Unendliche verfolgen, eigentlich zurückverfolgen. Statt dass [dasjenige, was von oben nach unten] ins

Unendliche hier so geht, dass wir es eigentlich gar nicht verfolgen können, müssen wir hier [im vorstellenden Menschen] annehmen, dass es aus dem Raum heraus verschwindet; ebenso dasjenige, was von unten nach oben geht, müssen wir so betrachten, dass es [im wollenden Menschen] aus dem Raum heraus verschwindet. Das heißt: Die Kraft, die in der Wärme liegt, in ihrer Wirkung auf den Menschen muss sie sich so äußern, dass sie in ihm aus dem Raum hinausgeht; ebenso geht die gestaltende Kraft im Menschen aus dem Raum hinaus.[125] Das heißt, wir müssen im Menschen an einen Punkt kommen, wo dasjenige, was sonst räumlich in der Außenwelt erscheint, Gestaltung und Wärmeausbreitung, aus dem Raum hinausgeht, wo die Unmöglichkeit eintritt, das, was wird bei dem Unräumlichwerden, noch mathematisch festhalten zu können.

Wir sehen hier, wie ich glaube, in einer außerordentlich bedeutungsvollen Weise, wie einfach durch eine sachgemäße Betrachtung der Naturerscheinungen wir gezwungen werden – in dem Augenblick, wo wir richtig einreihen den Menschen in das Dasein der Natur, in dem wir an den Menschen herantreten –, aus dem Raum herauszugehen, genauso, wie wir uns den Raum hier unendlich nach oben und unten vorstellen müssen. Indem wir an den Menschen herangehen, müssen wir aus dem Raum heraus. Wir können kein Symbolum finden, was das, wie sich die Naturerscheinungen im Menschen begegnen, räumlich ausdrückt. Die Natur richtig vorgestellt, bedeutet, dass, wenn wir sie im Verhältnis zum Menschen vorstellen, wir sie verlassen müssen. Wir kommen sonst, indem wir den Inhalt der Natur ins Auge fassen im Verhältnis zum Menschen, gar nicht an den Menschen heran.

Was heißt nun das aber mathematisch? Nehmen Sie an, Sie bezeichnen jene Linie, durch welche Sie hier verfolgen die Körperzustände ins Unbestimmte, Sie bezeichnen ihre aufeinanderfolgenden Werte als positiv. Dann müssen Sie dasjenige, was in den Menschen hineinwirkt, als negativ bezeichnen, und Sie müssen, wenn Sie wiederum diese Linie hier als positiv bezeichnen, dasjenige, was in den Menschen hineinwirkt, als negativ bezeichnen. Was nun auch Positives und Negatives ist – ich glaube, wir werden uns in diesen Tagen, anschließend an einen Vortrag von einem der Herren, über Positives und Negatives zu unterhalten haben[126] –, aber wie wir es auch aufzufassen haben, dasjenige, was uns hier klar vor Augen tritt, ist, dass wir das Wesenhafte an der Wärme, insofern dieses Wesenhafte der Wärme der Außenwelt angehört, ins Negative überführen müssen, wenn wir es im Menschen verfolgen; dass wir das Wesenhafte an der Gestaltung ins Negative überführen müssen, wenn wir es im Menschen verfolgen.[127]

Sodass sich in der Tat dasjenige, was im Menschen als Vorstellung lebt, zu dem, was in der Welt draußen als Gestaltung lebt, sich so verhält wie positive Zahlenreihen zu negativen Zahlenreihen oder umgekehrt, sagen wir: wie Vermögen und Schulden, aber was für den einen Schulden ist, ist für den anderen Vermögen und umgekehrt. Hier kommen wir darauf, dass dasjenige, was draußen in der Welt Gestaltung ist, in dem Menschen als Negatives lebt. Wenn wir also sagen: Draußen in der Welt lebt irgendein Körper, der eine Materie hat, so muss ich sagen: Stelle ich nun seine Gestaltung vor, so muss ich die Materie in irgendeiner Weise negativ vorstellen.

Wodurch charakterisiert sich denn mir als Mensch zunächst die Materie? Sie charakterisiert sich durch ihre Druckwirkung. Gehe ich von der durch Druckwirkung sich hier offenbarenden Materie zu meiner Vorstellung der Gestaltung über, so muss das Negative der Druckwirkung da sein: die Saugwirkung. Das heißt, wir können nicht dasjenige, was im Menschen geschieht als Vorstellung, materiell vorstellen, wenn wir das Materielle in Druckwirkung symbolisiert darstellen. Wir müssen das Gegenteil vorstellen. Wir müssen etwas wirksam im Menschen denken, was der Materie so entgegengesetzt ist wie das Negative dem Positiven. Wir müssen uns dasjenige, was wirksam ist – wenn wir die Materie durch Druckwirkung uns symbolisieren –, durch Saugwirkung uns symbolisieren. Indem wir von der Materie weiterschreiten, kommen wir zum Nichts, zum bloßen Raum. Aber indem wir jetzt weiterschreiten, kommen wir zum Weniger-als-Nichts, zu dem, was die Materie aufsaugt, wir kommen vom Druck zur Saugwirkung. Da sind wir bei dem, was in uns als Vorstellung sich offenbart.

Und wenn wir auf der anderen Seite die Wärmewirkungen betrachten, sie gehen wieder ins Negative über, indem sie in uns übergehen. Sie treten aus dem Raum hinaus. Sie werden, wenn ich das Bild fortführen darf, aufgesogen von uns. Wir haben sie so, dass sie in ihrem Gegenbild sich darstellen. Sie sind nichts anderes – irgendein Vermögen bleibt Vermögen, wenn es auch für den anderen Schulden bedeutet. Dadurch, dass wir mit negativem Vorzeichen genötigt sind, die äußere Wärme, indem sie in uns wirkt, als [weniger als] nichts zu bezeichnen, dadurch wird sie nichts anderes. Sie sehen aber wiederum: Wir sind genötigt durch die Kraft der Tatsachen selber, uns Menschen durchaus nicht materiell vorzustellen, sondern wir sind genötigt, in uns Menschen vorauszusetzen etwas, was nicht nur keine Materie ist, sondern was in all seinen Wirkungen sich zu der Materie so verhält wie Saugwirkung zur Druckwirkung. Und stellen Sie in Reinheit unser menschliches Wesen vor, so müssen Sie sich es vorstellen als dasjenige, was die Materie fortwährend vernichtet, aufsaugt.

Sehen Sie, dass die moderne Physik diesen Begriff gar nicht entwickelt, der negativen Materie, die sich zu der äußeren Materie so verhält wie eine Saugwirkung zu einer Druckwirkung, das ist das Unglück dieser modernen Physik. Dasjenige, was wir ausbilden müssen, das ist: In dem Augenblick, wo wir genötigt sind, an irgendwelche Wirkungen heranzutreten, die sich im Menschen selbst offenbaren, müssen wir all unseren Formeln einen anderen Charakter dadurch geben, dass wir für die Willenserscheinungen negative Größen einführen gegenüber den Wärmeerscheinungen [und] für die Vorstellungserscheinungen negative Größen einführen gegenüber den Gestaltungskräften.

ELFTER VORTRAG

Stuttgart, 11. März 1920

Meine lieben Freunde! Jetzt möchte ich gewissermaßen die Brücke schlagen, weil ich sie für die nächsten Betrachtungen brauchen werde, zwischen den Auseinandersetzungen dieses Kurses und den Auseinandersetzungen des vorigen Kurses.[128] Wir werden heute etwas studieren, das sogenannte Lichtspektrum mit seinen Beziehungen zu den am Lichtspektrum uns entgegentretenden Wärmewirkungen und chemischen Wirkungen. Wir können am einfachsten uns dasjenige, um was es sich handelt, vielleicht versinnlichen, wenn wir zunächst ein Spektrum vorstellen und studieren, wie das Verhalten der verschiedenen Teile des Spektrums sich uns zeigt.

Wir wollen also hier ein Spektrum, indem wir Licht durch diesen Spalt gehen lassen, vorstellen. Sie sehen, wir haben hier ein Spektrum. [*Kommentar in der Textgrundlage:* Das Zimmer wird verdunkelt und durch das Experiment das Spektrum gezeigt.] Sie sehen, es ist das Spektrum wirklich vorhanden hier auf dieser Platte. Sie können sich nun davon überzeugen, dass wir in den roten Teil des Spektrums hier etwas hineingehängt haben. Wir werden an diesem Instrument dann etwas beobachten können. Wir werden jetzt versuchen, Ihnen zu zeigen, wie im roten Teil des Spektrums vorzugsweise Wärmewirkungen auftreten. Diese Wärmewirkungen können Sie jetzt schon dadurch beobachten, dass Sie sehen, wie unter dem Einfluss des Energiezylinders, wenn ich so sagen darf, hier die Luft ausgedehnt wird, drückt und dadurch die Weingeistsäule hier heruntersteigt und hier hinauf.[129] Durch dieses Heruntersteigen der Weingeistsäule wird uns gezeigt, dass hier in diesem Teil des Spektrums im Wesentlichen eine Wärmewirkung da ist. Es wäre ja natürlich interessant zu zeigen noch, es lässt sich aber nicht so schnell machen, dass, wenn wir das Spektrum verschieben würden und dieses Instrument auf dem blauvioletten Teil hätten, würde sich die Wärmewirkung nicht zeigen. Diese Wärmewirkung ist also im Wesentlichen im roten Teil des Spektrums zu sehen.

Und jetzt werden wir, ebenso wie wir geprüft haben durch das Fallen der Weingeistsäule das Auftreten der Wärmewirkung im rotgelben Teil des Spektrums, wollen wir das Auftreten der chemischen Wirkung des Spektrums im Blauviolett prüfen, indem wir hier eine Substanz hineinstellen in den Raum, der durchmessen wird von dem blauvioletten Teil des Spektrums, und Sie werden sehen, dass dadurch diese Substanz zum Phosphoreszieren aufgerufen wird, also, wie Sie aus den Betrachtungen des vorigen Kurses wissen, chemische Wirkungen nachgewiesen werden. Sie sehen daraus, dass in der Tat doch eine innere Verschiedenheit zwischen demjenigen Teil des Spektrums besteht, der nach der einen Seite wie ins Unbestimmte verläuft, und zwischen dem anderen Teil des Spektrums, der nach der anderen Seite verläuft. Sie sehen, wie die Substanz leuchtend geworden ist unter dem Einfluss der sogenannten chemischen Strahlen.

Wir können nun noch bewirken, dass auch der mittlere Teil des Spektrums, der der eigentliche Lichtteil ist, auch noch abgesondert wird. Ganz genau wird es uns wohl nicht gelingen, aber wir werden doch den mittleren Teil absondern können, also Dunkelheit im mittleren Teil hervorrufen können statt der Helligkeit, indem wir einfach hineinträufeln lassen in die Substanz, die uns ein Schwefelkohlenstoff-Prisma gebildet hat, etwas Jodtinktur. Dadurch bekommen wir die Mischung zwischen Schwefelkohlenstoff und Jodtinktur. Sie erweist sich als eine Substanz, welche das Licht nicht durchlässt, und wir würden, wenn wir den Versuch vollständig machen könnten – wir können es ja leider nicht, sondern wir können nur auf den Weg weisen –, wir würden vollkommen zeigen können, dass auf der einen Seite wohl Wärmewirkungen, auf der anderen Seite chemische Wirkungen auftreten, während der eigentliche Lichtteil, der mittlere Teil des Spektrums, verschwindet.

Wenn ich Alaun in den Weg hineinstellen würde, würden die Wärmewirkungen aufhören, und Sie würden dann sehen, dass die Weingeistsäule wiederum steigt, weil der Alaun, die Alaunlösung den Durchgang der Wärmewirkungen – so will ich sagen vorsichtig – verhindert. Es würde jetzt sehr bald, weil Alaun im Wege steht, diese Weingeistsäule wiederum steigen, weil die Erwärmung nicht stattfinden würde. Wir würden hier [ein] kaltes Spektrum bekommen.

Wir wollen jetzt in den Weg stellen die Auflösung von Jod in Schwefelkohlenstoff, und es wird der mittlere Teil des Spektrums verschwinden. – Sehr interessant ist, dass man auch verschwinden lassen kann den chemischen Teil, wenn man in den Weg der Ausbreitung des Spektrums eine Äskulinlösung stellt, die wir auch leider nicht bekommen konnten: so bleiben die Wärmewirkungen und die Lichtwirkungen vorhanden, aber es hören auf die chemischen Wirkungen. – Sie sehen deutlich den roten Teil, der aber, wenn das Experiment vollständig gelingen würde, weg wäre; Sie sehen den violetten Teil und in der Mitte nichts. Also, es ist uns gelungen dadurch, dass wir eine Art von Fragment des Versuches ausgeführt haben, den hauptsächlichsten Lichtteil, das Mittlere wegzuschaffen. Wir könnten auch, wenn wir das Experiment vollständig machten, wie es einzelnen Experimentatoren, zum Beispiel Dreher in Halle vor fünfzig Jahren, gelungen ist, wir könnten auch die zwei leuchtenden Stellen vollständig wegschaffen und dann nachweisen die Erhöhung der Temperatur, die dableibt, und auf der anderen Seite durch die leuchtende Materie die Wirkungen der chemischen Strahlen. Das ist eine Versuchsreihe, die noch nicht bis zu ihrem Ende gebracht ist, eine Versuchsreihe, die außerordentlich wichtig ist.[130] Sie zeigt uns, wie sich hineinstellt dasjenige, was im Spektrum wirksam gedacht werden kann, in den allgemeinen Weltzusammenhang.

Ich habe bei dem Kursus, den ich bei meinem früheren Aufenthalt hier gehalten habe, gezeigt, wie auf die Spektralverhältnisse wirkt zum Beispiel ein kräftiger Magnet, indem sich durch die Einwirkung, durch die Kraft, die von dem Magneten ausgeht, gewisse Linien, gewisse Bildungen im Spektrum selber ändern.[131] Und es handelt sich darum, dass man einfach den Gedankengang, der damit angeschlagen ist, wiederum so erweitert, dass man in seinen Gedanken drinnen die physikalischen Vorstellungen wirklich hat. Sie wissen aus unseren Betrachtungen, die wir jetzt angestellt haben, dass eigentlich ein vollständiges Spektrum, das heißt eine Zusammenfassung aller möglichen Farben, zwölf Farben geben würde, dass wir bekommen würden gewissermaßen ein Kreisspektrum statt eines in der [einen] Richtung des Raumes ausgedehnten Spektrums [Zeichnung 52]. Wir würden hier Grün haben, hier Pfirsichblüt, hier Violett und hier Rot, und die anderen Farbennuancen dazwischen, zwölf deutlich voneinander zu unterscheidende Farbennuancen.

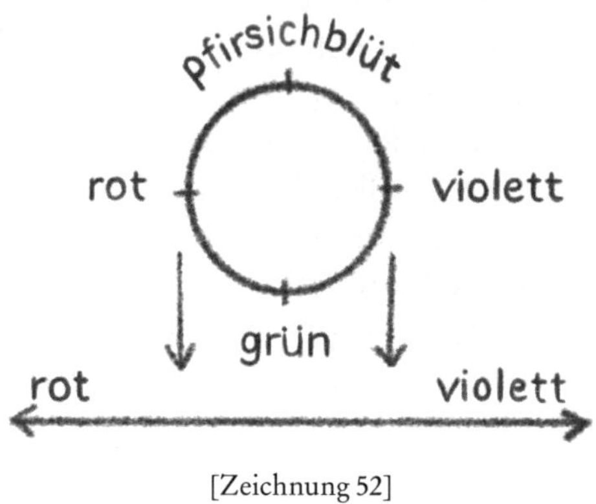

[Zeichnung 52]

Nun handelt es sich darum, dass wir uns ein solches [vollständiges] Spektrum innerhalb der irdischen Verhältnisse nur im Bild darstellen können. Wenn wir in dem Bereich des irdischen Lebens ein Spektrum darstellen, können wir es im Bild bloß darstellen, und so bekommen wir ja immer das bekannte Spektrum, das verläuft in gerader Linie vom Rot durch das Grün zu dem Blau und Violett. Also, wir bekommen ein Spektrum, welches aus dem obigen, wie ich jetzt schon öfter gesagt habe, hier erhalten werden kann, indem der Kreis immer größer und größer wird, das Pfirsichblüt nach der anderen Seite verschwindet, das Violett hier ins scheinbar Unendliche geht, das Rot scheinbar hier ins Unendliche weist und das Grün in der Mitte bleibt [Zeichnung 40].

Wir können uns die Frage vorlegen: Wie entsteht aus der Vollständigkeit der Farbenbildung – die doch möglich, aus der Zwölf-Farben-Bildung, die doch möglich sein muss – dieses fragmentarische Spektrum, dieses fragmentarische Farbenband? Sie können sich vorstellen, dass, wenn Sie hypothetisch annehmen, das vollständige Kreisspektrum würde oben entstehen, Sie können sich vorstellen, dass da Kräfte wirkten, die den Kreis vergrößerten, indem sie ihn hier auseinanderzerrten. Dann würde ein Moment eintreten, wo eben wirklich das hier oben zerreißt und durch die wirksamen Kräfte der Kreis zur geraden Linie, das heißt zur unendlichen Länge, zur scheinbar unendlichen Länge, zur Kreislinie gemacht wird.

Wenn wir im Bereich des irdischen Lebens dieses durch eine Gerade zu versinnlichende Spektrum finden, so müssen wir uns fragen: Wie kann es entstehen? Es kann nur dadurch entstehen, dass aus der Vollständigkeit der Farben die bekannten sieben Nuancen herausgesondert werden. Sie werden herausgesondert durch Kräfte, die in das Spektrum hinein gewissermaßen wirken müssen. Diese Kräfte haben wir aber eigentlich im Bereich des irdischen Daseins schon gefunden. Wir haben sie gefunden, indem wir auf die Gestaltungskräfte hingewiesen haben. Das ist ja eine Gestaltung auch: Die Kreisgestalt ist in die gerade Liniengestalt doch übergeführt worden. Das ist eine Gestaltung, die wir hier angetroffen haben. Und es ist, ich möchte sagen, handgreiflich, dass irgendwie im Bereich des Irdischen Kräfte wirken, die erst unser Spektrum möglich machen, wenn wir sehen können, dass durch den Einfluss der magnetischen Kräfte das innere Gefüge des Spektrums beeinflusst, verändert wird. Wenn das so ist, so müssen wir doch auch annehmen, dass in unserem Spektrum, das wir immer als primär betrachten, schon Kräfte wirksam sein können. Wir müssen also in unserem gewöhnlichen Spektrum nicht bloß Lichtvariationen konstatieren, sondern wir müssen in dieses gewöhnliche Spektrum hineindenken Kräfte, welche erst notwendig machen, dass dieses gewöhnliche Spektrum symbolisiert wird durch eine gerade Linie.

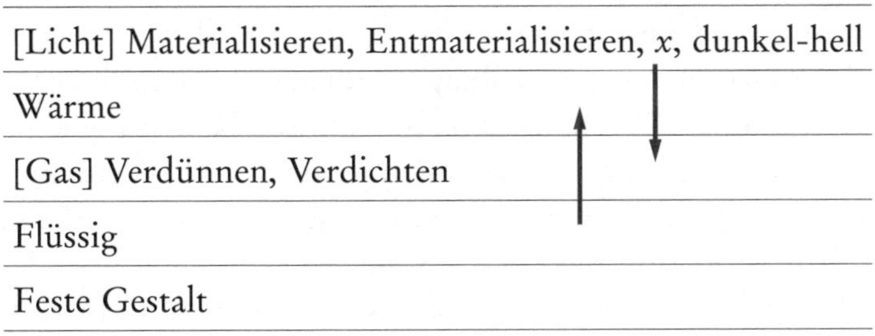

[Licht] Materialisieren, Entmaterialisieren, *x*, dunkel-hell
Wärme ↑ ↓
[Gas] Verdünnen, Verdichten
Flüssig
Feste Gestalt

Diesen Gedankengang wollen wir mit einem anderen verbinden, der sich uns ergeben wird, wenn wir noch einmal aufsteigen in solcher Weise, wie wir das schon öfter gemacht haben [Schema]: vom fest Gestalteten durch das Flüssige zum Verdichten – Verdünnen, das heißt [zum] Gasigen, zum Wärmewesen, zu dem, was wir Materialisierung und Entmaterialisierung im *x* genannt haben. Hier tritt uns auf eine höhere Steigerung des Verdichtens und Verdünnens über dem Wärmewesen, wie uns auftritt die Verdichtung und Verdünnung selber als eine Steigerung, als ein gewissermaßen Flüssigwerden der Gestalt. Wenn die Gestalt selber flüssig wird, wenn wir eine variable Gestaltung haben im Gas, so ist das eine Steigerung des bestimmten Gestaltens. Was tritt hier auf? Hier tritt auf eine Steigerung des Verdünnens und Verdichtens. Halten Sie das gut fest, dass wir in ein Gebiet hineinkommen, wo eine Steigerung des Verdünnens und Verdichtens auftritt.

Was heißt eine Steigerung des Verdünnens? Nicht wahr, wenn Materie immer dünner und dünner wird, so kündigt sie uns schon an, wenn sie Materie einer gewissen Art ist, was mit ihr kämpft, wenn sie immer dünner und dünner wird. Wenn ich sie immer dichter und dichter mache, dann wird sich herausstellen, dass sie mir ein hinter ihr befindliches Licht nicht durchlässt. Wenn ich sie immer dünner und dünner mache, lässt sie das Licht durch. Verdünne ich immer weiter und weiter, so kommt mir zuletzt überhaupt nur zum Vorschein, wenn ich genügend verdünne, die Helligkeit als solche. Dasjenige also, was ich hier, im Gebiet des Materiellen noch aufzufassen habe, das wird mir empirisch immer erscheinen als Auftreten der Helligkeit. Entmaterialisierung wird mir auftreten als hell; Materialisierung wird mir immer auftreten als dunkel. Sodass ich im Gebiet der Weltwirkungen Erhellung aufzufassen habe als Steigerung der Verdünnung und Verdunkelung aufzufassen habe als eine noch nicht eingetretene genügende Verdichtung, sodass die Verdichtung noch nicht genügend als Materie erscheint, sondern die Wirkungen erst auf dem Wege zum Materiellen sind.

Sie sehen, ich finde da oberhalb des Wärmegebietes das Lichtgebiet, und es stellt sich mir jetzt auf eine ganz naturgemäße Weise das

Wärmegebiet in das Lichtgebiet hinein. Aber, wenn wir bedenken, dass immer das weiter nach unten Gelegene gewissermaßen das Bild gibt des darüber Gelegenen, so werden Sie im Wärmewesen finden müssen etwas, was gewissermaßen Bild ist der Aufhellung und der Verdunkelung. Im Wärmewesen, das uns ja an einem Ende des Spektrums auftritt, werden wir finden müssen etwas, was als Bild der Erhellung und Verdunkelung auftritt. Wir werden aber auch uns klar sein müssen darüber, dass wir nicht nur auf diese Art finden immer den oberen Teil unseres Wirklichkeitsgebietes in dem unteren, sondern auch den unteren Teil des Wirklichkeitsgebietes immer in dem oberen. Wenn ich einen Körper fest habe, so kann er durchaus in dem flüssigen Gebiet drinnen sein mit seiner Festigkeit. Dasjenige, was ihm Gestaltung gibt, kann hinaufragen in das nächste, in das nicht mehr gestaltete Gebiet. Ich muss mir klar sein darüber, dass ich, wenn ich mit Wirklichkeiten in meinen Vorstellungen herumgehen will, ich es zu tun habe mit dem gegenseitigen Sich-Durchdringen der Wirklichkeitsqualitäten. Das aber nimmt eine besondere Form an für das Wärmegebiet. Es nimmt die Form an, dass auf der einen Seite das Entmaterialisieren in der Wärme wirken muss von oben herunter [Pfeil], auf der anderen Seite die Tendenz zum Materialisieren in die Wärme hineinwirkt.

Sie sehen, ich komme nahe dem Wärmewesen, indem ich in ihm den Aufgang sehen muss auf der einen Seite eines Strebens nach Entmaterialisieren, auf der anderen Seite eines Strebens nach Materialisieren. Sodass ich, wenn ich nun fassen will das Wärmewesen, ich es nur so fassen kann, dass in ihm ein Leben, ein lebendiges Weben ist, welches dadurch sich offenbart, dass überall die Tendenz zum Materialisieren durchdrungen wird von der Tendenz zum Entmaterialisieren.

Jetzt merken Sie, was für ein beträchtlicher Unterschied zwischen diesem wirklich aufgefundenen Wärmewesen ist und dem Wärmewesen, das in der sogenannten mechanischen Wärmetheorie eines Clausius figuriert hat.[132] Da finden Sie, wenn Sie einen geschlossenen Raum haben, atomistische oder molekulare Kügelchen, die stoßen nach allen Seiten, rempeln sich gegenseitig an, stoßen an die Wand an und vollführen rein äußere extensive Bewegungen [Zeichnung 53]. Und es wird dekretiert: Die Wärme besteht eigentlich in dieser chaotischen Bewegung, in diesem chaotischen sich gegenseitig [Stoßen] und an die Wand Stoßen der materiellen Teile, über die dann nur noch ein lebendiger Streit war darüber, ob sie nun elastisch oder nicht elastisch aufzufassen sind. Das ist ja nur zu entscheiden, jenachdem man für die eine oder andere Erscheinung die Elastizitätsformel oder die für unelastische, starre Körper mehr anwendbar findet. Das also ist dasjenige, was der Ausdruck der Überzeugung, der rein auf den Raum, auf räumliche Bewegung rücksichtnehmenden Überzeugung war, wenn man gesagt hat: Wärme ist Bewegung.

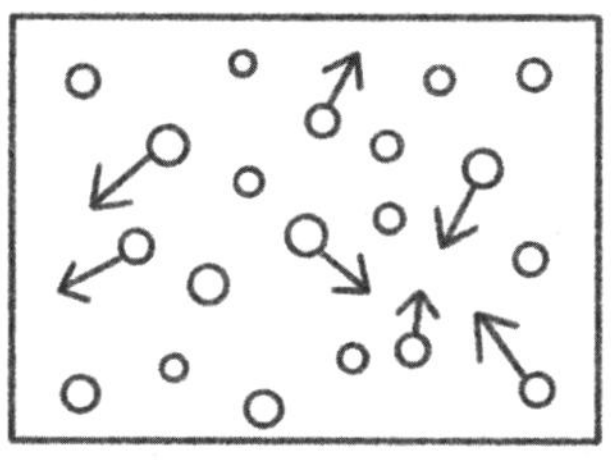

[Zeichnung 53]

Wir müssen nun in ganz anderer Weise sagen: Wärme ist Bewegung – sie ist Bewegung, aber intensiv zu denkende Bewegung, Bewegung, bei der in jedem Raumteil, wo Wärme ist, das Bestreben besteht, materielles Dasein zu erzeugen und materielles Dasein wieder verschwinden zu lassen.

Kein Wunder, meine lieben Freunde, dass auch wir Wärme brauchen in unserem Organismus. Wir brauchen einfach Wärme in unserem Organismus, um das räumlich Ausgedehnte stetig überzuführen in das räumlich Unausgedehnte. Wenn ich einfach den Raum durchschreite, ist dasjenige, was mein Wille vollführt, Raumgestaltung. Wenn ich es vorstelle, ist etwas ganz außerhalb des Raumes da. Was macht es mir möglich als menschliche Organisation, dass ich äußerlich eingereiht bin in die Gestaltverhältnisse der Erde? Indem ich auf ihr gehe, verändere ich ja die gesamte Gestalt der Erde, ich male schwarze Punkte auf eine Stelle, ich verändere ihre Gestalt fortwährend. Was macht es möglich, dass das, was ich im ganzen übrigen Erdenzusammenhang bin und was sich darstellt in räumlichen Wirkungen, dass ich das innerlich raumlos erfassen kann als Beobachter in meinen Gedanken? Dadurch, dass ich selbst mein Dasein vollbringe in dem Medium der Wärme, das [gestattet], dass fortwährend materielle Wirkungen, das heißt Raumwirkungen, übergehen in unmaterielle Wirkungen, also in solche Wirkungen, die keinen Raum mehr einnehmen. Ich erlebe also in mir tatsächlich, was die Wärme in Wahrheit ist: intensive Bewegung, Bewegung, die fortwährend herüberpendelt aus dem Gebiet der Druckwirkungen in das Gebiet der Saugwirkungen.

[Zeichnung 54]

Nehmen Sie an, Sie haben hier die Grenze zwischen Druckwirkung und Saugwirkung [Zeichnung 54]. Die Druckwirkungen verlaufen im Raum, aber die Saugwirkungen verlaufen nicht als solche im Raum, sondern sie verlaufen außer dem Raum. Denn meine Gedanken sind beruhend auf den Saugwirkungen, verlaufen aber nicht im Raum. Hier habe ich jenseits dieser Linie das Raumlose. Und wenn ich mir vorstelle dasjenige, was nun weder im Gebiet des Druckes, im Raum, geschieht, noch im Gebiet des Saugens geschieht, sondern im Gebiet der Grenze zwischen beiden, dann bekomme ich dasjenige, was im Gebiet des Wärmewesens geschieht: fortwährendes Gleichgewichtsuchen zwischen Druckwirkungen materieller Art und Saugwirkungen geistiger Art.

Es ist sehr merkwürdig, wie gewisse Physiker, ich möchte sagen, mit der Nase gestoßen werden heute schon auf diese Dinge, wie sie aber durchaus nicht auf sie eingehen wollen. Planck, der Berliner Physiker, hat es einmal ausdrücklich ausgesprochen: Wenn man zu einer Vorstellung desjenigen, was immer Äther genannt wird, kommen will, so ist das erste Erfordernis heute, nach den Erkenntnissen der Physik, die man haben kann, dass man diesen Äther nur ja nicht materiell vorstelle. — Das ist ein Ausspruch des Berliner Physikers Planck.[133]

Also, materiell darf der Äther nicht vorgestellt werden.[134] Ja, aber dasjenige, was wir hier als jenseits der Wärmewirkungen, wohinein auch schon die Lichtwirkungen dann gehören, finden, das dürfen wir so wenig materiell vorstellen, dass wir die heutige Eigenschaft des Materiellen, die Druckwirkung, nicht mehr drinnen finden, sondern nur Saugwirkungen. Das heißt: Wir gehen aus dem Gebiet der ponderablen Materie hinaus und kommen in ein Gebiet, welches natürlich überall sich geltend macht, was aber entgegengesetzt sich offenbart dem Gebiet des Materiellen; was wir durch Saugwirkungen, die von jedem Punkt des Raumes ausgehen, nur vorstellen können, wenn wir das Materielle [dagegen] selbstverständlich als Druckwirkungen vorstellen. Da aber kommen wir zum unmittelbaren Ergreifen des Wärmewesens als einer intensiven Bewegung, als eines Pendelns zwischen Saug- und Druckwirkungen, aber nicht so, dass die eine Seite der Saugwirkungen räumlich ist und die andere Seite der Druckwirkungen auch räumlich ist, sondern dass wir aus dem Gebiet des Materiellen, des dreidimensionalen Raumes überhaupt, hinauskommen, schon wenn wir die Wärme erfassen wollen.

Drückt daher der Physiker gewisse Wirkungen aus mit Formeln, und er hat in diesen Formeln Kräfte eben drinnen, so wird man in dem Fall, wenn diese Kräfte mit negativem Vorzeichen eingesetzt werden – wenn Druckkräfte so eingesetzt werden, dass sie als Saugkräfte gelten können, aber zu gleicher Zeit darauf Rücksicht genommen wird, dass man nun im Raum nicht bleibt, sondern ganz daraus herauskommt –, dann wird man mit solchen Formeln erst hineinkommen in das Gebiet der Licht- und Wärmewirkungen; das heißt, der Wärmewirkungen eigentlich nur halb, denn im Gebiet des Wärmewesens haben wir das Ineinanderspielen von Saug- und Druckwirkungen.

Diese Sache, meine lieben Freunde, nimmt sich heute noch, ich möchte sagen, ziemlich theoretisch aus, wenn man sie so einem Auditorium mitteilt. Es sollte aber niemals vergessen werden, dass ein großer Teil unserer modernsten Technik unter dem Einfluss der materialistischen Vorstellungsweise der zweiten Hälfte des neunzehnten Jahrhunderts entstanden ist, die alle solche Vorstellungen nicht gehabt hat, und dass daher innerhalb unserer Technik diese Vorstellungen auch gar nicht auftreten können. Wenn Sie aber bedenken, wie fruchtbar die einseitigen Vorstellungen der Physik für die Technik geworden sind, so können Sie sich ein Bild machen von dem, was auch als technische Folgen davon auftreten würde, [wenn] man zu den heute in der Technik einzig figurierenden Druckkräften – denn die räumlichen Saugkräfte, die man [in der gewöhnlichen Technik] hat, sind ja auch nur Druckkräfte; ich meine Saugkräfte, die qualitativ entgegengesetzt sind den Druckkräften – [wenn] man diese Saugkräfte auch wirklich fruchtbar macht.

Allerdings muss da hinweggeräumt werden manches, was jetzt in der Physik eben durchaus noch figuriert. Das heißt, man muss nun wirklich wegräumen den gebräuchlichen Energiebegriff, der eigentlich von der ganz groben Vorstellung ausgeht: Wenn ich irgendwo Wärme habe, so kann ich die umwandeln in Arbeit, so wie wir ja gesehen haben, dass bei unserer Experimentieranordnung Wärme umgewandelt werden konnte in auf und ab gehende Bewegung des kolbenartigen Körpers. Aber wir haben dabei zu gleicher Zeit gesehen, dass da immer Wärme übrig bleibt, dass wir also nur einen Teil der Wärme, die uns zur Verfügung steht, wirklich in das umwandeln können, was der Physiker mechanische Arbeit nennt, den anderen Teil können wir nicht umwandeln. Das war ja der Satz, der Eduard von Hartmann dazu geführt hat, eben als zweiten wichtigsten Satz der modernen Physik den hinzustellen: Ein Perpetuum mobile der zweiten Art ist unmöglich.[135]

Aber andere Physiker, wie zum Beispiel Mach,[136] von dem ja in der neueren physikalischen Entwicklung viel die Rede ist und der über manche Dinge wirklich sehr gründlich nachgedacht hat, der aber immer so nachdenkt, dass man sieht, er ist ein Mensch, der schon scharfsinnig war, aber der seinen Scharfsinn nur geltend machen konnte unter dem Einfluss der rein materialistischen Erziehungsweise, sodass immer zugrunde liegen die materialistischen Vorstellungen. Aber Mach sucht dann die Begriffe und Vorstellungen, die ihm zur Verfügung stehen, scharfsinnig zu kontinuieren und anzuwenden. Dadurch ist das Eigentümliche bei Mach, dass [er], wo es möglich ist, schon aus den gebräuchlichen physikalischen Vorstellungen bis zu der Grenze zu kommen, wo die Zweifel entstehen, da kommt er dazu, die Zweifel sehr schön zu beschreiben. Es tritt ja dann die Trostlosigkeit ein, denn er kommt gerade bis an die Grenze, wo er die Zweifel hinstellt. Schon seine Ausdrucksweise ist außerordentlich interessant. Denken Sie sich einmal, wenn man nötig hat in der physikalischen Betrachtung, wo also alles handgreiflich da ist, eine gewisse Ansicht, die man gewonnen hat, in folgender Weise zu stilisieren, wie Mach sie stilisiert hat. Er sagt: «Es hat aber keinen gesunden Sinn, einer Wärmemenge, die man nicht mehr in Arbeit verwandeln kann» — wir haben gesehen, dass es eine solche gibt — «noch einen Arbeitswert beizumessen. Demnach scheint es, dass das Energieprinzip ebenso wie jede andere Substanzauffassung nur für ein begrenztes Tatsachengebiet Gültigkeit hat, über welche Grenze man sich nur einer Gewohnheit zulieb gern täuscht.»[137]

Denken Sie sich: Ein Physiker, der beginnt nachzudenken über die ihm vorliegenden Erscheinungen, und der genötigt ist zu sagen: Ja, es entsteht mir ja in meinem Tatsachenverlauf Wärme, die ich nicht mehr in Arbeit verwandeln kann. Es hat aber dann doch keinen gesunden Sinn, die Wärme einfach aufzufassen als potentielle Energie, als Arbeit, die nur nicht sichtbar ist, sondern man kann vielleicht sprechen von der Umwandlung von [Wärme in Arbeit] innerhalb eines gewissen Tatsachengebietes; außerhalb desselben gilt das nicht mehr. Und man redet im Allgemeinen davon, dass jede Energie in eine andere umzusetzen ist, nur einer Gewohnheit zuliebe, sodass man sich dieser Gewohnheit zuliebe leicht täuscht.

Es ist außerordentlich interessant, die Physik festzunageln, da wo sie ertappt werden kann in den Zweifeln, die sich notwendigerweise ergeben müssen, wenn man nur wirklich konsequent dasjenige ins Auge fasst, was als Tatsachenreihe vorliegt. Ist denn nicht eigentlich schon der Weg da, wo die Physik sich selber überwindet, wenn die Physiker bereits genötigt sind, solche Geständnisse zu machen? Denn es ist ja im Grunde genommen nichts anderes als eine Behauptung. Man kann eigentlich das Energieprinzip, wie es ein Evangelium bei Helmholtz und seinen Zeitgenossen war, nicht mehr aufrechterhalten. Es kann Gebiete geben, in denen dieses Energieprinzip nicht mehr behauptet werden darf.[138]

Sehen Sie, wenn man nun fragen will: Wie könnte man einmal den Versuch machen, symbolisch – denn im Grunde genommen, wenn wir anfangen etwas aufzuzeichnen, wird alles symbolisch –, wie könnten wir den Versuch machen, symbolisch dasjenige, was da im Gebiet des Wärmewesens auftritt, darzustellen? Wenn Sie alle diese Vorstellungen zusammennehmen, die ich Ihnen entwickelt habe und durch die ich versucht habe, im Realen verbleibend heranzusteigen zum Wärmewesen, dann werden Sie dazu kommen, dieses Wärmewesen in der folgenden Weise sich zu versinnlichen [Zeichnung 55]: Stellen Sie sich einmal vor, hier wäre Raum [blau], der von gewissen Wirkungen ausgefüllt wäre, der ausgefüllt wäre von Druckwirkungen; hier wäre das Raumlose [rot], das ausgefüllt wäre von Saugwirkungen. Wenn Sie sich nun vorstellen – wir haben ja nur in den Raum hinausprojiziert das, was nur räumlich-unräumlich gedacht werden kann, denn der rote Teil muss unräumlich gedacht werden; sehen Sie den Raum an als ein Sinnbild für das, was räumlich-unräumlich ist – dann bekommen Sie hier ein Gebiet, und mit diesem Gebiet etwas anderes, was da immer hineinschlüpft und da drinnen verschwindet.

Denken Sie sich also durch Extensives dargestellt Intensives, [etwas], wo fortwährend Materielles entsteht. Aber indem Materielles

[Zeichnung 55]

entsteht, entsteht auf der anderen [Seite] Immaterielles, das schlüpft in das Materielle hinein, vernichtet seine Materialität, und wir haben einen physisch-geistigen Wirbel, der fortwährend sich so äußert, dass dasjenige, was physisch entsteht, durch das Geistige, was dabei entsteht, vernichtet wird. Wir haben also eine Wirbelwirkung, wo Physisches entsteht [und] durch Geistiges vernichtet wird; [wo] Geistiges entsteht [und] durch Physisches verdrängt wird. Wir haben ein fortwährendes Herüberspielen des Raumlosen in das Räumliche; wir haben ein fortwährendes Aufgesogenwerden desjenigen, was im Raum ist, durch diejenige Entität, die außer dem Raum ist.

Was ich Ihnen hier schildere, meine lieben Freunde, das ist, wenn Sie es sich versinnlichen, hier wirbelartig zu gestalten. Aber man darf im Wirbel nur sehen eine äußere, extensive Versinnlichung des Intensiven. Damit haben wir uns, ich möchte sagen, sogar schon durch Figurales dem Wärmewesen genähert. Wir werden nun noch übrig haben, zu zeigen, wie dieses Wärmewesen jetzt wirkt so, dass solche Erscheinungen entstehen können wie: die Wärmeleitung; dass der Schmelzpunkt einer Legierung viel tiefer liegt als der Schmelzpunkt jedes einzelnen Metalles; was es eigentlich heißt, dass auf dem einen Ende des Spektrums Wärmewirkung, auf dem anderen chemische Wirkung sich zeigt.

Wir werden die Taten der Wärme suchen müssen, wie Goethe die Taten des Lichtes gesucht hat,[139] und werden dann zu untersuchen haben, wie die Erkenntnis des Wärmewesens auf die Anwendung der Mathematik, auf die Imponderabilien der Physik wirkt, das heißt mit anderen Worten: Wie wirklich reale mathematische Formeln gestaltet werden müssen, die zum Beispiel in der Thermik, in der Optik angewendet werden.

ZWÖLFTER VORTRAG

Stuttgart, 12. März 1920

Meine lieben Freunde! Die Versuchsanordnungen, die wir für heute vorhatten, müssen wir leider auf morgen verschieben. Sie werden morgen so weit sein, sie so zu zeigen, wie ich sie haben muss, wenn ich das Ganze besprechen will, was gerade daran geprüft werden soll. Wir werden daher heute eine Betrachtung einschieben über diejenigen Dinge, die wir auch noch brauchen, morgen dann die Versuchsanordnungen machen, um die Betrachtungen übermorgen zu einem vorläufigen Abschluss zu bringen.

Dasjenige, was ich zunächst wie eine Hilfe anführen möchte, wie eine Hilfe für unsere Anschauungen, die wir entwickeln müssen gegenüber dem Wärmewesen, das ist, dass ich Sie hinzuweisen habe darauf, dass eine gewisse Schwierigkeit vorliegt im Verstehen dessen, was eigentlich ein durchsichtiger Körper[140] ist. Ich rede jetzt nicht von Wärme. Aber Sie werden sehen, namentlich wenn wir diese Versuchsanordnungen hinter uns haben werden, wie wir eine Hilfsvorstellung von dem Licht aus für das Verständnis des Wärmewesens gewinnen werden.

Es liegt eine gewisse Schwierigkeit vor, sage ich, zu verstehen, was ein relativ durchsichtiger Körper ist und was ein undurchsichtiger Körper ist, also ein Körper ist, der uns gewissermaßen sich selber unter dem Einfluss des Lichtes zeigt. Ich muss etwas anders sprechen, als gewöhnlich gesprochen wird. Die Sprache der gewöhnlichen Physik würde sagen: Ein undurchsichtiger Körper ist derjenige, der uns durch eine gewisse Beschaffenheit seiner Oberfläche die Lichtstrahlen zurückwirft, die auf ihn fallen, und der dadurch als Körper sichtbar wird. – Diese Ausdrucksformen kann ich nicht wählen, weil sie ja durchaus nicht eine Wiedergabe des Tatbestandes sind, sondern weil sie Ausdrücke sind von schon vorhandenen, bestimmten Theorien, die wir nicht ohne Weiteres als selbstverständlich annehmen können. Denn von Strahlen zu sprechen, von Lichtstrahlen zu sprechen, ist Theorie. Ich habe darüber ja in meinem vorigen Kursus auch schon gesprochen.[141] Alles dasjenige, was uns entgegentritt in der Wirklichkeit, ist nicht Lichtstrahl, ist Bild, und das ist durchaus etwas, was festzuhalten ist. Außerdem können wir nicht ohne Weiteres sagen: Ein durchsichtiger Körper ist derjenige, der durch seine innere molekularische [Beschaffenheit] das Licht durch sich durchgehen lässt, und ein undurchsichtiger Körper ist derjenige, der das Licht zurückwirft.

Denn wie sollte denn eine Möglichkeit sein, eine solche Theorie ohne Weiteres zu rechtfertigen? Und wenn Sie an das sich erinnern, was ich in diesen Tagen dargestellt habe als die Verhältnisse der Wirklichkeitsgebiete: feste, flüssige, gasförmige Körper; Wärmewesen; *x*, *y*, *z* und dann unter den festen Körpern angrenzend das *U*-Gebiet, so werden Sie sehen, dass in irgendeiner Weise mit dem Wärmegebiet in Beziehung stehen muss das Lichtgebiet, auch in Beziehung stehen muss das Gebiet der chemischen Wirkungsweisen. Auf der anderen Seite muss mit dem, was uns entgegentritt, ich möchte sagen, als die flüssige Gestalt im Wärmewesen, im Luftwesen, in irgendeiner Beziehung stehen dasjenige, was die wahre Wesenheit des Tones ist. Denn Töne erscheinen bei Gelegenheit von Verdichtungen und Verdünnungen in gas- oder luftförmigen Körpern.

z	
y	
x	Materialisierung – Entmaterialisierung
Wärmegebiet	
Gasige Körper	Verdünnung – Verdichtung
Flüssige Körper	[Niveaubildung]
Feste Körper	Gestaltung
U	

Wir können also zunächst vermuten, dass irgendwo da, wo wir das x, y, z angenommen haben, auch die Wesenheit des Lichtes gefunden werden kann. Aber es ist die Frage, ob wir da, wo wir die Wesenheit des Lichtes suchen, auch zu suchen haben zum Beispiel die Wesenheit der Durchsichtigkeit gewisser Körper. Diese Wesenheit der Durchsichtigkeit gewisser Körper ist nicht ohne Weiteres aus der Wesenheit des Lichtes heraus oder nur aus den Beziehungen des Lichtes zu den festen Körpern zu suchen. Wir haben das *U*-Gebiet, und dieses *U*-Gebiet muss mit seinen Wirkungen in irgendeiner Weise ein Verhältnis haben zu festen Körpern, die an der Oberfläche der Erde sind. Und wir werden wenigstens zunächst die Frage aufwerfen müssen und noch hinarbeiten auf die Beantwortung dieser Frage in diesen Betrachtungen, die uns noch zur Verfügung stehen bei meiner Anwesenheit. Wir werden die Frage aufwerfen müssen: Welchen Einfluss hat das *U*-Gebiet auf feste Körper, und kann uns nicht etwas von diesem Einfluss offenbaren der Unterschied, der auftritt zwischen durchsichtigen Körpern und den gewöhnlich undurchsichtigen Metallen? Also solche Fragen müssen zunächst uns beschäftigen. Und den Weg zur Beantwortung solcher Fragen werden wir finden,[142] wenn wir nun versuchen, das, was sich uns gestern geboten hat über das Wärmewesen, durch einige andere Begriffe noch zu ergänzen.

Sehen Sie, man hat ja natürlich gesehen innerhalb des Gebietes der Physik die Tatsachen, die sich ergeben als Wärmeerscheinung. Man hat eben solche Tatsachen gesehen wie die, die man unter dem Begriff der Wärmeleitung gedacht hat, die wir Ihnen ja auch vorgeführt haben. Man hat vor allen Dingen diese Art der Ausbreitung der Wärme, die bei der Wärmeleitung, also bei dem Fortfließen des Wärmezustandes entweder durch einen Körper oder über die Berührungsstelle hinaus durch zwei oder mehrere sich berührende Körper, beobachtet. Man hat dieses Fortfließen der Wärme sich so vorgestellt, wie wenn eine irgendwie geartete, unbestimmte Flüssigkeit, zunächst wie das Bild nur des Fortfließens der Wärme, des Wärmezustandes, da wäre. Und nun kann man schon einmal anknüpfen an das, was ja die äußere Anschauung bietet: So wie Wasser irgendwie in einem

Bach fortfließt, das heißt, an einem weiteren Punkt später ist als vorher, was ja die Natur so fließend darstellt, so kann man sagen: so kann [man] auch [ver]folgen im Fortfließen die Wärme von einem Punkt zum anderen, wenn die sogenannte Wärmeleitung stattfindet. Gedanken über dieses Fortfließen des Wärmezustandes im Sinne der Wärmeleitung haben sich die verschiedensten Menschen gemacht. Ziemlich klare Vorstellungen – wir könnten auch von anderen ausgehen – rühren her von Fourier,[143] und an diese wollen wir ein wenig anknüpfen und wollen dann sehen, wie wir gegenüber den Erkenntnissen, die wir schon gewonnen haben, mit diesen Vorstellungen zurechtkommen.[144]

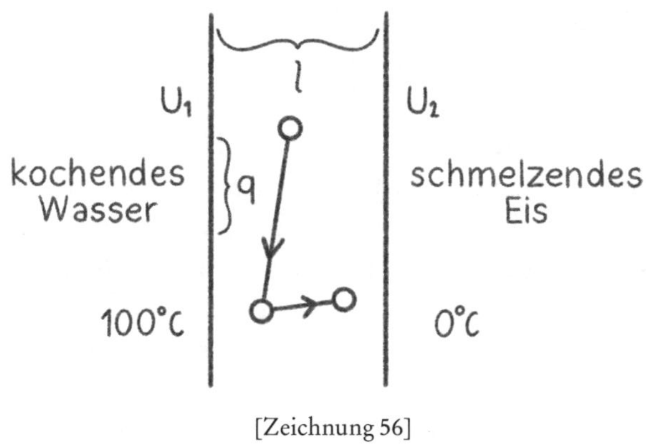

[Zeichnung 56]

Da können Sie sich vorstellen [Zeichnung 56]: Wir stehen einem abgeschlossenen Körper gegenüber, der hier scharf begrenzt wäre durch eine Ebene, und hier ebenfalls durch eine Ebene, irgendeinem Metall. Nach oben und unten können wir es uns ins Unbestimmte verlaufend denken. Wir hätten also irgendein Metall [als Grenze]. Wir versuchen dadurch, dass wir diese Grenze des Metalls in siedendem Wasser halten, diese Grenzfläche auf einer Temperatur U_1 zu halten, die etwa in diesem Falle 100 °C sein könnte. Wir versuchen diese [andere, rechte] Grenzfläche mit schmelzendem Eis so in Berührung zu halten, dass wir bei der Temperatur U_2 diesen Querschnitt gewissermaßen unseres Metalls haben, der im speziellen Fall [0 °C] sein kann.

Wir haben, wenn Sie sich den ganzen Sachverhalt hier vor Augen führen, es zu tun mit einer Differenz: hier U_1, hier U_2. $U_1 - U_2$ gibt uns eine Temperaturdifferenz. Von dieser Temperaturdifferenz wird es abhängen, wie die Wärmeleitung vor sich geht. Denn selbstverständlich, wenn die Temperaturdifferenz groß ist, so muss die Wärmeleitung anders vor sich gehen, als wenn die Temperaturdifferenz kleiner ist. Ich brauche kein großes Quantum von Wärme, wenn diese Temperaturdifferenz kleiner ist, ich brauche ein größeres Quantum von Wärme, wenn diese Differenz größer ist, um denselben Effekt zu erreichen, sodass ich also sagen muss: Die Wärmemenge, die ich brauche, um einen gewissen Effekt zu erreichen, die wird abhängen von dieser Temperaturdifferenz $U_1 - U_2$.

Sie wird weiter abhängen nicht nur von dieser Differenz $U_1 - U_2$, sondern, wenn ich dies als die Länge bezeichne, *l*, die Länge des Körpers, so wird sie [kleiner] werden, die Wärmemenge, die ich brauche, um einen bestimmten Effekt zu erreichen, wenn diese Länge groß ist, als wenn diese Länge klein ist. Das heißt: Im umgekehrten Verhältnis wird eine Wärmemenge von *l* abhängig sein.

Ich werde berechnen können für einen bestimmten Querschnitt, den ich als, sagen wir, *q* bezeichne, die Wärmemenge, die ich da brauche, um einen gewissen Effekt der Wärmeleitung [zu erreichen]. Je größer dieser Querschnitt ist, desto mehr Wärme werde ich brauchen, je kleiner der Querschnitt ist, desto weniger Wärme werde ich brauchen. Also es steht [*q*] im geraden Verhältnis, wir werden damit zu multiplizieren haben.

Dann wird endlich die ganze Sache abhängen von der Zeit [*t*]. Lasse ich länger eine gewisse Wärmemenge[145] wirken, so erziele ich einen großen Effekt. Lasse ich eine kürzere Zeit dieselbe Wärmemenge wirken, erziele ich einen kleineren Effekt. Ich werde also mit der Zeit zu multiplizieren haben. Das Ganze muss ich dann selbstverständlich, da mir alle diese Größen ja nicht ohne Weiteres Wärme geben, mit irgendetwas, worin die Wärme schon steckt – denn alles das[146] ist ja nicht Wärme –, ich muss also das mit einer Konstanten

[*c*], die die Wärmemasse darstellt, multiplizieren, dann bekomme ich meine Wärmemenge *w*. Diese Wärmemenge *w* also, die ist abhängig im geraden Verhältnis von $U_1 - U_2$, und den anderen Faktoren [*q*, *t*], im umgekehrten Verhältnis von *l*.

Sie sehen, wenn Sie in dem Zusammenhang alle anderen Faktoren mit U_1 und U_2 vergleichen, dass man es zu tun hat bei dem, was da eigentlich fließt, nicht direkt mit einem Wärmezustand, oder mit irgendetwas, was sich auf die Wärme bezieht, sondern mit einem Wärmegefälle, mit einem Niveauunterschied.[147] Das bitte ich Sie, immer ins Auge zu fassen. Ganz genau so, wie man es mit einem Niveauunterschied zu tun hat, wenn man etwa bei einer Schleuse Wasser von oben nach unten stürzen lässt und ein Schaufelrad in Bewegung setzt, und wie die Triebkraft, die da entwickelt wird, abhängt von dem Niveauunterschied, den man in Rechnung ziehen muss, so hat man es auch hier zu tun mit einem Gefälle, und das ist, was wir besonders ins Auge fassen müssen.

Nun handelt es sich darum, dass wir, wenn wir dem Wärmewesen näherkommen wollen, auch noch einer anderen Erwägung des Fourier nachgehen müssen, damit wir gewissermaßen rektifizierend an diesen gebräuchlichen Vorstellungen weiterschreiten in unserer Betrachtung, mehr der Wirklichkeit gemäß, als es die Physiker des neunzehnten, zwanzigsten Jahrhunderts getan haben. Ich habe jetzt eigentlich nur in Erwägung gezogen dasjenige, was geschieht bei der Fortleitung der Wärme von einem Ende zum anderen, aber ich nehme an, dass da in den Körpern drinnen selbst noch irgendetwas vorgeht.

Ich frage nun: Wenn hypothetisch [die Sache] so sein würde, dass nicht einfach gleichmäßig hier von links nach rechts der Wärmefortschritt geschähe, sondern im Inneren ungleichmäßig, [wie] müsste ich dann anwenden wiederum diese Formeln hier auf die inneren Unregelmäßigkeiten? Wenn also Unregelmäßigkeiten in der Verteilung der Wärme da wären, wenn die Wärme von hier [oben nach] hierher [unten rechts] geleitet würde und so weiter, so müsste ich dieses innere Leiten der Wärme irgendwie in Erwägung ziehen. Ich müsste dann dasjenige in Erwägung ziehen, was an Änderungen dieser

Differenzen da drinnen sich offenbart, ich müsste also in Erwägung ziehen, was in dem Körper selber an Ausgleichungen von Temperaturwirkung geschieht. Dadurch würde sich, wie Sie leicht sehen können, diese meine Formel verwandeln. Ich würde sagen müssen:

$$w = \frac{U_1 - U_2}{l} \cdot t \cdot c \cdot q\,.$$

Und es würde sich ergeben dasjenige, was ich hier habe.

Ich habe es ja jetzt nicht mit der Länge [l] zu tun, die hier ist, sondern ich habe es mit [kleinen] Strecken zu tun. Und ich will betrachten dasjenige, was ebenso auf diesen kleinen Strecken geschieht, wie es geschieht in der ganzen Breite hier durch den Faktor

$$\frac{U_1 - U_2}{l}\,.$$

Es handelt sich also darum, dass ich das für kleine Strecken da darinnen betrachte. Wenn ich das tue, verwandelt sich mir [dieser endliche Differenzen-Quotient] einfach in

$$\frac{du}{dx}\,,$$

wobei [*du*] der kleine Fortschritt des Wärmezustandes sein soll. Und betrachte ich dieses wie eine gewisse kleine Zeit, so müsste ich noch multiplizieren mit *dt* – ich könnte das *dt* zunächst auch weglassen, wenn ich von der Zeit absehe. So würden wir also in diesem *w* haben den Ausdruck für das Wärmequantum, das jeweils an einem Punkt aufgewendet werden müsste, [das] aus der Sache selbst heraus, bei innerer Arbeit der Wärme, aufgewendet werden müsste, um nach allen Seiten hin etwa notwendigen Temperaturgefällen zu folgen, Temperaturgefälle auszugleichen. Sie müssen sich vor Augen stellen, dass diese Formel hier

$$w = c \cdot q \cdot \frac{du}{dx} \cdot dt$$

zum Ausdruck bringen würde solche Wirkungen, die da auftreten durch die inneren Temperaturgefälle in den Körpern.[148]

Damit in Zusammenhang bitte ich Sie jetzt dasjenige zu betrachten, was wir schon gestern uns andeutungsweise vor Augen geführt haben und was uns ganz klar werden wird morgen, wenn wir diese Versuchsanordnungen haben werden. Ich kann es trotzdem heute schon erwähnen, dass man sich vor Augen führen muss, wie auftreten die Verhältnisse des Erwärmens, des Leuchtens, des chemischen Wirkens im Spektrum.

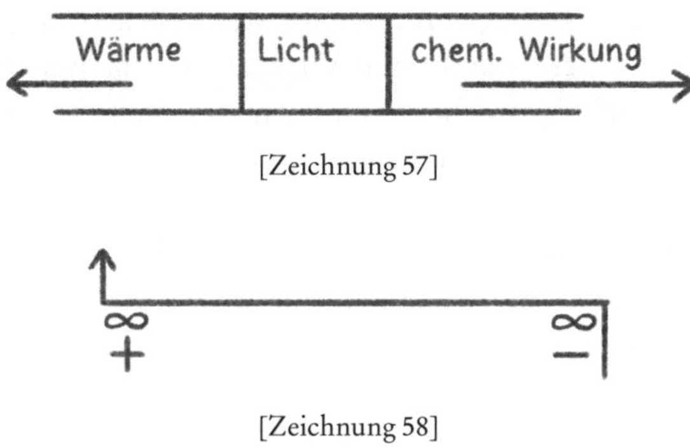

[Zeichnung 57]

[Zeichnung 58]

Ich habe schon gestern darauf aufmerksam gemacht: Wenn ich ein gewöhnliches irdisches Spektrum habe, habe ich in der Mitte die eigentlichen Lichtwirkungen, nach hierhin die Wärmewirkungen, nach hierhin die chemischen Wirkungen [Zeichnung 57]. Nun handelt es sich um Folgendes: Wir haben gesehen, dass, wenn wir ein Bild entwerfen wollen für dieses Spektrum, wir gar nicht können dieses Bild, das aufnehmen soll Lichtwirkungen, Wärmewirkungen, chemische Wirkungen, zu einer geraden Linie machen [Zeichnung 58].[149] Wir müssen hier links herausgehen, wenn wir die Linie für das Licht so ziehen, um für die Wärme das entsprechende Symbolum zu finden. Für die chemischen Wirkungen müssen wir hierher gehen.[150] Es könnte auch umgekehrt sein, aber wir wollen es zunächst so festhalten.

Also, wir haben keine Möglichkeit, innerhalb dieser Ebene zu bleiben, wenn wir die Wärme symbolisch umfassen wollen; wir haben keine Möglichkeit, in der Ebene zu bleiben, wenn wir die chemischen Wirkungen symbolisch umfassen wollen. Wir müssen aus der Ebene herausgehen. Und um dieses Ganze zu fassen, wollen wir das also uns klarmachen: Wie müssen wir das denn eigentlich bezeichnen, wenn wir irgendein Wärmequantum, das da wirksam ist im Inneren eines Körpers, durch diese Formel ausdrücken? Wie müssten wir das denn bezeichnen, wenn wir ein quantitativ dazu in Beziehung stehendes chemisches Quantum hätten? Wir kämen nicht zurecht, wenn wir nicht irgendwie eine Bezeichnung einführen würden, die darauf hinweist, dass wir, während wir mit der Wärme hinausgehen müssten, wir mit den chemischen Wirkungen hineingehen müssten. Wir kommen nicht [zurecht], wenn wir das nicht ins Auge fassen. Sodass, wenn wir das w hier als eine positive Größe auffassen – wir könnten es auch als negative Größe nehmen –, so dürfen wir, wenn es uns darauf ankommt, nun die entsprechende Verteilung der chemischen Wirkungen zu suchen, so dürfen wir nicht anders, als das entsprechende [so zu] bezeichnen:

$$w = -c \cdot q \cdot \frac{du}{dx} \cdot dt$$

Das entspricht den chemischen Wirkungen.[151]
Und dieses

$$w = +c \cdot q \cdot \frac{du}{dx} \cdot dt$$

entspricht den Wärmewirkungen.

Und in der Tat, diese Erwägungen zeigen uns schon, dass wir nicht können, wenn wir wollen Formeln schaffen, ohne Weiteres bloß die Quantitäten wählen, wenn wir in diesen Formeln gleichzeitig ausdrücken wollen, dass wir es [hier mit Vorgängen] in einem Beobachtungsfeld zu tun haben oder in einem Wirkungsfeld, wo Wärme und chemische Wirkungen auftreten. Schon bei einer gewöhnlichen Verbrennung, wo wir in Beziehung bringen wollen das chemische Geschehen zu dem Wärmeeffekt, müssen wir, [wenn wir] durch Formeln arbeiten, einfach alles dasjenige, was wir für den Wärmeeffekt positiv einsetzen, für die chemischen entsprechenden Wirkungen negativ einsetzen.[152]

Wenn Sie nun Ihre Erwägungen weiter anstellen und sehen: Die Wärme biegt sich gewissermaßen heraus, die chemischen Wirkungen biegen sich hinein, dann bleibt eigentlich nur das, was im Licht vorhanden ist, in der Ebene.[153] Aber wenn Sie sich jetzt reserviert haben das Positive für die Wärme, das Negative für die chemischen Wirkungen, dann können Sie nicht mehr mit irgendeinem Positiven oder Negativen für die Lichtwirkungen auskommen, dann müssen Sie alles das, was Sie nur ahnen, was heute noch nicht einmal geklärt ist, [das Verhältnis] von positiven und negativen Zahlen zu imaginären Zahlen,[154] anwenden auf die Lichtwirkungen, und Sie müssen, wenn Sie es mit Lichtwirkungen zu tun haben, sagen:

$$w = \sqrt{-c \cdot q \cdot \frac{du}{dx}}\, dt\,.$$

Das heißt, Sie müssen hier mit imaginären Zahlen, imaginären Verhältnissen, mit mathematisch imaginären Zahlenverhältnissen rechnen, wenn Sie wirklich Beziehungen zwischen Licht-, Wärme- [und] chemischen Effekten, die in einem gemeinsamen Versuchsfeld sind, aufsuchen können.[155]

Aber wir haben uns ja gesagt: Dieses Spektralband, das wir eigentlich innerhalb der Erde bilden, das ist im Grunde genommen nur der auseinandergezogene Spektralkreis, und das vollständige Spektrum würde hier oben das Pfirsichblüt haben [Zeichnung 40]. Wenn Sie sich durch mächtige Kräfte das Spektralband zum Kreis formen würden, würden Sie da oben bekommen den Zusammenschluss dessen, was scheinbar ins Unendliche nach links und ins Unendliche nach rechts geht. Und dieser Zusammenschluss, Sie können sich denken, dass man ihn nicht einfach durch einen Kreis bekommen kann.

Denn geht man durch die Wärme,[156] so geht man ja zugleich heraus und geht dorthin; und geht man durch die chemischen Wirkungen, so geht man nach der anderen Seite. Sie sind also jetzt in die Lage versetzt: Erstens dorthin zu gehen scheinbar ins Unendliche, und zweitens dorthin zu gehen scheinbar ins Unendliche. Sie haben nicht nur die unangenehme Aufgabe, wie bei einer Geraden dahin zu gehen und den unendlich fernen Punkt aufzusuchen und zurückzukommen, wenn dieser Punkt derselbe ist wie der – da sind Sie wenigstens in einer Ebene. Aber nun irren Sie ab, gehen dorthin und gehen dorthin und können nicht zurückkommen, wenn Sie nicht voraussetzen, dass die Unendlichkeit hier und dort Sie an denselben Punkt führt. Aber während Sie dorthin gehen, spazieren Sie dorthin auch fort in die Unendlichkeit. Sie gehen also so, dass Sie nicht nur nach der einen Seite in die Unendlichkeit spazieren, sondern Sie spazieren auch hier hinaus in die Unendlichkeit und müssen von zwei Unendlichkeiten wiederum zurückkommen. Sie gehen also einen doppelt komplizierten Weg. Dann würden Sie erst hier dieses Pfirsichblüt finden, also nicht, indem Sie einfach das zusammenbiegen, sondern indem Sie es noch außerdem im rechten Winkel abbiegen nach der einen und nach der anderen Seite.

Stellen Sie sich vor, Sie würden das Farbenband mit einem Elektromagneten behandeln,[157] so würden Sie diesen Elektromagneten auch noch drehen müssen. Das aber führt Sie dazu, zu sagen: Was Sie da finden würden, könnten Sie jetzt mit all diesen Charakteren nicht bezeichnen. Da würden Sie zu Hilfe nehmen müssen eben dasjenige, worauf gestern aufmerksam gemacht worden ist in der Diskussion [*Kommentar in der Textgrundlage:* im Anschluss an die Vorträge von Herrn Blümel und Herrn Strakosch]: die überimaginäre Zahl.[158]

Nun wird es Ihnen ja vielleicht erinnerlich sein, dass wir hier darauf hinweisen konnten, dass diese überimaginären Zahlen strittig sind, man nicht recht zurechtkommt mathematisch mit ihnen, dass man sie sozusagen nicht eindeutig aufschreiben kann. Es gibt Mathematiker, die überhaupt bezweifeln, dass man ein Recht hat, von diesen überimaginären Zahlen zu sprechen.[159] Hier führt die Physik selbst allerdings nicht gleich auf [eine] ordentliche Formulierung der überimaginären Zahlen, aber die Forderung dieser überimaginären Zahlen, sie führt dazu, einzusehen, dass es solcher überimaginären Zahlen bedarf, wenn man formelhaft ausdrücken will dasjenige, was erstens geschieht im Felde des Chemischen, des Leuchtenden, des Wärmewesenhaften, und was dann noch dazu geschieht, wenn wir aus dem hinausgehen und oben zurückkommen.

Wer nun ein Organ dafür hat, der findet hier etwas höchst Eigentümliches. Er findet etwas, von dem ich glaube, dass, wenn man es ordentlich durchdenkt, man im Grunde genommen viel davon hat für eine sachgemäße Beleuchtung der physikalischen Erscheinungen. Das, was ich meine, ist dieses, meine lieben Freunde, dass man dieselben Schwierigkeiten hat, wenn man in der Naturwissenschaft das Unorganische betrachtet und von den Begriffen, die man sich innerhalb des Feldes des Unorganischen bildet, übergeht zu dem Versuch, das Leben zu begreifen. Es geht nicht mit den unorganischen Vorstellungen. Es geht nicht. Das hat bezeugt auf der einen Seite, dass es Denker gibt, die sagen: Das Irdisch-Organische muss durch eine Art von Urzeugung aus dem Unorganischen hervorgegangen sein. Aber es ist unmöglich, mit dieser Anschauung zunächst irgendetwas Reales zu verbinden.

Andere Denker, wie Preyer[160] oder ähnliche, leiten alles Unorganische aus dem Organischen her, wobei sie der Wahrheit schon näherkommen. Sie denken sich die Erde als ursprünglich lebendigen Körper, und das, was heute unorganisch ist, denken sie sich wie eine Abscheidung, etwas, was herauserstorben ist aus dem Organischen. Aber über ein gewöhnliches Bild kommen auch diese Leute nicht hinweg. Dieselben Schwierigkeiten, die man da hat, wenn man auf reine Naturbegriffe geht, hat man innerhalb der Mathematik selber, wenn man versuchen will, mit gut überlegtem Formelwesen von dem, was sich erfassen lässt im Gebiet der Wärme, im Gebiet des Leuchtenden, im Gebiet des Chemischen übergehen zu wollen zu dem, was da irgendwo vorhanden ist, wo das Farbenband sich auf naturgemäße Weise schließen würde – wir müssen ja voraussetzen, dieses Farbenband wird sich irgendwo schließen; im Bereich des Irdischen wird es sich wohl nicht schließen. – Wir haben die Notwendigkeit, darauf hinzuweisen, wie die Mathematik durch ihre eigenen Erwägungen vor dem Lebensproblem steht. Sie kann mit dem, was ihr heute vorliegt, bezwingen dasjenige, was innerhalb des Lichtes, der Wärme, des Chemischen gelegen ist; sie kann nicht bezwingen dasjenige, was wir offenbar damit verbunden finden: den Abschluss des Spektrums, was aber nicht durch so entsprechende Formeln zum Ausdruck zu bringen ist wie das andere.

Zunächst helfen wir uns dadurch, dass wir einfach eine Terminologie gebrauchen. Aber Sie sehen, wir kommen jetzt zu ziemlich konkreten Vorstellungen schon mit dieser Terminologie. Wir sagten: Etwas Wirkliches liegt zugrunde, wenn wir Formeln brauchen wie diese

$$w = c \cdot q \cdot \frac{du}{dx} \cdot dt \, .$$

Wir sprechen da von Wärmeäther.

Irgendetwas Wirkliches liegt zugrunde, wenn wir diese Formeln

$$w = -c \cdot q \cdot \frac{du}{dx} \cdot dt$$

zu gebrauchen haben, bei denen das, was in den Formeln

$$w = c \cdot q \cdot \frac{du}{dx} \cdot dt$$

positiv ist, negativ erscheinen muss, und sprechen dann von chemischem Äther.

Und wir sprechen von Lichtäther, wenn wir nötig haben zum Imaginären zu schreiten in unseren Formeln:

$$w = \sqrt{-c \cdot q \cdot \frac{du}{dx}} \, dt \, .$$

Und wir sprechen tatsächlich von Lebensäther, wenn wir nötig haben mathematische Formeln zu gebrauchen, die wir noch gar nicht in Wirklichkeit haben, über die wir uns noch nicht klar sind, über die wir uns ebenso unklar sind in der Mathematik, wie die Naturforscher über das Leben unklar sind.[161]

Sie sehen hier einen sehr interessanten Parallelismus zwischen dem Gang des Denkens innerhalb der Mathematik und dem Gang des Denkens innerhalb der Naturwissenschaft selbst, woraus Sie ersehen können, dass es sich wirklich zunächst nicht um eine objektive Schwierigkeit handeln kann, sondern dass es sich handeln muss um eine subjektive Schwierigkeit. Denn ganz unabhängig von der Naturforschung treten auf dem Gebiet der reinen Mathematik dieselben Gesetze auf, und niemand wird glauben, dass er ebenso aus [solchen] Erwägungen heraus einen schön stilisierten Vortrag halten könnte über die Grenzen des inneren mathematischen Erkennens wie Du Bois-Reymond über die Grenzen des Naturerkennens.[162] Wenigstens mit derselben Art der Schlussfolgerung könnte man das nicht. Innerhalb des Mathematischen muss es möglich sein, dass, wenn einem die Begriffe und Formulierungen nicht durch ihre Komplikation entschlüpfen, wenn man sie fassen will, im Gebiet des rein Mathematischen muss es möglich sein, zu abschließenden Formulierungen zu kommen. Das kann nur etwas sein, was mit unseren relativen Unvollkommenheiten zusammenhängt, es kann dabei nicht gedacht werden, dass es sich um wirkliche Grenzen des menschlichen Erkennens handeln könnte.

Es ist sehr wichtig, so etwas gründlich ins Auge zu fassen. Denn daran zeigt sich erstens, dass die einfache Anwendung der Mathematik nicht geht, solange wir im Physikalischen die Wirklichkeit ergreifen wollen. Denn wir können nicht einfach, wie es die Energetiker machen, sagen: Es verwandelt sich ein Wärmequantum in ein Quantum chemischer Energie und umgekehrt. Das dürfen wir nicht sagen, sondern wenn so etwas geschieht, dann ergibt sich die Notwendigkeit, andere Zahlenwerte einzuführen. Dann ergibt sich die Notwendigkeit, wirklich die Hauptsache nicht darin zu sehen, dass mechanisch die eine Energieart die andere anregt, sondern dass man es zu tun hat mit einem wirklich qualitativen Umwandeln, was sich schon in der Zahl fassen lässt, wenn die eine sogenannte Energie in die andere übergeht.

Würde man aufmerksam geworden sein auf dieses selbst schon in den Zahlen festzuhaltende qualitative Umwandeln der einen Energieart in die andere, so würde man nicht zu der Vorstellung vorgerückt sein, die da sagt: Nun ja, so obenhin ist Wärme eben Wärme, was wir empfinden; ist mechanische Arbeit, was wir empfinden; ist chemische Energie, was sich zeigt in chemischen Vorgängen; innerlich ist das alles gleich. Mechanische Bewegung vollzieht sich. Wärme ist auch nichts anderes.

Auf dieses Stoßen [und] Drängen der Moleküle oder Atome gegeneinander, an die Wände und so weiter, auf dieses Streben nach einer abstrakten Einheit für alle Energien, die eben eine mechanische Bewegung ist, würde man nicht gekommen sein, wenn man gesehen hätte, dass man, schon wenn man Rechnungsansätze macht, nötig hat, die Qualitätsunterschiede der Energien in Betracht zu ziehen.

Es ist deshalb interessant, dass Eduard von Hartmann, als er die Wärmelehre philosophisch betrachtete, nötig hatte, Definitionen zu finden für die Physik, die von allem Qualitativen absehen. Dann natürlich kann man in der Physik nur eine eindeutige Mathematik finden. Und abgesehen von den Fällen, wo sich [etwas] aus den rein mathematischen Beziehungen negativ ergibt, lieben es die Physiker nicht, mit solchen Zahlen-Qualitätsunterschieden in der Physik selbst zu rechnen. Sie rechnen mit positiv und negativ, aber das sind nur Dinge, die sich aus mathematischen Verhältnissen ergeben. Niemals würde man in der gewöhnlichen Energielehre gerechtfertigt finden, dadurch dass die Energie Wärme ist, eine andere, chemische Energie, mit negativen Vorzeichen zu bezeichnen.

DREIZEHNTER VORTRAG

Stuttgart, 13. März 1920

Meine lieben Freunde! Dasjenige, was ich gestern schon beabsichtigte, kann zunächst ausgeführt werden, weil es uns doch zu einem vorläufigen Abschluss dieser unserer Betrachtungen wird führen können. Ich werde dann noch morgen versuchen, diese Betrachtungsreihe, die wir hier während meiner diesmaligen Anwesenheit begonnen haben, zu Ende zu führen.

Wir werden uns jetzt davon überzeugen, dass in der Tat in einer ganz bedeutungsvollen Weise innerhalb desjenigen, was wir als gewöhnliches Sonnenspektrum oder Lichtspektrum bezeichnen, sich verschlingen Wärmeeffekte, Lichteffekte und chemische Effekte. Und gestern haben wir ja schon gesehen, dass in einer gewissen Beziehung sich noch verschlingen müssen mit diesen Effekten die Lebenseffekte, nur dass wir ja keine Möglichkeit haben, die Lebenseffekte in derselben Weise in unser Versuchsfeld hereinzubekommen wie die chemischen Effekte, die Lichteffekte und die Wärmeeffekte. Denn es gibt ja zunächst nicht eine einfache Versuchsanordnung, welche das zwölfteilige Spektrum wirklich in seiner Wirksamkeit zeigen könnte. Das wird vorbehalten sein gerade jenem Forschungsinstitut,[163] welches sich in den Kreis unserer Unternehmungen hereinstellen wird, dass, ich möchte sagen, nicht bloß gewisse Untersuchungen abgeschlossen werden, sondern dass sie auch gerundet werden.

Und ich möchte Sie aufmerksam machen auf noch etwas: Wenn wir selbst, mit hypothetischer Hereinnahme der Lebenseffekte, das Ineinanderverschlingen von Lebenseffekten, Wärmeeffekten, Lichteffekten und chemischen Effekten innerhalb unserer – wenigstens gedachten – Versuchsanordnungen verfolgen, so fehlt uns darin ein wichtiges Gebiet, welches gewissermaßen sich mehr physikalisch aufdrängt, als das Gebiet der genannten Effekte: Es fehlen uns die akustischen Effekte, diese akustischen Effekte, die uns zunächst vorzüglich entgegentreten durch die bewegte Luft, das heißt durch einen bewegten gas- oder luftförmigen Körper. Und da entsteht dann die wichtige, die grundlegende Frage: Wie kommen wir auf der einen Seite, da sie doch angedeutet sind im Wärme-, Licht-, im chemischen Spektrum, zu den Lebenswirkungen, und wie kommen wir auf der anderen Seite zu den akustischen Wirkungen? Das ist die Frage, die sich uns einfach wiederum durch eine Umschau über die Erscheinungen darbietet und über die wir uns nur ebenso werden unterrichten können im Sinne einer Goethe'schen physikalischen Weltanschauung, wie wir das bisher getan haben, und über die wir nicht hypothetisch theoretisieren sollen.

Nun wollen wir zunächst zeigen: Wenn wir in den Gang des Lichtzylinders, den wir durch ein Prisma durchleiten, um so das Spektrum entstehen zu lassen, hineinstellen eine Alaunlösung, so nehmen wir aus dem Spektrum heraus die Wärmewirkungen. Wir lassen nun das Thermometer steigen infolge der Wärmewirkung, die im Spektralkörper drinnen ist. Stellen wir nun den Alaun in den Gang des Spektralkörpers, so müssen wir, da der Alaun wegnimmt die Wärmewirkung, ein Wiederfallen der Thermometersäule beobachten können. [*Kommentar in der Textgrundlage:* Das Thermometer, das vorher sehr schnell gestiegen war, steigt zuerst langsamer und bleibt dann stehen.] Der Beweis ist nun schon erbracht dadurch, dass das Thermometer langsamer steigt. Also, die Alaunlösung beseitigt die Wärmewirkung im Spektrum. Wir können den Beweis als erbracht ansehen. Er ist auch unzählige Male gemacht worden und wohlbekannt.

Das zweite, was wir nun machen werden, ist das, dass wir eine Lösung von Jod und Schwefelkohlenstoff in den Gang des Lichtkegels einschalten. Sie werden sehen, dass dadurch der mittlere Teil des Spektrums ganz vollständig ausgelöscht wird. Der andere Teil wird wesentlich geschwächt. Nun wissen Sie ja aus den Betrachtungen, die wir im vorigen Kursus angestellt haben,[164] dass der mittlere Teil im Wesentlichen die Lichtwirkungen darstellt. Durch die Lösung von Jod und Schwefelkohlenstoff wird also das Licht ebenso aufgehalten, wie durch die Alaunlösung die Wärme aufgehalten wird. Jetzt steigt das Thermometer wieder schnell, weil die Wärmewirkung wieder da ist.

Das dritte, was wir machen wollen, ist dieses, dass wir in den Gang des Lichtzylinders einschalten eine Äskulinlösung. Die hat die Eigentümlichkeit, dass sie auslöscht die chemischen Effekte, sodass also ausbleiben in den Wirkungen des Spektrums die chemischen Effekte.

Wir können also das Spektrum so behandeln, dass wir wegschaffen durch die Alaunlösung die Wärme, den Wärmeteil; durch die Jodlösung in Schwefelkohlenstoff den Lichtteil; durch die Äskulinlösung den chemischen Teil.

Bei den chemischen Wirkungen werden wir das dadurch konstatieren, dass, wenn wir den chemischen Teil da haben, so wird die Phosphoreszenz des phosphoreszierenden Körpers eintreten. Sie werden sehen, wir haben also jetzt den phosphoreszierenden Körper gehabt im Lichtkegel. Wenn Sie mit der Hand noch verdunkeln, werden Sie sehen, dass er phosphoresziert. Jetzt muss er entphosphoresziert werden durch Wärme. Nun wollen wir ihn wieder einschalten in das Spektrum, aber in den Gang des Lichtzylinders einfügen die Äskulinlösung. Die Wirkung ist eine sehr feine. [Man sieht keine Phosphoreszenz.]

Stellen wir uns also jetzt einmal vor Augen, dass wir haben zunächst das Gebiet der Wärme, das Gebiet des Lichtes, das Gebiet der chemischen Effekte. Aus all den Betrachtungen, die wir angestellt haben, können Sie wenigstens schon mit einer teilweisen Sicherheit erschließen, dass zwischen diesen Gebieten eine ähnliche Beziehung, ein ähnliches Verhältnis doch stattfinden muss wie zwischen dem, was ich in den verflossenen Tagen bezeichnet habe als x-Gebiet, y-Gebiet, z-Gebiet. Gerade darauf wollen wir aber zusteuern, dass wir diese beiden Gebietsreihen nach und nach identifizieren können.

z
y
x
Wärme
Gasgebiet
Flüssiges
Festes
U

Wir wollen vor allen Dingen das Folgende betrachten: Es ist uns klar, wenn wir hier das Wärmegebiet haben und hier unsere x-, y-, z-Gebiete, so haben wir hier das Gasgebiet, das Gebiet der Flüssigkeiten, das Gebiet der festen Körper und hier unser U-Gebiet, von dem wir gesprochen haben. Nun brauchen Sie nur, indem Sie rein im Gebiet der Erscheinungen bleiben, sich vor Augen zu führen, dass wir ein gewisses sehr loses [Wechselverhältnis] haben beobachten können zwischen den Wärmeeffekten und dem, was in irgendeiner Gasmasse vorgeht. Wir haben beobachten können, dass in gewisser Beziehung das Gas mitmacht in seinen materiellen Gestaltungen dasjenige, was die Wärme tut. Wir können geradezu in dem, was das Gas tut, den materiellen Ausdruck für dasjenige finden, was die Wärme tut. Wenn wir das, was da geschieht im Wechselverhältnis zwischen Wärme und Gas, uns mit einem genügend realen Gedanken vor Augen führen, dass wir also wirklich einen anschaulichen Gedanken haben für dieses Miteinandergehen der Wärmewirkungen und der materiellen Wirkungen des Gasgebietes, dann werden wir den Unterschied in der Anschauung auch finden können zwischen dem Gebiet von x und dem Gebiet des Gases. Wir brauchen uns nur darauf zu besinnen, was wir ja unzählige Male im Leben sehen: Dass dasjenige, was wir als Licht bezeichnen, nicht in derselben Weise sich zum Gas verhält wie die Wärme. Das Gas macht nicht mit dasjenige, was das Licht macht. Wenn das Licht sich ausbreitet, geht nicht das Gas nach und nimmt eine größere Spannkraft an und dergleichen.

Also, wenn Licht im Gas lebt, dann ist das eine andere Beziehung, als wenn Wärme im Gas lebt. Und wenn wir haben sagen können in den verflossenen Betrachtungen: Flüssigkeit ist zwischen Gas und Festem, Wärme ist zwischen *x*- und Gasgebiet; und ebenso wie das feste Gebiet die Bilder gibt des flüssigen Gebietes, das flüssige Gebiet die Bilder des Gasgebietes, das Gasgebiet die Bilder des Wärmegebietes, so können wir sagen: Unser *x* kann abgebildet werden in der Wärme, die Wärme wiederum wird abgebildet im Gasgebiet. Wir haben also gewissermaßen im Gasgebiet Bilder von Bildern des *x*-Gebietes. Überlegen Sie sich, dass diese Bilder von Bildern tatsächlich da sind beim Durchgang des Lichtes durch die Luft. [In der Art,] wie sich die Luft mit ihren verschiedenen Erscheinungen gegenüber dem Licht verhält, hat man es zu tun nicht mit einem direkten Abbild, aber tatsächlich mit einem selbstständigen Verhalten des Lichtes [in] der Luft, im Gas, mit einem solch selbstständigen Verhalten, das wir wirklich vergleichen können mit dem, wenn ich sage: Wir wollen etwa eine Landschaft auf ein Bild malen, hängen das Bild ins Zimmer und fotografieren dann das Zimmer. Wenn ich nun das Zimmer fotografiere, so werde ich dadurch, dass ich irgendetwas im Zimmer verändere, die ganze Konfiguration des Zimmers zu etwas anderem machen. Wenn ich gewohnt wäre, bei diesen Vorträgen mich immer auf diesen Stuhl zu setzen, und mir während des Vortrages irgendein Übelwollender diesen Stuhl wegnähme, ohne dass ich es bemerke, so würde ich dasjenige, was ja manchmal im Leben passiert, tun: mich auf den Erdboden setzen. Die Beziehung der Dinge zueinander im Zimmer erfährt eine reale Veränderung dadurch, dass ich irgendetwas im Zimmer verändere. Wenn ich das Bild von einer Stelle zur anderen hänge, so werden die Verhältnisse zwischen den Gestalten, die auf dem Bild gemalt sind, sich nicht zueinander verändern. Dasjenige, was als Verhältnis figuriert im Bild, ist unabhängig von den Veränderungen, die im Zimmer geschehen. So werden unabhängig meine Versuche mit dem Licht in irgendeinem Raum, der mit Luft erfüllt ist. Meine Wärmeversuche werden nicht unabhängig in dem Raum, davon konnten Sie sich geradezu überzeugen, als soeben darauf aufmerksam gemacht wurde, dass das ganze Zimmer [warm] wurde.

Aber meine Lichtversuche kann ich in ihrer eigenen Wesenheit darstellen, kann ich abheben davon, sodass ich in der Tat, gerade wenn ich im lufterfüllten Raum mit *x* experimentiere, ich dieselben Beziehungen herauskriege, wie wenn ich mit dem Licht experimentiere. Ich kann das *x* mit Licht identifizieren. Und wenn Sie den Gedankengang fortsetzen, werden Sie *y* mit chemischen Wirkungen identifizieren. Das *z* werden wir zu identifizieren haben mit den Lebenswirkungen.[165]

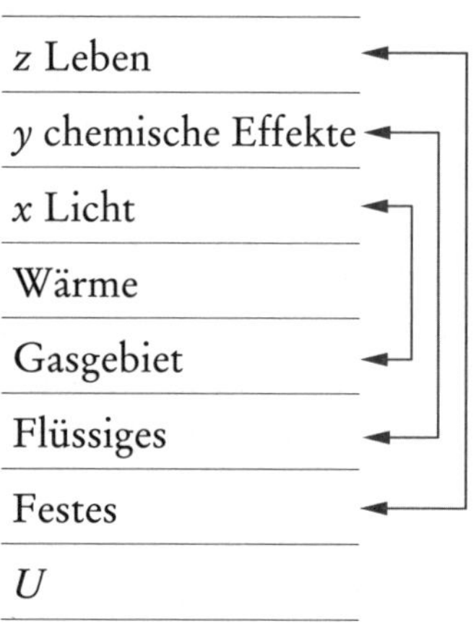

Dann aber gibt es, wie Sie sehen, Beziehungen von einer gewissen Unabhängigkeit zwischen dem Lichtgebiet und dem Gasgebiet. Diese selbe Beziehung findet man, wenn man den Gedankengang fortsetzt – Sie können es selber tun, es würde uns heute zu weit führen –, wenn man die chemischen Effekte sucht im Flüssigen. Wir brauchen ja in der Tat, um chemische Wirkungen hervorzurufen, immer Lösungen. Da drinnen verhalten sich die chemischen Wirkungen gerade so wie das Licht in der Luft.

Wir würden das *z* eben mit dem Festen zu identifizieren haben, das heißt, bezeichne ich dieses Gebiet mit *z*, dieses mit *y*, dieses mit *x*, habe ich darin die Wärme als Mittelzustand und ich bezeichne das

Gasgebiet mit x', das Flüssigkeitsgebiet mit y', das feste Gebiet mit z', so habe ich jetzt mir vor Augen gestellt:

$$z \quad y \quad x \quad \text{Wärme} \quad x' \quad y' \quad z'$$

x in x' wie Licht in Gas,
y in y' wie chemische Effekte in Flüssigkeiten,
z in z' nun zunächst wie die z-Effekte in den festen Körpern. Wir haben sie bis jetzt nur als Gestaltungen kennengelernt.

So bekommen wir gewissermaßen in Ineinanderfügungen, die aber nichts anderes sind als der vorgestellte Ausdruck für Dinge, die ja sehr real im Leben sind:
x in x' ist einfach das lichterfüllte Gas,
y in y' ist die Flüssigkeit, in der chemische Prozesse vor sich gehen.
z in z' Nach der gestrigen Betrachtung werden Sie kaum mehr zweifeln können, dass wir ebenso, wie wir von der Wärme aufsteigend das Licht finden, vom Licht aufsteigend die chemischen Effekte finden, wir von den chemischen Effekten kommen müssen zu den Lebenseffekten. Davon haben wir ja gestern, wenigstens präliminarisch, gesprochen.

Sodass wir also sagen können:
z in z' Lebenseffekte in festen Körpern.

Lebenseffekte in festen Körpern sind aber nicht da. Wir wissen, dass zum irdischen Leben notwendig ist wenigstens ein gewisser Grad des Flüssigen. Lebenseffekte im bloß Festen sind im irdischen Leben nicht da. Aber dieses irdische Leben zwingt uns, in einer gewissen Weise anzunehmen, dass so etwas doch nicht außer dem Bereich jeder Wirklichkeit liegt, denn die Gedankenreihe ergibt sich uns ja zugleich, indem wir das y in y', das x in x' bilden.

Wir finden feste Körper, wir finden flüssige Körper, wir finden Gas. Wir finden feste Körper ohne die Lebenseffekte. Die Lebenseffekte finden wir nur in der irdischen Sphäre neben den festen Körpern sich auch entfalten und mit den festen Körpern in eine Beziehung treten und so weiter. Aber im irdischen Bereich finden wir nicht ein unmittelbares Zusammenkoppeln der Lebenseffekte mit dem, was wir im irdischen Bereich das Feste nennen. Da werden wir gerade durch dieses letzte Glied *z* in *z'*, Leben im Festen, geführt in einer gewissen Weise zu dem, was bei *y* in *y'*, *x* in *x'* der Fall sein muss: Wenn ich einen flüssigen Körper auf der Erde habe, so muss der in demselben Verhältnis stehen, wenn auch abgeschwächt, zu dem Chemischen, wie der feste Körper zum Leben steht. Und wenn ich Gas im irdischen Bereich habe, muss das in demselben Verhältnis stehen zum Licht, wie der feste Körper zum Leben. Da werde ich darauf geführt, anzuerkennen, dass Festes, Flüssiges, Gasförmiges im irdischen Bereich in einer gewissen Weise mir durch seine nachträglichen Beziehungen zu Licht, Chemie, Leben etwas Erstorbenes darstellen.

Man kann diesen Gedanken ja nicht so handgreiflich machen, wie es heute sehr beliebt ist in der Forderung des sogenannten Anschaulichen. Sie müssen schon innerlich selbst mitarbeiten, wenn Sie diese Erwägungen als wirklichkeitsgemäße Erwägungen einsehen wollen. Und da werden Sie, wenn Sie diesen Gedankengang fortsetzen, finden, dass eine Verwandtschaft besteht zwischen

dem Festen und dem Lebendigen,
dem Flüssigen und dem Chemischen,
dem Gasförmigen und dem Licht,

dass die Wärme in einer gewissen Weise für sich dasteht –, aber dass diese Beziehung im Bereich des Irdischen nicht unmittelbar sich ausdrückt. Es weist nämlich diese Beziehung, die im Irdischen eintreten kann, auf eine solche Beziehung, die irgendeinmal da war, die jetzt nicht mehr da ist. Wir werden durch innere Verhältnisse in den Dingen in die Zeitvorstellung hineingedrängt.

Wenn Sie einen Leichnam sich anschauen, so werden Sie in die Zeitvorstellung hineingedrängt. Der Leichnam ist da. Sie müssten alles dasjenige betrachten, was überhaupt möglich macht, dass der Leichnam da ist, dass er so aussieht, wie er ist. Sie müssten das Seelisch-Geistige betrachten, denn der Leichnam hat keine Möglichkeit des Bestehens in sich. Es würde doch niemals ein menschlich geformter Körper entstehen, ohne dass das Geistig-Seelische da ist.

Dasjenige, was also der Leichnam Ihnen darbietet, das zwingt Sie zu sagen: Der ist so, wie er da ist, von etwas verlassen worden.

Das ist nichts anderes, als wenn Sie sagen: Das Irdisch-Feste ist vom Leben, das Irdisch-Flüssige von den Emanationen chemischer Effekte, das Irdisch-Gasförmige von den emanenten Lichteffekten verlassen worden. – Und wie wir vom Leichnam zurückblicken auf das Leben, wo der Leichnam mit dem Seelisch-Geistigen verbunden war, so blicken wir von den festen Körpern der Erde, indem wir diese festen Körper zurückführen auf frühere Zustände physischer Art, wo das Feste mit dem Leben verbunden war, wo die ganze Erde nicht ein Festes in unserem jetzigen Zustande war – gerade so wenig wie der Leichnam vor fünf Tagen ein Leichnam war –, wo das Feste nicht überall im Irdischen war, wo das Feste nur gebunden an das Leben auftreten kann; wo Flüssiges nur auftreten kann gebunden an chemische Effekte; wo Gasförmiges nur auftreten kann gebunden an die Lichteffekte. Wo, mit anderen Worten, kein Gas war, das nicht innerlich erglänzt, innerlich leuchtet, das nicht gleichzeitig durch seine Verdichtungen und Verdünnungen innerlich leuchtet, verdunkelt, wellenartig phosphoresziert; wo nicht Flüssigkeit war, die zwar homogen [erschien im Anschauen], aber ein lebendiges, fortwährendes chemisches Wirken war; wo dem allem zugrunde lag Leben, das sich verfestigte – wie sich Leben verfestigt zum Beispiel in der Hornbildung der Rinder –, wo es sich wiederum verflüchtigte, verflüssigte und so weiter und so weiter – kurz, wir werden hier aus unserer Zeit herausgetrieben durch die Physik selber in eine Vorzeit, wo die Erde andere solcher Gebiete gehabt hat, wo dasjenige, was jetzt auseinandergerissen ist: das Gebiet des Gasförmigen, des Flüssigen und des Festen auf der einen Seite und das Gebiet des Lichtes, der chemischen Effekte, des Lebens auf der anderen Seite, ineinander waren, nur eben nicht so ineinander geschoben, sondern umgeklappt.

Und die Wärme ist dazwischen. Die nimmt nicht teil scheinbar an diesem Zusammengehörigsein von etwas mehr Materiellem, etwas mehr Ätherischem. Aber da sie dazwischen drinnen ist, so ergibt sich mit einer Selbstverständlichkeit, die nicht größer sein könnte, dass sie teilnimmt an beiden Naturen. Bezeichnen wir die oberen Gebiete als die Äthergebiete, die unteren als die ponderablen Gebiete, so ist es selbstverständlich, dass wir die Wärme auffassen als dasjenige, was nun besteht schon als Wesenheit, als Gleichgewichtszustand zwischen beiden, und wir haben in der Wärme gefunden dasjenige, was der Gleichgewichtszustand zwischen Ätherischem und Ponderabel-Materiellem ist, was also Äther ist und zu gleicher Zeit Materie, was von vorneherein deshalb, weil es ein Duales ist, auf das hinweist, was wir überall in der Wärme finden: die Niveauunterschiede, ohne die wir überhaupt im Gebiet der Wärmeerscheinungen nichts machen können, gar nichts betrachten können.

Wenn Sie diesen Gedankengang aufnehmen, so werden Sie auf ein viel Wesentlicheres und Wichtigeres geführt, als Ihnen der sogenannte Zweite Hauptsatz der mechanischen Wärmetheorie – ein Perpetuum mobile der zweiten Art ist unmöglich – jemals geben kann. Denn er reißt wirklich ein Gebiet der Erscheinungen heraus, das mit anderen Erscheinungen verbunden ist und das in seiner Eigenart durch diese anderen Erscheinungen ganz selbstverständlich modifiziert wird.

Wenn Sie sich klar sind darüber, dass das Gasgebiet und das Lichtgebiet einmal eins waren, dass das Flüssigkeitsgebiet und die chemischen [Effekte] einmal eins waren und so weiter, so werden Sie die zwei polarischen Gegensätze des Wärmegebietes: das Äther[gebiet] und das ponderable materielle Gebiet, auch in einer ursprünglichen Einheit zu denken haben. Das heißt: Sie werden die Wärme ganz anders zu denken haben in Vorzeiten, als Sie sie jetzt zu denken haben. Da aber kommen Sie darauf, sich sagen zu müssen: Dasjenige, was wir heute als physikalische Erscheinungen bezeichnen, was also doch nur ist der Ausdruck der physischen Entitäten, der physischen Wesenheiten, die da sind, das hat nur eine zeitbegrenzte Bedeutung. Die Physik ist nicht ewig. Sie hat keine Gültigkeit mehr für ganz andere Arten von Wirklichkeiten. Denn natürlich ist eine Wirklichkeit, wo das Gas unmittelbar innerlich leuchtend ist, eine ganz andere Wirklichkeit als diejenige, wo das Gas und das Licht relativ selbstständig gegeneinander sind.

Wir kommen also dahin, auf die Zeit zurückzublicken, wo es eine andere Physik gab, und auf eine Zukunft zu blicken, wo es eine andere Physik geben wird. Und unsere [gegenwärtige] Physik kann nur dasjenige sein, was uns wiedergibt die Erscheinung, das, was in unserer unmittelbaren Umgebung ist. Das muss aus der Physik heraus gewonnen werden, damit man nicht das Paradoxe, ja nicht nur Paradoxe, sondern Unsinnige begeht, die physikalischen Erscheinungen unseres Erdengebietes zu studieren, über sie Hypothesen zu machen, und dann diese Hypothesen auf die ganze Welt anzuwenden. Wir wenden unsere irdischen Hypothesen auf die ganze Welt an und vergessen, dass dasjenige, was wir an Physikalischem kennen, eben auf das Erdgebiet zeitlich begrenzt ist. Und dass es räumlich begrenzt ist, das haben wir schon gesehen. Denn in dem Augenblick, wo wir hinauskommen zu der Sphäre, wo die Schwerkraft aufhört und alles nach außen strömt, in dem Augenblick hört unser ganzes physikalisches Weltbild auf [Zeichnung 59].[166]

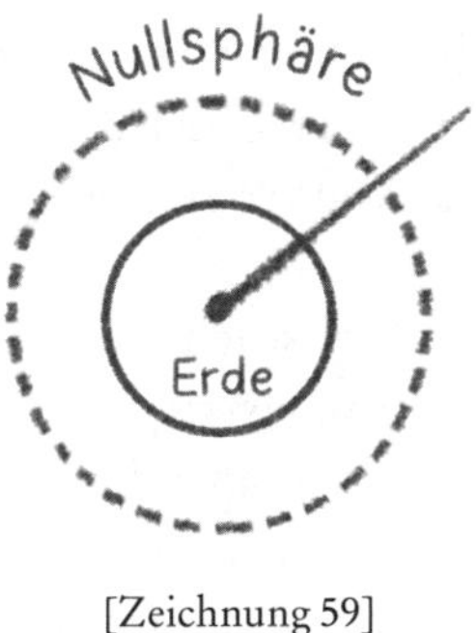

[Zeichnung 59]

Wir haben also zu sagen: Unsere Erde ist nicht nur räumlich etwa, sondern als physische Qualität räumlich begrenzt, und es ist ein Unsinn, sich zu denken, dass über die Nullsphäre hinausgehend irgendwo sich finden müsse da draußen etwas, worauf dieselben physikalischen Gesetze anwendbar sind. Ebenso wenig ist es eine Möglichkeit, dieselben physikalischen Gesetze in einer bestimmten Vorzeit und nach einer bestimmten Zeit [als anwendbar] zu denken. Das ist der Wahnsinn der Kant-Laplace'schen Theorie,[167] dass man glaubt, man kann in beliebiger Weise dasjenige, was man abstrahiert hat von den gegenwärtigen physischen Erscheinungen der Erde, in beliebiger Weise nach rückwärts anwenden. Aber es ist auch der Wahnsinn der gegenwärtigen Astrophysik, dass man glaubt, das, was man von irdisch-physischen Wirkungen abstrahiert hat, könne man zum Beispiel jetzt für die Konstitution der Sonne anwenden: Man könne reden mit den physikalischen Gesetzen der Erde von der Sonne.

Aber ein außerordentlich Wichtiges bietet sich uns, wenn wir die Umschau über die Erscheinungen, die wir gewonnen haben, zusammenhalten mit dem, was sich uns sonst noch ergeben hat, wenn wir also eine Erscheinungsreihe mit der anderen zusammenbringen.

Wir haben ja aufmerksam darauf gemacht, dass die Physiker zu der Anschauung gekommen sind, die Eduard von Hartmann mit dem schönen Ausdruck festgehalten hat – dem Zweiten Hauptsatz der mechanischen Wärmetheorie, nämlich, dass immer, wenn man Wärme in mechanische Arbeit verwandelt, Wärme übrig bleibt, also zuletzt alles in Wärme übergehen muss und der Wärmetod eintreten muss –, diese Anschauung, die Eduard von Hartmann bezeichnet damit, dass er sagt: «Der Weltprozess hat die Tendenz auszubummeln.»[168]

Nun schön, nehmen wir an, solch ein Ausbummeln des Weltprozesses finde nach dieser Richtung statt, was sehen wir denn auftreten? Wir sehen, wenn wir Versuche anstellen, die gerade den Zweiten Hauptsatz der mechanischen Wärmetheorie veranschaulichen sollen, Wärme auftreten. Wir sehen die mechanischen Wirkungen verschwinden und sehen Wärme auftreten. Das, was wir da auftreten sehen, erfährt seinen Weitergang. Wir würden ebenso, wenn wir aus der Wärme Licht erzeugen, zeigen können, dass nicht alles dasjenige, was als Wärme dem Licht entspricht, anders ihm entsprechen kann als die Wärme dem mechanischen Prozess im Sinne des Zweiten Hauptsatzes der mechanischen Wärmetheorie, nur umgekehrt. Und so wiederum das Verhältnis zwischen den Lichterscheinungen und den chemischen Erscheinungen.

Das aber hat uns dazu geführt, zu sagen, dass wir das ganze Weltspektrum so vorzustellen haben, dass es sich im Kreis abschließt. Also, wenn es wirklich wahr wäre, was ja nur die Zusammenfassung einer gewissen Erscheinungsreihe ist, dass die Entropie unseres Weltalls [einem Maximum zustrebt], dass der Weltprozess ausbummelt, so wäre dafür gesorgt, dass immer einer nachläuft. Da bummelt er aus [Zeichnung],[169] von der anderen Seite läuft er nach, denn wir müssten ihn als einen Kreis darstellen. Würde also tatsächlich der Wärmetod auf der einen Seite eintreten, so würde auf der anderen Seite ankommen dasjenige, was ihn ausgleicht, was wiederum gegenüber dem Weltentod Weltenschöpfung ist. Das folgt aus der nüchternen Beobachtung der Erscheinungen selber.

Das rechtfertigt auch,[170] in der Physik schon von Betrachtungen auszugehen, die den Weltprozess nicht so betrachten, wie wir gewöhnlich das Sonnenspektrum betrachten [Zeichnung 39] – indem wir eben es nach der einen Seite nach, nach der Vergangenheit, ins Unendliche laufen lassen, wie wir das Rot verfolgen ins Unendliche, indem wir nach der anderen Seite in die Zukunft verlaufen lassen, wie wir das Blau verfolgen ins Unendliche –, sondern wir müssen den Weltprozess uns durch einen Kreis symbolisieren. Nur dann kommen wir dem Weltprozess näher, wenn wir das tun [Zeichnungen 50 und 51].

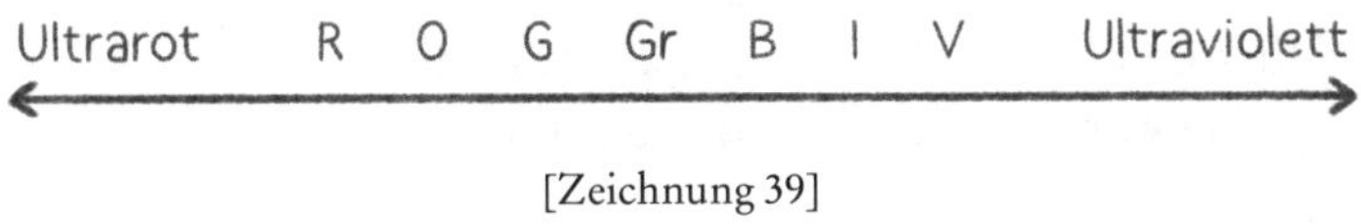

[Zeichnung 39]

Nun aber, wenn wir uns den Weltprozess durch einen Kreis symbolisieren, dann haben wir drinnen dasjenige, was eben in unseren Gebieten gelegen hat. Aber in diesen Gebieten haben wir keine Veranlassung gehabt, akustische Effekte drinnen zu haben. Die liegen gewissermaßen nicht auf der Ebene [dieser Gebiete]. Da haben wir wiederum etwas anderes. Von dem wollen wir dann weiter morgen sprechen.

VIERZEHNTER VORTRAG

Stuttgart, 14. März 1920

Meine lieben Freunde! Ich werde nur durch einige Hinweise vorläufig diese Betrachtungen heute abschließen können. Es ist ja selbstverständlich, dass dasjenige, was versucht worden ist in dem vorigen und in diesem Kursus, letztlich erst so recht herauskommen kann, wenn wir in der Lage sein werden, die Betrachtungen fortzusetzen. Ich werde über diese Dinge am Ende der heutigen Stunde noch ein paar Bemerkungen zu machen haben.

Zunächst möchte ich Sie aber aus der ganzen Summe desjenigen, was wir vor unserer Anschauung vorbeigeführt haben in Bezug auf die Wärmeerscheinungen und damit Verwandtes, aus dem Umkreis der Vorstellungen, die Sie haben dadurch gewinnen können, heute auf einiges aufmerksam machen. Das ist zunächst dieses: Wir haben, wenn wir dieses noch einmal uns vor Augen führen, Wirklichkeitsgebiete im Physischen unterschieden:

Das feste Gebiet, das wir *z'* genannt haben,
das flüssige Gebiet, das wir *y'* genannt haben,
das gasige Gebiet oder luftförmige [Gebiet], das wir *x'* genannt haben;
dann haben wir dazwischen gehabt das Wärmegebiet,
dann haben wir *x* als Lichtgebiet gehabt,
dann haben wir y als Gebiet chemischer Effekte gehabt,
dann haben wir z als die Lebenswirkungen gehabt.

Nun haben wir ganz bestimmte Bedingungen gestern uns vor Augen führen müssen, die gewissermaßen bestehen über das Wärmegebiet hinüber von *x* zu *x'*, von *y* zu *y'* [und von z zu z']. Wir haben versucht, die Tatsache uns vor Augen zu stellen, welche darauf hinweist, wie chemische Effekte vorzugsweise im flüssigen Element sich verwirklichen können. Wer versucht, chemische Vorgänge zu verstehen, wird ja finden, dass, wo auch chemische Vorgänge vor

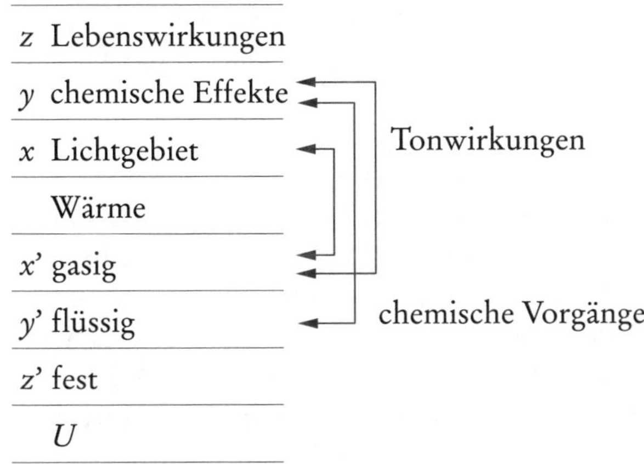

sich gehen, in einer gewissen Beziehung ist alles, was an chemischen Verbindungen und chemischen Entbindungen, chemischen Zersetzungen entsteht, in einer gewissen Weise an das flüssige Element gebunden. Es muss das Flüssige seine besondere Art wirken zu lassen in das Feste oder Gasförmige hinein fortsetzen, damit chemische Wirkungen zustande kommen. Und so können wir ein Ineinanderwirken der chemischen Effekte und des Flüssigen bei einer relativen Scheidung dieser beiden Gebiete – also ein Durchdringen und im Durchdringen sich gewissermaßen binden – ins Auge fassen, wenn wir überhaupt von unserer irdischen Chemie sprechen. Unsere irdische Chemie würde also darstellen gewissermaßen ein Beleben des flüssigen Elementes durch die chemischen Effekte.

Nun werden Sie sich aber leicht vorstellen können, dass, wenn wir diese Wirklichkeitsgebiete ins Auge fassen, wir unmöglich uns denken können, dass gewissermaßen nur immer über die Wärme, das Gasige hinweg ein solches Gebiet in das andere wirkt, sondern es werden auch die anderen Gebiete aufeinander wirken. Es werden auch die anderen Gebiete gewisse Effekte hervorrufen wiederum in diesem oder jenem Wirklichkeitsfeld. Sodass wir auch sagen können: Wenn auch zunächst wie durch eine innere Verwandtschaft die chemischen Effekte besonders wirken im flüssigen Medium, so müssen wir aber auch dort eine Wirkungsweise uns vorstellen, die von den chemischen Effekten zum Beispiel auf das x' geht, also ein direktes Hineinwirken der chemischen Effekte in das Gasige, das Luftförmige.

Sie müssen, wenn ich jetzt sage chemische Effekte, nur ja nicht an die [bekannten] chemischen Vorstellungen [oder Vorgänge] denken. Sondern, wenn ich sage chemische Effekte, müssen Sie an dasjenige denken, was ja wie ein inneres, durchgeistigtes Element im blauvioletten Teil des Spektrums uns klar entgegentritt, wo gewissermaßen die chemischen Effekte sich uns in einer gewissen Selbstständigkeit gegenüber dem materiellen Dasein zeigen, während, wenn wir von chemischen Vorgängen sprechen, wir eigentlich schon sprechen von dem Durchdringen des Materiellen durch diese chemischen Effekte. Diese chemischen Effekte, bei ihnen müssen wir uns vorstellen etwas, was mit unserer ponderablen Materie zunächst nichts zu tun hat, sondern sie durchdringt; also zunächst durch eine innere Verwandtschaft, deren Charakter ich Ihnen gestern zusammengestellt habe, das flüssige Element durchdringt.

Aber wenn wir die Frage aufwerfen: Wenn nun gewissermaßen sich diese chemischen Effekte das nähere Element, das Luftförmige wählen zu ihrem Wirken – wenn ich den Ausdruck gebrauchen darf –, was entsteht denn dann? Dann muss entstehen – wir bleiben ja immer im Anschaulichen –, dann muss entstehen im Luftförmigen etwas, was in einer gewissen Beziehung vorgestellt werden kann dadurch, dass wir es vergleichen mit dem, was im Flüssigen besteht. Im Flüssigen packt gewissermaßen das Wesen der chemischen Effekte die Materie an, bringt die Materien so durcheinander, dass diese Materien selbst in Wechselwirkungen treten. Wenn wir das flüssige Element uns vorstellen, müssen wir uns denken, dass die Materien da drinnen selbst in Wechselwirkung treten bei den chemischen Vorgängen. Nehmen wir aber an, es kommt nicht bis dahin, dass die chemischen Effekte die Materien selber anfachen, sondern nehmen wir an, sie bearbeiten diese Materien nur von außen, sie bleiben der Materie um ein Stück fremder, als sie im flüssigen Medium sein können, dann tritt etwas ein, was sich stärker als ein Nebenhergehen der chemischen Effekte zeigen muss in dem luftförmigen Körper als in der Flüssigkeit. Dann muss eine gewisse Selbstständigkeit des Imponderablen gegenüber dem Materiellen stattfinden. Bei den chemischen Vorgängen fasst das Imponderable die Materie scharf an.

Hier werden wir auf solche Gebiete gewiesen, wo ein solch scharfes Anfassen nicht ist, sondern das Imponderable nicht drinnen bleibt in der Materie: Das ist bei dem Akustischen, bei den Tonwirkungen der Luft [der Fall]. Während wir in den chemisch-materiellen Wirkungen ein vollständiges Untertauchen des Imponderablen in der Materie haben, haben wir beim Ton ein Sich-Wahren des Imponderablen, ein Sich-Bewahren des Imponderablen in der gasigen, der luftförmigen Materie.

Das aber führt uns jetzt zu etwas anderem. Es führt uns dazu, dass wir uns sagen müssen: Es muss doch ein Grund da sein, warum im Flüssigen das Imponderable die Materie direkt angreift, dass [aber] dann, wenn Tonwirkungen im Luftförmigen auftreten, das Imponderable die Materie weniger erfassen kann.

Wenn wir chemische Wirkungen betrachten und einen Sinn haben für innerlich physikalisch Anschauliches, dann werden wir selbstverständlich verspüren, dass es eben einfach zum Wesen des Materiellen gehört, dass die chemischen Wirkungen gerade so vor sich gehen, wie sie vor sich gehen, das heißt, das Imponderable ist da wie etwas, was ein Merkmal an der Materie ist. Das ist nicht anders möglich als dadurch, dass in diesem Falle, wenn wir es mit einer irdischen Materie zu tun haben, das Erfassen des Imponderablen durch die Erde selber stattfindet. Durch die Kräfte der Erde wird gewissermaßen der chemische Effekt erfasst und arbeitet in der flüssigen Materie drinnen. Sie sehen die Gestaltungskraft über das ganze Gebiet der Erde ausgedehnt und wirksam, indem sich diese Gestaltungskraft bemächtigt des herandringenden chemischen Effektes.

Wenn wir das nur richtig verstehen, dass es hier die Kraft der Erde ist, dann müssen wir, wenn wir richtig erfassen wollen das Weben des Tones in der Luft, die umgekehrte Kraft voraussetzen. Das heißt: Wir müssen im Ton uns wirksam denken die von der Erde nach allen Richtungen des Weltraumes hinausgehende, die Kräfte der Erde überwindende Tendenz, die also das Imponderable von der Erde wegbringt. Das macht das Eigentümliche der Tonwelt aus. Das macht das Eigentümliche aus bei der Physik der Töne, der Akustik, dass wir auf der einen Seite fähig sind, die materiellen Vorgänge physikalisch zu studieren, und auf der anderen Seite im Grunde genommen gar nichts von irgendeiner Rücksicht zu nehmen brauchen auf diese Akustik, wenn wir in der Welt der Töne mit unseren Empfindungen leben. Was geht uns schließlich, als empfindender Mensch, wenn wir die Töne wahrnehmen, alle Akustik an? Diese Akustik ist schön, weil sie merkwürdige innere Regelmäßigkeiten und Gesetzmäßigkeiten uns enthüllt, aber dasjenige, was sich als das subjektive Erlebnis in der Welt der Töne [darlebt], das ist weit, weit entfernt von dem, was sich da als Physik der Akustik abspielt im Materiellen. Und das ist aus dem Grund, weil das Tonelement eben seine Selbstständigkeit dadurch bewahrt, dass es eigentlich uns seinem Ursprunge nach sich zeigt ebenso von der Peripherie des Weltalls her bestimmt, wie sich uns die chemischen Vorgänge in der flüssigen Materie als von dem Zentrum unserer Erde her bestimmt zeigen.

Nun, der eine Zusammenhang, den wir ebenso gut gestern schon beim Vortrag des Herrn Dr. Kolisko[171] hätten erwähnen können, zeigt sich aber erst, wenn wir gewissermaßen zu einer Universalbetrachtung aufsteigen: dass wir ja können die Anordnung der Elemente im periodischen System uns unter dem Bild der Oktave vorstellen. Darin zeigt sich eine Analogie zwischen der inneren Gesetzmäßigkeit der Töne und dem ganzen Aufbau der Materie, wie sie sich vorbereitet, chemische Vorgänge zu entfalten. Dadurch rechtfertigt sich aber auch, dass wir das ganze Verbinden und Lösen des materiellen Daseins wie ein äußeres Bild auffassen einer inneren Weltenmusik und dass diese innere Weltenmusik eben nur in einem besonderen Falle sich uns enthüllt in der irdischen Musik.

Diese irdische Musik darf am allerwenigsten etwa bloß so angesehen werden, dass wir sagen: Was in uns Ton ist, ist außen schwingende Luft. Das muss als geradeso unsinnig betrachtet werden, wie man etwa es als unsinnig empfinden würde, wenn man sagen würde: Was du außen als Leib bist, das bist du, von innen betrachtet, als Seele, nur für dich. – Jetzt fehlt uns dann das Subjekt. Also dieses Fehlen des

Subjektes ist [auch] da, wenn wir wollen den Ton in seinen inneren Gesetzmäßigkeiten als dasselbe betrachten, als identisch betrachten mit den Verdünnungen und Verdichtungen der Luft, die äußerlich im luftförmigen Medium seine Träger sind.

Nun, wenn Sie dieses sich richtig vor Augen führen, so werden Sie sehen: Wir haben es zu tun mit einer gewissen Beziehung von y zu y' bei den chemischen Vorgängen, und wir haben es zu tun mit einer gewissen Beziehung von y zu x' bei den Tonwirkungen.

Ich habe Sie darauf hingewiesen, dass, wenn wir innerhalb des einen oder anderen Gebietes bleiben, wir immer bei dem, was wir in der Außenwelt gewahr werden, zu Niveaudifferenzen geführt werden. Nun versuchen Sie zu verspüren das Ähnliche von Niveaudifferenzen mit dem, was uns hier entgegentritt. Versuchen Sie einfach zu verspüren das Ähnliche, sagen wir bei einer Niveaudifferenz, wie sie einfach bei der Schwerkraft auftritt, wo ein Wasser stürzt, wo auch die treibende Kraft bei einem Rade auf der Niveaudifferenz beruht. Versuchen Sie sich klarzumachen, dass auf Niveaudifferenz Temperaturdifferenz, Wärmedifferenz, Klangdifferenz, der Ausgleich von [Spannungen in der] Elektrizität beruht. Also auch Niveaudifferenz. Wir kommen immer auf Niveaudifferenzen, wenn wir Wirkungen verfolgen.

Aber was haben wir denn da?[172] Wir haben da eine innere Verwandtschaft zwischen dem, was wir im Spektrum wahrnehmen, und dem Materiellen in der Flüssigkeit. Und dasjenige, was sich uns darstellt, indem wir einen chemischen Vorgang beobachten, ist selber nichts anderes als der Unterschied des Daseins zwischen den chemischen Effekten und den Kräften, die in der Flüssigkeit sind. Es ist eine Niveaudifferenz: $y - y'$. Und dann ist da eine geringere Niveaudifferenz $y - x'$, was uns in den Tonwirkungen entgegentritt. Sodass wir sagen können: Mit Bezug auf die Wirklichkeitsgebiete kann uns sein ein chemischer Vorgang eine Niveaudifferenz zwischen chemischen Effekten und Flüssigkeitskräften. Und aus dem Wirklichkeitsgebiet heraus muss uns sein das Auftreten des Tones und Klanges in der Luft die Niveaudifferenz zwischen denselben: Was in den chemischen Effekten wirkt gestaltend, wirkt durch die Welt schießend, aber peripherisch von außen durch die Niveaudifferenz gegenüber dem Materiellen des Gases, des luftförmigen Körpers.[173]

[Also] auch dasjenige, was durch [das Ineinanderwirken] dieser [unterschiedlichen] Wirklichkeitsgebiete sich äußert, äußert sich dadurch, dass sich Niveaudifferenzen herausbilden. Ob wir in einem Element bleiben, in der Wärme oder gar im Gas oder im Wasser: Auf Niveaudifferenzen beruhen die Dinge. Aber dass wir überhaupt Unterschiede wahrnehmen zwischen diesen Gebieten, das beruht auf den Niveaudifferenzen der Effekte dieser Gebiete selber.

Wenn Sie das alles zusammennehmen, so werden Sie auf Folgendes kommen: Gehen wir bis zur Flüssigkeit und ihrer relativen Oberfläche, so müssen wir sagen: Wir haben es für die festen Körper zu tun mit Erdkräften. Inwiefern die Gestaltungskräfte – die figurativen Energien könnte man sagen, wenn man den Ausdruck der heutigen Physik anwenden wollte — verwandt sein müssen mit der Schwerkraft, ist Ihnen ja vor Augen getreten in den verflossenen Betrachtungen. Gehen wir aber von da über von den Kräften, die sich als Schwerkraft äußern, zu demjenigen, was sich uns im gewöhnlichen Leben wegen der Größe der Erde als Niveau charakterisiert, so finden wir eine Sphäre.

Natürlich, dasjenige, was die verschiedenen Niveauflächen des Wassers sind, bildet zusammen eine Sphäre. Nun werden Sie sehen,

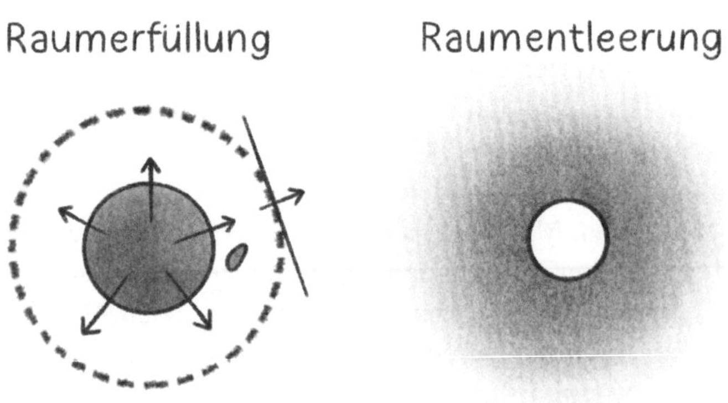

[Zeichnung 60]

wenn [man] nach auswärts dringt, vom Mittelpunkt der Erde gegen diese Sphäre hin dringt, so ist das so, dass wir uns sagen müssen: Für irdische Verhältnisse haben wir es, wenn Kräfte wirken, die im Bereich des Festen sind, zu tun mit Umschließungskräften; wenn Kräfte wirken, die in der Flüssigkeit sind, haben wir es zu tun mit Kräften, welche eigentlich in ihrer Konfiguration erreicht werden können, etwa indem man die Tangente hier zieht, deren Tangentialebene legen würde [Zeichnung 60, links]. Wenn wir aber noch weiter hinausgehen, wenn wir über das Gebiet der Sphäre dringen, so müssen wir doch Folgendes sagen: Unter dieser Sphäre haben wir es mit Gestaltungskräften für unsere festen Körper zu tun, mit Gestaltungskräften, die auf der Erde selbst noch die Körperräume abschließen.

Hier haben wir es zu tun mit einer einzigen Gestalt. Die vielen Gestalten verbinden sich gewissermaßen, durchdringen sich zu der einzelnen Gestalt, welche das flüssige Element der Erde hat.

Aber wenn wir jetzt hier herauskommen — wie müssen wir uns denn da eine Vorstellung bilden, dass wir, indem wir vorgedrungen sind zu dem, was sich einzeln gestaltet, was also im Inneren bewirkt, dass der feste Körper sich zusammenschließt, dass das Ganze eine Gestalt ist –, wie müssen wir, wenn wir da hinauskommen, uns die Sache vorstellen? So müssen wir sie uns vorstellen, dass wir das Entgegengesetzte haben. Haben wir hier den festen Körper, mit Materie ausgefüllt, dann müssen wir hier uns den Raum mit negativer Materie ausgespart denken [Zeichnung 60, rechts]. Hier haben wir eine Raumerfüllung, hier eine Raumentleerung.

Das muss eine Vorstellung der Menschen werden, dass eine Raumentleerung möglich ist. Und indem ja wahrhaftig [dasjenige], was auf der Erde geschieht – ich will es heute nur so sagen, später wird es uns noch eingehender beschäftigen –, durchaus nicht etwa sich zeigt als nur von einer Seite her beeinflusst, sonst müssten die [Vorgänge] auf der Erde ganz andere sein: Die Erde zeigt sich von allen Seiten in differenzierter Weise beeinflusst. Es würde zum Beispiel ja nicht möglich sein, dass Unterschiede in den Kontinenten und in der Wasserverteilung zwischen Nordpol und Südpol auftreten, wenn im Umkreis nur ein solcher Hohlraum irgendwo im Raum wäre. Es müssen von verschiedenen Seiten her diese Raumaussparungen wirken. Suchen wir sie, so finden wir sie in dem, was man in den alten kosmischen Systemen die Planeten genannt hat, zu denen man die Sonne noch selbst gerechnet hat.

Wir werden also hinausgetrieben über das Gebiet der Erde in das Gebiet des Kosmos und wir müssen den Übergang finden von der einen Seite des Raumes zu der anderen Seite des Raumes, wir müssen den Übergang finden von Raumerfüllung zu Raumentleerung. Und diese Raumentleerung müssen wir uns für unsere Erdenwirkung lokalisiert denken in den Planeten, die die Erde umgeben. Es werden uns daher auf unserer Erde – weil immer dasjenige, was durch die Raumentleerung hereinwirkt, gewissermaßen als Saugwirkung, und dasjenige, was hier wirkt durch die Gestaltungskräfte, als Druckwirkung erscheint –, es werden in jedem Punkt, wo Erdengeschehen stattfinden kann, Wechselwirkungen stattfinden zwischen Irdischem und Kosmischem. Diese Wechselwirkungen treten uns entgegen in denjenigen Konfigurationen des Erdengeschehens, die man gewöhnlich in Molekularkräften, Molekularanziehungen sucht, während wir es wirklich so machen müssten, wie man aus anderen Erkenntnisvoraussetzungen es in früheren Zeiten gemacht hat. Statt dass man, wenn man etwas vor sich hat wie eine Materiewirkung, bei der ja immer Imponderables beteiligt ist, den ganzen Kosmos sich ausdrücken lässt in seiner Wirkung, verlegt man dasjenige, was geschieht, in fantastisch ausgedachte innere Konfigurationen. Dasjenige, was die Sterne machen, was Riesen wirken, wenn sie in ihren gegenseitigen Beziehungen sich darstellen in den Vorgängen der Erde, das sollen die Zwerge der Atome und Moleküle zustande bringen. Das ist eben das, was wir nötig haben: dass wir wissen, wenn wir irgendetwas hineinzeichnen oder hineinrechnen in einen materiellen Prozess unserer Erde, dass das nichts anderes ist als das Abbild von außerterrestrischen, von kosmischen Wechselwirkungen.

Aber nun sehen Sie, wir haben hier die Kraft, den Raum mit Materiellem zu erfüllen [Zeichnung 61, links]. Hier haben wir noch immer die Kraft, den Raum mit Materiellem zu erfüllen, nur hat sich diese Kraft ausgedehnt, und sie muss irgendwo einmal ankommen auf der anderen Seite, sie muss zur Entleerung des Raumes kommen [Zeichnung 61, rechts]. Es muss da eine Region dazwischen sein, wo gewissermaßen, wenn ich mich so ausdrücken darf, der Raum zerreißt.

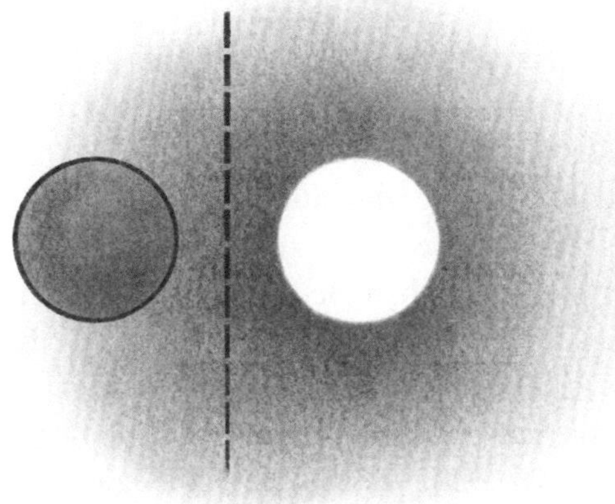

[Zeichnung 61]

Wir müssen uns sagen: Unser Raum, der uns um uns herum erscheint und der gewissermaßen das Gefäß ist für unsere physikalische Wirkung, der muss innig verbunden sein mit unseren physikalischen Wirkungen. Er muss etwas darstellen, was in diesen physikalischen Wirkungen drinnen ist. Aber indem wir vom Ponderablen ins Imponderable übergehen, zerreißt der Raum, und wenn er zerreißt, dann kommt durch den Riss herüber dasjenige, was nicht da ist, bevor er zerrissen ist.

Nehmen wir an, wir reißen den dreidimensionalen Raum auf, und wir fragen: Was kommt denn da heraus aus dem Riss? Wenn ich hier in meinen Finger schneide, kommt Blut heraus, das bleibt im dreidimensionalen Raum. Wenn ich aber den Raum selber zerschneide, kommt das heraus, was schon im Unräumlichen ist.

Sehen Sie, hier liegt einer der Punkte, wo sich recht anschaulich zeigt, auf welchen Holzwegen die heutige physikalische Anschauungsweise ist. Nicht wahr, wenn wir elektrische Versuche im Schulzimmer machen, dann müssen wir unsere elektrischen Apparate sorgfältig abtrocknen, wir müssen sie zu schlechten [Elektrizitätsleitern] machen, sonst kriegen wir nichts fertig. Wenn sie feucht sind, kriegen wir nichts fertig. Aber es findet sich tatsächlich die Anschauung – ich habe das oftmals erwähnt[174] –, als ob durch die Reibung der Wolken,[175] die doch ganz gewiss feucht sind nach Anschauung der Physiker, die Elektrizität [sich] entwickelt und in Blitz und Donner zum Vorschein kommt. Das ist natürlich eine der unmöglichsten Vorstellungen, die nur überhaupt zu denken ist.

Dagegen findet derjenige, der nun alles das zusammenträgt, um zu wirklichkeitsgemäßen Begriffen zu kommen, was wir hier versuchen in unseren physikalischen Betrachtungen zusammenzutragen, dass in dem Augenblick, wo der Blitz erscheint, der Raum zerreißt, und dasjenige, was den Raum intensiv-undimensional erfüllt, das tritt heraus, wie, wenn ich mich schneide, das Blut herausdringt. Das ist aber der Fall jedes Mal, wenn Licht in Begleitung von Wärme erscheint: Der Raum zerreißt, der Raum enthüllt uns dasjenige, was in seinem Inneren ist, während er uns in seinen gewöhnlichen drei Dimensionen, die wir vor uns haben, nur seine Außenseite zeigt. Der Raum führt uns in sein Inneres.

Wir dürfen sagen: Indem wir weiter aufsteigen vom Ponderablen ins Imponderable und gerade durch das Gebiet der Wärme gehen müssen, finden wir, dass die Wärme überall da herausquillt, wo wir aus den Druckwirkungen der ponderablen Materie in die Saugwirkungen des Imponderablen hineinkommen. Es quillt die Materie überall heraus.[176]

Nun sehen Sie, wenn Sie sich nun vorstellen, dass wir es zu tun haben mit dem Vorgang, den wir vor ein paar Tagen hier als Wärmeleitung bezeichneten,[177] so müssen Sie daran die andere Vorstellung knüpfen, dass diese Wärmeleitung ja an die ponderable Materie gebunden ist, im Gegensatz zu dem, was wir ja auch aufgezeigt haben als die sich ausbreitende Wärme selbst.[178] Die sich ausbreitende Wärme selbst finden wir ja jetzt als dasjenige, was da herausquillt, wenn der Raum zerreißt.

Wie will denn diese Materie wirken? Sie will aus der Intensität des Raumes in die Extensivität hineinwirken. Sie will gewissermaßen aus dem Inneren des Raumes in sein Außenwerk hineinwirken. Wenn sie in Wechselwirkung tritt mit einem materiellen Körper, so sehen Sie die Erscheinung auftreten, die darin besteht, dass die Eigentendenz der Wärme aufgehalten wird, ihr Saugeffekt in einen Druckeffekt umgewandelt wird, dass sich der Welttendenz der Wärme entgegenstellt die individualisierende Tendenz des Materiellen, die im festen Körper dann die gestaltende Kraft wird.

Wir haben also in der Wärme, in dem Erscheinen der Wärme, sofern dieses Erscheinen zur Wärmeleitung führt, zu suchen eine – jetzt nicht in Strahlen, sondern in nach allen Seiten sich bildende – Ausbreitungstendenz. Wir haben zu suchen ein Spiegeln der imponderablen Materie an der ponderablen Materie, oder des Imponderablen an der ponderablen Materie. Der Körper, welcher uns die Wärme leitet, der bringt ja eigentlich fortwährend Wärme zum Vorschein, indem er im Grunde intensiv zurückstößt – nicht extensiv, wie beim Licht, das aber nur in seinen Bildern uns entgegentritt –, die auf sein Materielles aufstoßende imponderable Wärme.

Nun möchte ich Sie aber bitten, solche Vorstellungen, wie wir sie ja gewohnt worden sind zu fassen, wirklich so allmählich zu verarbeiten, dass Sie in diesem Verarbeiten wirklich merken, wie wir es zu tun haben gewissermaßen mit wirklichkeitsgesättigten Vorstellungen. Und wie solche wirklichkeitsgesättigten Vorstellungen uns hineinführen in ein lebendiges Erfassen des Weltendaseins, das möge Ihnen noch ein Schlussbild veranschaulichen.

Ich habe Sie ja schon aufmerksam gemacht, worauf das Wahrnehmen, das subjektive Wahrnehmen, das Empfinden einer Temperatur beruht. Wir nehmen eigentlich die Temperaturdifferenz zwischen unserem eigenen Organismus und der Außenwelt wahr, was ja auch das Thermometer tut, ich habe Sie darauf aufmerksam gemacht.[179] Nun beruht aber überhaupt alles Wahrnehmen darauf, dass wir innerhalb eines gewissen Gebietes etwas sind, und dasjenige, was außerhalb dieses Gebietes liegt, wird unsere Wahrnehmung. Wir können nicht etwas zugleich sein und es wahrnehmen, sondern wir müssen immer etwas anderes sein als dasjenige, was wir wahrnehmen. Nehmen wir also Töne wahr, so können wir, insofern wir Töne wahrnehmen, nicht selbst Töne sein. Und wenn wir unbefangen die Frage beantworten: Was sind wir, indem wir Töne wahrnehmen? Dann können wir zu dem Schlusse kommen: Dann sind wir eben gerade dasjenige,[180] was nun der andere Niveauunterschied ist. Diesen Niveauunterschied nehmen wir wahr. $y - y'$ nehmen wir nicht wahr, den sind wir während der Zeit: Und jene unsere Tonwahrnehmungen begleitenden, ebenso regelmäßig verlaufenden chemischen inneren [Vorgänge] in unserem Flüssigkeitsorganismus, die sind wir. Dasjenige, was die chemischen Effekte in uns bewirken, das zeichnet in die Welt hinein etwas sehr Regelmäßiges.

Es ist keineswegs uninteressant, das folgende Bild zu betrachten. Sie wissen ja, der menschliche Körper ist ja nur aus sehr geringen Teilen aus festen Bestandteilen, zu mehr als neunzig Prozent ist er eine Flüssigkeitssäule. Das, was da – und zwar an chemischen Vorgängen, die nur sehr feiner Art sind – in unserem Organismus sich abspielt, während wir eine Symphonie anhören, das ist ein gar sehr fortwährend phosphoreszierender Wunderbau. Das sind wir, was die Chemie eines Tongemäldes ist. Und dadurch nehmen wir die Tonwelt wahr, dass wir gewissermaßen chemisch das werden, was die Tonwelt in dem Sinne ist, wie ich das hier dargestellt habe.[181]

Sie sehen, das Verständnis des Menschen wird wesentlich gefördert dadurch, dass man das physikalische Verständnis an den Menschen heranbringt. Nun aber handelt es sich, um so etwas zu erreichen, immer darum, dass wir nicht jene abstrakten Vorstellungen uns bilden, die insbesondere in der heutigen Physik beliebt sind, sondern dass wir zu Vorstellungen vordringen, die nun wirklich mit der Welt, der objektiven Welt verwoben sind. Es ist im Grunde genommen alles das, was Geisteswissenschaft als Erkenntnisstreben, aber auch als Gesinnungsstreben will, darauf hingehend, solches wirklichkeitsgemäßes Denken in der menschlichen Entwicklung wiederum heraufzubringen. Und es ist notwendig, dass das heraufkommt. Deshalb wäre es so sehr notwendig, dass gerade solche schönen Bestrebungen, wie sie jetzt während dieser letzten vierzehn Tage hier hervorgetreten sind, fortgesetzt würden.[182]

Sie können ja überall sehen, meine lieben Freunde, wie in der Gegenwart ein Altes abstirbt. Kann man es denn nicht an den physikalischen Vorstellungen, mit denen nichts anzufangen ist, wirklich sehen, wie ein Altes abstirbt? Und indem wir hier noch ganz unvollkommen – denn es können ja nur immer Andeutungen ganz unvollkommener Art sein – versuchen, das physikalische Anschauen auch aufzubauen, zeigt sich denn darin nicht, wie sehr wir heute an einem Wendepunkt der menschlichen Entwicklung stehen?

Sehen Sie, meine lieben Freunde, so etwas muss uns immer darauf aufmerksam machen: Wir sollen diese Dinge fortsetzen, die jetzt eingetreten sind dadurch, dass Herr Blümel, Herr Strakosch, Herr Dr. Kolisko[183] hier auf den verschiedensten Gebieten angeregt haben dasjenige, was die Entwicklung der Menschheit bis jetzt gegeben hat, mit einem neuen Einschlag zu versehen. Dadurch liefern wir erst die Grundlage für ein Weiterkommen. Denn sehen Sie, draußen in der Welt reden die Leute davon, es müsse aufgebaut werden, Volkshochschulen müssten begründet werden.

Ja, aber, meine lieben Freunde, was heißt denn das heute draußen in der Welt: Man fordert Volkshochschulen? Die dänische Volkshochschulbewegung wird uns vorgewiesen.[184] Was heißt denn alles das, was da Volkshochschulen fordert? Man trägt dasjenige, was an den alten Hochschulen getrieben worden ist, in die Volkshochschulen hinein. Ja, meine lieben Freunde, dadurch wird nichts Neues geschaffen. Dadurch wird nur von demjenigen, wovon bis jetzt nur unsere gelehrte Bildung angesteckt war, das ganze Volk angesteckt. Es gibt kaum etwas Trostloseres als den Zukunftsgedanken, dass nun dasjenige, was die Köpfe unserer Gelehrten und Gebildeten in dieser Weise verwüstet hat, wie wir es gesehen haben, nun auch noch auf dem Weg des Volkshochschulwesens die ganze gebildete Bevölkerung der Erde ebenso erstarren machen soll.

Will man Volkshochschulen errichten, dann hat man vor allen Dingen dafür zu sorgen, dass dort etwas gelehrt werden kann, was selber in seiner inneren Konfiguration ein Aufbau ist. Wir brauchen ja erst die Wissenschaft, die an den Volkshochschulen getrieben werden kann.

Man möchte immer an der Oberfläche bleiben, man möchte immer nur das nehmen, was da ist. Geradeso wie die Menschen im Politischen nicht das Neue möchten, sondern immer wiederum probieren möchten mit dem Alten; wie selbst die Sozialdemokraten nicht etwas Neues aufbauen wollen, sondern es mit dem alten Staat versuchen wollen, nur dort ihren Senf hineintragen wollen, in den alten Staat und seine Gesetze. So will man auch in der geistigen Kulturbewegung nicht radikal nach einer Erneuerung unserer Erkenntnisart streben, sondern das Alte, das Untergehende nun in das Volk tragen. Gerade an den physikalischen Betrachtungen ist das ja am tiefsten und bedeutungsvollsten einzusehen.

Gewiss, Sie werden Unbefriedigendes genug da oder dort in dieser Vortragsfolge finden, weil die Vorträge nur aphoristisch sein konnten, aber das eine wird sich Ihnen in dieser Vortragsfolge zeigen: Dass es einfach notwendig ist, unsere gesamte physikalische, chemische, physiologische und biologische Vorstellungswelt neu aufzubauen, gründlich neu aufzubauen. Darin kommen wir natürlich nur weiter, wenn wir nicht nur das Schulwesen, sondern auch das Wissenschaftswesen weiterbilden. Und wenn so etwas entstehen könnte hier an unserer Waldorfschule, dass wir ausbauen erstens die Unterrichtsklassen nach oben und zweitens ausbauen zu gleicher Zeit mit dem Schulwesen das Akademiewesen, wie wir einen wirklichen Keim in diesen Tagen gelegt haben – denn es war so etwas wie der Keim zu einem neuen Akademiewesen –, dann würden wir eigentlich erst das erreichen, was im Grunde genommen erreicht werden soll und muss, wenn die europäische Zivilisation nicht zugrunde gehen soll auf geistigem Gebiet.

Nehmen Sie nur einmal das schreckliche Treiben in den Akademien der Welt heute: Dieses von allem wirklichen Leben ausgesogene sich gegenseitige Anlesen mit lang geschriebenen Abhandlungen in den Akademien, wo die Leute in schönen Sälen sitzen und sich ihre lang geschriebenen Vorlesungen vorlesen und keiner dem anderen zuhört. Denn das Merkwürdige ist doch das, dass der eine Spezialist auf dem Gebiet ist, der andere auf jenem. Da hört der Mediziner dem Mathematiker nicht zu, aber der Mathematiker liest. Und wenn der Mediziner liest, beschäftigt sich in seinen Gedanken der Mathematiker mit etwas ganz anderem. Außerdem ist das Ganze nur ein äußerliches traditionelles Zeichen.

Da muss die Erneuerung einsetzen. Im Zentrum des geistigen Strebens muss die Erneuerung einsetzen. Das muss durchschaut werden. Daher kann man schon sagen: Wenn man es noch dahin bringen könnte, dass hier in Verbindung mit dem Streben nach einer neuen Art von Wirklichkeit ein Ausbau dieses unseres Schulgedankens geschehen könnte, dann würden wir erst das erreichen, was erreicht werden soll.

Sie sehen, es ist viel zu tun. Aber man lernt auch nur erst richtig erkennen, wie viel zu tun ist, wenn man auf die Einzelheiten eingeht. Deshalb ist es ja so unendlich bedauernswert, dass jetzt Leute, die nur die alten Erkenntnisvorurteile der Menschheit – dazu sind sie geworden, denn ihre Zeit haben sie gehabt – in Phrasen umsetzen, heute tatsächlich große Kapitalien zusammenbekommen, um ihre Akademien und dergleichen in die Welt setzen zu können.[185] Uns wird es vorzugsweise aus dem Grund schwer, weil wir von der Erkenntnis durchdrungen sein müssen: Ein wirkliches Neuland ist notwendig! Wir können uns nicht der Illusion hingeben: Macht Volkshochschulen! Denn wir müssen in der Wirklichkeit leben und uns sagen, wir müssen erst etwas haben, was wir an diesen Volkshochschulen lehren sollen.

Ebenso aber wie, ich möchte sagen, sogar zwischen den Zeilen der bisherigen Wissenschaft, sich eine fruchtbare Technik entwickelt hat, so wird sich erst recht eine noch fruchtbarere Technik entwickeln, wenn jene Wissenschaft populär werden wird, die wir hier zum Beispiel gerade im physikalischen Gebiet anstreben. Sie sehen ja, überall versucht man, aus dem alten Theoretischen herauszukommen und ins Wirkliche hineinzukommen, sodass schon die Vorstellungen mit Wirklichkeit gesättigt sind. Das muss auch eine Technik geben, die in ganz anderer Weise verläuft als die bisherige Technik. Praxis und Erkenntnis, sie hängen doch innerlich zusammen. Und wenn man an irgendeinem Punkt anfasst dasjenige, was heute des Reformierens bedarf wie die Physik, so merkt man gleich, was eigentlich zu geschehen hat. Wenn es daher jetzt an der Zeit ist, dass wir wieder auseinandergehen, so möchte ich Sie doch darauf verweisen, dass Sie in dem, was hier vorgetragen worden ist nur aphoristisch, etwas sehen, das Sie selber anregen soll, diese Dinge weiter auszubauen. Sie werden sie ausbauen können. Unsere mathematischen Physiker, die wir ja unter uns haben, werden in der Lage sein, die alten Formeln zu revidieren, und sie werden finden, dass, wenn sie hineinarbeiten in die alten Formeln die Erkenntnisse, die sich gewinnen lassen aus den aphoristischen Andeutungen, die ich gegeben habe, diese Formeln auch gewiss Transformationen erfahren, die aber eigentlich Metamorphosen sind, und aus denen wird mancherlei hervorsprießen, was technisch von ungeheurer Bedeutung für die Fortentwicklung der Menschheit sein wird. Das ist ja etwas, was man nicht einmal andeuten kann, sondern worauf man zunächst nur hinzuweisen hat.

Aber wir müssen diese Betrachtungen jetzt abschließen, deren Fortsetzung in Ihrer eigenen selbstständigen Arbeit liegen muss, und die ist es, die ich Ihnen besonders ans Herz legen möchte. Denn die Sachen sind jetzt außerordentlich dringlich, die sich beziehen auf den Fortschritt der Menschen auf allen drei Gebieten.[186] Die Dinge sind heute erstens dringlich: Wir haben wirklich keine Zeit zu verlieren, weil das Chaos vor der Türe steht. Das Zweite aber ist: Richtiges zu erreichen ist doch nur durch eine geregelte menschliche Zusammenarbeit. Also müssen wir versuchen, dasjenige, was angeregt ist, in uns selber weiter zu verarbeiten. Und Sie werden auf der anderen Seite gerade hier in der Waldorfschule finden: In dem Augenblick, wo Sie sich bemühen, gewisse rektifizierte Begriffe, die wir hier gewonnen haben, auf den Unterricht anzuwenden, geht es gleich. Sie werden aber auch finden, insofern Sie genötigt sind, diese Dinge im Betrieb des Lebens anzuwenden, geht es auch. Und es wäre schon zu wünschen, dass man nicht immer nur heute mit der Naturwissenschaft zu einem Publikum zu sprechen hat, das ja eigentlich schon manches aufnimmt, das aber immer sich ausgesetzt sieht – ich habe das ja schon im Verlauf des Kursus bemerkt – dem Urteil der richtigen Wissenschaftler, der Autoritäten. Diese Autoritäten haben keine Ahnung davon, dass ja in alles, was wir betrachten, im Grunde genommen alles andere fortwährend hineinspielt. An der Sprache könnte man es merken.

Sehen Sie, in der Sprache lassen wir alles in gegenseitiger Wechselbeziehung sein. Wir sprechen von einem Stoß nur deshalb, weil wir etwas, was ursprünglich der Stoß war, den wir selbst vollführt haben, mit dem entsprechenden Wort bezeichnen, sprechen wir von einem Stoß auch in einem menschenentblößten Raum. Und wiederum umgekehrt, wir sprechen dasjenige, was in uns geschieht, mit Worten aus, die von der Außenwelt her entnommen sind.

Aber wir wissen nicht, dass wir in die Außenwelt schauen sollen, zum Beispiel in den planetarischen Kosmos, wenn wir die Konstitution des irdischen Körpers verstehen wollen. Und wir werden daher, wenn wir das nicht wissen, auch nicht lernen können. Wie wir zwar ganz interessantes Kleinzeug entdecken können, das ja wirklich interessant ist, wenn wir das Mikroskop auf irgendeinen Pflanzen- oder Tierembryo richten, auf irgendeine Zelle richten, die mikroskopisch klein ist; da entdecken wir allerlei wirklich Interessantes. Aber dasjenige, worauf es ankommt, was wir ahnen, das würden wir entdecken, wenn wir dieselben Vorgänge, die im Mikroskop drinnen sind, wenn sie sich makrokosmisch abspielen, überhaupt nur erst sehen würden. Wenn wir erst sehen würden, wie sich fortwährend im Wechselspiel der äußeren Natur Befruchtungen und Entfruchtungen vollziehen, wie wir zu studieren brauchen bloß, wie wir die Planeten als Ausgangspunkte für die imponderablen physikalischen Wirkungen erfassen, wir erfassen würden den Kosmos in seinen Ausgangspunkten für das Pflanzenkeimen, für das Tierkeimen; wenn wir das alles betrachten würden im Großen, was wir versuchen heute, wenn wir das Mikroskop auf die Zelle richten im Kleinen, wo es gar nicht ist; wenn wir versuchen könnten, überhaupt erst anzuschauen, was uns umgibt, dann würden wir weiterkommen.

Der Weg ist heute schon klar vorgezeichnet. Durch die Vorurteile der Menschen ist er sehr, sehr verlegt. Diese Vorurteile der Menschen werden sich schwer überwinden lassen. An uns aber ist es, alles zu tun, was diese Vorurteile überwinden kann. Hoffentlich können wir diese Betrachtungen einmal wieder fortsetzen.[187]

FRAGENBEANTWORTUNGEN ZU PHYSIKALISCHEN THEMEN 1908–1921

FRAGENBEANTWORTUNG

Hamburg, 21. Mai 1908

Wesen und Wirkungen des Entropiegesetzes.

Bei jeder Verwandlung von einer Kraft in eine andere bleibt immer ein kleiner Rest Wärme übrig, sodass sich das ganze physische All allmählich in Wärme umwandelt. Das Physische wird dadurch allmählich aufhören, existieren zu können.[188]

Im Physischen degenerieren die Kräfte, im Geistigen gehen sie in die Höhe, in immer aufsteigender Entwicklung.

FRAGENBEANTWORTUNG

Berlin, 18. Januar 1912

Über die Entropie und Wärmetod der Erde

Man kommt durch dieses Gesetz zu einem Endzustand der Erde – aber dann muss ja auch ein Anfang gewesen sein. Was Arrhenius gegen die Entropie sagt, hat keinen Sinn.[189] Man meint, dass mit dem Wärmetod auch die geistigen Erscheinungen aufhören müssen, aber die materiellen Prozesse sind alle nur die Umgestaltungen – die für eine gewisse Zeit gelten – der geistigen Prozesse. Die geistige Entwicklung verläuft genau umgekehrt wie die physische. Das kann man am Menschen selber schauen: In dem Abtöten von ursprünglich lebensvollen Prozessen besteht unser geistiges Dasein. Bewusstsein ist nur möglich durch Zerstörungsprozesse in den Organen, die aber wiederhergestellt werden.[190] Aber es gibt für den Menschen und auch für die ganze Erde ein Überwiegen der Abbauprozesse, das für die Erde zum Wärmetod führt und auch die geistige Energie zu einem Maximum bringt.

FRAGENBEANTWORTUNG

Berlin, 8. Februar 1913

[Frage nicht überliefert.]

Unser lieber Freund Peipers[191] hat da ja eine wichtige Frage aufgerollt. Das sollte aber ein jeder von uns daraus entnehmen, dass eigentlich auf unserem Felde sehr, sehr viel zu arbeiten ist. Der eine kann das mehr mit literaturwissenschaftlichen Arbeiten, der andere mit anderen Zweigen, und Anthroposophie wird mit allen wirklich berechtigten Wissenschaften und so weiter in wahrer Harmonie sich zeigen; es wird alles einmünden in das, was die Geisteswissenschaft zu sagen hat.

Heute hat es ja schon begonnen, Spott und Hass von allen Seiten nur so zu regnen. Ich habe es zwar nur gehört, ich habe nicht alles gelesen, da ich mir die Zeit dazu nicht nehmen kann: den Galimathias[192] gegen die anatomischen und geisteswissenschaftlichen Angaben der Anthroposophie. In unserer Zeit ist der Glaube, man verfahre wissenschaftlich, sehr verbreitet; wahre Wissenschaft ist aber heutzutage zumeist da nicht anzutreffen, wo die Prätentionen der Wissenschaftlichkeit erhoben werden. Eine gewisse Selbsterkenntnis ist nötig, ein Zurückschauen auf die Art und Weise, wie man forscht, wie Forschungsresultate zustande kommen, von den exaktesten Gebieten an bis zu den philologischen Gebieten.

Doktor Peipers hat gezeigt, dass Organe in ihrer Ausbildung und in ihrem Verhältnis zum Gesamtorganismus zeigen, wie sich in der gegenwärtigen Form, verglichen mit der Beobachtung des ganzen Lebens, etwas zeigt, was hinausweist über das Stadium, in dem die Organe jetzt sind; und wie durch richtige Interpretation der Querstreifigkeit des Herzmuskels[193] zu ersehen ist, dass Organe auch gegenwärtig hinweisen durch ihre Konfiguration, durch ihre Lage im Organismus, dass der Organismus auf dem Wege der Entwicklung ist, festgehalten gleichsam auf dem Wege.

Gerade da ist es ungeheuer notwendig, anfangen denken lernen zu können. Man bedenkt nicht in der Wissenschaft, wie weit die Möglichkeiten gehen, mit einem Begriff da oder dort zurechtzukommen. Zum Beispiel ein Mensch: Wir beobachten, wie ein anderer Mensch an einem Ufer geht, an einen Stein stößt, ins Wasser fällt.[194] Der erste zieht ihn heraus in dem Stadium, in dem er nicht mehr lebt. Da wird er sagen: Der ist ertrunken, gestorben, weil er ins Wasser gefallen ist. Kann das nicht das Allerfalscheste sein, was es überhaupt gibt? Vielleicht ist er, wie er an den Stein angestoßen ist, an Herzschlag gestorben man zieht ihn heraus und eine äußere Untersuchung findet, dass dieses Urteil: Tod durch Ertrinken, nicht richtig war, aber eine oberflächliche Auffassung nennt das Tod durch Ertrinken, während die Wahrheit ist, dass er ins Wasser gefallen ist, weil er vorher tot war.

Das ist ein Beispiel, wie man sich täuschen kann, wenn man mit seiner Logik nicht wirklich umfassend sein will gegenüber den Tatsachen. Solche Urteile, wenn auch nicht in dieser Grobheit, kann man überall in der Wissenschaft finden, bis in die exaktesten Wissenschaften hinein. Ich weiß mich zum Beispiel noch lebhaft zu erinnern an eine merkwürdige Sache, die dazumal mein Entsetzen erregt hat. In der Mathematik gibt es ja nicht bloß die gewöhnlichen Zahlen, daneben auch die negativen Zahlen; wenn man ausdehnt den Begriff des Vermögen-Habens auf das Schulden-Haben.[195] Wer drei Taler in der Tasche hat, hat drei Taler, wer drei Taler Schulden hat, hat auch drei Taler, aber Schulden. Drei plus, drei minus. Nun kommt der Mathematiker dazu, nicht nur die positiven und negativen Zahlen, sondern auch die sogenannten imaginären Zahlen zu haben; nicht bloß das Minuszeichen, sondern die Wurzel dazu. Also Wurzel aus minus drei. Also auf der einen Seite [einer Geraden] alle positiven, auf der anderen Seite alle negativen Zahlen, senkrecht [zu dieser Geraden] alle imaginären Zahlen.[196] Das ist in der Mathematik eine Selbstverständlichkeit geworden.

Als der sehr, sehr berühmte Mathematiker Koenigsberger die Vorlesung über elliptische Funktionentheorie[197] eröffnete, machte er in der ersten Vorlesung den Versuch, Folgendes auszuführen: Man könne, wenn man die positiven, negativen und imaginären Zahlen annimmt, auch in der Linie senkrecht, also in der dritten Dimension, Zahlen annehmen. Er nahm hypothetisch eine solche Kategorie von

Zahlen an. Nicht wahr, man kann das ja voraussetzen, er konstruierte Zahlenformen und zeigte, wenn man bestimmte solcher Zahlen miteinander multiplizierte, so kam ein Produkt null heraus. Dann schloss er: Da aber niemals ein Produkt null sein kann, kann es solche Zahlen niemals geben.[198]

Alles, was der berühmte Mathematiker Koenigsberger getan hat, war sehr geistreich, innerhalb gewisser Grenzen außerordentlich richtig, aber die Voraussetzung war eine unlogische. Umgekehrt muss man denken: Sowie wenn man Zahlen subtrahiert oder addiert, man null haben kann, so kann man auch, wenn man multipliziert, einmal null bekommen und man soll nicht den Zahlencharakter ablehnen, weil die Zahlen in der Multiplikation einmal null ergeben. Da liegt also ein Denkfehler vor. Also schon dazumal konnte man über die Denkfehler entsetzt sein, wenn man Gefühl hatte für exaktes Denken.

Nun ist ein solcher Fehler auch in der Philosophie gemacht worden. Heute kann man zwar ihn nicht mehr machen, weil gewisse Philosophen sich zu sehr genieren vor diesem Fehler, so hat man das ganze Problem weggeworfen. Das ist der sogenannte Beweis für die Unsterblichkeit der Seele. Man sagt da: Die Seele ist eine einfache Substanz; auseinandergerissen und zerstört kann nur das Zusammengesetzte werden, das Einfache kann man nicht auseinanderreißen. Deshalb ist die Seele unsterblich. Das hat den Beweis dafür, dass die Seele unsterblich ist, immer gegeben. Interessant für den Menschen ist es aber nun nicht, ob seine Seele unsterblich, sondern ob sein Bewusstsein unsterblich ist. Es kann ihn nicht interessieren, wenn bloß seine Seele unsterblich wäre.

Gewisse Begriffe sind schädlich im Denken, zum Beispiel der Substanzbegriff, gleichgültig ob monadologisch oder anders gefasst, weil man durch [die] Position des Substanzbegriffes gleichsam gefesselt wird. Frei wird man, wenn man ein wenig mechanisch-mathematisch sich erzieht; dann kommt man los vom Substanzbegriff. Man kann dabei ausgehen von einer Tatsache, dass auf einem Billardbrett eine Billardkugel rollt, an eine andere stößt, und die andere, die ruhende, auch nun ins Rollen kommt und weiterrollt. Es sei angenommen, dass die zweite Kugel an die dritte gekommen ist, da ist jetzt etwas, was sich in eine mathematische Formel bringen lässt, von der ersten auf die zweite und dritte Kugel übertragen, nämlich die Bewegung. Dabei soll man aber nicht denken an eine Kontinuität des Materiellen, nichts Materielles geht über zum Beispiel von der roten in die blaue oder graue Billardkugel, sondern ein Zustand ist es, der [über]geht. Bei diesem mathematisch-mechanischen Vorgang ist das Substanzielle der kontinuierliche Prozess.

Auf diese Weise muss man lernen loszureißen die Erfassung des geistigen Prozesses vom Sinnlich-Materiellen, sonst ist man einfach ein Materialist.[199] Auch bei den Theosophen fand man vielfach diesen Materialismus. Da kam zum Beispiel einmal jemand auf die Lehre von dem permanenten Atom. Wenn der Mensch stirbt, so sagte Laedbeater,[200] dann geht seine physische Materie zugrunde, aber ein Atom bleibt, das nimmt man mit in die geistige Welt. Denn man konnte sich anders nicht denken, dass von einer Inkarnation in die andere etwas übergeht. Viele Theosophen gab es, die das nicht denken können, dass nicht etwas Substanzielles übergeht. Das sind materialistische Reste.

Plato hat nicht umsonst gesagt, dass niemand in seine Schule darf, der nicht Geometrie studiert hat; solches braucht man, wenn man wirklich vorwärtskommen will. Durch Kants Kritizismus ist für die Leute allmählich die Unmöglichkeit der [nicht materiellen] Seelensubstanz gekommen; die Leute haben nichts anderes gewusst, als dass Materielles ist, deshalb [ist] die Vorstellung eines nicht materiellen Prozesses, der Substanzbegriff, allmählig ganz ausgestorben. Man kann sehen, wie die wichtige Frage aufgeworfen worden ist und zweifellos bei einem, der an die Grenze des Übersinnlichen gekommen ist, bei Franz Brentano.[201] Er hat 1874 seine Psychologie erscheinen lassen, aber nur den ersten Band, im Herbst sollte der zweite erscheinen, er ist aber bis heute nicht erschienen.[202] Man hat das Gefühl, wenn der Mann nun weitergeht, kommt er direkt in die Theosophie oder Anthroposophie herein. Aber er war nicht stark genug; und war doch so nahe daran, gerade beim Substanzbegriff.

Nun kann es ja sein, dass jemand kommt, der sagt, er finde keine substanzielle Seele, nur Willens- und so weiter Impulse, was eben als Seelisches sich äußert zwischen Geburt und Tod. Ja, man denkt nicht einmal daran, dass nicht Substanz [materiell] zu sein braucht, was die Seele ausmacht; es kann ja sein wie bei den Billardkugeln, wo auch nur der Bewegungszustand übergeht; aber dann muss man auch Ernst machen mit der Auffassung, dass Geistiges sich offenbarte durch den Geist. Und Brentano war so weit, dass er damals sagte, dass es nicht darauf ankommt, dass Substanz durch etwas durchgeht, sondern, dass in einem späteren Stadium etwas sich erinnern kann an die früheren; es sei nicht notwendig, dass Substanz zugrunde liegt. Das sind solche Dinge, die wie Ansätze anmuten. Brentano ist ein alter blinder Mann geworden, er ist mit seiner Psychologie nicht weitergekommen. Man sieht daran: Die Seelenwissenschaften werden entweder aufhören, sie können nicht weiter oder sie müssen einmünden in Theosophie oder Anthroposophie.

Aber heute findet man überall ein unerzogenes Denken. Von solchen Interpretationen wimmelt die Wissenschaft nur so. Zu den schlimmsten gehören ja solche der sogenannten Psychoanalyse, wo alles auf Träume von einer gewissen Art zurückgeführt wird. Und da kann man auf Doktor Peipers kommen und betrachten, was er gegeben hat aus naturwissenschaftlichen Grundlagen heraus. Es ist so notwendig zusammenzutragen aus allen Gebieten, was geeignet ist zu zeigen, wie der Grundplan der Weltevolution, gegeben durch Anthroposophie, auch sich als richtig erweist, wenn man in die einzelnsten Wissenschaften hineingeht. In der Anthroposophie hat man es nicht mit einem richtigen System im philosophischen Sinne zu tun; in einem philosophischen System stürzt oft das eine ein und reißt alles andere mit, weil es nicht richtig gegliedert ist. Aber so ist unsere Anthroposophie nicht gefunden. Es sind die Ergebnisse der Anthroposophie deshalb so fest begründet, weil sie Beobachtungsresultate sind in den geistigen Welten. Es ist nicht wie bei einem philosophischen System: Wenn man es irgendwo kaputt macht, dann ist das System eben kaputt. So sind die Ergebnisse aber nicht aneinandergeschlossen in der Anthroposophie, sondern sie sind durch Beobachtung entstanden.

Das müssen wir deshalb vermeiden, dass irgendwo zunächst [nur logisch] geschlossen wird; das würde uns nur stören. Beobachtungen aber können nie widerlegt werden; eine Rose, am Morgen gewachsen, kann nicht widerlegt werden und damit ist es gleichgültig, ob Sie um sieben Uhr morgens oder zu anderer Zeit eine Rose gefunden haben. Und alles andere im Garten muss übereinstimmen mit dieser Tatsache. Beobachtungen können nie durch andere widerlegt werden. Notwendig aber sind Disziplinierung und Schulung des Denkens, sonst wird der Anthroposoph immer den Kürzeren ziehen, wenn er mit der Wissenschaft es zu tun hat, mit denen, die da glauben, durch ihr äußeres Ansehen alles tottreten zu können, was ihr in den Weg kommt und scheinbar äußerlich nicht mit ihr zusammenstimmt.

Heute schwärmen einige Menschen für Nacktkultur; sie beruht scheinbar auf recht realen Sachen, in Wahrheit aber auf Fantasien und innerer Geistesarmut. Denn es ist geradezu ein Hohn auf die Wahrheit, wenn man glaubt, dass die Leute sich angezogen haben, weil sie unnatürlich geworden sind, sondern aus dem Schönheitssinn heraus haben sie sich angezogen; zu dem, was in der Natur gegeben war, hat man hinzugefügt etwas zur Menschennatur aus dem Geistigen. So ist die Kopfbedeckung eine Nachbildung des Astralleibes; es hat Gewandung überhaupt viel mit Übersinnlichem zu tun. Die Menschen glauben, es gibt überhaupt nichts anderes als den physischen Menschen. Sie sind viel zu geistesarm, um irgendwie Kleidung noch ausdenken zu können und stattdessen entwickeln sie Fantasien gegenüber den wirklichen naturwissenschaftlichen Tatsachen.

Wir müssen bestrebt sein um diese strengere geistige Disziplinierung, denn wir können nachweisen, dass wir bessere geistige Disziplinierung und Logik haben, als die andere Welt aufweist. Man soll suchen nach Fundamentierung und Stützung unserer Geisteswissenschaft, wie Peipers es durch seinen Vortrag über Parsifal getan hat.

FRAGENBEANTWORTUNG

Zürich, 12. November 1917

Kann Geisteswissenschaft zu dem modernen Entropiebegriff der Physik etwas sagen?

Was den modernen Entropiebegriff betrifft, so muss zunächst gesagt werden, dass dasjenige, was in den Begriff der Entropie eingeschlossen wird, vor allen Dingen nur abstrahiert ist aus der Vorstellung der unorganischen Naturwissenschaft. Wenn wir also den Entropiebegriff so fassen, dass wir auf dieser Grundlage sagen würden: Ein Endzustand des gegenwärtigen Werdens würde sich dadurch vollziehen, dass immer mehr mechanische Energien bei ihrem Übergang von mechanischer Energie in Wärmeenergie, Wärme zurückbleibt, sodass zum Schluss der Weltenbestand nur ein Wärmezustand sein kann, so haben wir es [da] zu tun mit einer Abstraktion, rein aus unorganischer Gesetzmäßigkeit heraus. Als solche braucht [dagegen] nichts eingewendet zu werden vom Standpunkt der Geisteswissenschaft. Die Anhänger des Entropiebegriffes wissen ja selber, dass diese Festsetzung des Endzustandes notwendig macht, dass man dann auch einen Anfangszustand annimmt, sodass – nicht wahr – sowohl logisch wie auch naturwissenschaftlich ist es dann notwendig, dass, wenn man auf diese Weise alles in den Wärmetod hineintreiben lässt, man auch einen Anfangszustand annimmt.

Nun handelt es sich darum, dass geisteswissenschaftlich sich Folgendes ergibt – ich gehe auch da gleich in das Konkrete ein: Erstens kann Geisteswissenschaft nichts anfangen nach ihren Beobachtungen mit einer Vorstellung, die heute auf dem Gebiet der unorganischen Naturspekulationen gang und gäbe ist, das ist die Vorstellung der Zerstäubung von Energien, wobei man immer denkt, dass die Zerstäubung von Energien ins Unendliche auslaufen kann. Wenn ich also von Energien denke, denke ich mir immer im Sinne der heutigen Naturwissenschaft ein ins Unendliche Gehendes. Mit diesem Begriff kann Geisteswissenschaft nach ihren Erfahrungen nichts anfangen, weil alle Energien sich herausstellen, geisteswissenschaftlich betrachtet, gewissermaßen in ihrer Morphogenie als elastisch, das heißt, Energien, die sich ausbreiten, zerstäuben sich nicht ins Unendliche, sondern nur bis zu einer [endlichen] Grenze und kehren dann in sich selbst zurück. Das kann allerdings nach so langer Zeit geschehen, dass dasjenige zunächst für das, was als bevorstehende Erdperiode in Betracht kommt, nicht infrage steht. Aber tatsächlich muss man auf geisteswissenschaftlichem Gebiet sehen, dass der Begriff nebulos ist des Zerstäubens ins Unendliche, dass jegliche Energien, die sich ausbreiten, sich nicht ins Unendliche zerstäuben, sondern wieder zurückkehren in sich selbst. Wenn dieser Begriff angewendet wird auf dem Entropiegebiet, dann haben wir im Endzustand auch wiederum das andere, polarisch Entgegengesetzte gegeben: dass sie gewissermaßen wie zerstäubende Energien wieder in sich zurückgehen können. Das ist das eine.

Das andere ist aber, und wenn Sie meine «Geheimwissenschaft» zur Hand nehmen,[203] werden Sie finden, dass in der Tat, wo ich zurückgehe – nach einem geistigen Beobachtungssystem, welches nur eine weitere Ausgestaltung desjenigen ist, was ich heute elementar angeführt habe –, dass, indem ich so zurückgehe und geisteswissenschaftlich einen Anfangszustand konstruiere – es ist nicht konstruiert, sondern geschaut, – so ist dieser Anfangszustand, den ich nur mit einem Terminus technicus «Saturnzustand» nenne, dargestellt als ein reiner Wärmezustand. Und aus diesem Wärmezustand geht die ganze folgende Entwicklung hervor. Kommt nun die Physik mit ihrem Entropiebegriff zu einem Wärme-Endzustand, so kommt sie zu einem Endzustand, den ich selber annehmen muss als Anfangszustand. Die Folge davon ist, dass dann wieder angefangen werden muss, wie es davon ausgeht. Man kommt eben nicht zu einem Anfang und Ende, sondern Anfang und Ende sind eben nur ein Glied einer weitergehenden Entwickelung. Der eintretende Endzustand würde dann nur der Ausgangspunkt sein für eine weitergehende Entwicklung, sodass man sagen kann: Tatsächlich kann man sich schon bekennen zu dem Begriff der Entropie, aber man muss sich klar sein darüber, dass – wenn man nicht bloß einseitig auf naturwissenschaftlichem Standpunkt steht nur –, wenn Energien da sein werden, dann auf dem Umweg [des Zurückkehrens dieses Anfangszustandes], welche diesen Endzustand wiederum andeuten werden.

FRAGENBEANTWORTUNG

Dornach, 18. Juli 1921

[Frage nicht überliefert.]

Es ist eigentlich nichts Besonderes dabei zu sagen. Nicht wahr, man müsste ja zuerst von einer Willkürhypothese ausgehen, um überhaupt zu der Frage zu kommen. Es ist eben eine Tatsache, dass Licht durch den Organismus durchgeht, Geruch nicht. Nun ist man aber genötigt, von den Tatsachen auszugehen, und nicht Erklärungen zu suchen, aus den gegebenen Vorgängen, und nicht sich von vornherein vorzustellen, dass Geruch eben dünner ist als Licht. Und deshalb durch Löcher leichter durchgehen müsste als das Licht. Es liegt gar keine Notwendigkeit vor, den Geruch sich dünneren Grades vorzustellen als das Licht.

Das sind Tatsachen, die man als Tatsachen hinzunehmen hat, und daran hat man dann die Erklärungen beschrieben. Aber es liegt nicht die geringste Notwendigkeit vor, sich vorzustellen, dass nun der Geruch leichter durchgehen sollte als Ton und Licht. Man hat es sich so vorzustellen, dass die Vorstellungen den Tatsachen entsprechen, nicht irgendwelchen improvisierten (?) Vorstellungen zu folgen von Geruch und über Ton und Licht. Es liegt also keine Notwendigkeit vor, sich den Geruch weniger dicht vorzustellen als das Licht.

Was zwingt Sie dazu? Was veranlasste Sie dazu? Es gibt ja auch zum Beispiel Substanzen, die Wärme durchlassen, und Substanzen, die die Wärme nicht durchlassen. Das ist ja ein ganz allgemeines Phänomen, dass irgendeine Quantität – oder nennen wir sie, wie Sie wollen, irgendeine Substanz – [etwas] durchlassen wird, eine andere nicht. Es gibt eben durchlässige, und nicht durchlässige Substanzen.

Ist irgendein Physiker da, der das kennt, dass der Geruch feinere Schwingungen hat? Es wird keinem Physiker einfallen, das zu tun. Es ist nicht widerlegt. Und was soll man widerlegen gerade? Es ist ganz genau in derselben Art, wie es das Experiment Ihnen gibt, dass ein Körper diatherman ist, und ein anderer adiatherman sein müsse.[204] Eben, wenn Sie erfahren/erklären (?), dass Glas Geruch nicht durchlässt und Licht durchlässt, so ist das gar keine reale Vorstellung, dass Geruch durchgelassen werden soll; denn Geruch ist gebunden an ponderable Materie, an gasförmige Materie, richtig, wie Pfeiffer[205] gesagt; während Licht nicht gebunden ist an gasförmige Materie. Sie werden nicht anders irgendwie, wenn sie noch so lange riechen. Wenn Sie durch Jahrhunderte reichende Substanz ins Auge fassen, so werden Sie kein Recht haben, darinnen andere Vorstellungen zu Grunde zu legen, als dass die eben durch so lange Zeit verdunsten oder verdampfen, irgendwie in gasförmigen Zustand übergehen können.

Sie meinen: Chemiker sind es? Ich sage: Physiker sind es! Vielleicht sind Chemiker da, die sich bei dieser Frage etwas vorstellen? Auch ein Chemiker kann sich nichts vorstellen bei der Frage.

Nicht wahr, eine Erklärung könnte sich stützen auf irgendeine Anschauung über die Materienatur, sagen wir des Glases, und das Verhältnis dieser Materienatur des Glases zum Licht auf der einen Seite, zum Ton auf der anderen Seite. Und jetzt kann man nicht sagen, wenn man Licht oder Ton sagt, kann man nicht von einem Geruch [dasselbe] sagen, weil Geruch nicht in demselben Sinne eine Entität ist wie Ton oder Licht. Die drei sind gar nicht vergleichbar der Entität nach. Geruch ist gebunden an die Fortpflanzung der Materie als solche, der sich ausbreitenden Materie, während Licht nicht [daran gebunden ist].

Der materialistische Physiker stellt sich das so vor, dass eben das Licht eine Bewegung ist; aber ohne dass bei dieser Bewegung auch in Betracht komme die Bewegung des Trägers – ob man nun den Äther annimmt oder nicht –; es ist natürlich eine unmögliche Erklärung für uns, aber es ist immerhin eine Vorstellung vorhanden.

Also bei Licht stellt man sich nicht vor, dass es an die Fortbewegung eines materiellen Mediums gebunden ist, in dem Licht setzen sich die Bewegungen [ohne Materieausbreitung] fort. Ebenso beim Ton, der sich in der Luft fortsetzt, wobei auch nicht ein Fortfliegen der Luftteile stattfindet, sondern eben ein Fortschreiten in dem Medium Luft.

Bei dem Geruch ist es nicht so vorzustellen. Da haben wir es wirklich mit einem fortfliegenden Materieteil zu tun, und deshalb ist es gar nicht vergleichbar. Jeder Physiker oder Chemiker hat die Vorstellung.

Wenn die Verminderung so gering ist, dass Sie es zum Beispiel nach zehn Jahren nicht mit irgendeinem unserer bekannten Wäge-Instrumente konstatieren könnten – die Verminderung des Gewichtes kann so gering sein. Nun ist das bloß eine Sache des Experiments, nun wirklich zu probieren, ob nicht eine Verminderung des Gewichtes stattgefunden hat. Bei den gewöhnlichen riechenden Körpern werden Sie das schon deutlich konstatieren können, dass eine Verminderung stattfindet.

Es sind tatsächlich Licht, Ton und Geruch in Bezug auf ihre Ausbreitung nicht vergleichbare Entitäten. Daher kann man auch nicht in demselben Sinne von den dreien reden.

ANHANG

Zusammenhängende Eintragungen aus Notizbüchern: Faksimiles und Transkriptionen aus NB 47 und NB 42

Ausgewählte Notizzettel

Zusammenhängende Eintragungen aus Notizbuch 47 (RSA NB 47)

Gemäß der durch explizite Datierungen Rudolf Steiners gesicherten chronologischen Abfolge der Themen und Vorträge werden die Faksimiles mit den Transkriptionen in umgekehrter Reihenfolge der Doppelseiten des Notizbuchs – also im Gegensatz zur Abfolge im Notizbuch – von hinten nach vorne abgedruckt. Der Bezug zum *Zweiten Naturwissenschaftlichen Kurs* sowie zu den Vorträgen von Ernst Müller und Ernst Blümel ergibt sich aus den besprochenen Themen sowie aus einzelnen expliziten Datierungen. Die hier reproduzierten Seiten des Notizbuches folgen in der gewählten Reihenfolge nicht direkt aufeinander, sondern sind unterbrochen durch andere Notizen Rudolf Steiners während seines Stuttgarter Aufenthalts im März 1920.

Rudolf Steiner verwendet für den Doppelpunkt und für das Gleichheitszeichen in seiner Handschrift dasselbe Zeichen =, dessen Bedeutung meist nicht eindeutig zuordenbar ist. In der Transkription wird es in diesen Fällen einheitlich mit = wiedergegeben.

Notizbuch 47

Relativität in der Empfindung der Wärme. / # Worauf beruht sie gegenüber den / objectiven Feststellungen? / Wärmezustand Volumen.
Heron [von Alexandria] Türöffnung durch das Altarfeuer – / [Cornelis Jacobszoon] Drebbel 1608 / [Galileo] Galilei 1592 Luftthermometer / vom Luftdruck abhängig
[Otto von] Guericke 1672 / [Johann Christoph] Sturm 1676 Differential-thermo-/meter / [Guillaume] Amontons. 1703 Expansivkraft der / Luft – / [Erdbeben, / Nullspannung

Notizbuch 47

1665 Robert Boyle = geschlossene Thermo-/meter
Fahrenheit (Quecksilber) 0 Mischung von / Wasser Eis Salmiak / Eis schmelzend 32 / Reaumur 86 = [1730 / Celsius 100 [1742
[Guillaume] Amontons absoluter Nullpunct –295.5° / [Jean-André] Deluc 1754 – Schmelzen des Eises. Stehenbleiben / der Temperatur – / Joseph [Black] 1757 = Verbrauch der Wärme beim / Schmelzen / [Joseph] Black *[Zeichnungen]* Wasser Eis / ½ Stunde 20/2 Stunden / auf 4° / latent.

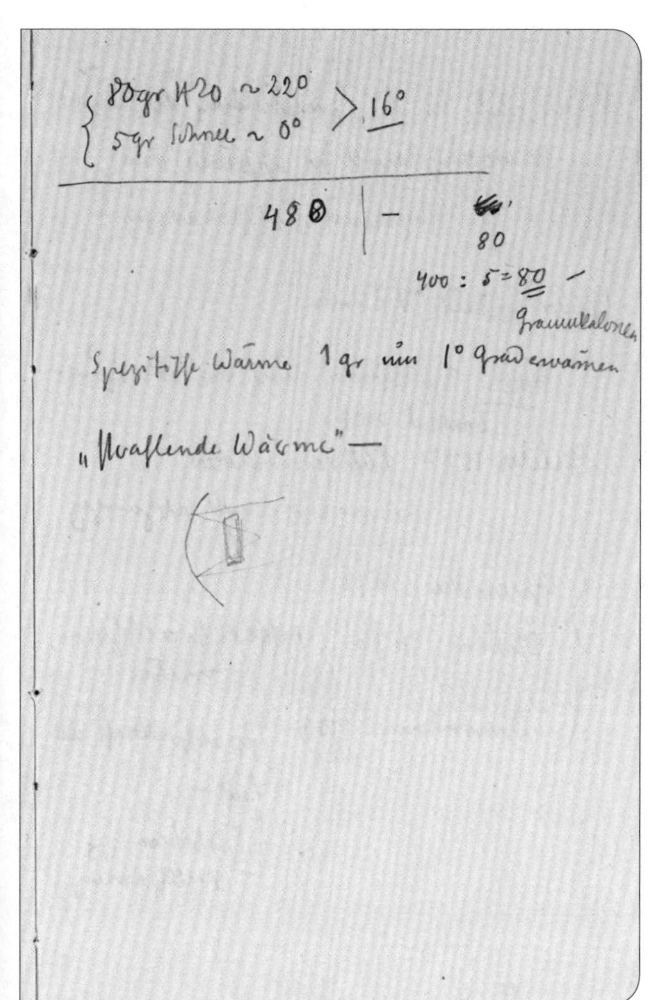

Notizbuch 47

80 gr H^2O ~ 22° / 5 gr Schnee ~ 0° / 16°
480 | – ~~60~~ / 80 / 400 : 5 = 80 – / Grammkalorien / Spezifische Wärme 1 gr um 1° Grad erwärmen / „Strahlende Wärme“ – / *[Zeichnung]*

Notizbuch 47

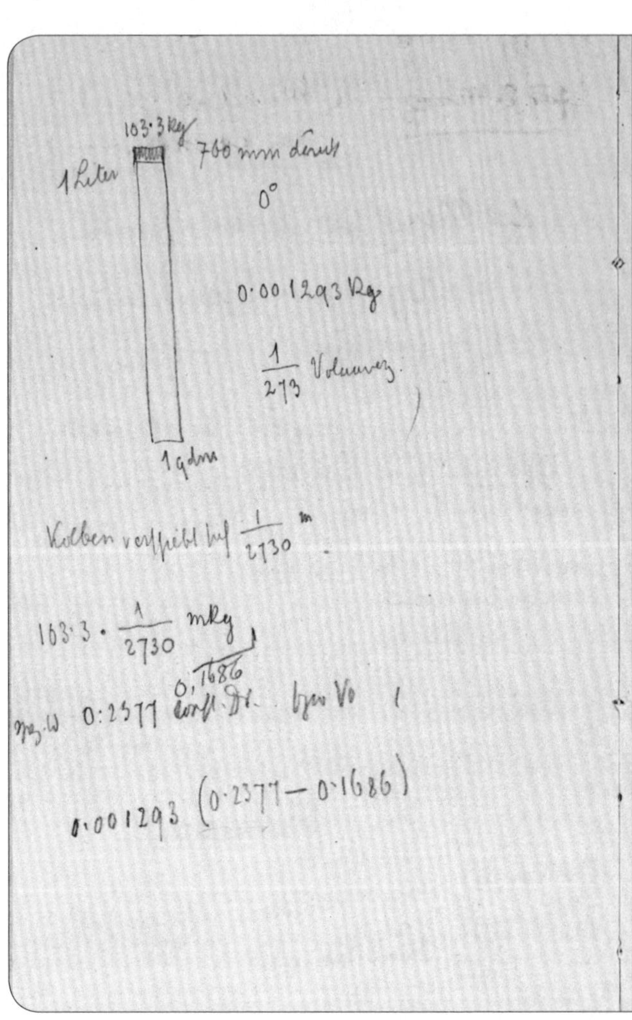

[Zeichnung] 1 Liter 103.3 kg 700 mm Druck / 0°
0.001293 kg / $\frac{1}{273}$ [Volumverz.?] / 1 qdm [Quadratdezimeter]
Kolben verschiebt sich $\frac{1}{2730}$ m. / 103.3 · $\frac{1}{2730}$ mkg 0,1686
spez[ifische] W[ärme] 0:2377 const[anter] Dr[uck] bzw. Vo[lumen]
0.001293 (0.2377–0.1686)

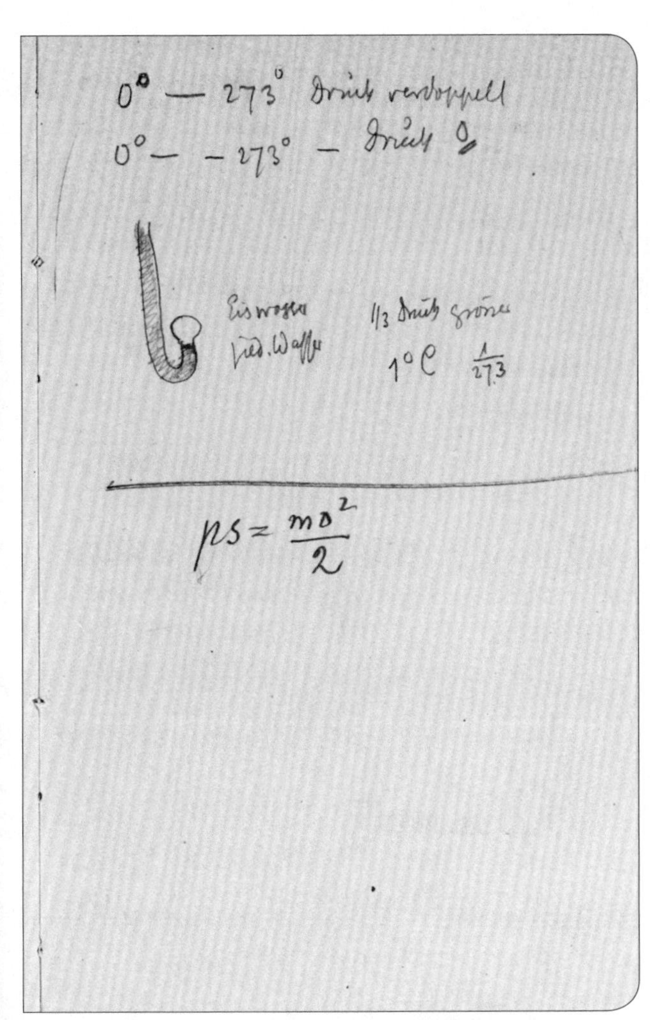

Notizbuch 47

0° – 273° Druck verdoppelt / 0° – –273° – Druck 0
[Zeichnung] Eiswasser 1/3 Druck grösser / sied[endes] Wasser 1 °C $\frac{1}{273}$

$$ps = \frac{mv^2}{2}$$

Notizbuch 47

für 2. Maerz 1920: Stuttgart
Temperatur (Wärmegrad) / Wärmeaustausch bis zur Temperaturgleichheit / Volumveränderung gering bei festen Körpern / bedeutendst bei Gasen. / Metallkugel Ring – / Flüssigkeit im Kolben. Erst / sinken, dann steigen. / Luft in Ballon – Luftblasen. / dann Eindringen / von Wasser –
[Zeichnung]
Thermometer Quecksilber [Anders] Celsius 1701–44 / [René-Antoine Ferchault de] Reaumur 1683– / 1757 / Röhre kalibriert / [Daniel Gabriel] Fahrenheit / 1686–1736

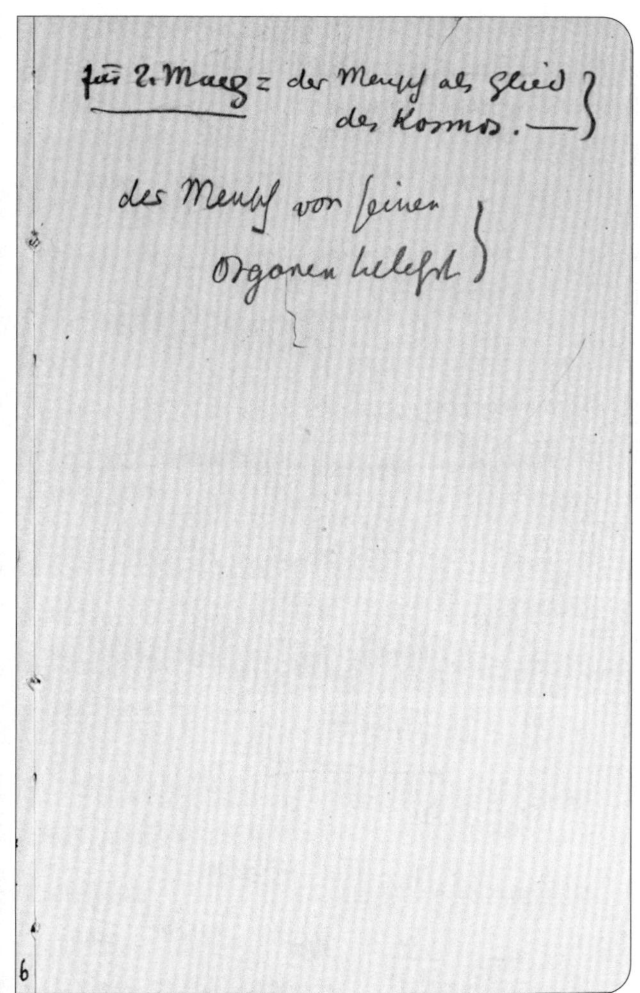

Notizbuch 47

<u>für 2.Maerz</u> / = der Mensch als Glied / des Kosmos. – / der Mensch von seinen / Organen belehrt

Notizbuch 47

Quecksilber –39° bis 357° / 30 [bis] 300 / Stickstoff verhindert Sieden des Quecksilbers
Alkoholthermometer 50 °C –70 °C / Petrolätherthermom[eter] –200 °C / Thermometrograph. / Rutherford 1794 Quecksilber = Stahlstab / Alkohol = Glasstab / [James] Six Thermometrograph.
[Formeln] / Flüssigkeiten: / [Formeln]

Notizbuch 47

[Formeln] / Alle Gase dehnen sich gleich stark aus – / Mit dem Übergang in den gasigen / Zustand gelangt das Körperwesen aus / dem Gebiet des Irdisch bestimmten hinaus / Flüssigkeiten haben dem Zwischenzustand / zwischen Ird[ischem] u. Ausserird[ischem]

Feste Körper: sie werden vom Irdischen / erfasst – der Druck wendet sich nach / Innen –

Notizbuch 47

für den 3. März Naturwissenschaft =
Steigen der Temperatur durch Erwärmung / bis Schmelzen – Sieden / Temperatur bleibt unverändert / latente Schmelz- bzw. Verdampfungswärme / (ein Kg) – / Lockerung der Molecüle / Aufhebung der Kohäsion / Innere Arbeit – *[Zeichnung]*
Gefrieren – Temperatur constant / (Fette haben andere Gefriertemperatur / als Schmelztemperatur) – / Kondensation.
Schmelzpunct von Legierungen = tiefer als / der des niedrigst schmelzenden / Metalles.

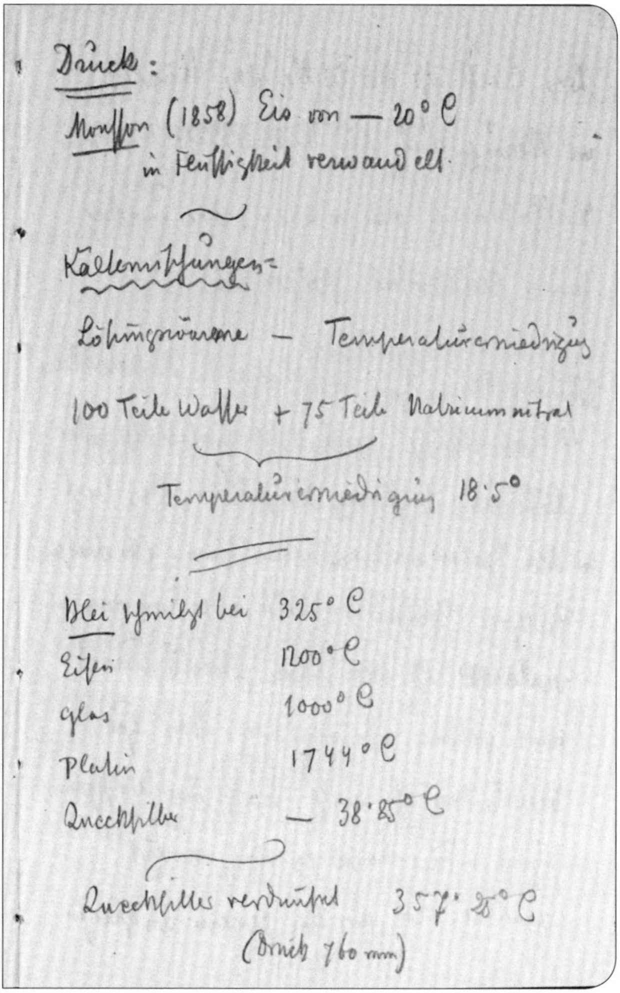

Notizbuch 47

Druck: [Albert] Mousson (1858) Eis von –20 °C / in Flüssigkeit verwandelt
Kältemischungen = / Lösungswärme – Temperaturerniedrigung / 100 Teile Wasser + 75 Teile Natriumnitrat / Temperaturerniedrigung 18.5°
Blei schmilzt bei 325 °C / Eisen [schmilzt bei] 1200 °C / Glas [schmilzt bei] 1000 °C / Platin [schmilzt bei] 1744 °C / Quecksilber [schmilzt bei] –38.85 °C
Quecksilber verdunstet 357.25 °C / (Druck 760 mm)
[Zeichnung]

Notizbuch 47

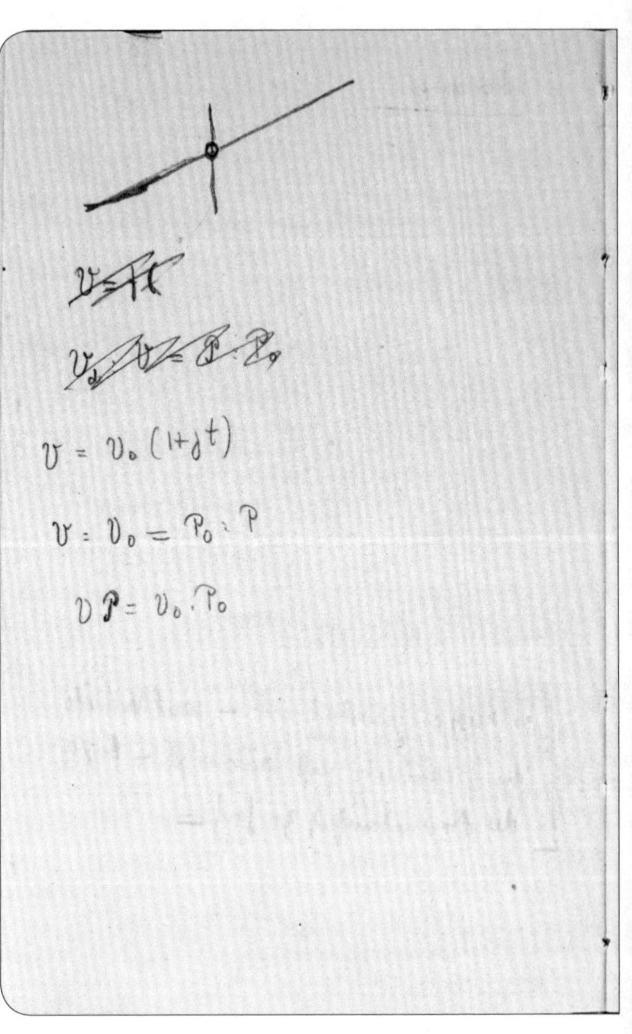

[Formeln]
Bacon 1561–1626

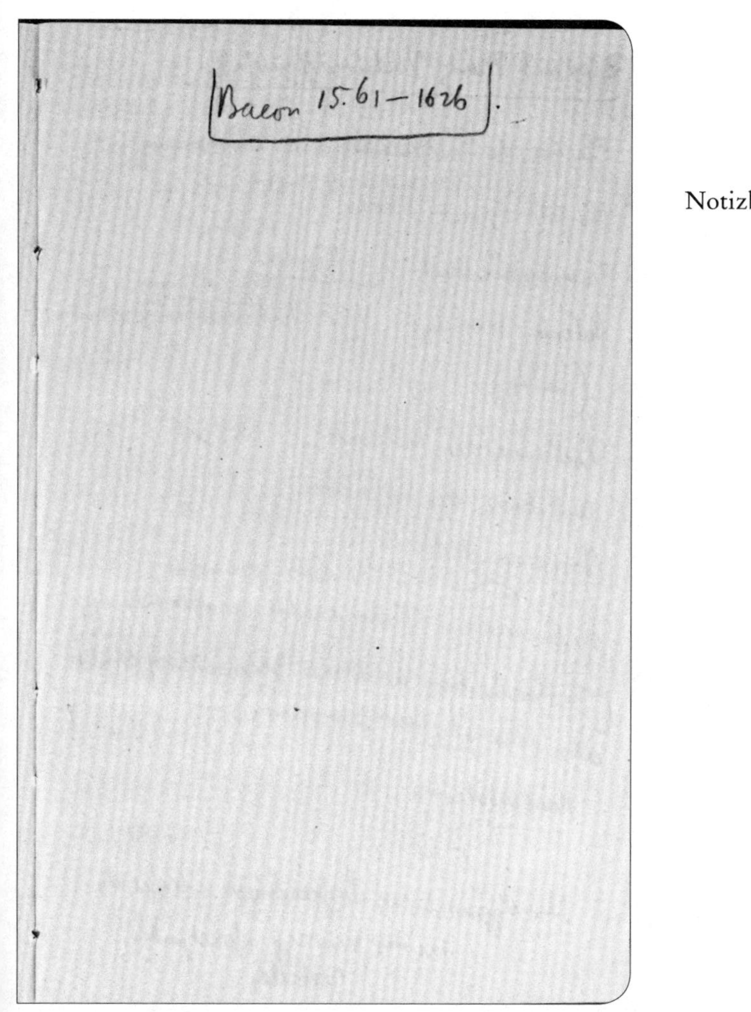

Notizbuch 47

<u>für den 4. März</u> = N[a]t[ur]w[issenschaften]

Notizbuch 47

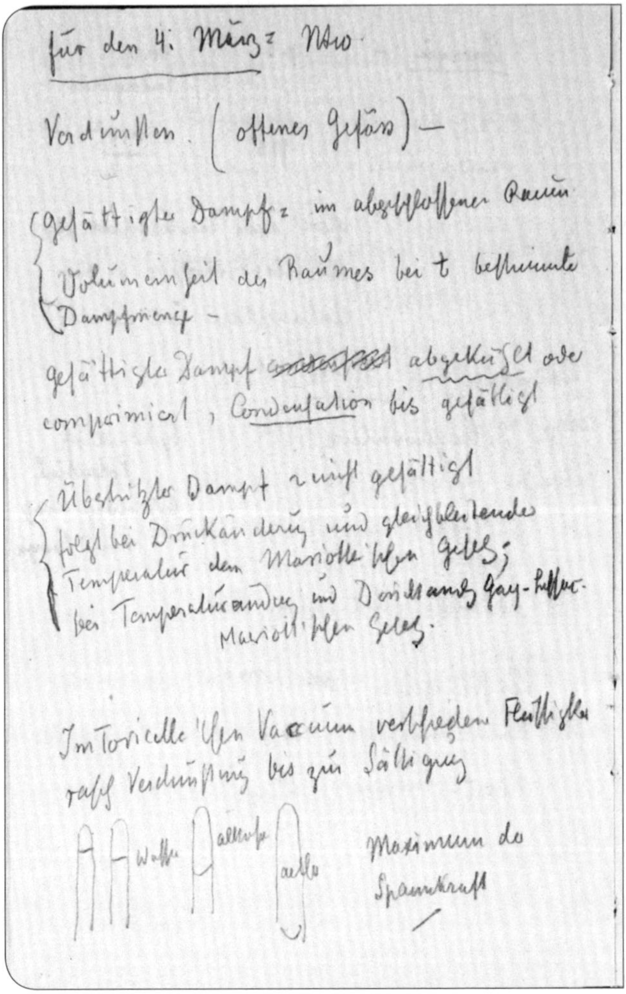

Verdunsten (offenes Gefäss) – / Gesättigter Dampf = im abgeschlossenen Raum / Volumeinheit des Raumes bei t bestimmte / Dampfmenge – / gesättigter Dampf ~~condensiert~~ abgekühlt oder / comprimiert, Condensation bis gesättigt / Überhitzter Dampf ~ nicht gesättigt / folgt bei Druckänderung und gleichbleibender / Temperatur dem [Edme] Mariotte'schen Gesetz; / bei Temperaturänderung und Druckänd[erung dem] [Joseph Louis] Gay-Lussac-/Mariotte'schen Gesetz. / Im Toricelli'schen Vaccuum verschiedene Flüssigkei[ten] / rasch Verdunstung bis zur Sättigung / *[Zeichnung]* Wasser Alkohol Aeth[er] Maximum der / Spannkraft

Notizbuch 47

Gesättigter Dampf übt bei jeder Temperatur / bestimmten Druck aus / gesättigter Dampf = Volum[en] vergrössert bei gleichbleibender Temperatur / neue Verdunstung bei Sättigung / gesättigter Dampf = Volum[en] verkleinert / Kondensation / Spannkraft gesättigten mit Flüssigkeit / in Berührung bleibenden Dampfes ändert sich bei / Volum[en]änderung nicht.

Notizbuch 47

gesättigter Raum für Temperatur / Bei Steigen der T[emperatur] neue Verdunstung / [Bei] Sinken [der Temperatur] Niederschlagen / Maximum der Spannkraft des gesättigten / Dampfes. / Jede Flüssigkeit siedet bei der Temperatur, / bei welcher die Spannkraft ihres gesättigten / Dampfes dem auf der Flüssigkeit ruhenden / Atmosphärendruck gleichkommt.
[Notizen zu einer anderen Veranstaltung]

Notizbuch 47

<u>Energie</u> – pt mv / Endergebnis / ps $\frac{mv^2}{2}$ / gleich dem Unterschied des / Arbeitsvermögens in der / Anfangslage und in der / Endlage. / Aequivalenz Spannkraft / Potential / lebendige Kraft / Kinet[ische] Energie / Wärme, Elek[trizität,] chem[ische] Verw[andtschaft] / Kraftäusserung: ~~m~~ mg / Bewegungsgröße: mv / Kinet[ische] Energie: $\frac{m \cdot v^2}{2}$

Notizbuch 47

Q Last h Höhe / Q · h Arbeit *[Zeichnungen]* / Q l h Q · h / $P = Q \cdot \frac{h}{l}$
Was an Kraft gewonnen wird, geht / an Weg verloren –
[Formeln]

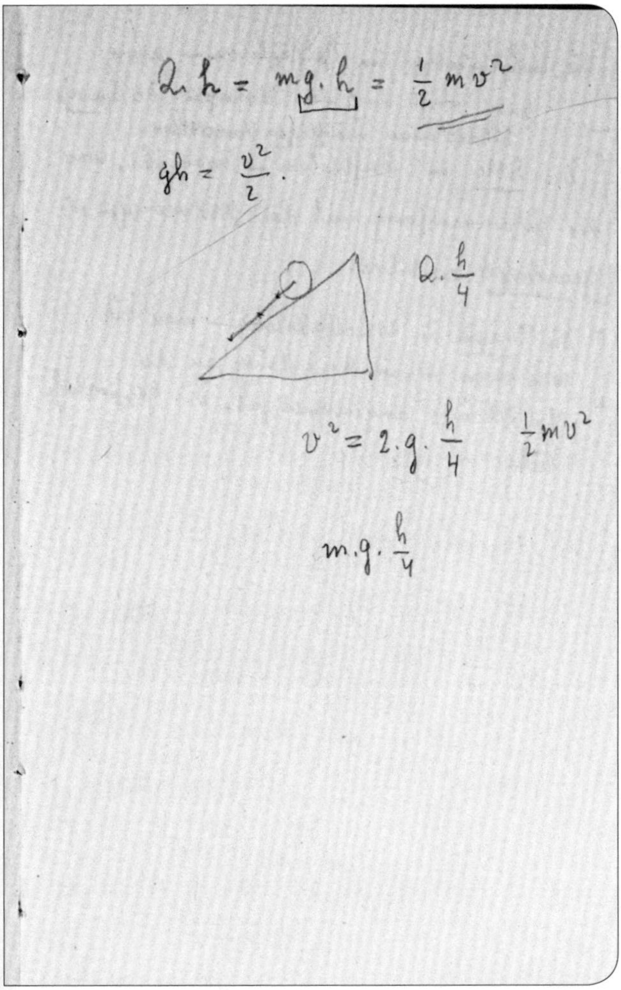

Notizbuch 47

[Zeichnung mit Formeln]

Notizbuch 47

Der feste Körper hat das von selbst, was / der gasförmige von außen erhält
[Zeichnungen]
Auf den festen Körper wirken Kräfte, die / auf den gasförmigen Körper nicht wirken –
Die auf den gasförmigen Körper wirksamen / Kräfte muß ich im Erdenumkreis herstellen –
Die auf den festen Körper wirksamen / Kräfte sind in dem Körper selbst.

Notizbuch 47

Sie müssen in dem Gebiete der Erde liegen
[Zeichnung]
Fällt ein Körper, so folgt er der Richtung / ⊥ [senkrecht] zur Erde – ↓ /
→ Da hat man das Bild der Flüssigkeit
Das Bild der Flüssigkeit ist in dem Verhalten / der festen Körper gegeben.
Das Bild der Gase ist in dem Verhalten / der flüssigen Körper gegeben.
Das Bild der Wärme ist in dem / Verhalten der Gase gegeben.

Notizbuch 47

Würde ich auf einer flüssigen Erde wohnen, / so hätte ich im Erdenumkreis nicht das / Bild des Flüssigen, sondern des gasigen / die Körper würden nicht zur Erde fallen – / es wäre keine Schwerkraft.
negative Schwerkraft
[Zeichnung]

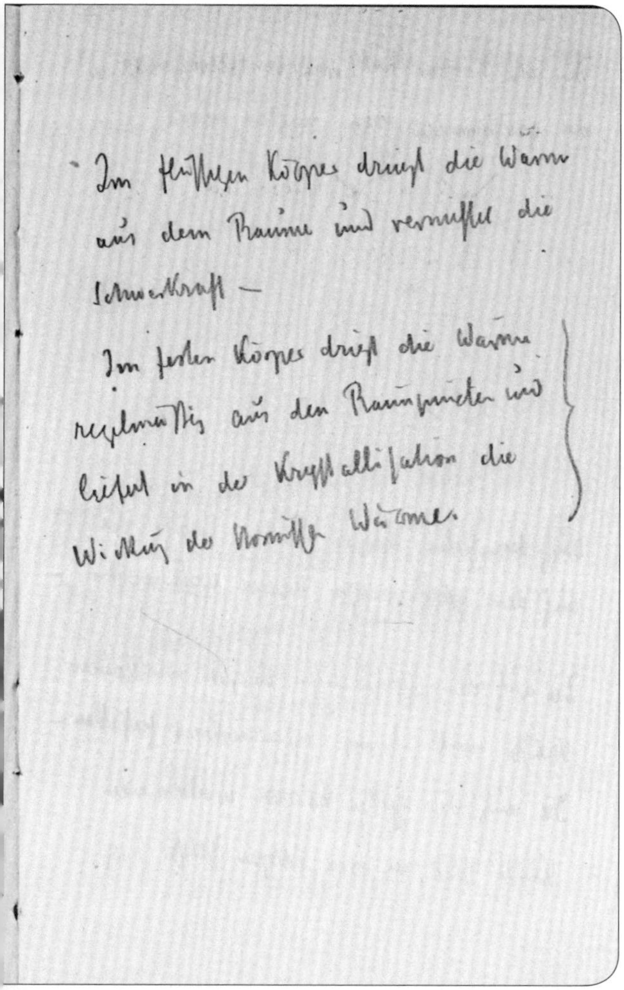

Notizbuch 47

Im flüssigen Körper dringt die Wärme / aus dem Raume und vernichtet die / Schwerkraft –
Im festen Körper dringt die Wärme / regelmäßig aus den Raumpuncten und / liefert in der Krystallisation die / Wirkung der kosmischen Wärme.

Notizbuch 47

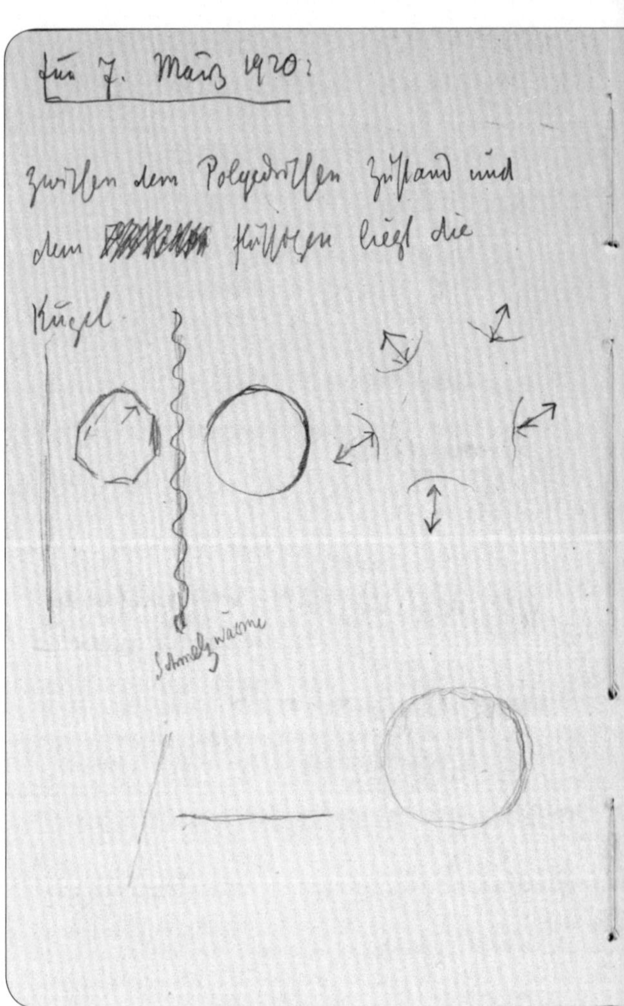

Für 7. März 1920:
Zwischen dem Polyedrischen Zustand und / dem ~~Flüssigen~~ flüssigen liegt die / Kugel.
[Zeichnungen] / Schmelzwärme / *[Zeichnungen]*

Notizbuch 47

[Zeichnung]
Im Gase folgt die Materie den / im Wärmewesen tätigen Kräften –
Im festen Körper emancipiert sich die / Materie – sie folgt Gestaltungsgesetzen – / die Wärme geht ihren eigenen Erscheinungsweg. / Die Wärme wird als solche erfahrbar.
Ober dem Gase = die Wärme ist: Wesen, das / Bilder erzeugt.
Unter dem festen Körper: [die Wärme ist]: Wesen, das / durch Bilder erscheint

Notizbuch 47

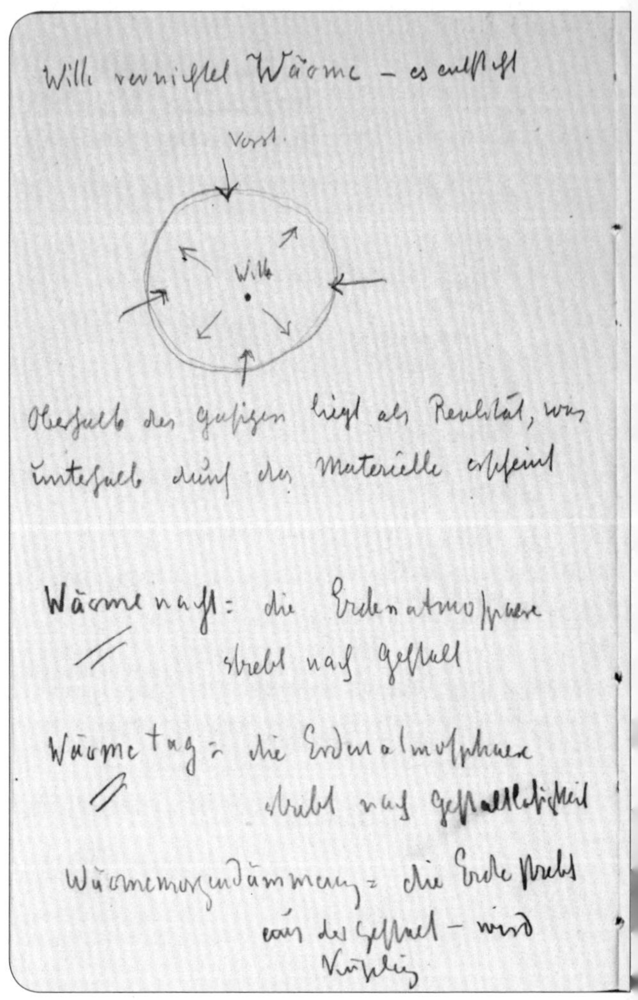

Wille vernichtet Wärme – es entsteht / Vorst[ellung]
[Zeichnung]
Wille
Oberhalb des Gasigen liegt als Realität, was / unterhalb durch das Materielle erscheint
Wärmenacht = die Erdenatmosphaere / strebt nach Gestalt
Wärmetag = die Erdenatmosphaere / strebt nach Gestaltlosigkeit
Wärmemorgendämmerung = die Erde strebt / aus der Gestalt – wird / kugelig

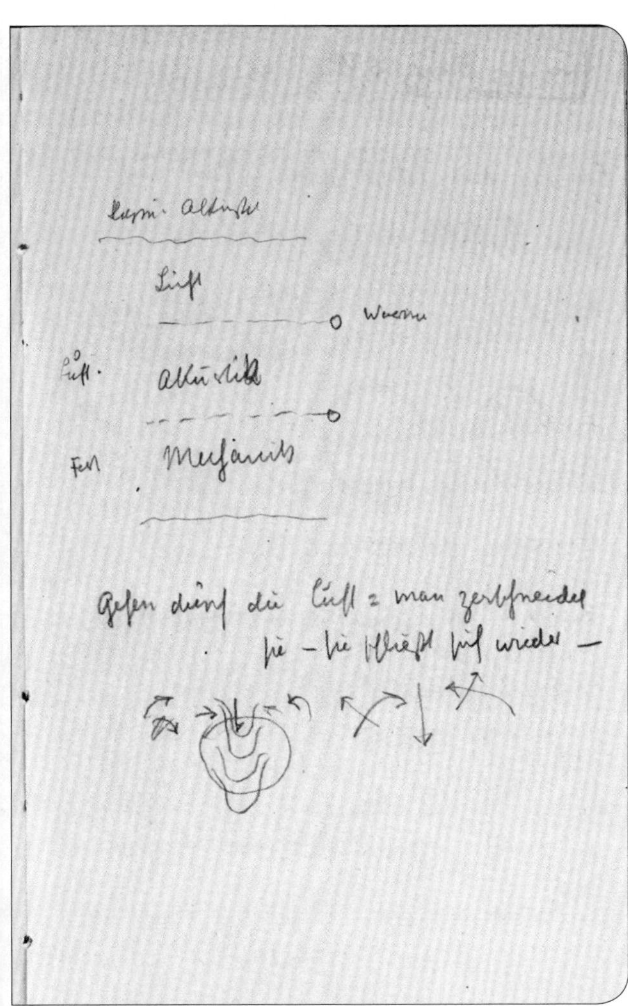

Notizbuch 47

	[unlesbar]	
	Licht	Waerme
Luft	Akustik	
Fest	Mechanik	

Gehen durch die Luft = man zerschneidet / sie – sie schließt sich wieder –
[Zeichnungen]

Notizbuch 47

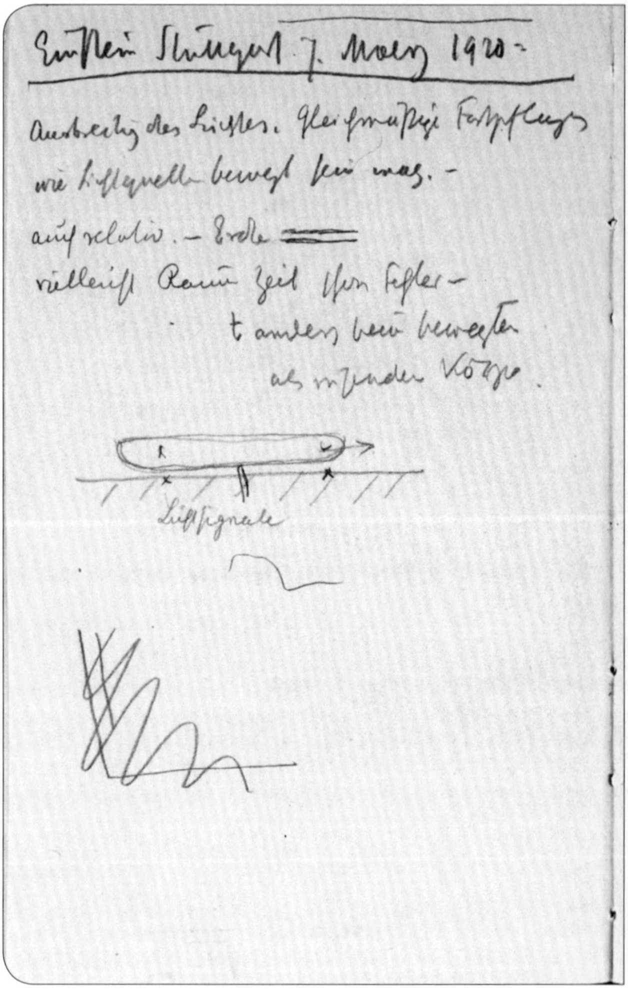

Einstein Stuttgart 7. Maerz 1920:
Ausbreitung des Lichtes. Gleichmäßige Fortpflanzung / wie Lichtquelle bewegt sein mag. – / auch relativ. – Erde *[Zeichnung]* / vielleicht Raum Zeit schon Fehler – / t anders beim bewegten / als ruhender Körper. / *[Zeichnung]* / Lichtsignale

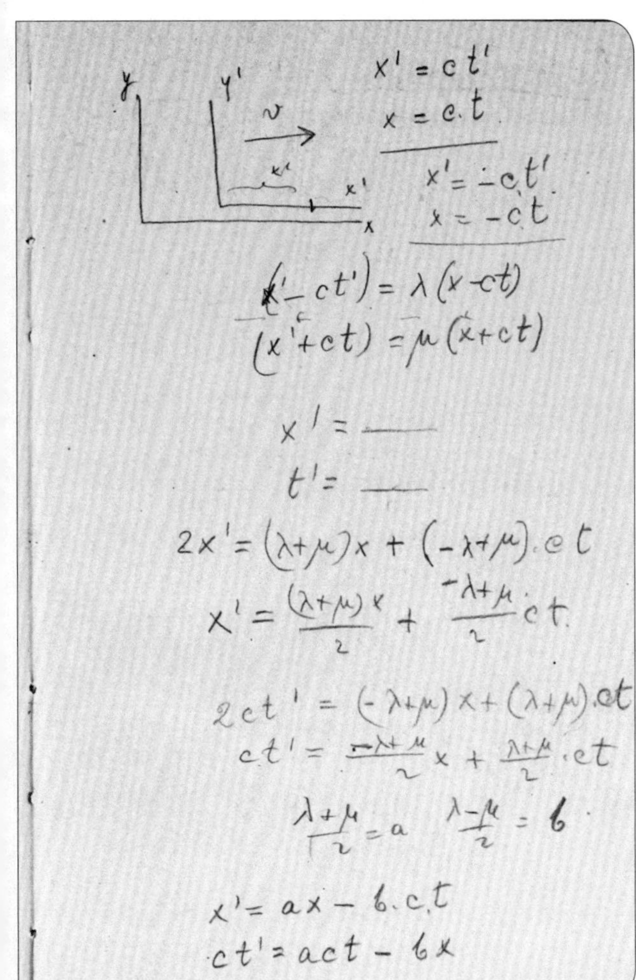

Notizbuch 47

[Zeichnung und Formeln]

Notizbuch 47

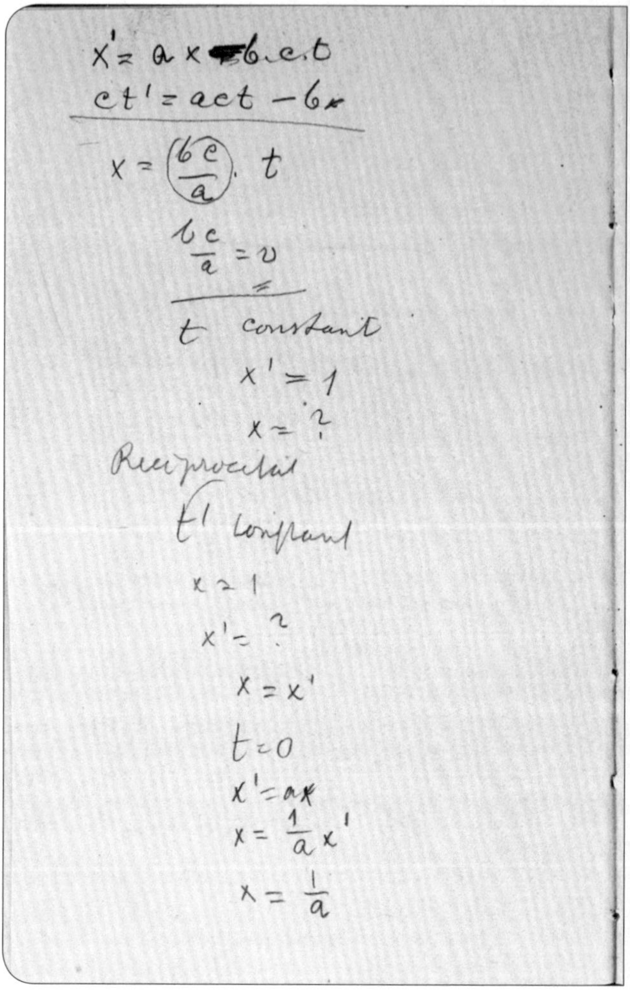

[Formeln]
t constant / Reciprocität / t' constant
[Formeln]

$$t' = 0$$

$$t = \frac{b}{ac} x$$

$$x' = ax - \frac{b^2}{a} x$$

$$x' = \left(a - \frac{b^2}{a}\right) x$$

$$x = 1$$

$$x' = \left(a - \frac{b^2}{a}\right)$$

$$\frac{1}{a} = a - \frac{b^2}{a}$$

$$\frac{1}{a} = \frac{a^2 - b^2}{a}$$

$$1 = a^2 - b^2$$

$$b = \frac{av}{c}$$

$$1 = a^2 - \frac{a^2 v^2}{c^2}$$

$$1 = a^2 \left(1 - \frac{v^2}{c^2}\right)$$

$$a = \pm \frac{1}{\sqrt{1 - \frac{v^2}{c^2}}}$$

Notizbuch 47

[Formeln]

Notizbuch 47

$$b = \frac{\frac{v}{c}}{\sqrt{1 - \frac{v^2}{c^2}}}$$

$$x' = ax - bct$$

$$ct' = act - bx$$

$$x' = \frac{x - vt}{\sqrt{1 - \frac{v^2}{c^2}}}$$

$$c.t' = \frac{ct - \frac{v}{c}x}{\sqrt{1 - \frac{v^2}{c^2}}}$$

$$t' = \frac{t - \frac{v}{c}.x}{\sqrt{1 - \frac{v^2}{c^2}}}$$

$\sqrt{1 - \frac{v^2}{c^2}}$ wenn $v = c$

[Formeln]

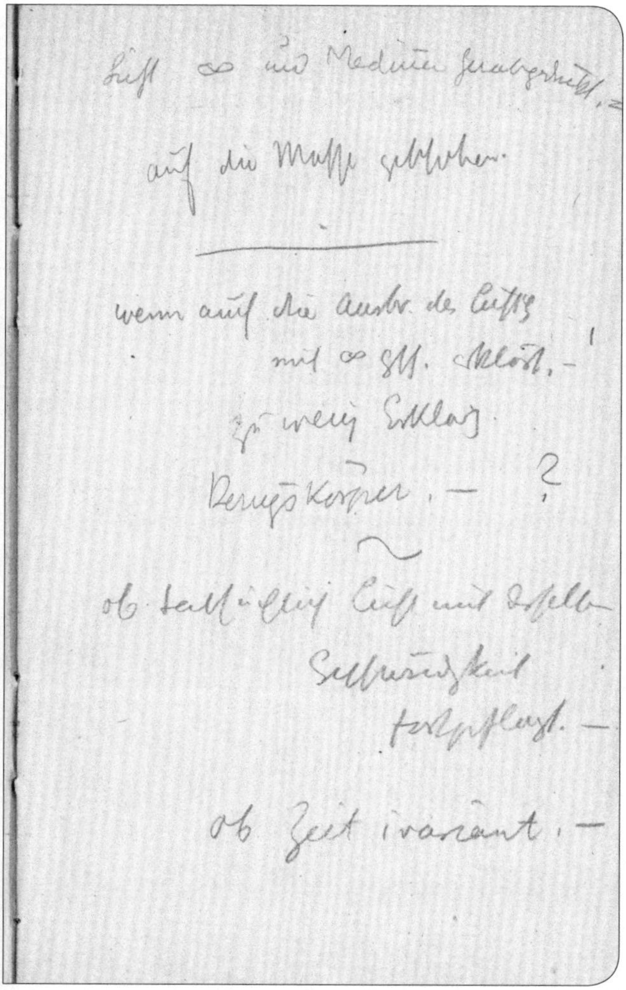

Notizbuch 47

Licht ∞ und Medium herabgedrückt. = / auf die Masse geschoben.
wenn auch die Ausbr[eitung] des Lichtes / mit ∞ G[eschwindigkeit?] erklärt. –
zu wenig Erklärung. / Bezugskörper. – ?
ob tatsächlich Licht mit derselben / Geschwindigkeit / fortpflanzt. – / ob Zeit invariant. –

Notizbuch 47

427 kgm. – 1 Kalorie / Q nicht 427 Q · mkg

$Q \cdot \frac{T_1 - T_2}{T_1}$

$Q \cdot \frac{T_2}{T_1}$ an den Kondensator

Kalorie Wärmemenge 1 Kg (resp[ektive] 1 g) – / 1 °C

Wassermenge W von t °Cel – zu T °C

Wärmem[enge] *[Formel]* Kalorien.

Notizbuch 47

Licht Finsternis
Hell – Dunkel
–
Wärme –

x		Materialis[ierung] – Entmater[ialisierun]g
Wärme		
Gas	Akust[ik]	Verdichtung – Verdünnung
Flüssigk[eit]		
Fest =	Mech[anik]	Gestaltung

Für jeden Körper, der auf der Erde / gestaltet ist, muß ein Negativ-Körper / *[Zeichnung]* vorhanden sein.

Notizbuch 47

<u>Math[ematische] Methode = Dr. Müller Wien [8. März 1920] =</u>

Staunen über das Einfache. – / <u>Axiome</u> – wesenhaft verbunden mit / urgeistigen Zusammenhängen / sowol mit geom[etrischen] u. arithm[etischen] / Verhältnissen –

Erst von einem Puncte ausserhalb Linie / kann man links / und rechts unterscheiden / 2. Dimension Symmetrie / 3. [Dimension] Synthesis / drei aufeinander senkrechte / Dreiecke / im ∞ 3fach / rechtw[inklig]

Mysterien – Ursprung = geistige Anschauung

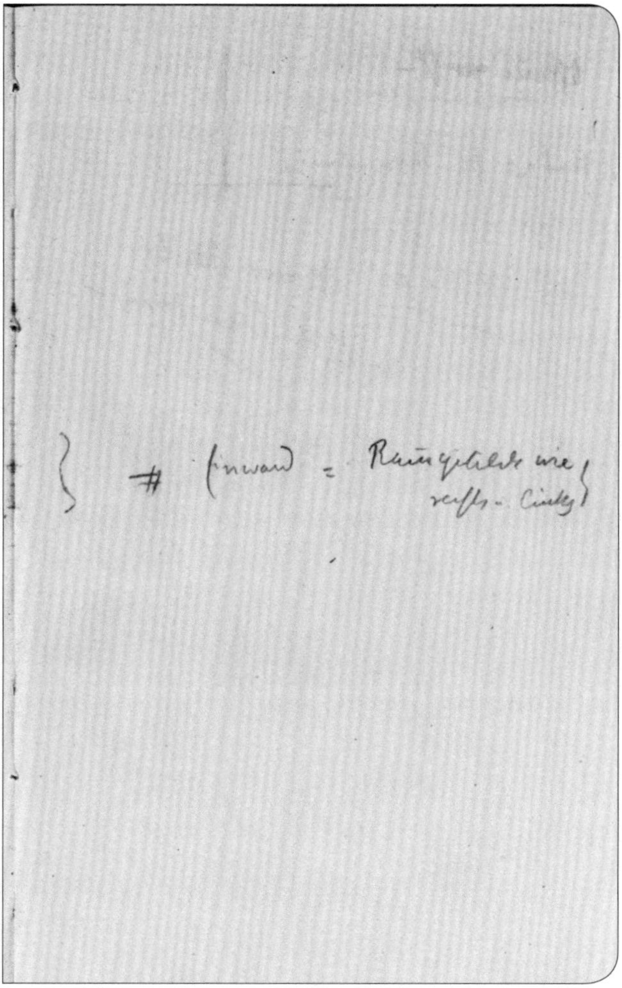

Notizbuch 47

Einwand = Raumgebilde wie / rechts – links

Notizbuch 47

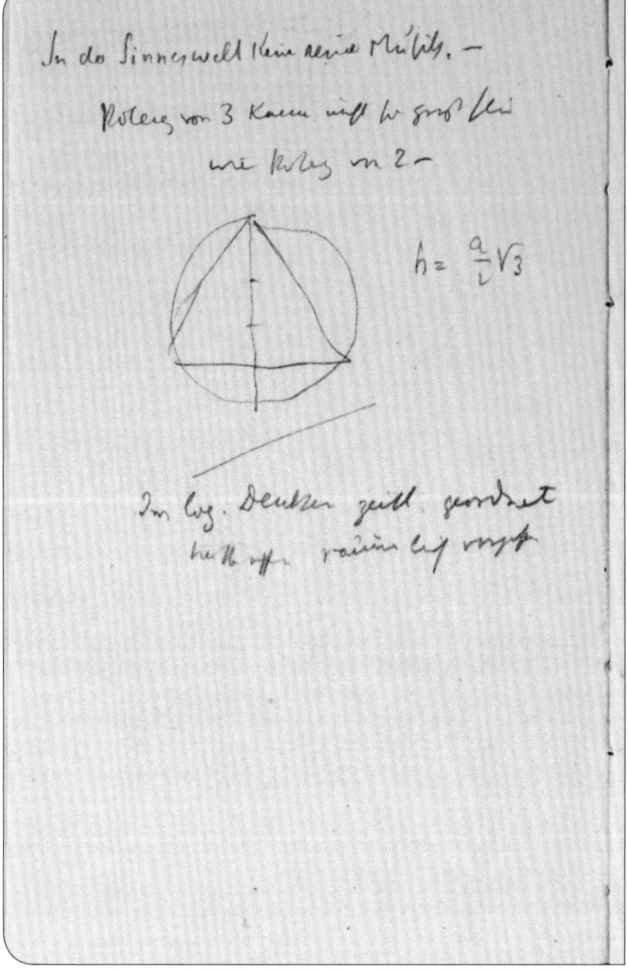

In der Sinneswelt keine reine Musik. – / Potenz von 3 kann nicht so groß sein / wie Potenz von 2 – /
$h = \frac{a}{2}\sqrt{3}$ / *[Zeichnung]* /
Im log[ischen] Denken zeitl[ich] geordnet / *[unleserlich]* räumlich vorgehen

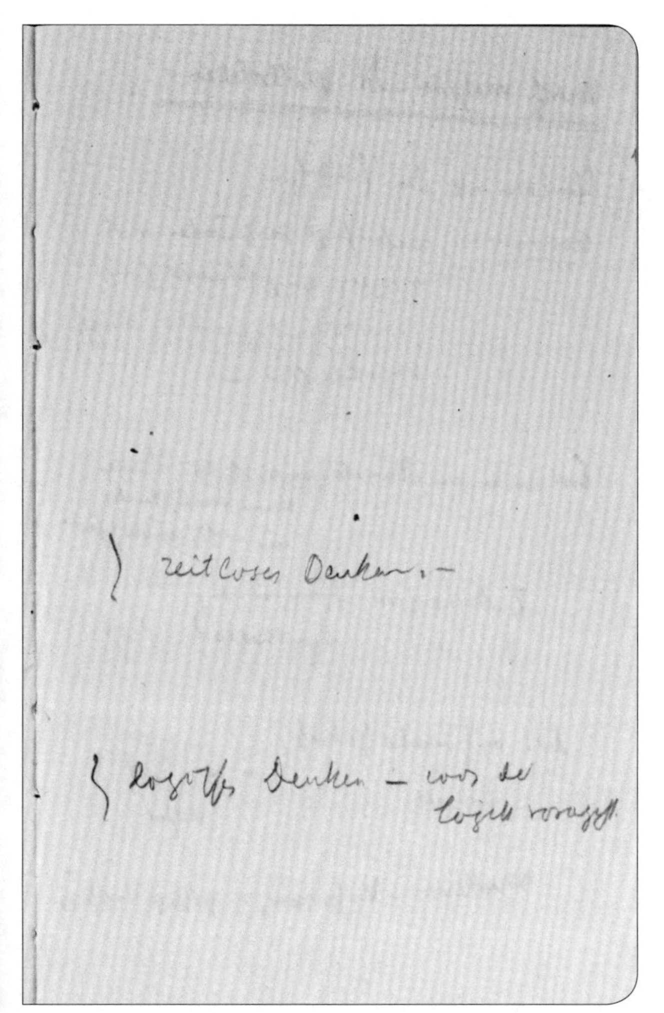

Notizbuch 47

zeitloses Denken. –
logisches Denken – was der / Logik vorangeht

Notizbuch 47

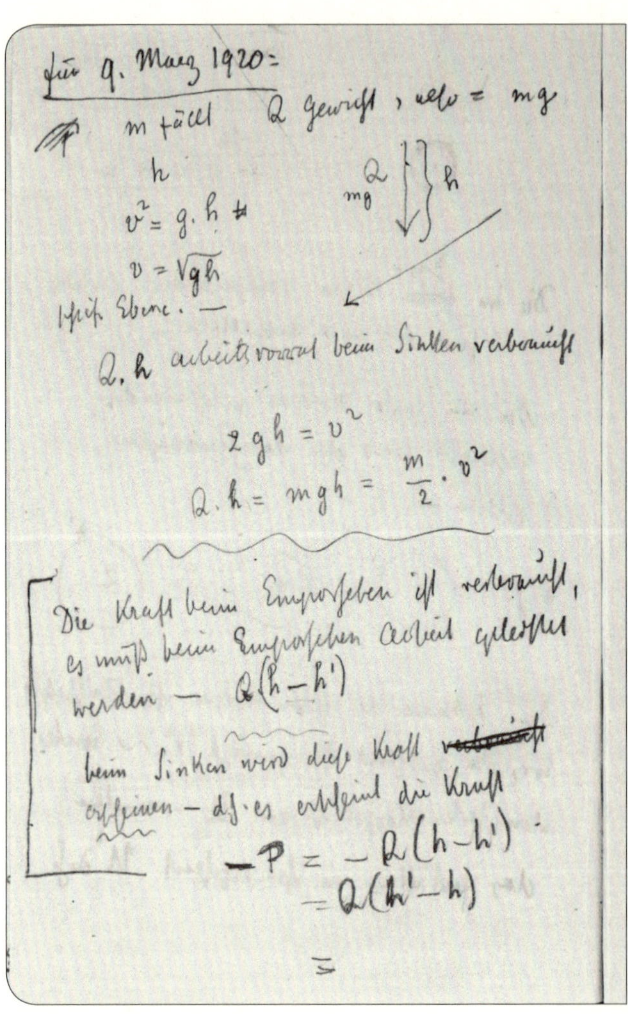

für 9. Maerz 1920:
~~P~~ m fällt Q Gewicht, also = mg / *[Formeln und Zeichnung]* /
schiefe Ebene. – / Q · h arbeitsvorrat beim Sinken verbraucht / *[Formeln]*
Die Kraft beim Emporheben ist verbraucht, / es muß beim Emporheben Arbeit geleistet / werden – Q(h – h') /
beim Sinken wird diese Kraft ~~verbraucht~~ / erscheinen – d. h. es erscheint die Kraft / *[Formeln]*

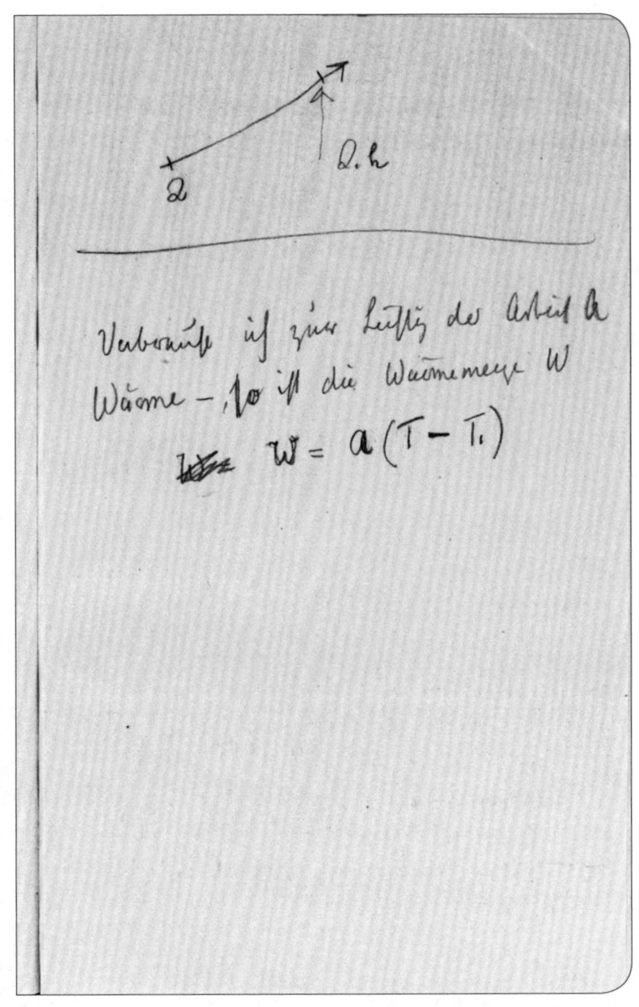

Notizbuch 47

[Zeichnung]
Verbrauche ich zur Leistung der Arbeit A / Wärme –, so ist die Wärmemenge W
~~W=~~ *[Formel]*

Notizbuch 47

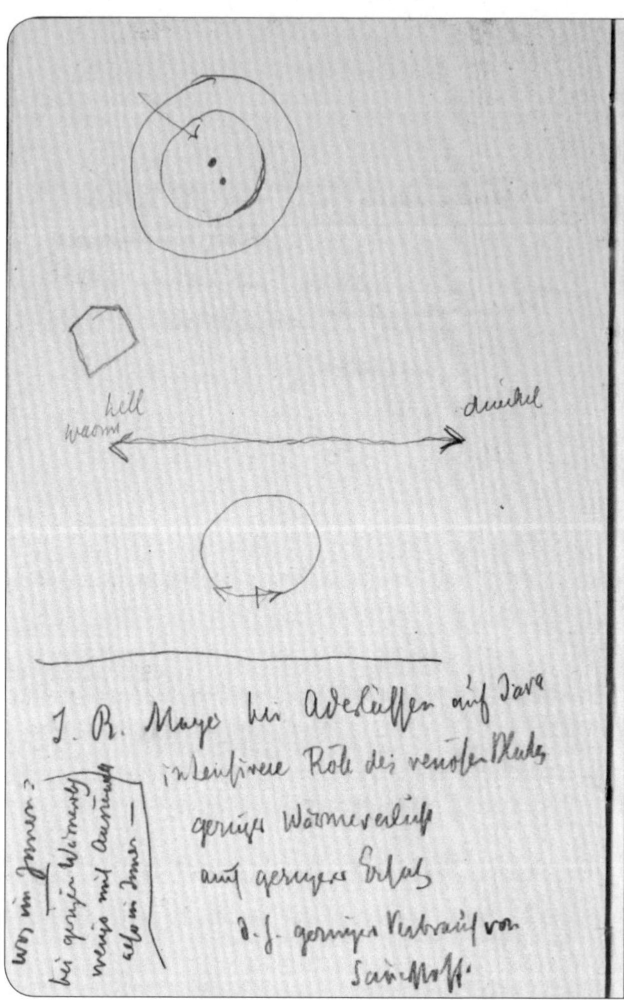

[Zeichnung] warm hell dunkel
J[ulius] R[obert] Mayer bei Aderlässen auf Java / intensivere Röte des venösen Blutes / geringer Wärmeverlust / auch geringerer Ersatz / d. h. geringerer Verbrauch von / Sauerstoff.
was im Innern? / bei geringerem Wärmev[er]b[rau]ch / wenig mit Aussenwelt / also im Innern –

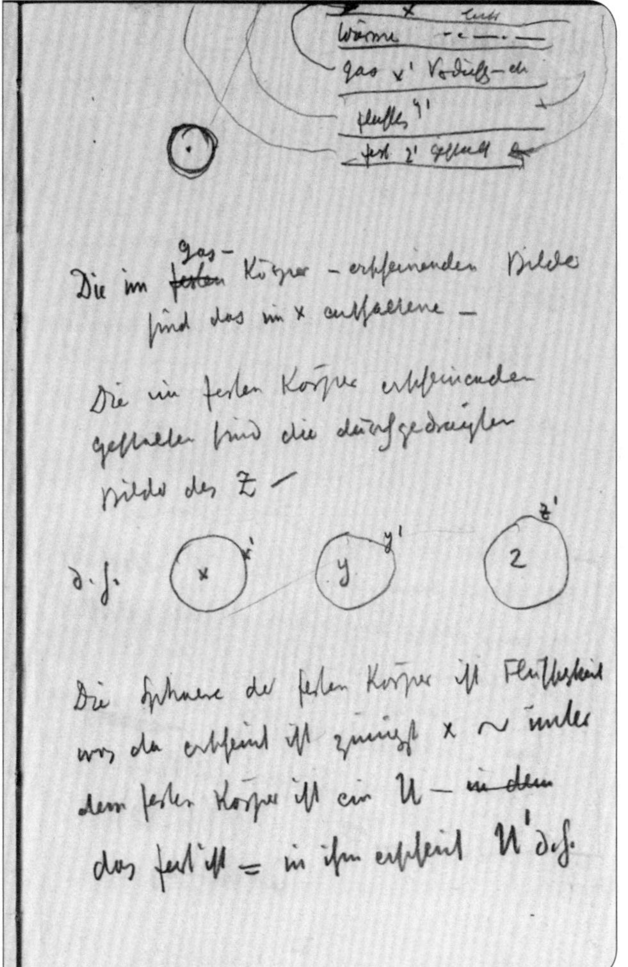

Notizbuch 47

---

	x	Licht
Wärme	.–	.–
Gas	x'	Verdicht[ung] etc
flüssig[es]	y'	
fest	z'	Gestalt

Die im ~~festen~~ Gas – Körper – erscheinenden Bilder / sind das im x enthaltene – Die im festen Körper erscheinenden / Gestalten sind die durchgedrängten / Bilder des Z – / *[Zeichnungen]*
Die Sphaere der festen Körper ist Flüssigkeit / was da erscheint ist zunächst x ~ unter / dem festen Körper ist ein U – ~~in dem~~ / das fest ist = in ihm erscheint U' def.

Notizbuch 47

für 10. Maerz:
1.) Wärmeleitung. / Metalldraht: guter Leiter / Holz: : schlechter Leiter: Stroh, Pelze, / Wolle, Federn.
[James] Dewar: Gegenstand in Flasche. Weiteres / Gefäss. Zwischenraum luftleer. / Anfühlen.
Strahlung der Sonne: / chem[ische] [und] / therm[ische] Wirkung.
Im Sonnenspectrum Max[imum] der Wärmeent-/wicklung im Rot.

Notizbuch 47

die durch eine Eislinse gesammelten / Wärmestrahlen entzünden brennbare Körper / *[Zeichnung]* / Eis sink[endes] / Thermometer.
Linsen: Glas, Steinsalz: sichtbare unsichtbar / Alaun. Wasser: sichtbare / Jod, Schwefelkohlenstoff: dunkler / Punct.

Notizbuch 47

Im Menschen ist der Wille: er steht / der Vorstellung gegenüber: / Vorstellung ist unwirksam gemachte / ~~Licht~~ Gestaltungskraft / Wille ist geeignet die Wärme unwirksam / zu machen – (ebenso Licht) – / daher die willenlose Vorstellung – / der bewusste, vorstellunggetragene Wille ist / der Wärme entgegengesetzt – (ebenso / dem Licht) – / Die Vorstellung muß sich begrenzen, an / der Grenze: Licht

Der Wille muß sich begrenzen, an der / Grenze: Wärme –

Notizbuch 47

Bewegung und Gestalt
Wäre nicht tätig die Vorstellung, so / käme die Schwerkraft zum Bewusstsein
Wäre nicht tätig der Wille, so / käme (das Licht) die Wärme zum / Bewusstsein. –
Wärme: Gedankenentleerter Wille
Gestaltung: Willenentleerter Gedanke.

Notizbuch 47

für 11. Maerz 1920:
Schmelzpunct der Legierungen =
$t + t_1 + t_2$ Wärmeleitung
2 Wismut 265° / 1 Blei 330° / 1 Zinn 230° / 940
[Rechnungen]
~~Kadmium / Wismuth 265 / Zinn / Blei~~
3 Blei 330 / 5 Zinn 230 / 560 186

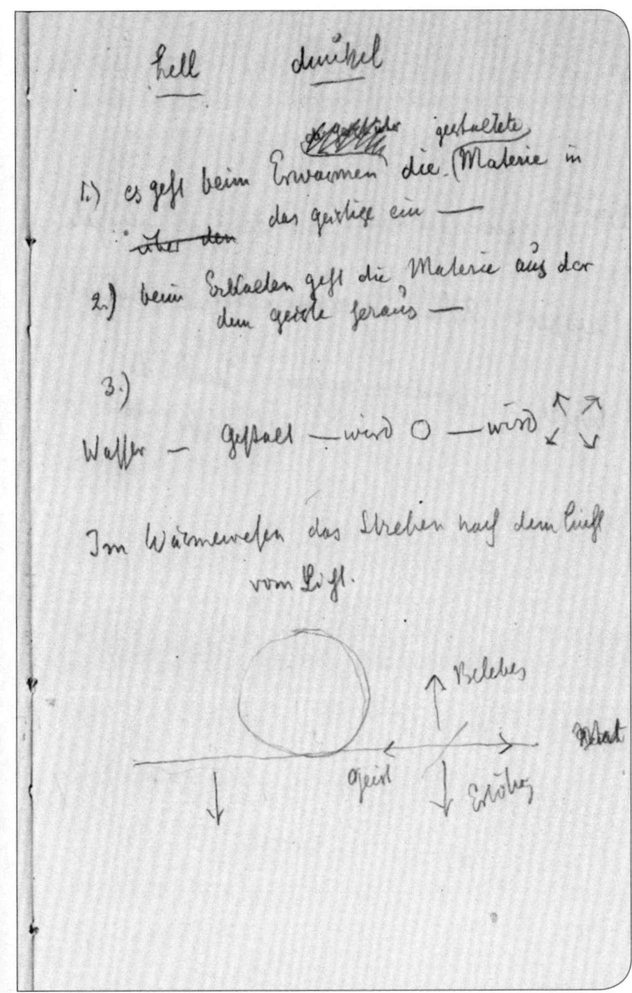

Notizbuch 47

hell dunkel
1.) es geht beim Erwärmen ~~der Gestalt über~~ die ~~gestaltete~~ Materie in / ~~über den~~ das Geistige ein –
2.) beim Erkalten geht die Materie aus der / dem Geiste heraus –
3.) / Wasser – Gestalt – wird *[Zeichnung]* – wird *[Zeichnung]*
Im Wärmewesen das Streben nach dem Licht / vom Licht. / *[Zeichnung]* / Belebung / Geist Erhöhung ~~Geist~~

Notizbuch 47

[Zeichnung] Niveaudifferenz / Verdichtung Verdünnung / Gestalt
[Ernst] Mach: „Es hat keinen gesunden Sinn, / einer Wärmemenge, die man nicht / mehr in Arbeit verwandeln kann, / noch einen Arbeitswert beizumessen. / Demnach scheint es, daß das / Energieprincip ebenso wie jede / andre Substanzauffassung nur / über ein begrenztes Tatsachengebiet / Gültigkeit hat, über welche Grenze / man sich nur einer Gewohnheit / zuliebe leicht täuscht."

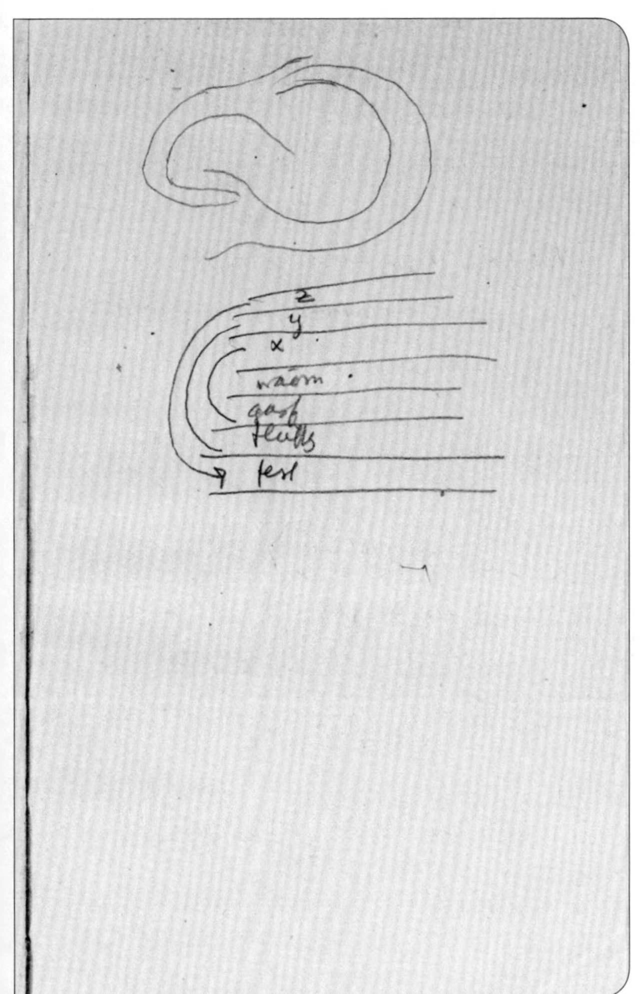

[Zeichnung]

z
y
x
wärme[artig]
gasf[örmig]
flüssig
fest

Notizbuch 47

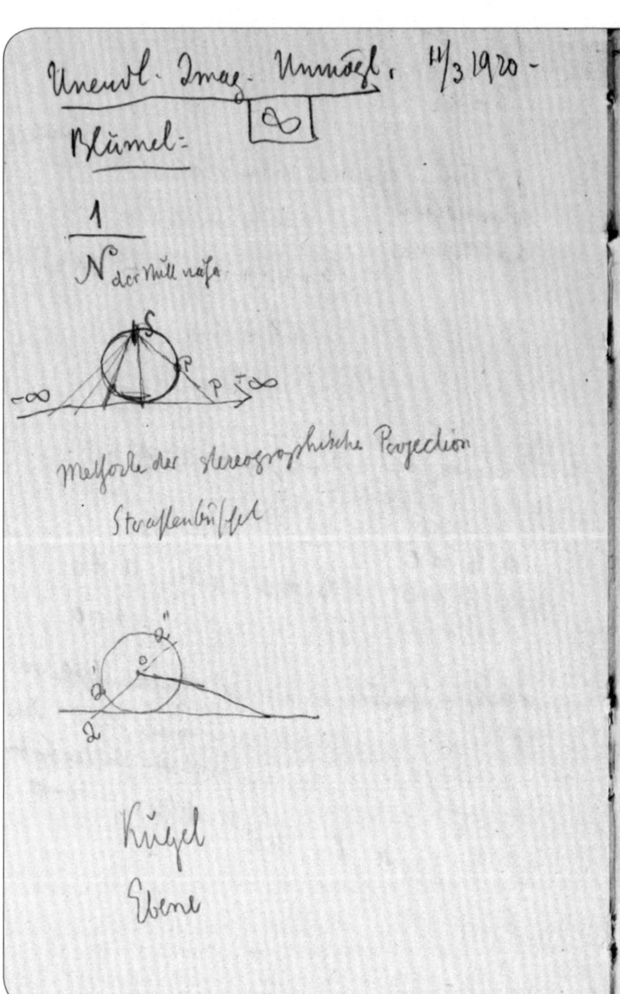

Unendl[ich] Imag[inär] Unmögl[ich] 11/3 1920. / ∞
[Ernst] Blümel:
$\frac{1}{N}$ der Null näher / *[Zeichnung]*
Methode der stereographischen Projection / Strahlenbüschel *[Zeichnung]* /
Kugel / Ebene

Notizbuch 47

Unmögl[ich] / *[Gleichungen]* / absolut unmöglich
Die Determinante verschwindet, ist nicht mögl[ich] / aufzulösen. / Altes Problem / Würfel doppelt so gross als anderer. / Kubikwurzel kann nicht durch Linien gelöst werden. / *[Zeichnung]* / Zirkel, Lineal bei 3 Potenzen / nicht möglich. / Hyperbolograph

Notizbuch 47

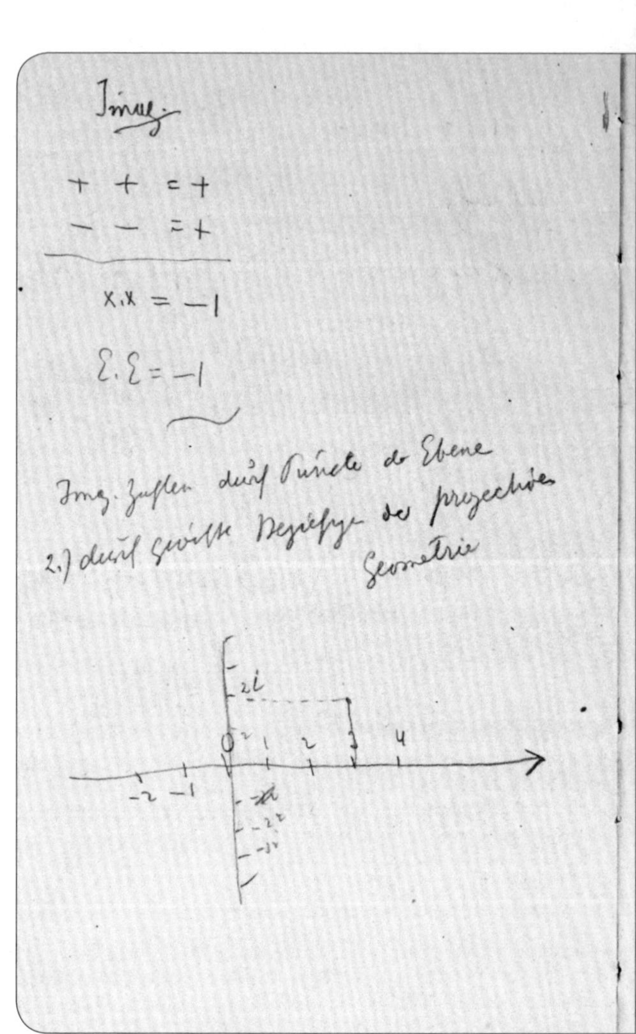

<u>Imag[inär]</u>

[Formeln]

Imag[inäre] Zahlen durch Puncte der Ebene / 2.) durch gewisse Beziehungen der projectiven / Geometrie

[Zeichnung]

Notizbuch 47

3 + 2i / Addition = Gesetz der Vertauschbarkeit der ~~Conf~~ Summanden commutativ $a + b = b + a$ / assoziativ $(a + b) + c = a + (b + c)$ / $ab = ba$ / $(a \cdot b) \cdot c = a \cdot (b \cdot c)$.
distributives Gesetz = $(a + b) \cdot c = ac + bc$
4.) $a \cdot b = 0$ / entw[eder] $a = 0$ $b \neq 0$ oder $a \neq 0$ / $b = 0$
[Carl Friedrich] Gauss: [Handle?] – unmögl[iches] Zahlen~~system~~ von / mehr als 2. das / noch den Zahlen~~system~~ / gesetzen entspricht / $a \cdot b = ba$

Notizbuch 47

<u>Blümel'sche Untersuchungen:</u> / allg[emeine] höh[ere] complexe Zahl [William Rowan] Hamilton
α_1 α_2 α_3 α_4 … reelle Zahlen / n Tupel
Voraussetzung – / Die reellen Zahlen unabh[ängig] von einander, so / daß sie stehen wie Coord[inaten] in 4 dimensional[em Raum] / *[Formeln]* / im 4 dimensionale Raum – *[unleserlich]* / *[unleserlich]* Q_3
[Formel] / Man kommt zu neuen, wenn / [gemischte?] Relation

Notizbuch 47

[Formel] / Tatsache: Zahlen die / *[Formel]* Kegel 2. Grades. / *[Formel]* mögliche / Zusammenhänge / *[Formel]*
ab = 0 Product kann 0 geben / ohne dass ein Faktor / 0 ist. –
[Karl] Weyerstrass: / Zahlensyst[em] auf höh[erer] Mannigfaltigkeit –

Notizbuch 47

Auflösung Gleichung ~~4.~~ 5. Grad. / *[Formeln]* / Gleichung 3 Grad[es] hat Darstellung durch Wurzeln. / *[Formel]* / 4 Grad = / [Formel] / bis hierher algebr[aische] / Lösung.
Gleichungen 5^{G} – [Niels Henrik] Abel [und Évariste Galois] haben einwandfrei / gezeigt, dass 5^{G} Gleich[ungen] / nicht lösbar.

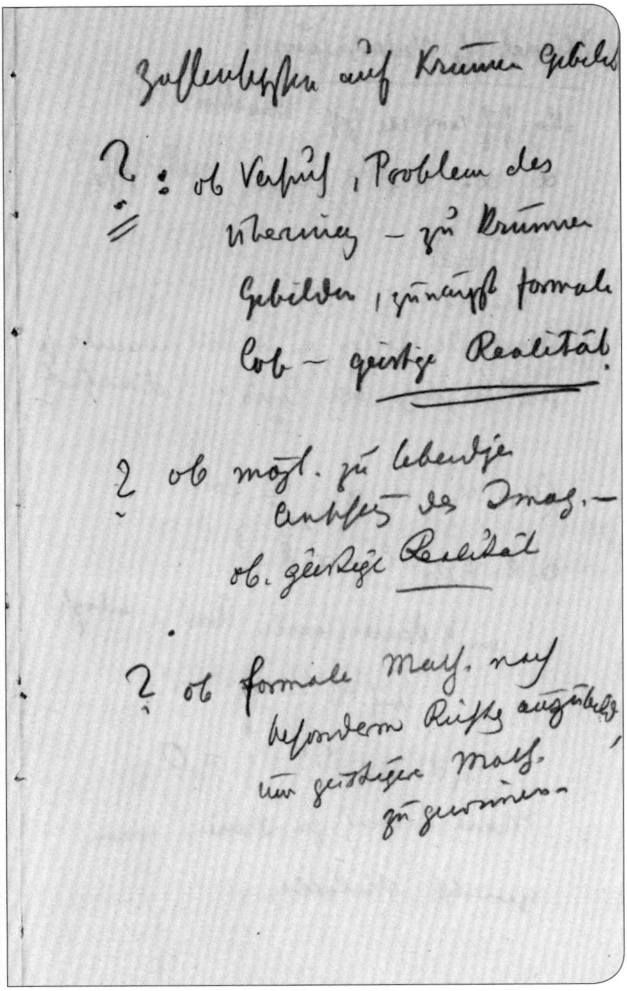

Notizbuch 47

Zahlensystem auf Krummen Gebilden
?: ob Versuch, Problem des / Überimag[inären] – zu krummen / Gebilden, zunächst formale / Lös[ung] – geistige Realität.
? ob mögl[ich] zu lebendiger / Anschauung des Imag[inären] – / ob geistige Realität
? ob formale Math[ematik] nach / besondern Richtung auszubilden, / um geistigere Math[ematik] / zu gewinnen.

Zusammenhängende Eintragungen aus Notizbuch 42 (RSA NB 42)

Gemäß der durch explizite Datierungen Rudolf Steiners gesicherten chronologischen Abfolge der Themen und Vorträge werden die Faksimiles mit den Transkriptionen in umgekehrter Reihenfolge der Doppelseiten des Notizbuchs – also im Gegensatz zur Abfolge im Notizbuch – von hinten nach vorne abgedruckt. Der Bezug zum *Zweiten Naturwissenschaftlichen Kurs* sowie zu den Vorträgen von Alexander Strakosch und Eugen Kolisko ergibt sich aus den besprochenen Themen sowie aus einzelnen expliziten Datierungen. Die hier reproduzierten Seiten des Notizbuches folgen in der gewählten Reihenfolge nicht direkt aufeinander, sondern sind unterbrochen durch andere Notizen Rudolf Steiners während seines Stuttgarter Aufenthalts im März 1920.

Rudolf Steiner verwendet für den Doppelpunkt und für das Gleichheitszeichen in seiner Handschrift dasselbe Zeichen =, dessen Bedeutung meist nicht eindeutig zuordenbar ist. In der Transkription wird es in diesen Fällen einheitlich mit = wiedergegeben.

Notizbuch 42

Strakosch = 11/3 1920 Waldorf = Schullokal

über den 3 Dimensionen: / eruieren – wo Math[ematik] auftritt. – / Entwicklungsgeschichte des menschl[ichen] Bewusstseins.

[Zeichnung]

Ich / heute / auf der Erde / Gebiet der Urbilder / (der Wirklichkeit) – / hohes Potential

Gegensatz = Potential → 0 / Geistig immer Ursache. / – 3 – das Seelische = / Physisch immer Wirkung

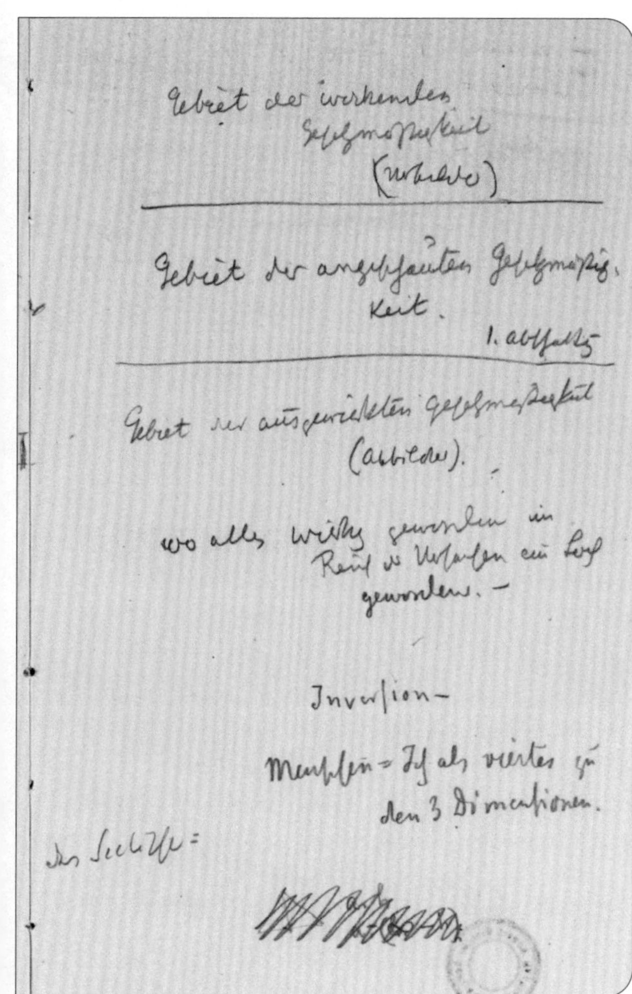

Notizbuch 42

Gebiet der wirkenden / Gesetzmäßigkeit / (Urbilder)
Gebiet der angeschauten Gesetzmäßig-/keit. / 1. [Abspaltung?]
Gebiet der ausgewirkten Gesetzmäßigkeit / (Abbilder). / wo alles Wirkung geworden im / Reich der Ursachen ein Loch / geworden. –
Inversion – / Menschen – Ich als viertes zu / den 3 Dimensionen.
~~a.h.~~ / ~~a – (∞ – h)~~

Notizbuch 42

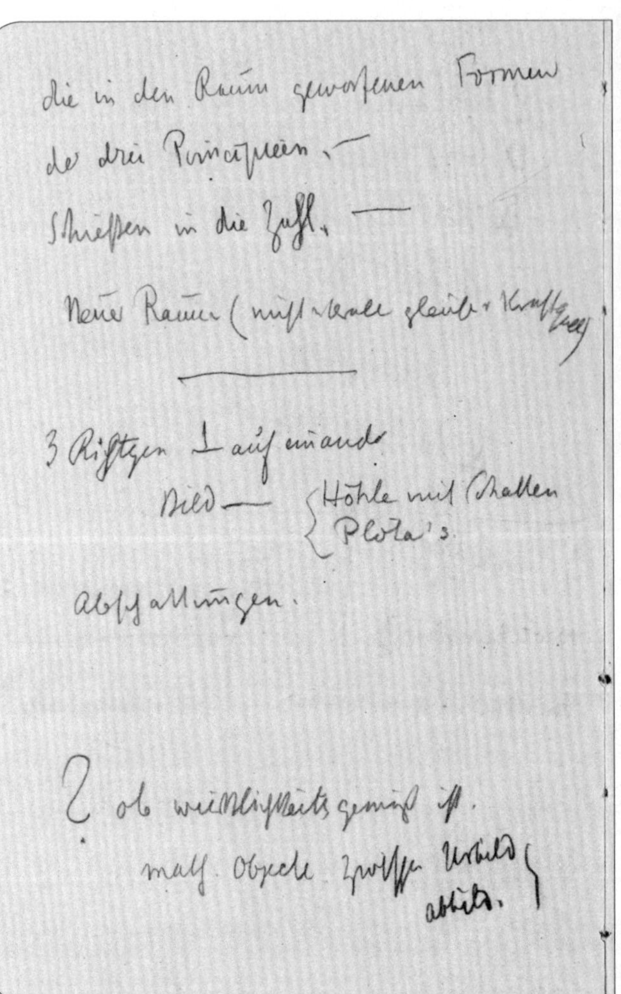

die in den Raum geworfenen Formen / der drei Principien. – / Schiessen in die Zahl. –
Neuer Raum (nicht überall gleicher Kraftquell)
3 Richtungen ⊥ [senkrecht] aufeinander / Bild – Höhle mit Schatten / Plato's / Abschattungen
? ob wirklichkeitsgemäß ist / math[ematische] Objecte zwischen Urbild / Abbild.

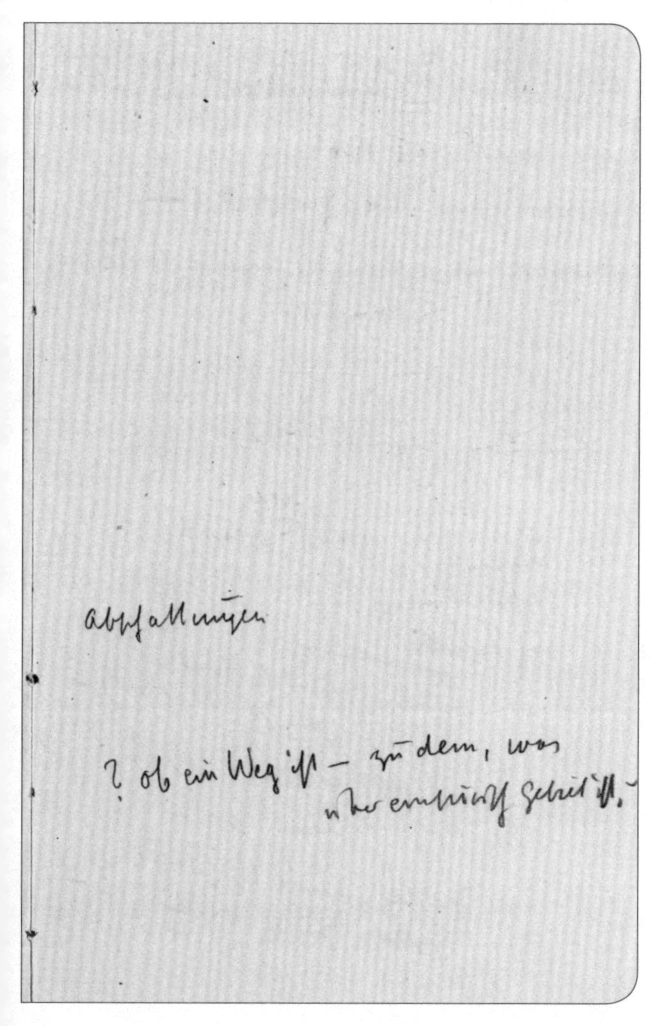

Notizbuch 42

Abschattungen / ? ob ein Weg ist – zu dem, was / überempirisch[es] Gebiet ist. –

Notizbuch 42

[Zeichnung]
siedendes / Wasser   Eis schmelzend
[Formel] K innere / Leitungsfähigkeit
[Formel] Temperaturgefälle / Wärmefluss
[Formeln]

Notizbuch 42

Muss ich überall von Temperaturgefälle / reden, so handelt es sich darum, dass / stets die innere Wirkung auf die Wesenheit / über der oberen Grenze die ist = Druck auf sich zu / empfinden oder als Materie zu haben – die innere Wirkung auf / die Wesenheit unter der unteren Grenze / die = Saug[wirkung] in sich zu empfinden als / Geist zu haben –

	Lebensaether =	oben / unten
x	Chem[ischer] Aether =	hinten / ~~rechts~~
y	Lichtaether =	rechts links / ~~vorn hinten~~
z	Wärmeaeth[er] =	~~links~~ / vorn

[Formeln]

Leben = die überimag[inäre] Zahl

Notizbuch 42

Mech[anisches] Potenzial – Ruhelage
Integrale Betrachtungsweise – / stellt kleinste Teilchen vor und ignoriert sie /
Energieconstanz gewahrt auch, wenn / kein Umsatz stattfindet.
Satz des Geschehens =

Wasser von Stellen höheren Schwerepotenziales	Wasserräder
Wärme [von Stellen] höherer Temperatur	Dampfmaschinen
Electrizität [von Stellen] höher[er] Spannung zu / solchen niedrigerer [Spannung]	Elektromotoren

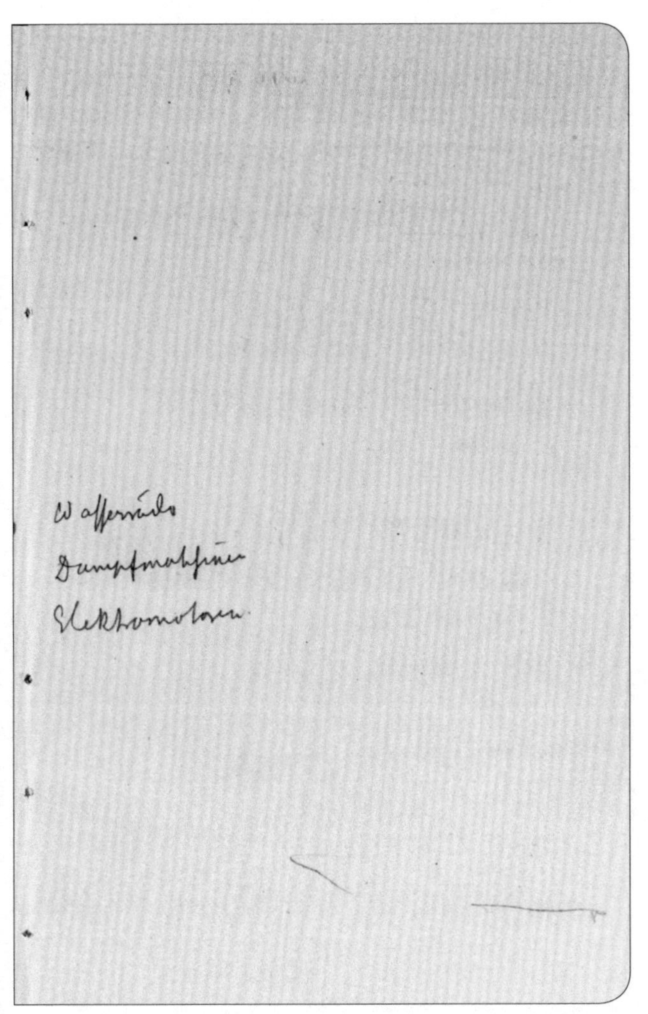

Wasserräder
Dampfmaschinen
Elektromotoren

Notizbuch 42

[Text: siehe S. 326]

Notizbuch 42

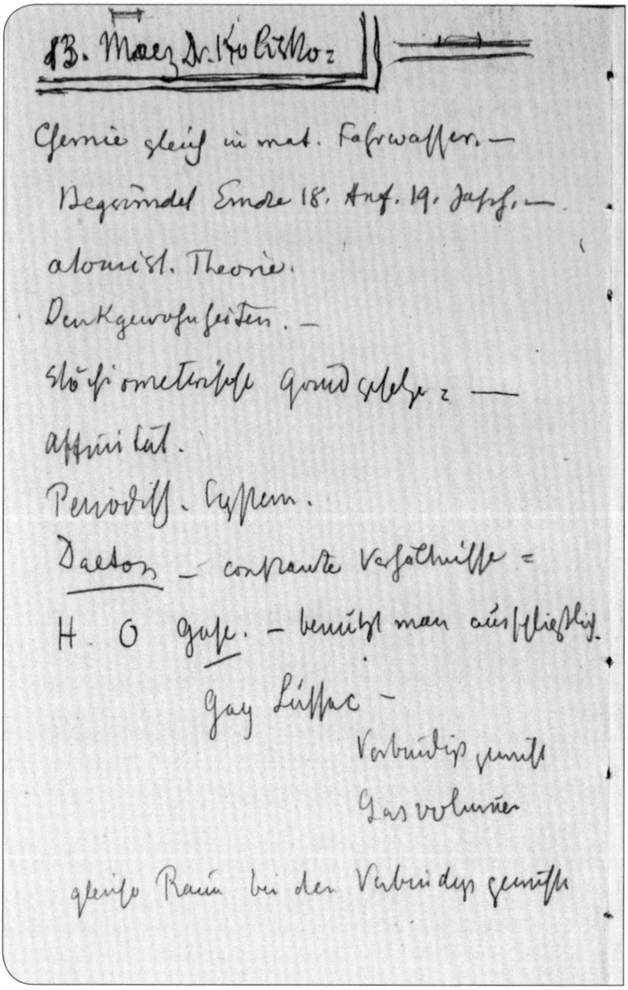

13. Maerz Dr. Kolisko:
Chemie gleich in mat[erialistischem] Fahrwasser. – / Begründet Ende 18. Anf[ang] 19. Jahrh[undert] – / atomist[ische] Theorie. / Denkgewohnheiten. – Stöchiometrische Grundgesetze – / Affinität. / Periodisch[es] System. [John] Dalton – constante Verhältnisse = / H. O Gase. – benutzt man ausschließlich
Gay Lussac – / Verbindungsgewicht / Gasvolumen / gleicher Raum bei den Verbindungsgewichte

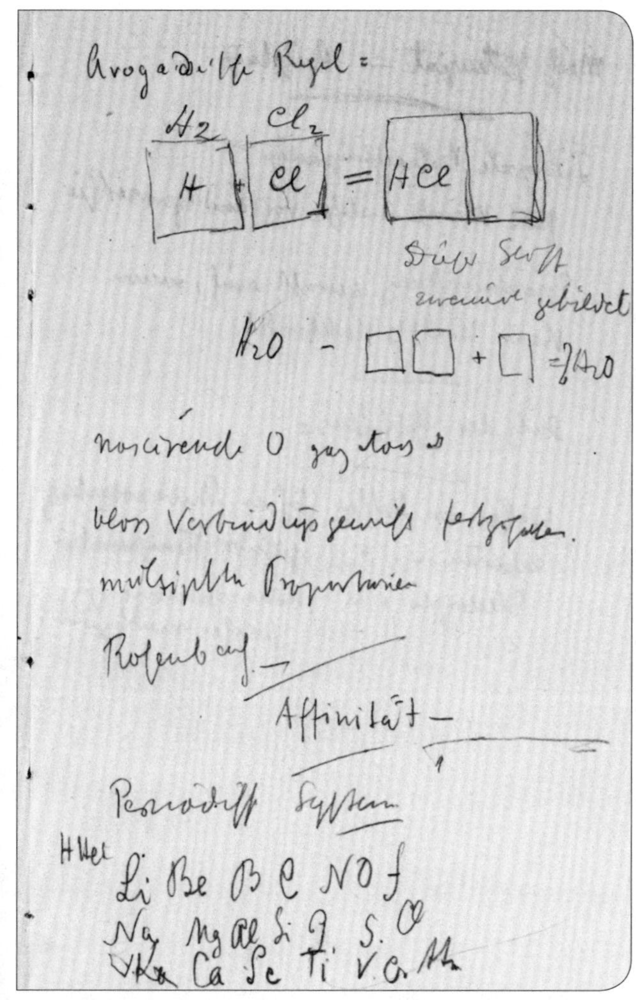

Notizbuch 42

Avogadrosche Regel =
[Zeichnung]
Dieser Stoff / zweimal gebildet
[Zeichnung/Formel]
nascirende O gaz [etwas?] / bloss Verbindungsgewicht festzuhalten. / multiple Proportionen
Rosenbach. – / Affinität – / Periodisches System
H HCl / Li Be B C N O F / Na Mg Al Si P S Cl / Ka Ca Sc Ti V Cr Mn

Notizbuch 42

Lothar Meyer. – [Dmitri Iwanowitsch] Mendeleff lachte. – / Periodisches System noch nicht in der / [Didaktik?]
Polarität Steigerung. / Elemente betrachten nach / dem, was sie sind / Wertigkeit
Fragen = periodisches System = / wie verhalten sich die / verschiedenen Qualitäten / Wärme Licht etc. – ?

Notizbuch 42

Alchemie = Gliederung der Metalle / zugeteilt Planeten. / wie diese ~~diejenigen~~ zu dem / periodischen System. –

Notizbuch 42

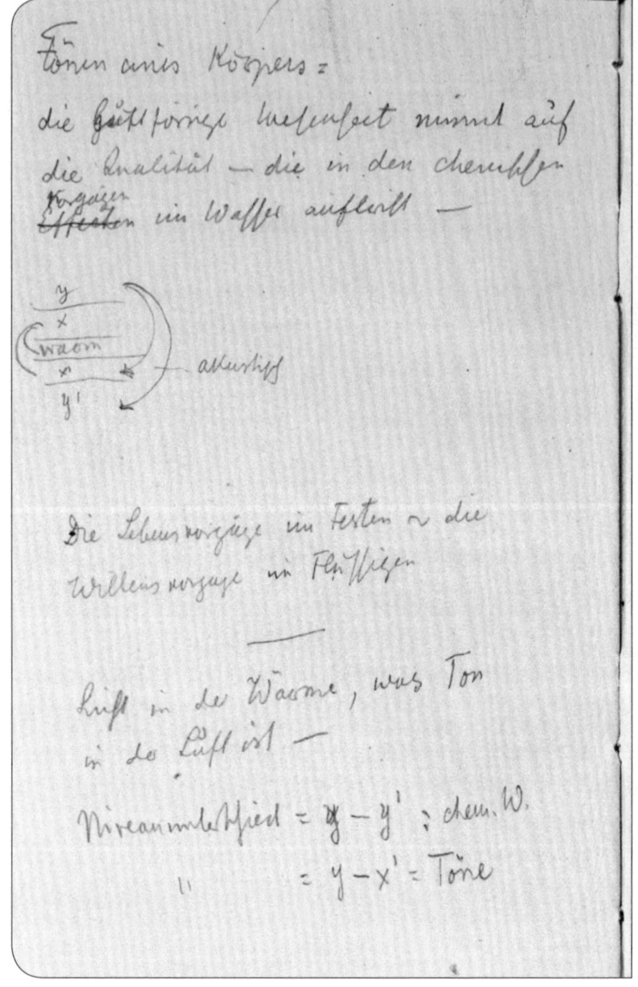

Tönen eines Körpers = / die geistförmige [luftförmige?] Wesenheit nimmt auf / die Qualität – die in den chemischen / ~~Effecten~~ Vorgängen im Wasser auftritt –

[Zeichnung:] Y / x / warm / x' akustisch / y'

Die Lebensvorgänge im Festen ~ die / Willensvorgänge im Flüssigen

Licht in der Wärme, was Ton / in der Luft ist –

Niveauunterschied = y – y' : chem[ische] W[irkungen]

[Niveauunterschied] = y – x' = Töne

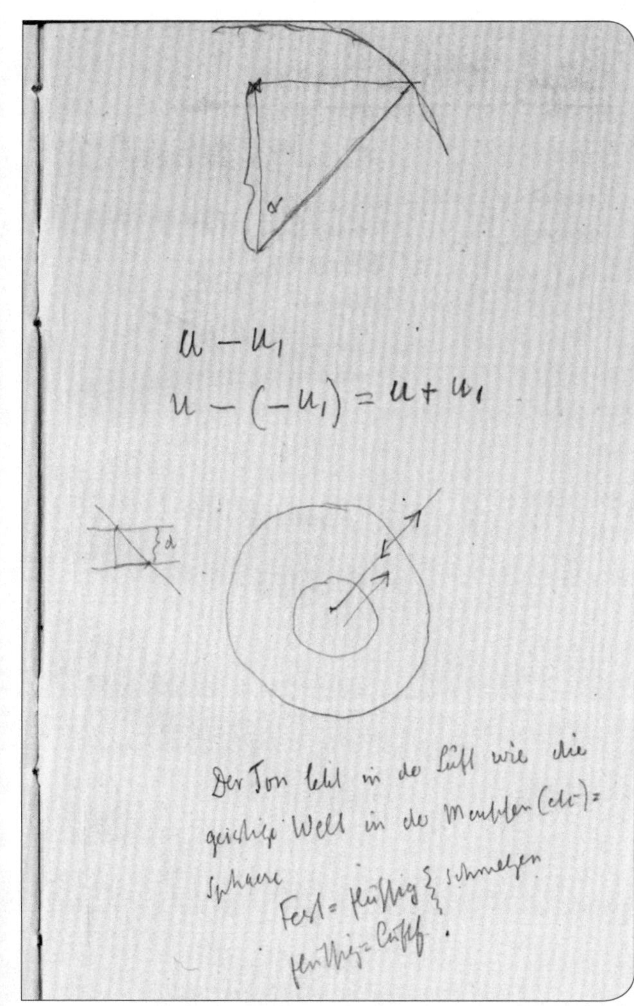

[Zeichnung] / [Formeln] / [Zeichnung]
Der Ton lebt in der Luft wie die / geistige Welt in der Menschen (etc) = / Sphaere / Fest = flüssig Schmelzen / flüssig = luftf[örmig]

AUSGEWÄHLTE NOTIZZETTEL
RSA NZ 4451, 4552A, 4453, 6663, 6681, 7280 (IWA)

Der Abdruck der Faksimiles mit den Transkriptionen von Notizzetteln erfolgt in der Reihenfolge der Archiv-Nummerierung derselben. Ein Bezug zu bestimmten Vorträgen oder Schriften konnte in der Regel nicht hergestellt werden. Man beachte, dass die Nummerierung rein archivalischer Natur ist und ihr weder eine chronologische Ordnung noch eine sachlich-inhaltliche Reihenfolge zugrunde liegt: konsekutive Notizzettel-Nummern sind nicht notwendigerweise zeitlich hintereinander einzuordnen noch gehören sie mit Bestimmtheit sachlich zueinander und/oder hintereinander. Der letzte Notizzettel stammt aus dem Ita Wegman Archiv (IWA), Arlesheim, und wird mit freundlicher Genehmigung desselben hier reproduziert.

NZ 4451
verso

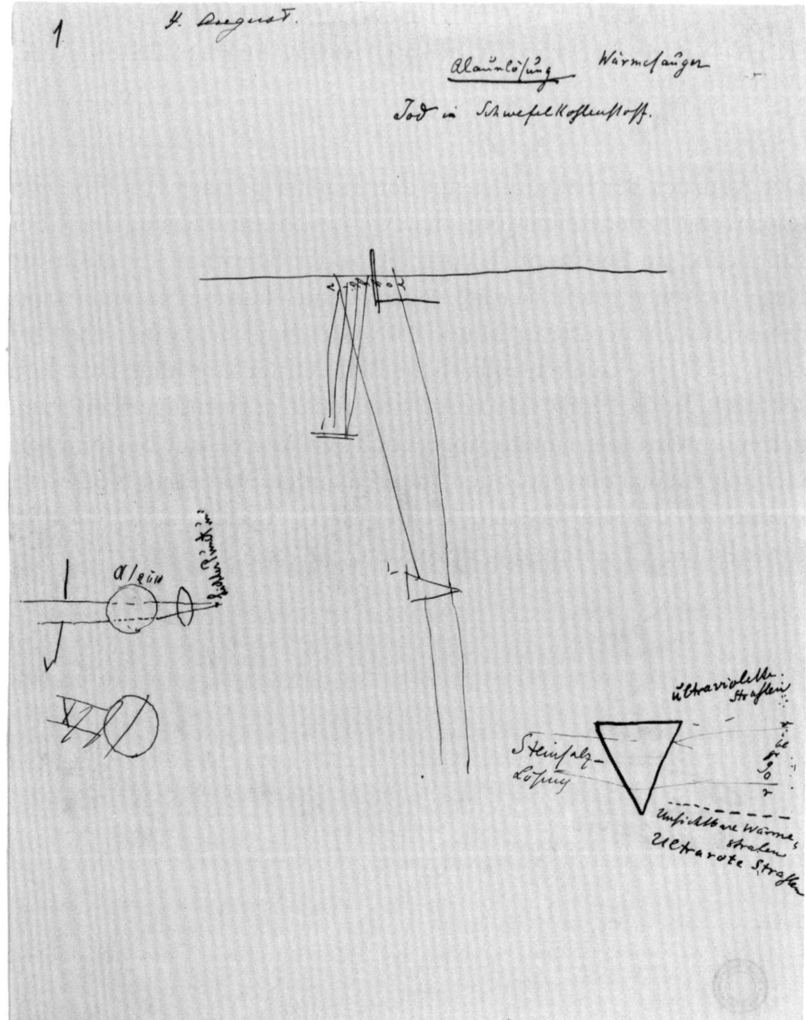

[In Marie Steiners Schrift:] 4. August
[Rudolf Steiners Schrift:] <u>Alaunlösung</u> Wärmesauger / Jod in Schwefelkohlenstoff.
[Zeichnung links:] Alaun Lichter Punct
[Zeichnung oben:] v[iolett] i[ndigo] b[lau] g[rün] g[elb] o[range] r[ot]
[Zeichnung rechts:] Ultraviolette / Strahlen / Steinsalz- / Lösung / v[iolett] i[ndigo] bl[au] gr[ün] g[elb] o[range] r[ot] / unsichtbare Wärme-/ strahlen / Ultrarote Strahlen

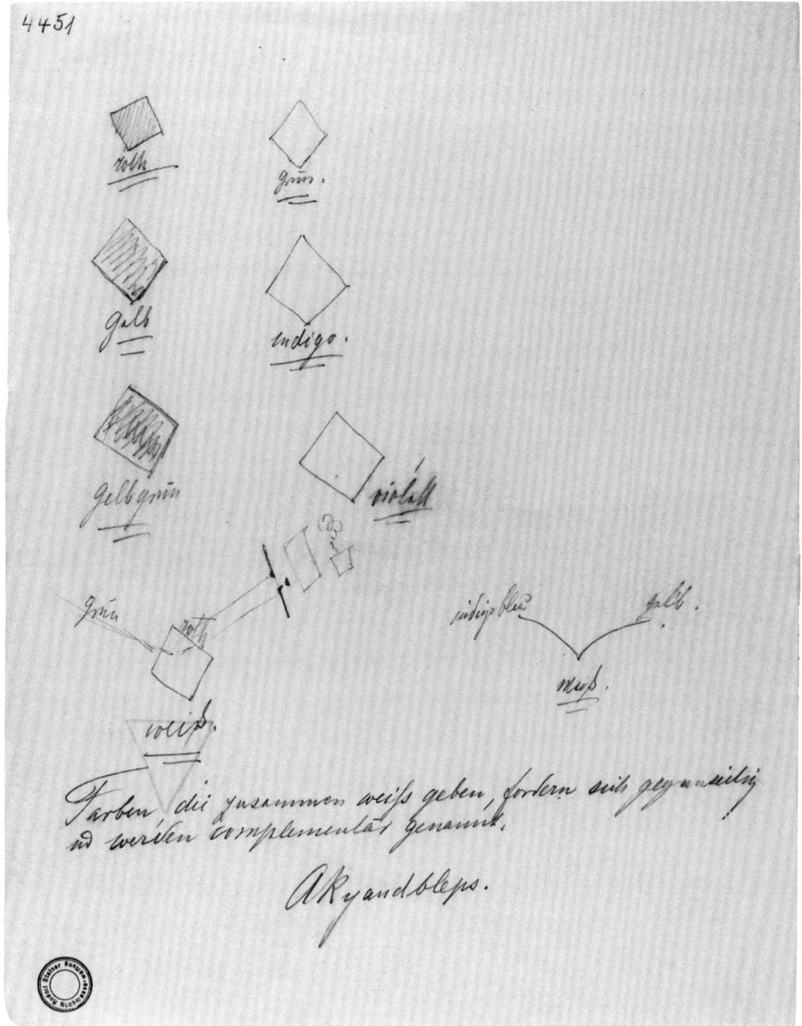

NZ 4451
recto

[In unbekannter Schrift:] [Zeichnungen oben:] Roth Grün. / Gelb Indigo. / Gelbgrün Violett
[Zeichnungen mitte:] grün roth weiß. indigoblau gelb. weiß.
Farben, die zusammen weiß geben, fordern sich gegenseitig / und werden complementär genannt. / Akyandbleps

NZ 4452a

Grenzen der Wissenschaft – Erfahrung –
wie diese Erfahrung sich als nicht möglich erwies –
Und der Mensch sich die Welt begreiflich machte dadurch,
dass er sich bewusst wurde: er merke die eigene Erdbewegung
nicht und beurteile dadurch das Äussere falsch –
Die Bewegung im Innern nun richtig bemerken:
dadurch das wahre der geistig-äusseren Welt beurteilen.
Der Zeitraum nach rückwärts eingesehen als Wirkenskräfte
nach vorwärts = ———

Nicht blosses Nachdenken ~~des~~ im innerlich Entdeckten: sondern
dieses lebendig-machen; die Wahrheit lebt in uns –
Sich finden in der Welt, in dem Anblick der Dinge:
Den Gedanken lebendig werden lassen, ohne dass man
dabei ist – ohne dass dies stört, was die alltägliche
Anblick gibt. — dann gerät man in jene Welt, aus
welcher die Wissenschaft hat schöpfen gelernt, das ihr
aber nicht ein lebendiges ist. Rose – ansehen

Gedankenbild: Gefühl, dass
dieses der sinnlichen Rose zu
Grunde liegt.

Die Naturwissenschaftlichen Wege:

Grenzen der Wissenschaft – Erfahrung –
wie diese Erfahrung sich als nicht maßgeblich erwies –
Und der Mensch sich die Welt begreiflich machte dadurch,
dass er sich bewusst wurde: er merke die eigene Erdbewegung
nicht und beurteile dadurch das Äussere falsch –
Die Bewegung im Innern nun richtig bemerken:
dadurch das wahre der geistig-äusseren Welt beurteilen.
Der Zeitraum nach rückwärts eingesehen als Wirkenskräfte
nach vorwärts = –
Nicht bloßes Nachdenken ~~des~~ im innerlich Entdeckten: sondern
dieses lebendig-machen; die Wahrheit lebt in uns –
Sich finden in der Welt, in dem Ansich der Dinge:
Den Gedanken lebendig werden lassen, ohne dass man
dabei ist – ohne dass dies stört, was die alltägliche
Ansicht giebt. – dann gerät man in jene Welt, aus
welcher die Wissenschaft hat schöpfen gelernt, das ihr
aber nicht ein lebendiges ist. Rose – ansehen
Gedankenbild: Gefühl, dass
dieses der sinnlichen Rose zu
Grunde liegt.
Die Naturwissenschaftlichen Wege:

NZ 4453

Das äussere Experiment, welches so angestellt wird, dass die Bedingungen hergestellt und der Erfolg abgewartet wird.—

Leben macht es so: das Geistige stellt die Bedingungen her.—

Wenn der Gedanke stark genug wird. Eisenbahnzug äussere Gegenstände scheinen sich zu bewegen — bei erlangter Gewohnheit nicht mehr — sich bewusst, dass man sich selbst bewegt.:

Das äussere Experiment, welches so angestellt wird, dass
die Bedingungen hergestellt und der Erfolg abgewartet
wird. –
Leben macht es so: das Geistige stellt die
Bedingungen her. –
Wenn der Gedanke stark genug wird. Eisenbahnzug
äussere Gegenstände scheinen sich zu bewegen – bei
erlangter Gewohnheit nicht mehr – sich bewußt, dass
man sich selbst bewegt:
[Zeichnung] [Text schwer entzifferbar] h. W. I. Farbe h. L. Ich

[Abschrift, Original nicht im Rudolf Steiner Archiv vorhanden]

Mathematik hier ist etwas Anderes als im Erdensein; im Erdensein ist sie ein Ideenleichnam, im Geisterland ist sie ein junger Lebenskeim. Wenn nun ein Mensch Mathematik studiert, so wird, während er studiert, ein Götterkind geboren, wenn er aber das mathematisch Erkannte in der Technik anwendet, so übergibt er das Götterkind dem Ahriman, der es zu einem Dämon erzieht. NZ 6663

Dr. Rudolf Steiner, Tannbach, Juni 1918. [*handschriftlich, nicht in Steiners Hand:* für Ludwig Polzer]

NZ 6681
recto

6681

Fragen: Macht die Ursache die Wirkung?

Ist Causalität dasselbe wie Gesetzmäßigkeit?

Gesetzmäßigkeit hat nicht mit Verursachung zu thun, denn man kann nach dem Gesetze ebensogut das Vorhergehende aus dem Folgenden, wie das Folgende aus dem Vorhergehenden bestimmen.

Ursache und Wirkung stehen nicht in einem Verhältnisse der Schöpfung; ~~ist~~ sondern die Ursache ist von der Wirkung ebenso abhängig, wie diese von jener; sie stehen nur in einem zeitlichen Verhältnisse.

Mein Vater ist nicht mein Schöpfer, sondern nur die Persönlichkeit, die mir vorangehen mußte.

Leite ich die Wirkung aus der Ursache ab, so thue ich principiell dasselbe, wie wenn ich die Ursache aus der Wirkung ableite; dennoch kann die Zeit nicht in umgekehrter Folge ~~gedacht werden~~ sein. — Warum? –

Fragen: Macht die Ursache die Wirkung?

Ist Causalität dasselbe wie Gesetzmäßigkeit?

Gesetzmäßigkeit hat nicht mit Verursachung zu thun, denn man kann nach dem Gesetze ebensogut das Vorhergehende mit dem Folgenden, wie das Folgende aus dem Vorhergehenden bestimmen.

Ursache und Wirkung stehen nicht in einem Verhältnisse der Schöpfung; ~~ich~~ sondern die Ursache ist von der Wirkung ebenso abhängig, wie diese von jener; sie stehen nur in einem zeitlichen Verhältnisse.

Mein Vater ist nicht mein Schöpfer, sondern nur die Persönlichkeit, die mir vorangehen mußte.

Leite ich die Wirkung aus der Ursache ab; so thue ich principiell dasselbe, wie wenn ich die Ursache aus der Wirkung ableite; dennoch kann die Zeit nicht in umgekehrter Folge ~~gedacht werden~~ sein. – Warum?

NZ 6681
verso

Der reale Prozeß ist nicht [illegible] das Gesetz

Es ist das vorhergehende durch das folgende bestimmt
Es ist das folgende durch das vorhergehende bestimmt } Ideell

Es kann das vorhergehende nicht aus dem folgenden hervorgehen
Es kann das folgende aus dem Vorhergehenden
hervorgehen } Real

Ich ist das sein eigenes Dasein
anerkennende —

Anschauung —

Noch genauer: Ideell kann das Vorhergehende aus dem
Folgenden hervorgehen
Real kann das Vorhergehende aus dem
folgenden nicht hervorgehen

Es unterscheidet sich also aller Prozeß Umwandelungsprozeß
und zwar Ideelles wandelt sich in
Reelles.

Alles noch nicht Reelle ist Zukunft
" nicht mehr Reelle ist Vergangenheit } Irrealität

Der reale Prozeß ist nicht ~~durch~~ das Gesetz

Es ist das vorhergehende durch das folgende bestimmt
Es ist das folgende durch das vorhergehende bestimmt   Ideell

Es kann das vorhergehende nicht aus dem folgenden hervorgehen
Es kann das folgende aus dem Vorhergehenden
hervorgehen   Real

Ich ist das sein eigenes Dasein
anerkennende. –
Anschauung

Noch genauer: Ideell kann das Vorhergehende aus dem
Folgenden hervorgehen
Real kann das Vorhergehende aus dem
folgenden nicht hervorgehen

Es unterscheidet sich also: aller Prozeß Umwandelungsprozeß
und zwar Ideelles wandelt sich in
Reelles.

Alles noch nicht Reelle ist Zukunft.
Alles nicht mehr Reelle ist Vergangenheit   Trivialität

NZ 7280
IWA

Gezeiten =

1.) Erdaxe

Galilei = Bedenken gegen Erdendrehung =

Beim Menschen = 1) Andre Gesetzeswelt zwischen Tod u. Geburt.
2.) Gesetze, die das Äussere zum Innern machen. — was zwischen Geburt
und Tod = Bild ist wird zur Gestaltungskraft. —
3.) Weltgesetze sind nur die mit der Welt[illegible] zusammenfassenden.
Die ~~Naturgesetze sind~~ Bewegungsgesetze sind so, dass sie sich gegenseitig
aufheben —:

Erde läuft nicht um die Sonne, beide laufen um denselben Punct, den
gemeinsamen Schwerpunct —
liegt auf der Verbindungslinie der Mittelpuncte
330000 mal näher Sonne; noch in der
Sonne selbst — denn ihr Abstand von uns
nur 215 mal so gross als ihr Halbmesser.

Die Absonderung des Menschen: der Mensch abhängig, solang imaginativ. —
Man geht vorwärts mit den andern Kräften =

Erde dreht sich um einmal mehr als um die Sonne —

Die Abhängigkeit — 1.) vom Irdischen: Gesamtwirkung. Fest
2.) von der Elementen-Welt: eine Organwirkung. — Fest — flüssig.
3.) von der Planetenwelt = innere Bewegung: Bild der äusseren Bewegung —
4.) von der Fixsternwelt = Gestaltung: Bild der äusseren Gestaltung. —

Gezeiten:
1.) Erdaxe
Galilei: Bedenken gegen Erdendrehung:
Beim Menschen: 1.) Andre Gesetzeswelt zwischen Tod u. Geburt.
2.) Gesetze, die das Äussere zum Innern machen. – was zwischen Geburt und Tod: Bild ist wird zur Gestaltungskraft. –
3.) Weltgesetze sind nur die mit der Weltatmung zusammenhängenden.
Die ~~Naturgesetze sind~~ Bewegungsgesetze sind so, dass sie sich gegenseitig aufheben – :

Erde läuft nicht um die Sonne, beide laufen um denselben Punct, den <u>gemeinsamen</u> Schwerpunct –
liegt auf der Verbindungslinie der Mittelpuncte
330000 mal näher Sonne; noch in der
Sonne selbst – denn ihr Abstand von uns
nur 215 mal so gross als ihr Halbmesser

Die Absonderung des Menschen: der Mensch abhängig, solang imaginativ. –
Man geht vorwärts mit den andern Kräften =
Erde dreht sich um einmal <u>mehr</u> als um die Sonne –

Die Abhängigkeit – 1.) vom Irdischen: Gesamtwirkung. Fest.
2.) von der Elementen-Welt: inne[re] Organwirkung. – Fest – feurig.
3.) von der Planetenwelt: innere Bewegung = Bild der äusseren Bewegungen
4.) von der Fixsternwelt: Gestaltung = Bild der äusseren Gestaltung. –

Zu dieser Ausgabe

Entstehung

Entstehungsumfeld des Kurses: Die erste Waldorfschule (später und andernorts auch Rudolf Steiner Schulen genannt) wurde von Kommerzienrat Emil Molt (1876–1936) für die Arbeiter und Angestellten der Waldorf-Astoria-Zigarettenfabrik in Stuttgart im Sommer 1919 eingerichtet und von Rudolf Steiner selbst geleitet. Die Anfragen zu den beiden *Naturwissenschaftlichen Kursen* vom 23. Dezember 1919 bis 3. Januar 1920 und dann vom 1. bis 14. März 1920 kamen aus dem Lehrerkollegium der wenige Monate zuvor gegründeten Schule.

Von zwei Personen wird berichtet, dass sie eine entsprechende Anfrage an Rudolf Steiner gerichtet haben. Zum einen stellte Georg Herberg (1876–1963) gemäß den Ausführungen seiner Tochter Ruthild Ganz-Herberg (1908–1994) im Aufsatz «Eine Schülerin erinnert sich an Rudolf Steiner und die Waldorfschule» an Rudolf Steiner 1919 sechs Fragen, welche dieser schriftlich beantwortete (in: *Mitteilungen aus der anthroposophischen Arbeit in Deutschland*, 66. Jg., Ostern 1992, Nr. 179, S. 29–31, hier S. 29). Gemäß einem Bericht aus einem Gespräch mit Ruthild Ganz-Herberg wurden der *Erste Naturwissenschaftliche Kurs* (GA 320) und der *Zweite Naturwissenschaftliche Kurs* (GA 321), der sogenannte «Lichtkurs» bzw. der «Wärmekurs», durch diese Fragen mit angeregt (Hans Heitler, [Nachruf] Georg Herberg, *Das Goetheanum, Nachrichtenblatt*, 40. Jg., Nr. 46, 17. November 1963, S. 192–193). Diese Fragenbeantwortung ist in den Bänden *Nachgelassene Abhandlungen und Fragmente 1897–1924*, GA 46 und GA 320 abgedruckt.

Zum anderen berichtete Walter Johannes Stein in einem bisher unveröffentlichten fragmentarischen Typoskript mit dem Titel «Rudolf Steiner als Tröster» (Goetheanum Archiv, GoeA D.02 W.J. Stein 035, S. 2) über die von ihm ausgehende Anregung zum vorliegenden *Zweiten Naturwissenschaftlichen Kurs* und beleuchtet zusätzlich einen geisteswissenschaftlichen Hintergrund von Steiners Beschäftigung mit der Wärmelehre: «In der Vorrede zur ersten Auflage der ‹Geheimwissenschaft im Umriss› [GA 13, 31. Aufl. Basel 2013, S. 7–11] sagt Dr. Steiner, dass er niemals in den kosmologischen Ausführungen dieses Buches über Wärme-Vorgänge so gesprochen hätte, wie er es tut, wenn er nicht im Stande gewesen wäre, auch vom Gesichtspunkt der mechanischen Wärmetheorie diese Probleme zu behandeln. Er schreibe zwar aus hellseherischer Beobachtung, aber er habe sich seit 30 Jahren mit allem bekannt gemacht, was von der Wissenschaft in dieser Richtung erarbeitet worden ist, und sei auch jetzt, wo er dies schreibe, auf dem Laufenden. Er habe alle neuere Physik und Mathematik gründlich verfolgt. Ich kann dazu aus meiner eigenen Erfahrung nur bemerken, dass ich in Gesprächen mit Dr. Steiner dies voll bestätigt fand und dass er nicht nur alle Bücher und wichtigen Publikationen kannte, sondern auch immer noch eine Anekdote über den Autor hinzuzufügen wusste. – Doch sagt Dr. Steiner in dieser Vorrede zur Geheimwissenschaft, er könnte das alles nicht bringen, da er sonst viele Bände allein über die physikalischen Probleme hätte schreiben müssen. – Es war mir später vergönnt, ihn zu bitten, einiges davon nachzutragen und seine gütige Reaktion zu dieser Bitte ist sein Wärmekursus 1.–14. März 1920.»

Zur Entstehungsgeschichte und zur Durchführung dieser beiden Kurse ließen sich weder in Stuttgart noch am Rudolf Steiner Archiv in Dornach weitere zeitgenössische Unterlagen finden. Die potentiellen Teilnehmer waren die ersten Lehrenden der Waldorfschule (meist Klassenlehrer der Stufen 1 bis 8): Leonie von Mirbach, Johannes Geyer, Hannah Lang, Hertha Koegel, Caroline von Heydebrand, Friedrich Oehlschlegel, Rudolf Treichler, Ernst August Karl Stockmeyer (sicher), Herbert Hahn, Elisabeth Baumann, Paul Baumann, Helene Rommel, Berta Molt, Nora Stein-von Baditz, Edith Röhrle-Ritter. Als weitere Teilnehmende, eventuell unter anderen, kommen infrage: Michael Bauer, Karl Schuberth, Walter Johannes Stein (sicher), Eugen Kolisko (sicher), Lilly Kolisko, Carl Unger, Ernst Blümel, Oskar Schmiedel, Alexander Strakosch (sicher), Karl Schubert, Hermann von Baravalle, Ernst Uehli, Hedwig Hauck, Rudolf Meyer, Hans Theberath, Wilhelm Pelikan, Franz Halla, Günther Wachsmuth, Elisabeth Vreede.

Aus der Erinnerungsliteratur lassen sich noch einige Details ergänzen. Günther Wachsmuth: Rudolf Steiner reiste «Anfang März von Dornach wiederum nach Stuttgart, um dort den Fortgang der wissenschaftlichen, pädagogischen und sozialen Bestrebungen der Mitarbeiter zu fördern. Er begann diese Tätigkeit mit der Abhaltung des II. Naturwissenschaftlichen Kurses vom 1.–14. März, der in Ergänzung der vorher gegebenen Darstellung des Lichtes und der Farbenwelt nunmehr insbesondere dem Wesen und Wirken der Wärme in vielen Zusammenhängen gewidmet war. [... Einige der Angaben] sind dann in den kommenden Jahren im Forschungsinstitut und Laboratorium am Goetheanum bis in zahlreiche Phänomene der Tages- und Jahresrhythmen, der Lebenserscheinungen, auch bis in feinste Einflüsse in den Kristallisationsprozessen, ausgearbeitet worden und haben insbesondere der später inaugurierten landwirtschaftlichen Arbeit wertvolle Dienste geleistet. Die von ihm gegebenen Forschungsimpulse fanden somit eine intensive zukünftige Entwicklung» (*Rudolf Steiners Erdenleben und Wirken*, 2. Aufl. Dornach 1951, S. 400–401). Alexander Strakosch, der wiederum per Telegramm (wie auch zum *Ersten Naturwissenschaftlichen Kurs*, siehe dort) auch zum *Zweiten Naturwissenschaftlichen Kurs* eingeladen wurde: «Der Kurs wurde von Rudolf Steiner wieder für die Waldorflehrer und einen kleinen Kreis von Naturwissenschaftlern in den Räumen der Waldorfschule gehalten. Diese Betrachtungen sollten eine Fortsetzung des ersten, sogenannten ‹Licht-Kurses› sein und gingen aus von der Betrachtung der Wärmeverhältnisse der Welt. [...] Es schien uns auch diesmal wichtig, Rudolf Steiners Ausführungen im Wortlaut festzuhalten, und ich ließ mir dies besonders angelegen sein. Außerdem hatte ich ja freie Zeit, während die anderen Zuhörer mitten in jener Stuttgarter Arbeit standen, deren Intensität ich ja bald ausgiebig kennenlernen sollte. Wenn die Stenographin, von welcher Fachkenntnis wohl nicht erwartet werden konnten, diktierte, war ich dabei, um von Anfang zu verhindern, dass Sinnstörendes festgelegt würde. Dann aber gab es noch genug Arbeit bis zur Herstellung eines guten Textes und dessen Übereinstimmung mit der bei den Vorträgen an der Tafel gemachten Zeichnungen.» Alexander Strakosch weist auch auf die Vorträge seiner Kollegen hin, dazu weiter unten mehr: «Während des Kurses waren vier Redner, zwei Mathematiker, ein Arzt und ich, aufgefordert worden, Vorträge zu halten über die Gebiete, mit welchen sie sich beschäftigten. Nach jedem Vortrag sprach auch Rudolf Steiner zu den behandelten Themen» (Alexander Strakosch: *Lebenswege mit Rudolf Steiner – Erinnerungen*, 2. Aufl. Dornach 1994, S. 277–279). Lili Kolisko hielt fest: «Vom 1. bis 14. März hielt Rudolf Steiner den zweiten naturwissenschaftlichen Kurs, den sogenannten ‹Wärme-Kurs›. Um dieselbe Zeit [13. März 1920] fand auch die Gründung des ‹Kommenden Tages› statt. Verschiedene Persönlichkeiten wollten die neuen sozialen Gedanken auch im Wirtschaftsleben anwenden. Am 13. März, also während des von Dr. Steiner gegebenen naturwissenschaftlichen Kursus, hielt Dr. Kolisko einen Vortrag über Chemie, ein Gebiet, das ihm sehr am Herzen lag [siehe unten]. Er berichtete darüber nach Wien, dass Dr. Steiner sehr zufrieden war mit diesem Vortrag und daran anknüpfend viele interessante Einzelheiten ausführte. ‹Heute Abend schloss der naturwissenschaftliche Kurs und Dr. Steiner sagte, er hoffe, dass sich aus den Vorträgen der verschiedenen Teilnehmer eine Art Akademie bilden werde. Von nirgends werde eine neue Befruchtung wissenschaftlicher Ideen ausgehen können als von hier.›» (L. Kolisko: *Eugen Kolisko – Ein Lebensbild*, Gerabronn-Crailsheim 1961, S. 25–26).

Auf eine Anfrage zu Unterlagen zur Durchführung des Kurses antwortete Hans Rebmann (1912–1999) am 30. Oktober 1963 an Gian Andrea Balastèr (Rudolf Steiner Archiv: Nachlass Balastèr, zu GA 320): «Die Bücher der Lehrerbibliothek sind wohl alle [...] erhalten geblieben. Wir haben da noch eine Menge alter Physikbücher herumstehen, es ist jedoch meines Wissens nicht bekannt, ob Rudolf Steiner das eine oder das andere zur Vorbereitung benützt hat. [...] Der Raum, in dem damals die Kurse abgehalten worden sind, existiert noch. Es ist die Küche des ehemaligen Restaurants Uhlandshöhe, die zum Chemiesaal der ersten Waldorfschule umgebaut worden ist und seither ununterbrochen als solcher benutzt wurde.»

Parallel mit diesem Kurs war Steiner im März 1920 in verschiedenste andere Aktivitäten in Stuttgart involviert: Leitungsaufgaben und Klassenbesuche in der Waldorfschule, Teilnahme an Lehrerkonferenzen (6., 8. und 14. März 1920, in: *Konferenzen mit den Lehrern der Freien Waldorfschule in Stuttgart*, Erster Band, 1919–1921, GA 300a), Vorträge zur sozialen Frage (dokumentiert in: *Die Krisis der Gegenwart und der Weg zu gesundem Denken*, GA 335, und in: *Gegensätze der Menschheitsentwicklung*, GA 197) sowie am 3. März in einen Studienabend über *Die Kernpunkte der sozialen Frage* (GA 23), dokumentiert in: *Soziale Ideen – Soziale Wirklichkeit – Soziale Praxis*, Band I, GA 337a).

Darüber hinaus gab es Vorträge von und Fragestunden für Naturwissenschaftler, zu denen Steiner meist ein Schlusswort hinzufügte. Im Einzelnen handelt es sich um Beiträge folgender Personen. Zu den genannten und anderen Autoren siehe auch weitere Erwähnungen und Diskussionsvoten Steiners in *Fachwissenschaften und Anthroposophie* (GA 73a) und in *Die Vierte Dimension* (GA 324a).

7. März 1920: Hermann von Baravalle (1898–1973), ab 1920 Lehrer an der Freien Waldorfschule in Stuttgart, später Begründer von Waldorfschulen in USA, Verfasser von Schriften auf den Gebieten der Mathematik, Physik, Astronomie und Pädagogik, hielt einen Vortrag über «Die Relativitätstheorie» (siehe dazu die Vorträge vom 27.–29. September 1920: «Grundprobleme der Physik im Lichte anthroposophischer Erkenntnis», in: Eugen Kolisko (Hrsg.), *Aenigmatisches aus Kunst und Wissenschaft*, Stuttgart 1922, S. 107–133); Steiners Diskussionsvotum anschließend an den Vortrag ist dokumentiert in: *Die vierte Dimension*, GA 324a, 1. Aufl. 1995, S. 136–145.

7. März 1920: Georg Herberg (1876–1963), einer der ersten Dr.-Ing. in Deutschland, seit 1913 selbstständig beratender Ingenieur, stellte (wohl in schriftlicher Form) Fragen zur Relativitätstheorie, Energie und Masse; diese wurden von Steiner beantwortet, dokumentiert in: *Die vierte Dimension*, a. a. O., S. 146–148.

8. März 1920: Ernst Müller (1880–1954), Mathematiker, Schriftsteller, Gelehrter des Hebräischen und der Kabbala, Bibliothekar, hielt einen Vortrag über «Die Methoden der Mathematik», der sich eine Besprechung mit Steiner anschloss; von beiden Ereignissen ist kein Material im Rudolf Steiner Archiv (RSA) vorhanden. Siehe jedoch die Notizbucheintragungen zu Müllers Vortrag (RSA NB 47), im Anhang S. 294–297.

11. März 19020: Ernst Blümel (1880–1952), Mathematiker, lehrte u. a. an der Freien Waldorfschule in Stuttgart, hielt einen Vortrag «Über das Imaginäre und den Begriff des Unendlichen und Unmöglichen». Siehe dazu die Notizen von Steiner (RSA NB 47), S. 310–317 im Anhang. Zum möglichen Vortragsinhalt siehe auch die Vorträge vom 4.–6. Oktober 1920: «Hauptprobleme der Mathematik», in: Eugen Kolisko (Hrsg.), *Aenigmatisches aus Kunst und Wissenschaft*, Stuttgart 1922, S. 81–106. Steiners Diskussionsvotum anschließend an den Vortrag vom 11. März 1920 ist erhalten, dokumentiert in: *Die vierte Dimension*, a. a. O., S. 149–156.

11. März 1920: Alexander Strakosch (1879–1958), Bauingenieur, Lehrer an der Freien Waldorfschule in Stuttgart seit 1919, seit 1920 in der Leitung des Wissenschaftlichen Forschungsinstitutes des «Kommenden Tages AG», Stuttgart, hielt einen Vortrag über «Die mathematischen Gebilde als Zwischenglied zwischen Urbild und Abbild». Zu diesem Vortrag ist im RSA kein Material vorhanden. Siehe dazu jedoch die Notizen von Steiner (RSA NB 42), S. 320–323 im Anhang. Steiners Diskussionsvotum anschließend an den Vortrag ist erhalten, dokumentiert in: *Die vierte Dimension*, a. a. O., S. 157–163.

13. März 1920: Eugen Kolisko (1893–1939), Lehrer und Schularzt an der Waldorfschule, nach Alexander Strakosch ab 1923 Leiter des Wissenschaftli-

chen Forschungsinstitutes in Stuttgart, hielt einen Vortrag, dessen Titel gemäß dem anschließenden Diskussionsvotum Rudolf Steiners etwa so gelautet haben mag: «Hypothesenfreie Chemie». Siehe dazu die Notizen von Steiner (RSA NB 42, S. 328–331 im Anhang). Im Herbst 1920 während des ersten anthroposophischen Hochschulkurses hat Kolisko Anfang Oktober 1920 drei Vorträge mit ähnlich lautendem Titel gehalten; sie wurden publiziert als «Hypothesenfreie Chemie im Sinne der Geisteswissenschaft», in: Eugen Kolisko (Hrsg.), *Aenigmatisches aus Kunst und Wissenschaft*, Stuttgart 1922, S. 165–230. Die an den Vortrag vom 13. März 1920 anschließende Fragenbeantwortung findet sich in *Fachwissenschaft und Anthroposophie*, GA 73a, 1. Aufl. Dornach 2005, S. 423–432.

Charakter des Kurses: Aus der Beschaffenheit der überlieferten Mitschriften, mit Lücken und nicht sicher rekonstruierbaren Passagen, geht hervor, dass es sich um einen zwar inhaltlich stringent aufgebauten und gut vorbereiteten Kurs handelte, der jedoch durch seinen Charakter als eine Art Zwiegespräch mit den Teilnehmenden und den durchgeführten Experimenten schwierig zu protokollieren und mitzuschreiben war. Schwierigkeiten in der Beschaffung des notwendigen Experimentiermaterials ergaben auch nicht vorgesehene Umstellungen in den Ausführungen Steiners.

Weitere Materialien: Für das Rudolf Steiner Archiv wird einheitlich die Abkürzung RSA verwendet. In dem vorliegenden Band wurden Fragenbeantwortungen Rudolf Steiners zu physikalischen Themen aus den Jahren 1908 bis 1921 in chronologischer Reihenfolge aufgenommen, die in den meisten Fällen noch nicht in der Rudolf Steiner Gesamtausgabe erschienen sind. Damit sind nach derzeitigem Kenntnisstand alle physikalische Themen betreffenden Fragenbeantwortungen innerhalb der Gesamtausgabe publiziert.

Hinzu kommen nach derzeitigem Kenntnisstand sämtliche bekannten zusammenhängenden Notizbucheintragungen Steiners (aus RSA NB 42 und 44) zu diesem Kurs und zu den meisten der von Teilnehmern gehaltenen Vorträge (siehe oben). Die Reproduktionen hat Ivana Suppan angefertigt.

Ergänzend wurden aus dem reichhaltigen Bestand der Notizzettel und kurzen Notaten einige ausgewählt, die nach derzeitigem Kenntnisstand schwerpunktmäßig physikalische Themen betreffen und mehr oder weniger deutlich dem engeren Umfeld des *Ersten* oder *Zweiten Naturwissenschaftlichen Kurses* zugeordnet werden können. Dabei wurden frühe Notizzettel, die sich sehr wahrscheinlich der Studienzeit zuordnen lassen, nicht berücksichtigt. Ganz unberücksichtigt blieben Vorlesungsmitschriften und Exzerpte aus der Studienzeit.

Auswahl publizierter Materialien (Vorträge, Dokumente) im Umfeld naturwissenschaftlicher Themen, ohne Licht- und Farbenlehre

Der Wert des Denkens für eine den Menschen befriedigende Erkenntnis – Das Verhältnis der Geisteswissenschaft zur Naturwissenschaft (GA 164)
Ergänzung heutiger Wissenschaften durch Anthroposophie (GA 73)
Anthroposophie und Fachwissenschaften (GA 73a)
Das Verhältnis der Anthroposophie zur Naturwissenschaft – Grundlagen und Methoden (GA 75)
Grenzen der Naturerkenntnis (GA 322)
Dritter Naturwissenschaftlicher Kurs («Himmelskunde und Mensch») (GA 323)
Naturbeobachtung, Experiment, Mathematik und die Erkenntnisstufen der Geistesforschung (GA 324)
Die befruchtende Wirkung der Anthroposophie auf die Fachwissenschaften (GA 76)
Die Aufgabe der Anthroposophie gegenüber Wissenschaft und Leben (GA 77a)
Erneuerungsimpuls für Kultur und Wissenschaft (GA 81)
Die Bedeutung der Anthroposophie im Geistesleben der Gegenwart (GA 82)
Die vierte Dimension. Mathematik und Wirklichkeit (GA 324a)
Die Naturwissenschaft und die weltgeschichtliche Entwicklung der Menschheit seit dem Altertum (GA 325)
Das Entstehungsmoment der Naturwissenschaft in der Weltgeschichte und ihre seitherige Entwicklung (GA 326)
«Rudolf Steiner und der mehrdimensionale Raum», *Beiträge zur Rudolf Steiner Gesamtausgabe*, Nr. 114/115, 1995.
«Aufgabenstellungen von Rudolf Steiner für wissenschaftliche Forschungen, *Beiträge zur Rudolf Steiner Gesamtausgabe*, Nr. 122, 2000.

Textgestalt

Textgrundlagen des Kurses: Die Verfasser der Mitschriften sind nicht explizit bekannt. Es liegt jedoch nahe, davon auszugehen, dass dieselben Personen wie beim *Ersten Naturwissenschaftlichen Kurs* daran mitgearbeitet haben: Hedda Hummel, Lilly Kolisko, Clara Michels, einige namentlich nicht genannte Studenten und eventuell Elisabeth Vreede. Danach sollen sich einige der Zuhörenden zusammengesetzt und aus ihren Nachschriften gemeinsam einen Text erarbeitet haben, der dann nachträglich für die Manuskript-Vervielfältigung fertiggestellt worden ist (siehe GA 320, S. 302). In den im Rudolf Steiner Archiv (RSA) überlieferten Manuskriptdrucken des *Zweiten Naturwissenschaftlichen Kurses* ca. aus dem Jahr 1922 finden sich keine Vermerke zum weiteren Vorgehen. Wiederum kann man davon ausgehen, dass so vorgegangen wurde wie beim vorangehenden Kurs; dort heißt es in der Vervielfältigung auf der ersten Seite dieses durch und für die Fachlehrer der Waldorfschule Stuttgart 1922 verfertigten Textes: «Korrigiert von Stockmeyer, Stein, Strakosch und Kolisko; zuletzt noch einmal ganz von Kolisko, den 27. Februar 1922.»

Von den Vorträgen dieses Kurses sind im Rudolf Steiner Archiv keine Stenogramme mehr erhalten. Es liegen eine stichwortartige Mitschrift von Eugen Kolisko und eine maschinenschriftliche Fassung vor, bei der nicht mehr festzustellen ist, ob es eine ursprüngliche Stenogrammübertragung ist – von wem auch immer – oder bereits eine mehr oder weniger korrigierte Fassung. Letztere wurde für die vorliegende Edition als Textgrundlage verwendet und nicht die bereits bearbeitete Manuskriptdruck-Version von 1922.

Von den genannten Mitschreibenden hatte nur Hedda Hummel die stenografisch-technischen Voraussetzungen für wörtliches Mitschreiben. Man kann davon ausgehen, dass die maschinenschriftliche Stenogrammübertragung von Hedda Hummel als Grundlage genommen wurde und in diesen Grundtext dann die Notizen anderer Mitschreibender eingearbeitet worden sind. Korrekturen von Steiners Hand sind nicht nachweisbar und es gibt keine Hinweise darauf, dass solche in die überlieferten Unterlagen eingeflossen sind.

In diesem Zusammenhang ist es aufschlussreich, was Hedda Hummel über ihre Erfahrungen mit Fachexperten in einem Brief an Marie Steiner vom 15. März 1921 berichtete (RSA Standort-Nr. 087/2): «Ich sagte übrigens schon im Januar den Herren Stockmeyer, Dr. Stein und Dr. Kolisko, dass es jetzt durchaus notwendig sei, dass man einen wissenschaftlich gebildeten Stenographen fände. Ob ein solcher dann unbedingt kompetente Stenogramme liefern kann, ist immer noch die Frage, denn ich habe sehr eigentümliche Erfahrungen gemacht mit den Kursvorträgen. Wenn eine Stelle im Stenogramm fraglich erschien, und ich frug drei oder vier Herren, von denen ich annahm, sie müssten die Stelle verstehen – jeder sagte etwas ganz anderes! Auch ist mehr als einmal vorgekommen, dass ich hören musste: Da ist das Stenogramm falsch! Und nachher stellte sich im weiteren Verlauf des Vortrages heraus, dass das Stenogramm doch richtig war. Es muss also doch nicht so einfach sein, selbst für diejenigen, die die Materie verstehen, an jeder Stelle das absolut richtige zu wissen, und sogar, wenn man nicht wörtlich mitkommt, sinngemäß zu stenographieren.»

Die von Gian Andrea Balastèr und Heinrich Oskar Proskauer besorgten 2. bis 4. Auflagen folgen, im Unterschied zur Stuttgarter Manuskript-Vervielfältigung (siehe oben) und zur 1. Auflage 1925 der Naturwissenschaftlichen Sektion am Goetheanum (herausgegeben von Günther Wachsmuth), dem Text der genannten maschinenschriftlichen Fassung sehr nahe, enthielten aber, was zur Zeit der Texterstellung Anfang der 60er-Jahre übliche Editionspraxis war, in den meisten Fällen nicht ausgewiesene Glättungen, insbesondere Wortumstellungen, vorsichtige Vervollständigungen unklarer oder offensichtlich nicht korrekt überlieferter Stellen und Streichungen, vor allem von Wiederholungen. Die von Renatus Ziegler besorgte 5. Auflage (2021) folgt den maschinenschriftlichen Fassungen mit den Vortragsregister-Nrn. 4000 I, 4001 I, 4003 I, 4005 I, 4007 I, 4009 I, 4012 I, 4015 I, 4017 I, 4019 I, 4021 I, 4025 I, 4027 I und 4030 I.

Textgrundlagen der Fragenbeantwortungen: Die jeweiligen Textgrundlagen sind zu Beginn der Hinweise zu den einzelnen Texten ausgewiesen.

Zur Textgestalt der Vorträge und Fragenbeantwortungen, editorische Hinweise: Größere Eingriffe wie sinngemäße Änderungen, Überbrückungen von Lücken sowie Ergänzungen vom Herausgeber stehen in geraden eckigen Klammern und sind, falls es sich nicht um bloß sinngemäße Ergänzungen handelt, im Anhang einzeln ausgewiesen und in den editorischen Hinweisen erläutert. An einigen Stellen wurden in den Sachhinweisen (siehe unten) Vorschläge des Herausgebers für Ergänzungen des überlieferten Textes mitgeteilt, die zum Verständnis schwierig verständlicher Stellen beitragen können. Damit konnte gewährleistet werden, dass der überlieferte Text gewahrt bleibt und die Ergänzungen des Herausgebers nicht in diesen edierten Text einfließen. Kursive Texte in eckigen Klammern sind editorische Kommentare des Herausgebers. Minimale grammatikalische und orthografische Eingriffe sind nicht einzeln ausgewiesen, ebenso nicht geringfügige Falschschreibungen von Namen.

Sachhinweise für Vorträge und Fragenbeantwortungen: Ergänzend zu den editorischen Hinweisen zur Textgestalt enthält dieser Band ausführliche Sachhinweise. Diese Sachhinweise wurden für die Neuauflage vollständig überarbeitet und erweitert; der Schwerpunkt liegt dabei in der historischen und für die Zeit des Kurses angemessenen sachlichen Kontextualisierung. Manche über die engeren Sachverhalte des Kurses hinausgehende Andeutungen Steiners konnten nicht aufgelöst werden und mussten ebenso wie weitere mögliche Bezüge zum zeitgeschichtlichen Kontext offen und einer zukünftigen Erläuterung überlassen bleiben. Abweichend von der sonst üblichen Praxis in der Gesamtausgabe wurden für diese wichtigen, kontextualisierenden Sachhinweise Anmerkungszahlen an den entsprechenden Stellen im Text gesetzt. Für die Durchsicht des Textes sowie die fachliche Hilfestellungen dankt der Herausgeber insbesondere den Physikern Johannes Grebe-Ellis (u. a. Goethe und der Regenbogen) und Friedrich Wilhelm Dustmann (u. a. Durchsichtigkeit, Dreher) sowie Wolfgang Häußler und Peter Gschwind.

Notizbucheintragungen und Notizen: Die faksimilierten Notizbucheintragungen und Notizzettel wurden mit Transkriptionen versehen. Die Zusätze in eckigen Klammern stammen vom Herausgeber. Auf eine Sachkommentierung sowie auf eine sachliche und chronologische Einordnung der unterschiedlichen Arten von Notizen musste verzichtet werden. Unsichere Transkriptionen wurden mit *[?]* versehen.

Zeichnungen: Die Zeichnungen der 2. bis 4. Auflage sind gemäß den Skizzen der Textgrundlage ausgearbeitet worden. Wandtafelzeichnungen sind keine vorhanden. Aus technischen Gründen mussten die Zeichnungen für diese Ausgabe neu erstellt werden. Als Vorlage dienten die Zeichnungen der 2. bis 4. Auflage, die in einigen Fällen leicht überarbeitet wurden. Alle Zeichnungen wurden mit den Zeichnungen aus der Textgrundlage verglichen und gegebenenfalls nachgearbeitet. Die Neuerstellung der Zeichnungen führte Ivana Suppan aus. – Man beachte, dass sich in anderen Mitschriften oder Vortragsausarbeitungen im Rudolf Steiner Archiv Varianten dieser Zeichnungen sowie zusätzliche Zeichnungen finden, die in der verwendeten Textgrundlage nicht vorkommen. Sie wurden nicht berücksichtigt, da sie entweder sehr flüchtig gezeichnet und damit schwer interpretierbar sind oder nur sehr elementare Sachverhalte illustrieren, die im Vortragstext explizit und ausführlich beschrieben sind. Nach dem Urteil des Herausgebers ergeben sich daraus keine zusätzlichen Klärungen.

Zitierte Bücher: Falls sich von Steiner in Zitaten oder Hinweisen explizit herangezogen Bücher in der nachgelassenen Bibliothek Rudolf Steiners befinden (heute im Rudolf Steiner Archiv), sind sie mit dem Vermerk RSB (Rudolf Steiner Bibliothek) und der entsprechenden Signatur in den Hinweisen aufgeführt.

Archivalien: Falls unpublizierte Archivalien aus dem Rudolf Steiner Archiv (RSA) herangezogen wurden, sind sie mit RSA und der entsprechenden Sigle ausgewiesen.

Titel: Der Titel des Bandes der 2. bis 4. Auflage stammte von den damaligen Herausgebern. Für die 5. Auflage 2021 wurde der ursprüngliche Titel *Zweiter Naturwissenschaftlicher Kurs* wiederhergestellt.

Verzeichnis von Büchern mit physikalischen Themen in der Bibliothek Rudolf Steiners

Grundlage dieses Verzeichnisses ist die von Martina Maria Sam erstellte Bibliografie: *Rudolf Steiners Bibliothek. Verzeichnis einer Büchersammlung*, 1. Aufl. Basel 2019. Dort finden sich auch ausführlichere bibliografische Angaben, Angaben zu Widmungen, zu eingelegten Zetteln, zum überlieferten Zustand (etwa fehlende Seiten) sowie Hinweise auf Lesespuren durch Rudolf Steiner. Das nachfolgende Verzeichnis wurde ergänzt durch die von Renatus Ziegler besorgte Zusammenstellung «Aus der Bibliothek Rudolf Steiners», in: *Beiträge zur Rudolf Steiner Gesamtausgabe*, 1995, Nr. 114/115, S. 88–121. Die Siglen in eckigen Klammern beziehen sich auf das erstere Verzeichnis.

Man muss davon ausgehen, dass die hier genannten Bücher und Zeitschriftenbeiträge nicht den vollen Umfang der Bücher und Schriften beinhalten, die Steiner besessen oder konsultiert hat, da einerseits bei seinen mehrfachen Umzügen sicher einiges verloren gegangen ist und er andererseits auch diverse Bibliotheken konsultiert hat. Verwandte naturwissenschaftliche Themen aus Mathematik, Kristallografie, Chemie, Biologie und Astronomie wurden in der Regel nicht aufgenommen, ebenso wenig Publikationen anthroposophischer Autoren aus den Zwanzigerjahren.

Ahrens. Wilhelm Ernst Martin Georg: Joseph Louis Lagrange (1736–1813). *Die Naturwissenschaften*, 1. Jahrgang 1913, Heft 15, S. 345–349. [RSB Zs 244]

Babbitt, Edwin D[wight]: *The Principles of Light and Color. Including among other things the harmonic Laws of the Universe, the etherio-atomic Philosophy of Force, Chromo Chemistry, Chromo Therapeutics, and the General Philosophy of the fine Forces, together with numerous Discoveries and practical Applications.* New Jersey, London 2. Aufl. 1896. [RSB O 21]

Bähr, Johann Karl: *Der animalische Magnetismus und die experimentierende Naturwissenschaft.* Dresden 1853. [RSB N 16]

Balfour, Arthur James: *Unsere heutige Weltanschauung. Einige Bemerkungen zur modernen Theorie der Materie.* Ein Vortrag, gehalten zu Cambridge am 17. August 1904 in der Plenarversammlung der British Association [for the Advancement of Science]. Leipzig 1904. [RSB N 20]

Barthel, Ernst: *Die Dimensionen der Zeit.* Sonderdruck aus: «Archiv für systematische Philosophie», 1916, Band 22, Heft 2, S. 170–181. [RSB P 50]

Beißwanger, Richard: *Physikalisches Experimentierbuch für Knaben. Eine Anleitung zur Ausführung physikalischer Experimente und zur Selbstanfertigung der hierzu nötigen Apparate.* Stuttgart, Berlin, Leipzig 1910. [RSB N 28]

Berger, Alfred Freiherr von: *Raumanschauung und formale Logik.* Wien 1886. [RSB P 67]

Besant, Annie; Leadbeater, Charles Webster: *Okkulte Chemie. Band I. Eine Reihe hellseherischer Beobachtungen über die chemischen Elemente.*

Atomlehre. Autorisierte Übersetzung von R. Lange. Mit Beiträgen über Forschungen betreffs der Okkulten Chemie und Wie die ‹Okkulte Chemie› geschrieben wurde von Johan van Manen. Leipzig 1909.

Biot, Jean-Baptiste: *Traité de Physique expérimentale et Mathématique.* Tome Premier. Paris: 1816. [RSB N34]

Bloch, E. Trepka: *Beweis, dass der Zweite Hauptsatz der Wärmetheorie nur beschränkte Gültigkeit hat.* Kobenhavn 1918. [RSB N 40]

Beweis, dass der Zweite Hauptsatz der Wärmetheorie nur beschränkte Gültigkeit hat. Sonderdruck [Verkürzte Version von § 9 aus RSB N 40]. Kobenhavn 1918. [RSB 40a]

Bollert, Karl: *Einsteins Relativitätstheorie und ihre Stellung im System der Gesamterfahrung.* Dresden, Leipzig 1921. [RSB N 52]

Boutroux, Emile: *Über den Begriff des Naturgesetzes in der Wissenschaft und in der Philosophie der Gegenwart.* Vorlesungen gehalten an der Sorbonne 1892–1893. Jena 1907. [RSB P 127]

– *Die Kontingenz der Naturgesetze.* Jena 1911. [RSB P 128]

Braunmühl, Anton von: *Christoph Scheiner als Mathematiker, Physiker und Astronom.* Bamberg: 1891. [RSB N 58]

Galileo Galilei. Vortrag, gehalten im mathematischen Verein zu München. Berlin 1893. [RSB N 58a]

Bresch, Richard: *Der Chemismus, Magnetismus und Diamagnetismus im Lichte mehrdimensionaler Raumanschauung.* Leipzig 1882. [RSB N 61]

Bücken, Ernst: Die Grundlagen der Goethe'schen Tonlehre. *Technische Mitteilungen für Malerei*, 1916, Jahrgang 32, Nr. 16 u. 17, S. 137–139. [RSB Gö 358]

Bugge, Günther: *Strahlungserscheinungen, Ionen, Elektronen und Radioaktivität.* Leipzig 1910. [RSB 63]

Busam, Theodor: *Der Irrtum Einsteins. Der Begriff. Raum u. Zeit. Relativität. Der Irrtum. Der Ausweg.* Baden-Baden 1921. [RSB N 66]

Cassirer, Ernst: *Zur Einstein'schen Relativitätstheorie. Erkenntnistheoretische Betrachtungen.* Berlin 1921. [RSB N 69]

– *Substanzbegriff und Funktionsbegriff. Untersuchungen über die Grundfragen der Erkenntniskritik.* Berlin 2. Aufl. 1923 [RSB P 184]

Clifford, William Kingdon: *Der Sinn der exakten Wissenschaft in gemeinverständlicher Form dargestellt.* Leipzig 1913. [RSB N 73]

Crookes, William: *Strahlende Materie oder Der vierte Aggregatzustand.* Vortrag, gehalten auf der 49. Jahresversammlung der britischen Association [for the Advancement of Science] zur Förderung der Wissenschaften in Sheffield am 22. August 1879. Leipzig: 6. Aufl. 1920. [RSB N 78]

Czermak, Johann: *Über Schopenhauers Theorie der Farbe. Ein Beitrag zur Geschichte der Farbenlehre.* Sonderdruck aus: «Sitzungsberichte der Kaiserlichen Akademie der Wissenschaften, Abteilung II: Mathematisch-naturwissenschaftlichen Klasse», Wien 1870, Bd. 62, II. [RSB N 79]

Diels, Hermann: Das neuentdeckte Palimpsest des Archimedes. *Internationale Wochenschrift*, 1. Jahrgang 1907, Nr. 16, Sp. 512–514. [RSB Zs 165]

Dingler, Hugo: *Relativitätstheorie und Ökonomieprinzip.* Leipzig 1922. [RSB N 100]

Donle, Wilhelm: *Lehrbuch der Experimentalphysik für höhere Lehranstalten.* Stuttgart 1918. [RSB N 103]

Dreher, Eugen: Das monokulare und binokulare Sehen. *Die Natur*, Neue Folge 6. Jahrgang 1880 (29. Jahrgang), Nr. 12, S. 143–145. [RSB Zs 242]

Über den Ursprung und die Bedeutung der mathematischen und physikalischen Axiome. Eine kritische Studie. *Die Natur*, Neue Folge 7. Jahrgang 1881 (30. Jahrgang), Nr. 1, S. 6–8. [RSB Zs 242]

– *Beiträge zu unserer modernen Atom- und Molekular-Theorie auf kritischer Grundlage.* 1) Die philosophische Grundlage der Chemie; 2) Die Spektralanalyse; 3) Die Ursache der Phosphoreszenz der «leuchtenden Materie» nebst Erörterung der drei Spektren im Lichte (das eigentliche Lichtspektrum, das Wärmespektrum und das chemische Spektrum); 4) Polemik nebst Briefwechsel mit der Redaktion der Poggendorff'schen Annalen für Physik und Chemie. Halle 1882. [RSB N 106]

Über den Begriff der Kraft mit Berücksichtigung des Gesetzes von der Erhaltung der Kraft. Berlin 1885. [RSB N 107]

Driesch, Hans: *Die mathematisch-mechanische Betrachtung morphologischer Probleme der Biologie. Eine kritische Studie.* Jena 1891 [RSB N 111]

Drescher, Adolf: *Der Aufbau des Atoms und das Leben.* Gießen 1908. [RSB N 110]

Droßbach, Maximilian: *Die Harmonie der Ergebnisse der Naturforschung mit den Forderungen des menschlichen Gemütes. Oder die persönliche Unsterblichkeit als Folge der atomistischen Verfassung der Natur.* Leipzig 1858. [RSB O 239]

– *Die Genesis des Bewusstseins nach atomistischen Principien.* Leipzig 1860. [RSB O 242

Drude, Paul Karl Ludwig: In wie weit genügen die bisherigen Lichttheorien den Anforderungen der praktischen Physik? *Nachrichten von der Königlichen Gesellschaft der Wissenschaften zu Göttingen*, 1892. Nr. 10, S. 366–391 und Nr. 11, S. 393–412. [RSB Zs 235]

Du Bois-Reymond, Emil: *Über die Grenzen des Naturerkennens.* Ein Vortrag in der zweiten öffentlichen Sitzung der 45. Versammlung Deutscher Naturforscher und Ärzte zu Leipzig am 14. August 1872 gehalten. Leipzig 1872. [RSB N 115]

Dühring, Eugen: *Robert Mayer, der Galilei des neunzehnten Jahrhunderts. Und die Gelehrtenuntaten gegen bahnbrechende Wissenschaftsgrößen.* Zweiter Theil: Neues Licht über Schicksal und Leistungen. Leipzig 1895.

Eichhorn, Gustav: Helmholtz als Physiker. *Wissen und Leben*, 15. Jahrgang 1921, 2. Heft, S. 86–94. [RSB Zs 449]

Einstein, Albert: *Das Relativitätsprinzip.* Vortrag, gehalten in der Sitzung der Zürcher Naturforschenden Gesellschaft am 16. Januar 1911. Zürich 1911. [RSB N 121]

– *Über die spezielle und die allgemeine Relativitätstheorie.* Braunschweig 1917. [RSB 122]

Engler, Carl: *Über Zerfallsprozesse in der Natur.* Vortrag, gehalten am 25. September 1911 auf der 83. Versammlung Deutscher Naturforscher und Ärzten in Karlsruhe. Leipzig 1911. [RSB N 123]

Epstein, Joseph: *Die logischen Prinzipien der Zeitmessung.* Inaugural-Dissertation, Leipzig. Berlin 1887. [RSB P 275]

Ernecke, Erich: *Über Elektrische Wellen und ihre Anwendung zur Demonstration der Telegraphie ohne Draht nach Marconi.* Experimentalvortrag, gehalten im Naturwissenschaftlichen Ferienkursus zu Berlin am 2. Oktober 1897 und im Verein zur Förderung des physikalischen Unterrichts zu Berlin am 18. Oktober 1897. Berlin 1897. [RSB 124]

Fick, Adolf: *Die Naturkräfte in ihrer Wechselbeziehung.* Würzburg 1869. [RSB N 134]

Findel, Joseph Gabriel: *Das Zeitalter der Natur-Erkenntnis. Ein Beitrag zur Widerlegung der materialistischen Weltanschauung.* Leipzig 2. Aufl. 1892. [RSB N 135]

Flammarion, Camille: *Unbekannte Naturkräfte.* Stuttgart 2. Aufl. 1908 [RSB O 104]

Foerster, Wilhelm: *Der mathematisch-naturwissenschaftliche Unterricht.* Vortrag vom 23. Januar 1899 innerhalb des «Verbandes für Hochschulpädagogik» in Berlin. Berlin 1899. [RSB Pä 20a]

– *Studienplan für die Kandidaten des höheren Lehramtes in Mathematik und Physik an der Universität Göttingen.* Nebst den Bestimmungen über die Benutzung des mathematischen Lesezimmers. Von Riecke, Voigt, Klein, Schur, Hilbert. Sonderdruck aus: «Zeitschrift für mathematischen und naturwissenschaftlichen Unterricht», Jg. 30, 1899. Leipzig 1899. [RSB Pä 26a]

Freundlich, Erwin: *Die Grundlagen der Einstein'schen Gravitationstheorie.* Mit einem Vorwort von Albert Einstein. Berlin 2. Aufl. 1917. [RSB N 155]

– *Die Grundlagen der Einstein'schen Gravitationstheorie.* Mit einem Vorwort von Albert Einstein. Berlin 3. Aufl. 1920. [RSB N 156]

Frommel, Wilhelm: *Radioaktivität.* Berlin, Leipzig 2. Aufl. 1913. [RSB 60]

Geigel, Robert: *Licht und Farbe.* Leipzig 1910. [RSB N 173]

Geissler, Kurt: *Eine mögliche Wesenserklärung für Raum, Zeit, das Unendliche und die Kausalität nebst einem Grundwort zur Metaphysik der Möglichkeiten.* Berlin 1900. [RSB P 376]

Gerland, Ernst: *Geschichte der Physik.* Leipzig 1892. [RSB 175]

Gilles, Johann Joseph: *Die Gravitation der kleinsten Masseteilchen.* Essen 1900. [RSB 177]

Ginzel, Friedrich Karl: *Die Entstehung der Welt nach den Ansichten von Kant bis auf die Gegenwart.* Berlin 1893. [RSB N 178]

Gottesmann, Benjamin: *Das Kausalproblem im Lichte des modernen Wissens – Die Ergebnisse der Physik.* Sonderdruck aus: «IV. Congresso Internazionale di Filosofia Bologna», Aprile 1911. [RSB P 391]

Graetz, Leo: *Die Atomtheorie in ihrer neuesten Entwickelung.* Stuttgart 1918. [RSB N 182]

Greinacher, Heinrich: *Radium (Radioaktivität – Ionen – Elektronen). Gemeinverständliche Darstellung. Aus dem Reich des Radiums – Die Atomzerfallstheorie und ihre experimentellen Stützen – Über Elektrizität und Materie.* Leipzig 1907. [RSB N 185]

Gruner, Paul: *Die Struktur des Atoms.* Sonderdruck aus: «Mitteilungen der Naturforschenden Gesellschaft Bern», 1918. 2. Aufl. 1921. [RSB N 187]

– *Das moderne physikalische Weltbild und der christliche Glaube.* Berlin 1922. [RSB N 188]

– *Elemente der Relativitätstheorie. Kinematik und Dynamik des eindimensionalen Raumes.* Bern 1922. [RSB N 189]

– *Die Färbungen des Himmels.* Akademischer Vortrag, gehalten in der Aula der Universität Bern am 16. Januar 1920. Bern 1921. [RSB N 190]

– *Die Welt des unendlich Kleinen.* Godesberg-Bonn 2. Aufl. 1910. [RSB N 191]

– *Die Voraussetzungen und die Methoden der exakten Naturforschung.* Sonderdruck aus: «Himmel und Erde», Leipzig 1909, Band 21, S. 287–300. [RSB N 192]

– *Die Neuorientierung der Physik.* Rektoratsrede, gehalten an der 87. Stiftungsfeier der Universität Bern den 26. November 1921. Bern 1922. [RSB N 193]

Gubernatis, Angelo de: *Galileo Galilei.* Sonderdruck aus: «Deutsche Revue», Stuttgart März/April 1900. [RSB N 194]

Günther, Siegmund: *Geschichte der Naturwissenschaften.* Erster Teil. Leipzig: 1909. [RSB N 197]

– *Geschichte der Naturwissenschaften.* Zweiter Teil. Leipzig 1909. [RSB N 198]

Hanni, Lucius: *Kinematische Interpretation der Maxwell'schen Gleichungen mit Rücksicht auf das Reziprozitätsprinzip der Geometrie.* Sonderdruck aus: «Sitzungsberichte der kaiserlichen Akademie der Wissenschaften, Abteilung II: Mathematisch-naturwissenschaftliche Klasse», Wien, Dezember 1907, Bd. 116, Abt. IIa, S. 1451–1472. [RSB N 233]

– *Kinematische Interpretation der Maxwell'schen Gleichungen mit Rücksicht auf das Reziprozitätsprinzip der Geometrie (Fortsetzung).* Sonderdruck aus: «Sitzungsberichte der kaiserlichen Akademie der Wissenschaften, Abteilung II: Mathematisch-naturwissenschaftliche Klasse», Wien, Dezember 1908, Bd. 117, Abt. IIa, S. 1317–1331 [RSB Ma 25b]

Harperath, Ludwig: *Sind die Grundlagen der heutigen Astronomie, Physik, Chemie haltbar?* Beitrag zur Lösung der «Welträtsel», gestützt auf Berzelius und Kopernikus. Vortrag, gehalten in der 75. Versammlung deutscher Naturforscher und Ärzte zu Kassel. Berlin 1903. [RSB N 234]

Hartmann, Eduard: *Die Weltanschauung der modernen Physik.* Leipzig 1902. [RSB P 440]

– *Die Weltanschauung der modernen Physik.* Bad Sachsa im Harz 2. Aufl. 1909. [RSB P 441]

Hasse, Max: *A. Einsteins Relativitätslehre. Versuch einer volkstümlichen Darstellung.* Magdeburg 1920. [RSB N 237]
Hauck, Guido: *Technikers Faust-Erklärung* (Festrede gehalten bei der Schinkelfeier des Architekten-Vereins in Berlin, 13. März 1891). Berlin 1891. [RSB Gö 203]
Heller, August: *Geschichte der Physik von Aristoteles bis auf die neueste Zeit. I. Band: Von Aristoteles bis Galilei.* Stuttgart 1882. [RSB N 244]
– *Geschichte der Physik von Aristoteles bis auf die neueste Zeit. II. Band: Von Descartes bis Robert Mayer.* Stuttgart 1884. [RSB N 245]
Helmholtz, Hermann: *Die Lehre von den Tonempfindungen als physiologische Grundlage für die Theorie der Musik.* Braunschweig: 2. Aufl. 1865. [RSB N 246]
– *Handbuch der physiologischen Optik.* Hamburg, Leipzig 1896. [RSB N 247]
– *Die Tatsachen in der Wahrnehmung.* Rede, gehalten zur Stiftungsfeier der Friedrich-Wilhelms-Universität zu Berlin am 3. August 1878. Berlin 1879. [RSB N 248]
Herberg, Georg: *Handbuch der Feuerungstechnik und des Dampfkesselbetriebes.* Mit einem Anhange über allgemeine Wärmetechnik. Berlin 2. Aufl. 1919. [RSB N 253]
– *Handbuch der Feuerungstechnik und des Dampfkesselbetriebes. Mit einem Anhange über allgemeine Wärmetechnik.* Berlin 3. Aufl. 1922. [RSB N 253a]
– *Untersuchung an elektrisch geheizten Wärmespeichern. Eine wärmetechnische Studie.* Berlin 1919. [RSB N 254]
Hering, G.: *Die Unsterblichkeit auf atomistischer Grundlage.* Glauchau 1907. [RSB N 256]
Hermes, Oswald; Spies, Paul: *Elementarphysik unter Zugrundelegung von Emil Jochmann für den Anfangsunterricht in höheren Lehranstalten.* Berlin 1903. [RSB N 258]
Hertz, Heinrich: *Über die Beziehungen zwischen Licht und Elektrizität.* Vortrag, gehalten bei der 62. Versammlung deutscher Naturforscher und Ärzte in Heidelberg 1889. Stuttgart 12. Aufl. 1905. [RSB N 263]
Hessler, J. Ferdinand: *Lehrbuch der Technischen Physik.* In zwei Bänden. II. Band, enthaltend: *Schluss der Elektrizität, Optik und Wärme.* Wien 3. Aufl. 1866. [RSB N 265]
Himstedt, Franz: *Radioaktivität und die Konstitution der Materie.* Eine akademische Rede. Freiburg, Leipzig 1906. [RSB N 266]
– *Elektronen und die Konstitution der Materie.* Zwei Vorträge, gehalten in der Naturforschenden Gesellschaft zu Freiburg i. B. Freiburg, Leipzig 1909. [RSB N 267]
– *Neuere Anschauungen über Zeit, Raum und Materie.* Vortrag, gehalten in der ersten Festsitzung der Freiburger Wissenschaftlichen Gesellschaft am 26. Oktober 1912. Freiburg, Leipzig 1913. [RSB N 268]

Hinton, Charles Howard: *A New Era of Thought.* London 1900. [RSB N 270]
Hirt, Walter: *Das Leben der anorganischen Welt. Eine naturwissenschaftliche Skizze.* München 1914. [RSB N 272]
Hoff, Jacobus Henricus van't: *Über die Entwicklung der exakten Naturwissenschaften im 19. Jahrhundert und die Beteiligung der deutschen Gelehrten an dieser Entwickelung.* Vortrag, gehalten auf der 72. Versammlung der Gesellschaft deutscher Naturforscher und Ärzte zu Aachen. Hamburg, Leipzig 1900. [RSB N 275]
Horn, Carl: Robert Mayer – Goethe. *Technische Mitteilungen für Malerei* (Goethe-Nummer), 1915, Jahrgang 32, Nr. 10 u. 11, S. 75–76. [RSB Gö 357]
– Die Lichtelektrizität an festen Körpern, Gasen und Farbstoffen, Elektrische Wirkungen durch Belichtung und Verdunklung. *Technische Mitteilungen für Malerei* (Goethe-Nummer), 1915, Jahrgang 32, Nr. 10 u. 11, S. 77–81. [RSB Gö 357]
– Licht-Finsternis, Leichte-Schwere, Wärme-Kälte usw. als verwandte Naturkräfte und -Gegenkräfte. *Technische Mitteilungen für Malerei*, 1916, Jahrgang 32, Nr. 16 u. 17, S. 143–145. [RSB Gö 358]
– Weimar gegen Goethe – Goethe gegen Weimar: Zum gegenwärtigen Kampf um das Licht. *Technische Mitteilungen für Malerei*, 1917, Jahrgang 33, Nr. 18, 19 u. 20, S. 137–143. [RSB Gö 358a]
Horn, Carl; Kaemmerer, Paul: Welches sind die Unterschiede zwischen Goethes und Newtons Licht- und Farbenlehre? *Technische Mitteilungen für Malerei* (Goethe-Nummer), 1915, Jahrgang 32, Nr. 10 u. 11, S. 74–75. [RSB Gö 357]
Jäger, Gustav: *Theoretische Physik I: Mechanik und Akustik.* Berlin, Leipzig 1918. [RSB N 281]
– *Theoretische Physik II: Licht und Wärme.* Berlin, Leipzig 4. Aufl. 1916. [RSB N 282]
– *Theoretische Physik III: Elektrizität und Magnetismus.* Berlin, Leipzig 4. Aufl. 1917. [RSB N 283]
– *Theoretische Physik IV: Elektromagnetische Lichttheorie und Elektronik.* Berlin, Leipzig 2. Aufl. 1916. [RSB N 284]
Kaegi, Friedrich: *Leitfaden der Physik. Leitfaden für höhere Lehranstalten.* Basel 2. Aufl. 1922. [RSB N 288]
Kämmmerer, Paul: Newtons angebliche Herstellung des Weißen aus Farbstoffen. *Technische Mitteilungen für Malerei* (Goethe-Nummer), 1915, Jahrgang 32, Nr. 10 u. 11, S. 94–103. [RSB Gö 357]
– Licht-Raum: das Urbild (platonische Idee) der Materie und Energie. *Technische Mitteilungen für Malerei*, 1916, Jahrgang 32, Nr. 16 u. 17, S. 146–150. [RSB Gö 358]
– Die dringend nötige Reform der Lichtlehre und unsere heutigen physikalischen Schulbücher. *Technische Mitteilungen für Malerei*, 1917, Jahrgang 33, Nr. 18, 19 u. 20, S. 123–137. [RSB Gö 358a]
– Maler-Physiker contra Mathematiker-Physiker und das Goethe-Invalidentum in Weimar. Eine Entgegnung auf die Licht- und Farben-Physik Dr.

Speyerers. *Technische Mitteilungen für Malerei*, 1917, Jahrgang 33, Nr. 18, 19 u. 20, S. 147–160. [RSB Gö 358a]

Keller, Hans: *Werdegang der modernen Physik.* Leipzig: 1911. [RSB N 291]

Kirchweger, Anton Josephus: *Annulus Platonis oder physikalisch-chymische Erklärung der Natur nach ihrer Entstehung. Erhaltung und Zerstöhrung.* Von einer Gesellschaft ächter Naturforscher aufs neue verbessert und mit vielen wichtigen Anmerkungen herausgegeben. Berlin, Leipzig 1781. [RSB O 198a]

Kistner, Adolf: *Deutsche Physiker und Chemiker.* Kempten, München 1908. [RSB N 293]

Klein, Felix: *Universität und technische Hochschule.* Vortrag an der 70. Versammlung Deutscher Naturforscher und Ärzte am 19. September 1898 in Düsseldorf. Düsseldorf 1898. [RSB Pä 40]

Klingebeil, Hermann: *Die Dogmatiker der Naturwissenschaft oder Materie contra Geist.* Sonderdruck aus: Hermann Klingebeil: «‹Höchste Güter› – Streifzüge eines Wahrheitssuchers». Berlin 1906. [RSB N 298]

Kohlschütter, Volkmar: *Ernst Florens Friedrich Chladni.* Hamburg 1897. [RSB N 307]

König, Walter: *Goethes optische Studien.* Festrede zur Feier von Goethes 150. Geburtstag, gehalten am 26. August 1899 im Hörsaal des physikalischen Vereins. Frankfurt a. M. 1899. [RSB Gö 318]

Krist, Joseph: *Anfangsgründe der Naturlehre. Für die unteren Klassen der Mittelschulen.* Wien: 6. Aufl. 1874. [RSB N 314]

Krug, Theodor: *Merkwürdige Beziehung zwischen den Atomgewichten. Ein Beitrag zur Atomtheorie.* Jena 1910. [RSB N 316]

Ladenburg, Albert: *Über den Einfluss der Naturwissenschaften auf die Weltanschauung.* Vortrag, gehalten auf der 75. Versammlung deutscher Naturforscher und Ärzte zu Kassel am 21. September 1903. Leipzig 1903. [RSB N 319]

Lamla, Ernst: *Über die Hydrodynamik des Relativitätsprinzips.* Inaugural-Dissertation, Berlin. Berlin 1912. [RSB P 645]

Lange, Ernst: *Über Goethes Farbenlehre vom Standpunkt der Wissenschaftstheorie und Ästhetik.* Inaugural-Dissertation, Göttingen. Berlin 1882. [RSB N 324]

Lenard, Philipp: *Über Äther und Materie.* Vortrag, gehalten in der Gesamtsitzung der Heidelberger Akademie der Wissenschaften am 4. Juni 1910. Heidelberg 2. Aufl. 1911. [RSB N 328]

Lipps, Theodor: *Naturwissenschaft und Weltanschauung.* Vortrag, gehalten auf der 78. Versammlung deutscher Naturforscher und Ärzte in Stuttgart. Heidelberg 1906. [RSB N 336]

Lockemann, Georg: *Die Entwicklung und der gegenwärtige Stand der Atomtheorie. In Umrissen skizziert.* Heidelberg 1905. [RSB N 338]

Lodge, Sir Oliver: *Life and Matter. A Criticism of Professor Haeckel's «Riddle of the Universe».* London 1905. [RSB N 339]

Lübsen, Heinrich Borchert: *Einleitung in die Mechanik. Zum Selbstunterricht mit Rücksicht auf die Zwecke des praktischen Lebens. I., II., III. Theil: Gleichgewicht der festen, tropfbaren, flüssigen und luftförmigen Körper.* Leipzig 1858. [RSB Ma 46]
– *Einleitung in die Mechanik. Zum Selbstunterricht mit Rücksicht auf die Zwecke des praktischen Lebens. IV., V., VI. Theil: Bewegung der festen, tropfbaren, flüssigen und luftförmigen Körper.* Leipzig 1858. [RSB Ma 46]
Maag, Ernst; Reihling, Karl: *Vom Relativen zum Absoluten. 1. Teil: Das Äther-rätsel und seine Lösung.* Stuttgart 1921. [RSB N 346]
Mach, Ernst: *Prinzipien der Wärmelehre. Historisch-kritisch entwickelt.* Leipzig 3. Aufl. 1919. [RSB N 347]
Madary, Carl: *Albert Einstein, Eugen Heinrich Schmitt und das Ende der «Philosophie». Versuch einer Synthese.* Berlin 1921. [RSB P 716a]
Magnus, Hugo: *Farben und Schöpfung. Acht Vorlesungen über die Beziehungen der Farben zum Menschen und zur Natur.* Breslau 1881. [RSB N 350]
Margaillon, Louis: Henri Poincaré. *Internationale Monatsschrift*, 7. Jahrgang 1913, Nr. 5, Sp. 545–556. [RSB Zs 163]
Maurain, Charles Honoré: *Physique de Globe.* Paris 1923. [RSB N 356]
Mayer, Hans: *Blondots N-Strahlen. Nach dem gegenwärtigen Stande der Forschung bearbeitet und im Zusammenhange dargestellt.* Leipzig 1904. [RSB N 358]
– *Die neueren Strahlungen. Kathoden-, Kanal-, Röntgen-Strahlen und die radioaktive Selbststrahlung (Becquerelstrahlen). Vom Standpunkt der modernen Elektronentheorie unter Berücksichtigung der neueren experimentellen Forschungsresultate behandelt und im Zusammenhange dargestellt.* Leipzig, Paris, London, Wien 2. Aufl. 1904. [RSB N 359]
Mayer, Robert: *Über die Erhaltung der Kraft.* Vier Abhandlungen, neu herausgegeben und mit einer Einleitung sowie Erläuterungen versehen. Hrsg. von Dr. Albert Neuburger. Leipzig 1912. [RSB N 360]
Messerschmitt, Johann Baptist: *Physik der Gestirne.* Leipzig 1912. [RSB N 362]
Meyer, Max Wilhelm: Atome und Weltkörper. *Kosmos*, 1905, Band 2, Heft 5, S. 135–138. [RSB Zs 179]
Meyer, Victor: *Probleme der Atomistik.* Vortrag, gehalten in der zweiten allgemeinen Sitzung der 67. Versammlung Deutscher Naturforscher und Ärzte zu Lübeck am 18. September 1895. Heidelberg 2. Aufl. 1896. [RSB N 371]
Möller, Max: *Das räumliche Wirken und Wesen der Elektrizität und des Magnetismus.* Hannover-Linden 1892. [RSB N 375]
Müller, Hugo: *Roentgen's X-Strahlen. Gemeinverständlich dargestellt.* Berlin: 6. Aufl. 1896. [RSB N 383]
Müllner, Laurenz: *Die Bedeutung Galileis für die Philosophie.* In: Tschermak, Gustav: *Die feierliche Inauguration des Rectors der Wiener Universität für das Studienjahr 1894/95 am 8. November 1894*, Wien 1894, S. 25–84. [RSB P 753]
Münch, Peter: *Lehrbuch der Physik.* Freiburg i. Br. 10. Aufl. 1893. [RSB N 384]
– *Lehrbuch der Physik.* Freiburg i. Br. 4. Aufl. 1877. [RSB N 385]

Netoliczka, Eugen: *Repetitorium der mathematischen Physik für Kandidaten der Maturitäts-Prüfung.* Graz 1872. [RSB N 387]
Nielsen, Rasmus: *Natur og Aand. Bidrag til en med Physiken stemmende Naturphilosophie.* Kjøbenhavn 1873. [RSB N 390]
Niemann, Gustav (Hrsg.): *Kleines Wörterbuch der Naturwissenschaften.* Stuttgart 1910. [RSB N 392]
Oppenheimer, Carl: *Der Mensch als Kraftmaschine.* Leipzig 1921. [RSB N 410]
Ostwald, Wilhelm: *Grundriss der Naturphilosophie.* Leipzig 1908. [RSB N 413]
– *Die Überwindung des wissenschaftlichen Materialismus.* Vortrag, gehalten in der dritten allgemeinen Sitzung der Versammlung der Gesellschaft Deutscher Naturforscher und Ärzte zu Lübeck am 20. September 1895. Leipzig 1895. [RSB N 414]
Palágyi, Melchior: *Die Relativitätstheorie in der modernen Physik.* Vortrag, gehalten auf dem 85. Naturforschertag in Wien. Berlin 1914. [RSB N 415]
Petzoldt, Joseph: *Die Stellung der Relativitätstheorie in der geistigen Entwicklung der Menschheit.* Dresden 1921. [RSB N 419]
Pflüger, Alexander: *Das Einstein'sche Relativitätsprinzip. Gemeinverständlich dargestellt.* Bonn 9. Aufl. 1920. [RSB N 420]
Planck, Max: *Die Einheit des physikalischen Weltbildes.* Vortrag, gehalten am 9. Dezember 1908 in der naturwissenschaftlichen Fakultät des Studentenkorps an der Universität Leiden. Leipzig 1909. [RSB N 425]
– *Die Stellung der neueren Physik zur mechanischen Naturanschauung* [Schlussteil]. Rede, gehalten auf der 82. Versammlung der Gesellschaft deutscher Naturforscher und Ärzte in Königsberg am 23. September 1910. Sonderdruck aus: «Internationale Wochenschrift», 4. Jahrgang 1910, Nr. 42, Sp. 1321–1334. [RSB Zs 165]
– *Das Wesen des Lichts.* Vortrag, gehalten in der Hauptversammlung der Kaiser-Wilhelm-Gesellschaft am 28. Oktober 1919. Berlin 1920. [RSB N 426]
Poincaré, Lucien: *La Physique Moderne. Son Évolution.* Paris 1906. [RSB N 431]
Poincaré, Henri: *Wissenschaft und Hypothese.* Leipzig 2. Aufl. 1906. [RSB N 432]
– *Die neue Mechanik.* Leipzig, Berlin 2. Aufl. 1913. [RSB N 433]
– *L'Évolution des Lois.* Sonderdruck aus: «Scientia – Rivista di Scienza», 1911, Band IX, V. Jahrgang, Nr. XVIII-2. Bologna, London, Paris, Leipzig 1911. [RSB N 434]
Preyer, Wilhelm: *Naturwissenschaftliche Tatsachen und Probleme. Populäre Vorträge.* Berlin 1880. [RSB N 437]
Rabel, Gabriele: *Farbenantagonismus oder Die chemische und elektrische Polarität des Spektrums.* Sonderdruck aus: «Zeitschrift für wissenschaftliche Photographie», 1919, 19. Band, Heft 3–5, S. 69–128. [RSB N 444]
Reinke, Johannes: *Naturwissenschaftliche Vorträge für die Gebildeten aller Stände.* Heft 2. Heilbronn 1908. [RSB N 449]
Reppert, Rudolf: *Über die Ursache der Schwerkraft.* München 1911. [RSB N 453]
Reuleaux, Franz: *Kultur und Technik.* Vortrag, gehalten im niederösterreichischen Gewerbeverein am 14. November 1884. Sonderdruck aus: «Wochen-

schrift des niederösterreichischen Gewerbevereines», Wien 1884. [RSB N 454]

Richter, Gustav: *Bewegung, die vierte Dimension. Philosophische Grundlagen der Naturwissenschaft. Ein Versuch.* Wien, Leipzig 1912. [RSB N 456]

Richter, Hans: *Die Entwicklung der Begriffe: ‹Kraft, Stoff, Raum, Zeit› durch die Philosophie. Mit Lösung des Einstein'schen Problems.* Leipzig 1921. [RSB N 457]

Ritter, August: *Lehrbuch der Analytischen Mechanik.* Leipzig 1883. [RSB N 461]

Röntgen, Wilhelm Konrad: *Eine neue Art von Strahlen.* Sonderdruck aus: «Sitzungsberichte der Würzburger Physikalisch-medizinischen Gesellschaft», Würzburg 1895, 5. Aufl. 1896. [RSB N 468]

Salinger, Rudolf: Zur Kritik der Zenon'schen Beweise. *Die Gnosis*, 1. Jahrgang 1903, Nr. 15, S. 310–313 und Nr. 16, S. 327–333. [RSB Zs 193]

– Kant und Zenon, das Problem der Unendlichkeit. *Lucifer-Gnosis*, 1905, Nr. 20, S. 244–247 und Nr. 21, S. 277–283. [RSB Zs 198]

Scalfaro, Emilio: Spazio, Forme e Materia a Piu Dimensioni. *Transactions of the First Annual Congress of the Federation of European Sections of the Theosophical Society*, Amsterdam, June 19–21, 1904, S. 289–306. [RSB O 645]

Schaefer, Karl Ludolf: *Musikalische Akustik.* Berlin, Leipzig: 2. Aufl. 1912. [RSB Mu 46]

Schasler, Max: *Die Farbenwelt.* Berlin 1883. [RSB N 479a]

Schlegel, Emil: *Homöopathie und moderne Physik. Radioaktivität, Atomtheorie, Energie und Richtkräfte, induzierte Affinität. Dynamismus in Naturwissenschaft und Homöopathie.* Vortrag, gehalten zu Stuttgart am 13. Mai 1912 im Verein «Stuttg. Hom. Krankenhaus». Sonderdruck aus: «Zeitschrift des Berliner Vereins homöopathischer Ärzte» Bd. XXXI. Berlin 1906. [RSB Me 200]

Schlick, Moritz: *Allgemeine Erkenntnislehre.* Berlin 1918. [RSB N 486]

– *Raum und Zeit in der gegenwärtigen Physik. Zur Einführung in das Verständnis der allgemeinen Relativitätstheorie.* Berlin 1917. [RSB 487]

Schmidt, Paul Otto: *Ursprung und Bedeutung des Raum- und Zeitbegriffs im Lichte der modernen Physik.* Inaugural-Dissertation, Halle-Wittenberg. Halle/S. 1887. [RSB P 919]

Schmidt, Theodor: *Repetitorium der Physik.* Breslau 2. Aufl. 1900. [RSB N 498]

Schmiedel, Oskar: Goethe und die «Fraunhoferschen Linien». *Technische Mitteilungen für Malerei*, 1917, Jahrgang 33, Nr. 18, 19 u. 20, S. 143–145. [RSB Gö 358a]

Schmitz, Johann Wilhelm: *Ansicht der Natur. Populäre Erklärung der großen Erscheinungen und Wirkungen, nebst physischen und mathematischen Beweisen der Entstehung der Weltkörper und der Veränderungen, welche die Erde erleidet.* Köln 1853. [RSB N 500]

Schramm, Heinrich: *Die allgemeine Bewegung der Materie als Grundursache aller Naturerscheinungen.* I. Abtheilung. Wien 1872. [RSB N 503]

– Die Anziehungskraft betrachtet als eine Wirkung der Bewegung. *Achter Jahres-Bericht der niederösterreichischen Landes-Oberrealschule* und der damit verbundenen Gewerblichen Fortbildungsschule in Wiener-Neustadt, veröffentlicht am Schlusse des Schuljahres 1873. Wien 1873, S. 1–12. [RSB Standort-Nr. 066/1]

Schwartze, Theodor: *Grundgesetze der Molekularphysik*. Leipzig 1896. [RSB N 513]

Seebeck, Thomas Johann: *Von den Farben und dem Verhalten derselben gegen einander.* [ca. 1810]. [RSB B 515]

Simony, Oscar: *Über die empirische Natur unserer Raumvorstellungen.* Ein Vortrag, gehalten im Verein zur Verbreitung naturwissenschaftlicher Kenntnisse in Wien am 17. Februar 1886. Wien 1886. [RSB N 519]

Slaby, Adolf: *Die Funkentelegraphie.* Berlin 1897. [RSB N 522]

Snyder, Charles: *Das Weltbild der modernen Naturwissenschaft nach den Ergebnissen der neuesten Forschungen.* Leipzig 1905. [RSB N 524]

Sokal, Eduard: Zur Naturgeschichte des Äthers. *Die Nation*, 15. Jahrgang 1898, Nr. 48, S. 689–691. [RSB Zs 236]

Sterne, Carus [Pseudonym für Ernst Ludwig Krause]: *Werden und Vergehen. Eine Entwicklungsgeschichte des Naturganzen in gemeinverständlicher Fassung. 1. Band: Entwicklung der Erde und des Kosmos, der Pflanzen und wirbellosen Tiere.* Berlin 4. Aufl. 1900 [RSB N 534]

Swoboda, Karl: *Lehrbuch der Naturlehre für den Unterricht an achtklassigen Volks- und Bürgerschulen.* Wien 1879. [RSB N 540]

Tellkampf, Hermann: *Grundzüge der Höheren Mathematik. Nebst Anwendungen derselben auf die Mechanik, für Techniker dargestellt.* Leipzig 1882. [RSB Ma 63]

Theodor, Conrad Mel: *Schau-Bühne Der Wunder Gottes in den Wercken der Natur.* Oder Teutsche Physic / Worinn die Lehr-Sätze deutlich erklähret: Mit Experimenten bewisen: Zum Nutz der menschlichen Societät / und Erbauung des Gemüthes / appliciret werden. Eröffnet durch Theodor, Ein Mit-Glid der Königl. Preussischen Societät der Wissenschaften. Zweyte Auflage. [Cassel] 2. Aufl. 1715. [RSB N 543a]

Troska, Albert: Eine neue astronomische Relation zwischen Gravitation und Rotation der Weltkörper. *Die Natur*, Neue Folge 7. Jahrgang 1881 (30. Jahrgang), Nr. 34, S. 407–409. [RSB Zs 242]

Valentiner, Siegfried: *Die Grundlagen der Quantentheorie in elementarer Darstellung.* Braunschweig 1914. [RSB N 558]

Verworn, Max: *Naturwissenschaft und Weltanschauung.* Leipzig 2. Aufl. 1904. [RSB N 562]

Walterhöfer, Otto: Methoden zur Bestimmung der Lichtgeschwindigkeit. *Die Natur*, Neue Folge 6. Jahrgang 1880 (29. Jahrgang), Nr. 10, S. 120–123. [RSB Zs 242]

Wernicke, Alexander: *Die mathematisch-naturwissenschaftliche Forschung in ihrer Stellung zum modernen Humanismus.* Vortrag, gehalten in der Hauptversammlung des Vereins zur Förderung des Unterrichts in der Mathematik und den Naturwissenschaften zu Leipzig, Pfingsten 1898. Berlin 1898. [RSB N 583]

Wien, Wilhelm: *Neuere Entwicklung der Physik und ihrer Anwendungen.* Gehalten im Baltenland im Frühjahr 1918 auf Veranlassung des Oberkommandos der achten Armee. Leipzig 1919. [RSB N 591]

Wießner, Alexander: *Das Atom oder das Kraftelement der Richtung, als letzter Wirklichkeitsfaktor. Ein Versuch, Anziehung und Abstoßung auf ein gemeinsames Prinzip – und das Abstraktum «Kraft» auf seinen konkreten Kern zurückzuführen.* Leipzig 1875. [RSB N 592]

Willson, Thomas E.: *Ancient and Modern Physics.* Flushing, New York 1902. [RSB N 594]

Willson, Thomas E.; Johnston, Charles: *Östliche und Westliche Physik. Versuch eines Vergleichs der beiden Systeme.* Berlin 1905. [RSB O 679]

Wislicenus, Walter Friedrich: *Astrophysik, die Beschaffenheit der Himmelskörper.* Leipzig 1899. [RSB N 598]

Witte, Hans: *Raum und Zeit im Lichte der neueren Physik. Eine allgemeinverständliche Entwicklung des raumzeitlichen Relativitätsgedankens bis zum Relativitätsprinzip.* Braunschweig 1914. [RSB N 599]

Wüllner, Adolph: *Lehrbuch der Experimentalphysik. Band 2: Die Lehre vom Licht.* Leipzig 3. Aufl. 1875. [RSB N 602]

– *Kompendium der Physik. Erster Band: Allgemeine Physik, Akustik und Optik.* Leipzig 1879. [RSB N 603]

– *Kompendium der Physik. Für Studierende an Universitäten und Technischen Hochschulen. Zweiter Band: Die Lehre von der Wärme, dem Magnetismus und der Elektrizität.* Leipzig 1879. [RSB N 604]

Wundt, Wilhelm: Logik. *Eine Untersuchung der Prinzipien der Erkenntnis und der Methoden wissenschaftlicher Forschung, 2. Band: Methodenlehre, 1. Abteilung: Allgemeine Methodenlehre. Logik der Mathematik und der Naturwissenschaften.* Stuttgart 2. Aufl. 1894. [RSB P 1135]

Ziegler, Johann Heinrich: *Die wahre Ursache der hellen Lichtstrahlung des Radiums.* Zürich 3. Aufl. 1905. [RSB N 611]

Ziegler, Jean-Henri [Johann Heinrich]: *La Vérité Absolue et les Vérités Relatives. Solution des Problèmes de la Radio-Activité et de l'Électricité.* Mémoire présenté au Congrès International de Radiologe et d'Électricité à Bruxelles, Septembre 1910. Paris 1910. [RSB N 612]

Hinweise zum Text

Zweiter Naturwissenschaftlicher Kurs

Erster Vortrag, 1. März 1920

Sachhinweise

[1] Mit dem letzten Aufenthalt sind die Vorträge vom 23. Dezember 1919 bis 3. Januar 1920 in Stuttgart gemeint, erschienen in: *Erster naturwissenschaftlicher Kurs*, GA 320, 5. Aufl. Basel 2020.

[2] Zum Thema der physikalischen Wärme im Allgemeinen siehe auch: «Anregungen und Aufgabenstellungen von Rudolf Steiner für naturwissenschaftliche Forschungen (Schiller Mappe)», in: *Beiträge zur Rudolf Steiner Gesamtausgabe*, 2000, Nr. 122, «Notizen von Paul Eugen Schiller», S. 34–36.

[3] Der Versuch mit den drei Gefäßen, auch bekannt als *Weber'scher Drei-Schalen-Versuch*, wurde in der Naturphilosophie immer wieder herangezogen, um zu illustrieren, dass die sinnliche Wahrnehmung unsicher, oder abhängig, von der Vorgeschichte des Wahrnehmungsorgans ist (dieselbe Temperatur wird von zwei Händen verschieden wahrgenommen). So finden sich Nennungen des Versuchs u. a. bei John Locke (1632–1704), George Berkeley (1685–1753), Ernst Heinrich Weber (1795–1878), Ewald Hering (1834–1918) und Ernst Mach (1838–1916), die im Folgenden nachgewiesen werden.

John Locke, *An Essay Concerning Human Understanding*, London 1690, Book II, Ch. VIII, § 21, S. 63: «*Ideas* being thus distinguished and understood, we may be able to give an account how the same water, at the same time, may produce the *idea* of cold by one hand and of heat by the other: whereas it is impossible that the same water, if those *ideas* were really in it, should at the same time be both hot and cold. For, if we imagine *warmth*, as it is *in our hands*, to be *nothing but a certain sort and degree of motion in the minute particles of our nerves or animal spirits*, we may understand, how it is possible that the same water may at the same time produce the sensation of heat in one hand and cold in the other; which yet figure never does, that never producing the *idea* of a square by one hand, which has produced the *idea* of a globe by another. But if the sensation of heat and cold be nothing but the increase or diminution of the motion of the minute parts of our bodies, caused by the corpuscles of any other body, it is easy to be understood, that if that motion be greater in one hand than in the other; if a body be applied to the two hands, which has in its minute particles a greater motion than in those of one of the hands, and a less than in those of the other, it will increase the motion of the one hand and lessen it in the other, and so cause the different sensations of heat and cold that depend thereon.»

George Berkeley, *Three Dialogues Between Hylas and Philonous.* London 1713, S. 15: «*Phil.* Can any doctrine be true that necessarily leads a man into an absurdity? / *Hyl.* Without doubt, it cannot. / *Phil.* Is it not an absurdity to think, that the same thing should be at the same time both cold and warm? / *Hyl.* It is. / *Phil.* Suppose now, one of your hands hot, and the other cold, and that they are both at once put into the same vessel of water, in an intermediate state, will not the water seem cold to one hand, and warm to the other? / *Hyl.* It will. / *Phil.* Ought we not, therefore, by your principles to conclude, it is really both cold and warm at the same time, that is, according to your own concession, to believe an absurdity. / *Hyl.* I confess, it seems so.» –

Ernst Heinrich Weber, *Tastsinne und Gemeingefühl auf Versuche gegründet.* Braunschweig 1851, S. 92: «Unmittelbar ohne diese wechselseitige Einwirkung können wir die Temperaturen in den verschiedenen Teilen unserer Haut nicht vergleichen. Daher verwechseln wir auch ein schnelles Sinken und ein tiefes Sinken der Temperatur unserer Haut. Tauchen wir die eine Hand in mäßig kaltes Wasser unter, während wir die andere Hand wiederholt, aber nur auf einen Augenblick eintauchen, so glauben wir in der letzteren Hand die Empfindung eines höheren Kältegrades zu haben als in der ersteren, und doch sinkt die Temperatur in der Haut der ersteren tiefer, als in der letzteren, da ihr in der Zeit, wo sie nicht eingetaucht ist, keine Wärme entzogen, vielmehr ein Teil der verlorenen Wärme durch die innere Wärmequelle ersetzt wird.» S. 94: «Ein zweiter Umstand, warum wir die Temperatur der Körper oft nicht richtig wahrnehmen, ist der, dass die Haut selbst nicht immer dieselbe Temperatur besitzt, z. B. wenn zu einem Teile der Haut weniger Blut fließt, oder bei einer längeren Einwirkung einer mäßigen Kälte die Haut selbst kälter wird. Es bildet sich dann allmählig ein neuer Gleichgewichtszustand, bei welchem die erkältete Lage der Haut endlich nur so viel Wärme herauslässt, als von innen her zugeführt wird. Körper welche nun wärmer sind als die Haut, und ihr also Wärme abtreten, scheinen uns darum warm zu sein, sogar wenn sie eine niedrigere Temperatur haben als die ist, welche die Haut in der Regel zu haben pflegt, so dass sie uns im regelmäßigen Falle kalt erscheinen würden. Der Arzt muss daher, um die Temperatur seines Patienten richtig zu beurteilen, dafür sorgen, dass seine Hände eine konstante Temperatur besitzen.» S. 94–95: «Tauche ich meine Hand 1 Minute lang in Wasser von der Temperatur von + 12 ½ °C und dann in Wasser von 18 °C, so habe ich in dem letzteren einige Sekunden lang das Gefühl der Wärme, hierauf aber stellt sich allmählig das Gefühl der Kälte ein, das so lange fortdauert, als die Hand eingetaucht wird. Das Steigen der Temperatur unserer abgekühlten Haut bringt also das Gefühl von Wärme auch dann hervor, wenn die Temperatur, die dadurch entsteht, eine solche ist, dass sie noch immer als Kälte empfunden werden sollte. Aber dieses Gefühl der Wärme dauert nur so lange fort, als das Steigen der Temperatur, nachher empfindet man Kälte, weil der Haut vom Wasser mehr Wärme entzogen, als von innen her zugeführt wird.» – Ewald Hering, «Grundzüge einer Theorie des Temperatursinnes». In: *Sitzungsberichte der Akademie der Wissenschaften in Wien*, Band 75, 1877, S. 101–135. –

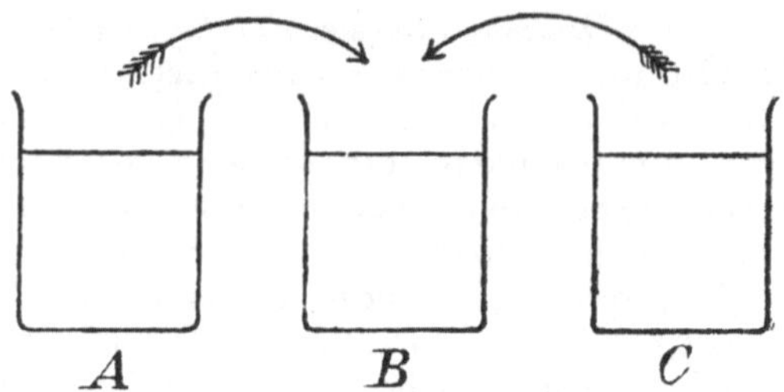

Ernst Mach: *Principien der Wärmelehre. Historisch-kritisch entwickelt*, 3. Aufl. Leipzig 1919 [RSB N 347], S. 3–4: «Wir würden die hierher gehörigen physikalischen Vorgänge nur schwer und unvollkommen verfolgen, wenn wir auf die Wärmeempfindung als Merkmal des Wärmezustandes beschränkt wären. Mischen wir (Fig. 1) in einem Gefäss *B* kaltes Wasser aus *A* mit heissem Wasser aus *C*, halten die linke Hand einige Sekunden lang in das Gefäss *A*, die rechte ebenso in *C* und führen dann beide Hände nach *B*, so erscheint *dasselbe* Wasser der linken Hand warm, der rechten aber kalt. Die Luft eines tiefen Kellers erscheint im Sommer kalt, im Winter warm, während man sich doch überzeugen kann, dass ihre physikalische Wärmereaktion in beiden Fällen nahezu die gleiche ist (Fußnote: Derartige Bemerkungen macht schon *Sagredo* in einem Brief an *Galilei* vom 7. Februar 1615. Vergl. Burckhardt, *Erfindung des Thermometers*, Basel 1867). Die Empfindung ist nämlich nicht nur bestimmt durch den Körper, der dieselbe erregt, sondern auch durch den Zustand des Organs, auf welchen auch die vorausgegangenen Zustände denselben Einfluss haben. So erscheint uns dasselbe Lampenlicht hell, wenn wir aus einem dunkeln Raum, dagegen matt, wenn wir aus dem Sonnenschein kommen. Die Sinnesorgane sind eben nicht der Förderung der physikalischen Erkenntnis, sondern der Erhaltung günstiger Lebensbedingungen angepasst. – So lange es sich nur um unsere Empfindung handelt, hat diese *allein* zu entscheiden. Es ist dann zweifellos, dass ein physikalisch gleich reagierender Körper uns einmal *warm*, ein andermal *kalt* erscheint. Es hätte auch gar keinen Sinn, zu sagen, dass der Körper, den wir *warm* empfinden, eigentlich *kalt* ist. Wo es sich aber um das *physikalische* Verhalten eines Körpers (gegen andere Körper) handelt, müssen wir uns nach einem *Merkmal* dieses Verhaltens umsehen, welches von der veränderlichen, schwer und umständlich kontrollierbaren Beschaffenheit unseres Sinnesorganes *unabhängig* ist. Ein solches Merkmal ist gefunden worden.»

[4] «Wie sie auf dem Gebiet der Technik dem Leben entgehen»: Siehe zum Beispiel im achten Vortrag vom 8. März 1920 im vorliegenden Kurs zum Zweiten Hauptsatz der Wärmelehre.

[5] Zur Bedeutung der unterschiedlichen Verhältnisse der einzelnen menschlichen Organe zur Wärme siehe etwa den Vortrag vom 28. Oktober 1922, in: *Physiologisch-Therapeutisches auf Grundlage der Geisteswissenschaft – Zur Therapie und Hygiene*, GA 314, 4. Aufl. Basel 2011, S. 186 (auch in: *Heileu-*

rythmie, GA 315, 5. Aufl. Dornach 2003, S. 118–119) sowie insbesondere den Vortrag vom 7. Januar 1924, in: *Meditative Betrachtungen und Anleitungen zur Vertiefung der Heilkunst*, GA 316, 5. Aufl. Basel 2009, S. 89–102.

[6] Zeno, etwa 490–430 v. Chr., aus Elea, Schüler des Parmenides. Nach Aristoteles ist er der Erfinder der Dialektik. – Das auf ihn zurückgehende Paradoxon mit Achilles und der Schildkröte ist nicht direkt überliefert, sondern findet sich in der *Physikvorlesung* von Aristoteles (Buch VI.9, 239b).

[7] Siehe zum Unterschied von Phoronomie und Mechanik die Ausführungen im *Ersten Naturwissenschaftlichen Kurs* (GA 320, a. a. O.), besonders im ersten Vortrag vom 23. Dezember 1919.

[8] Experimente bis auf molekulare und atomare Ebene waren zur Zeit des vorliegenden Kurses noch kaum möglich. Dies hat sich jedoch im Laufe des 20. und im Beginn des 21. Jahrhunderts wesentlich geändert. Wie aus dem nachfolgend zitierten Vortrag hervorgeht, geht es Steiner vermutlich an dieser Stelle weder um die Ablehnung von Phänomenen, in welchen Moleküle oder Atome auf verschiedene Weise sichtbar gemacht werden, noch um die Ablehnung von Molekülen und Atomen *als Phänomene* unter ganz bestimmten experimentellen Bedingungen, sondern um die Zurückweisung des *Atomismus als naturwissenschaftliche Weltanschauung*, gemäß welcher *allen* sinnlichen Tatsachen und Phänomenen eine atomistische Basis zugeordnet werden müsse; vgl. dazu den Vortrag vom 11. Mai 1922 über «Agnostizismus in der Wissenschaft und Anthroposophie», in: *Das Verhältnis der Anthroposophie zur Naturwissenschaft*, GA 75, 10. Aufl. Dornach 2010, S. 253–300, insbesondere S. 263: «Wenn man bei dem reinen Phänomenalismus stehen bleibt, so ist man zwar berechtigt, aus der Beobachtung und aus dem Experiment heraus eine atomistische Struktur – sei es in der materiellen, sei es in der Kräftewelt – anzunehmen, aber diese Tendenz zur atomistischen Struktur darf man nur insoweit gelten lassen, als man sie phänomenologisch verfolgen kann, als man sie anhand der Phänomene beschreiben kann. – Gegen dieses Prinzip sündigt jene wissenschaftliche Weltanschauung, welche eine Atomistik konstruiert, die hinter den sinnlich verfolgbaren Phänomenen Tatsächliches konstatiert, das nicht in die Welt der Phänomene selbst hereinfallen kann.»

[9] Es haben der Naturwissenschaftler Henry Cavendish (1731–1810) bereits 1784 und der Physiker und Geodät Johann Georg von Soldner (1776–1833) bereits 1801 darauf hingewiesen, dass die von Isaac Newton (1642–1726) entwickelte Gravitationstheorie eine Ablenkung von Sternenlicht um Himmelskörper voraussagt, sofern Licht als massebehaftete Korpuskeln aufgefasst wird. Annähernd derselbe Wert wie von Soldner vorausgesagt wurde von Albert Einstein (1879–1955) aufgrund der Annahme des Äquivalenzprinzips allein hergeleitet. 1915 bemerkte er jedoch unter zusätzlicher Berücksichtigung der Raumzeitkrümmung in der Allgemeinen Relativitätstheorie, dass dies nur die Hälfte des korrekten Wertes ausmacht. – Die erste Beobachtung der Lichtablenkung wurde bei der Beobachtung der Positionsveränderung von Ster-

nen, durch einen Vergleich der fotografischen Aufnahmen ein halbes Jahr vor der totalen Sonnenfinsternis vom 29. Mai 1919 und während dieser Finsternis gemacht. Wichtig ist, dass die zu vermessenden Sterne sehr nahe der Sonne gesehen werden. Die Beobachtungen wurden durch Arthur Stanley Eddington (1882–1944) und Frank Dyson (1868–1939) während der totalen Sonnenfinsternis vom 29. Mai 1919 auf der Vulkaninsel Principe vor der westafrikanischen Küste sowie in Sobral in Nordbrasilien durchgeführt. Das Resultat wurde als aufsehenerregende Nachricht aufgefasst und fand sich auf den Titelseiten vieler bedeutender Zeitungen wieder. Es machte Einstein und seine Theorie weltberühmt. Die Beobachtungsresultate wurden publiziert in: Frank Watson Dyson, Arthur Stanley Eddington, C. Davidson: «A determination of the deflection of light by the Sun's gravitational field, from observations made at the total eclipse of 29 May 1919», in: *Philosophical Transactions of the Royal Society*, London, 220A, 1920, S. 291–333.

[10] Auf welche Berliner Gelehrtengesellschaft sich Steiner hier bezieht, ist nicht bekannt. In den *Verhandlungen der Deutschen Physikalischen Gesellschaft* (Sitzung vom 20. Februar 1920, 3. Reihe, 1. Jahrgang, Nr. 1, S. 32) findet sich nur ein halbseitiger Hinweis von Max von Laue, der einen durch englische Forscher vermittelten Abzug der Fotografie vorlegen konnte, welche am 29. Mai 1919 von der totalen Sonnenfinsternis gemacht worden war und welcher als Grundlage einiger eigener Vergleichsmessungen diente. Nach der allgemeinen Relativitätstheorie sollten die in unmittelbarer Nähe der Sonne sichtbaren Sterne durch die Schwerkraft der Sonne abgelenkt erscheinen. Die vorgelegten Messwerte bestätigten die Theorie weitgehend. – In den *Sitzungsberichten der Königlich-Preussischen Akademie der Wissenschaften zu Berlin* aus den Jahren 1919 und 1920 findet sich kein Hinweis auf dieses Ereignis. Nur in der Publikumszeitschrift *Die Naturwissenschaften* wurde am 2. Januar 1920 auf einer Seite darüber berichtet (auf der Grundlage eines Berichtes in *Nature* vom 13. November 1919), in der vor allem auf die technische Ausrüstung der Expedition und die Durchführung der entsprechenden Beobachtungen und Messungen eingegangen wurde (8. Jahrgang, Heft 1, S. 20). – Nach der Publikation eines Artikel «Zur Prüfung der allgemeinen Relativitätstheorie» am 29. August 1919, in welchem Erwin Freundlich auf der ersten Seite kurz auf diese Expedition hingewiesen hatte und sich danach einer anderen Prüfungsmethode, nämlich der Rotverschiebung des Spektrums einer Sternlichtquelle an Orten höherer Gravitationsenergie relativ zum Spektrum einer Lichtquelle auf der Erde zuwendete (7. Jahrgang, Heft 35, S. 629–636), veröffentlichte er am 20. August 1920 einen längeren Bericht über diese Expedition und ihre Ergebnisse auf der Grundlage der im Hinweis Nr. 9 genannten englischen Originalveröffentlichung (8. Jahrgang, Heft 34, S. 667–673).

[11] Albert Einstein (1879–1955), theoretischer Physiker. Begründete unter anderem die «Spezielle Relativitätstheorie» 1905 und 1915 die «Allgemeine Relativitätstheorie». Siehe dazu die Zusammenstellung der Erwähnungen der Relativitätstheorie in: *Die vierte Dimension*, GA 324a, 1. Aufl. Dornach 1995,

S. 259–262; vgl. auch: «Rudolf Steiner und der mehrdimensionale Raum», in: *Beiträge zur Rudolf Steiner Gesamtausgabe,* 1995, Nr. 114/115, S. 62–63.

[12] Damit könnte die gravitative Rotverschiebung gemeint sein, die erstmals überzeugend 1925 von Walter Sydney Adams an den Spektrallinien des weißen Zwergs Sirius B nachgewiesen werden konnte: «The relativity displacement oft the spectral lines in the companion of sirius», *Proceedings of the National Academy of Sciences of the United States of America*, 1925, Band 11 (7), S. 382–387. Siehe dazu den folgenden Hinweis Nr. 13.

[13] Zu dieser Sitzung der Deutschen Physikalischen Gesellschaft zu Berlin siehe den obigen Hinweis Nr. 10. – Von der im Anschluss an diese Darlegungen geführten Diskussion, welche hier besonders interessiert, steht in den *Verhandlungen der Deutschen Physikalischen Gesellschaft* oder den *Sitzungsberichten der Königlich-Preussischen Akademie der Wissenschaften zu Berlin* nichts. Rudolf Steiner referiert solche hier andeutungsweise, offensichtlich aufgrund von Zeitungsmeldungen, welche bisher nicht bekannt sind. Doch geben die vielen anderen Erörterungen der Allgemeinen Relativitätstheorie, welche im Jahre 1920, ausgelöst durch die Ergebnisse der englischen Sonnenfinsternis-Expedition, stattgefunden haben, Aufschluss über die Voraussetzungen, aus welchen heraus sie geführt wurden, z. B. die in den Hinweisen Nr. 9 und 10 genannten Arbeiten sowie Arnold Sommerfelds «Bericht über die allgemeine Relativitätstheorie und ihre Prüfung an der Erfahrung» (*Archiv für Elektrotechnik*, Band 9, Heft 10, S. 391–399): Neben der Ablenkung von Sternlichtstrahlen durch das Gravitationsfeld der Sonne gibt es eine andere Methode des empirischen Nachweises der Gültigkeit der Allgemeinen Relativitätstheorie (auf die sich die im Hinweis Nr. 10 genannte Arbeit von Erwin Freundlich aus dem Jahre 1919 bezog): Im Sonnenspektrum oder in Sternlichtspektren großer und schwerer Sterne sollten die Spektrallinien im Vergleich mit Spektren irdischer Lichtquellen gegen Rot verschoben erscheinen, und zwar als Folge der Anziehungskraft der Sonne bzw. der entsprechenden Sterne. Diese Verschiebung ist aber so gering und zudem anderen Einflüssen unterworfen, dass sie bislang nicht bemerkt worden war, das heißt an der Grenze der Leistungsfähigkeit der Apparate gelegen war. Doch konnte man im Verlauf des Jahres 1920 dann einige solcher Verschiebungen nachweisen, wenn auch hart an der Nachweisgrenze; siehe für die endgültige Bestätigung den vorangehenden Hinweis Nr. 12. – Wie der elfte und zwölfte Vortrag vom 11. und 12. März 1920 des vorliegenden Kurses nahelegen, galt Rudolf Steiners Interesse an der Sache vermutlich nicht in erster Linie der Bestätigung der Allgemeinen Relativitätstheorie als solcher, sondern der Möglichkeit, durch äußere Kräfte auf die Farben im Spektrum einzuwirken.

[14] Zur experimentellen Bestätigung geisteswissenschaftlicher Erkenntnisergebnisse Steiners siehe z. B. die Zusammenstellung von Wolfgang Schad: «Steiners Beiträge zur Naturwissenschaft», Kapitel V im Buchbeitrag «Rudolf Steiners Verhältnis zur Naturwissenschaft», in: Rahel Uhlenhoff (Hrsg.): *Anthroposophie in Geschichte und Gegenwart*, Berlin 2011, S. 157–170.

[15] Für eine zeitgenössische Referenz zur Physik der Sonne siehe Ernst Pringsheim: «Physik der Sonne», in: *Die Kultur der Gegenwart*, 3. Teil, 3. Abteilung, 3. Band: *Astronomie*, Leipzig 1921, S. 318–372 (über die Sonnenkorona und die Sonnentemperatur dort S. 354–364), eine allgemeinverständliche Zusammenfassung seines Lehrbuches *Vorlesungen über die Physik der Sonne*, Leipzig 1910. – Die Sonnenkorona ist nach Auffassung der modernen Sonnenphysik der Bereich der Atmosphäre der Sonne, der oberhalb der vor allem aus Wasserstoff und Helium bestehenden Chromosphäre und damit oberhalb der das kontinuierliche Spektrum zeigenden Photosphäre der Sonne liegt und im Vergleich zu tiefer liegenden Schichten deutlich geringere Dichten, jedoch höhere Temperaturen aufweist. Das schwache Leuchten der Korona ist von bloßem Auge nur bei einer totalen Sonnenfinsternis zu sehen. Die Korona besteht aus einem nahezu vollständig ionisierten Plasma und ist mit typischerweise einigen Millionen Kelvin deutlich heißer als die unterhalb liegenden Schichten der Sonne. Die Ursachen und Wirkmechanismen, die zu dieser Koronaheizung führen, sind bis heute noch nicht abschließend aufgeklärt und stellen einen zentralen Gegenstand der Forschung der Sonnenphysik dar (siehe dazu und insbesondere zu Letzterem Markus Aschwanden: *Physics of the Solar Corona*, Berlin 2006, Kapitel 9: «Coronal Heating»).

[16] Der Vergleich oder die Analogie eines Gegensatzes, insbesondere des Plus-Minus- oder Positiv-Negativ-Gegensatzes (oder auch des Gegensatzes von Druck- und Saugwirkung wie im hier gegebenen Fall und den weiter unten im vorliegenden Kurs besprochenen Verhältnissen am 7., 10. und 12. März 1920) mit dem Gegensatz von Guthaben und Schulden ist alt und geht spätestens auf Immanuel Kant zurück, siehe seinen «Versuch den Begriff der negativen Größen in die Weltweisheit einzuführen» (1763), im ersten Abschnitt: «Erläuterung des Begriffes von den negativen Größen überhaupt», S. A3–A14. Siehe dazu die Parallelstelle im Vortrag vom 29. Dezember 1919, in: *Erster Naturwissenschaftlicher Kurs*, GA 320, 5. Aufl. 2020, S. 103–104 und den dortigen Sachhinweis Nr. 171.

[17] Siehe zur Besonderheit der Sonnenmaterie auch: «Anregungen und Aufgabenstellungen von Rudolf Steiner für naturwissenschaftliche Forschungen (Schiller Mappe)», in: *Beiträge zur Rudolf Steiner Gesamtausgabe*, 2000, Nr. 122, Blatt 17: S. 24–25.

[18] Zum Auge als physikalischem Apparat, der vom Organismus stark isoliert ist, siehe etwa den siebten Vortrag vom 30. Dezember 1919, in: *Erster Naturwissenschaftlicher Kurs*, GA 320, 5. Aufl. Basel 2020, S. 120–128.

[19] Man beachte, dass es nach Steiners Sinneslehre im Gegensatz zur Wärme für Licht keinen eigenen Sinn gibt; es gibt einen Wärmesinn, aber keinen Sinn für Licht als solches, nur einen Sinn für Farben. Siehe dazu, insbesondere zur sinnlichen oder übersinnlichen Wahrnehmbarkeit von Farben und Licht, *Mein Lebensgang*, GA 28, 9. Aufl. 2000, S. 94–98.

[20] Vorschlag des Herausgebers für sachgemäße Ergänzungen dieses Satzes: «Indem wir mit einem Glied, zum Beispiel mit einem Finger, uns [der Wärme] aussetzen, ist das nichts anderes als [wie wenn wir nur] einen Teil des Auges gegenüber dem ganzen Auge [betrachten würden].

[21] Zur Frage eines einheitlichen Sinnes siehe den siebten Vortrag vom 30. Dezember 1919 in: *Erster Naturwissenschaftlicher Kurs*, GA 320, 5. Aufl. Basel 2020, S. 126–127, und den dortigen Hinweis Nr. 86.

[22] Zum Experiment mit Hohlspiegeln siehe den neunten Vortrag vom 2. Januar 1920 in: *Erster Naturwissenschaftlicher Kurs*, GA 320, 5. Aufl. Basel 2020, S. 150–152; das dort diskutierte Experiment von Heinrich Hertz führte unter anderem zur Entdeckung, dass Wärmestrahlung auch als elektromagnetische Strahlung aufgefasst werden kann.

[23] Es gab um die Wende vom neunzehnten zum zwanzigsten Jahrhundert einige Versuche, den mechanistischen Atomismus als Weltanschauung zu überwinden. Einige Beispiele zur Verdeutlichung: Ernst Mach: *Die Analyse der Empfindung*, 2. Auflage 1900 [RSB P 711], Kapitel «Einfluss der vorausgehenden Untersuchungen auf die Auffassung der Physik», S. 207–209: «Als einen weiteren Gewinn [aus den vorausgehenden Untersuchungen] müssen wir ansehen, dass der Physiker von den herkömmlichen intellektuellen Mitteln der Physik sich nicht mehr imponieren lässt. Kann schon die gewöhnliche ‹Materie›, nur als ein sich unbewusst ergebendes, sehr natürliches Gedankensymbol für einen relativ stabilen Komplex sinnlicher Elemente betrachtet werden, so muss dies umso mehr von den künstlichen hypothetischen Atomen und Molekülen der Physik und Chemie gelten. Diesen Mitteln *verbleibt* ihre Wertschätzung für ihren besonderen beschränkten Zweck. Sie bleiben ökonomische Symbolisierungen der *physikalisch-chemischen* Erfahrung. Man wird aber von ihnen wie von den Symbolen der Algebra nicht mehr erwarten, als man in dieselben hineingelegt hat, namentlich nicht mehr Aufklärung und Offenbarung als von der Erfahrung *selbst*. Schon im Gebiet der Physik selbst bleiben wir vor Überschätzung unserer Symbole bewahrt. Noch weniger wird aber der ungeheuerliche Gedanke, die Atome zur Erklärung der psychischen Vorgänge verwenden zu wollen, sich unserer bemächtigen können. Sind sie [die Atome] doch nur Symbole *jener* eigenartigen Komplexe sinnlicher Elemente, die wir in den engeren Gebieten der *Physik* und Chemie antreffen. [...] Wenn wir nun die ganze *materielle* Welt in *Elemente* auflösen, welche *zugleich* auch Elemente der *psychischen* Welt sind, die als solche Empfindungen heißen, wenn wir ferner die Erforschung der Verbindung, des Zusammenhanges, der gegenseitigen Abhängigkeit dieser *gleichartigen* Elemente *aller* Gebiete als die einzige Aufgabe der Wissenschaft ansehen; so können wir mit Grund erwarten, auf dieser Vorstellung einen einheitlichen, *monistischen* Bau aufzuführen und des leidigen verwirrenden Dualismus los zu werden. Indem man die Materie als das absolut Beständige und Unveränderliche ansieht, zerstört man ja in der Tat den Zusammenhang zwischen Physik und Psychologie. [...] Bald nach Erscheinen

der ersten Auflage [1885] dieser Schrift belehrte mich ein Physiker darüber, wie ungeschickt ich meine Aufgabe angefasst hätte. Man könne, meinte er, die Empfindungen nicht analysieren, bevor die Bahnen der Atome im Gehirn nicht bekannt seien. Dann allerdings würde sich alles von selbst ergeben. Diese Worte, welche vielleicht bei einem Jüngling der *Laplace*'schen Zeit auf fruchtbaren Boden gefallen wären, und sich zu einer psychologischen Theorie auf Grund ‹verborgener Bewegungen› entwickelt hätten, konnten mich natürlich nicht mehr bessern. Sie hatten aber doch die Wirkung, dass ich *Dubois* [Reymond] mit seinem ‹Ignorabismus›, das mir bis dahin als die größte Verirrung erschienen war, im stillen Abbitte leistete. War es doch ein wesentlicher Fortschritt, dass *Dubois* die Unlösbarkeit seines Problems erkannte, und war diese Erkenntnis doch für viele Menschen eine Befreiung, wie der sonst kaum begreifliche Erfolg seiner Rede [‹Über die Grenzen des Naturerkennens›, 1872] beweist. Den wichtigeren Schritt der Einsicht, dass ein prinzipiell als unlösbar erkanntes Problem auf einer *verkehrten Fragenstellung* beruhen muss, hat er allerdings nicht getan. Denn auch er hielt, wie unzählige andere, das Handwerkszeug einer Spezialwissenschaft für die eigentliche Welt.» –

Wilhelm Ostwald: *Die Überwindung des wissenschaftlichen Materialismus*, Vortrag, gehalten in der dritten allgemeinen Sitzung der Versammlung der Gesellschaft Deutscher Naturforscher und Ärzte zu Lübeck am 20. September 1895, Leipzig 1895 [RSB N 414], S. 5–7: «Vom Mathematiker bis zum praktischen Arzt wird jeder naturwissenschaftlich denkende Mensch auf die Frage, wie er sich die Welt ‹im Inneren› gestaltet denkt, seine Ansicht dahin zusammenfassen, dass die Dinge sich aus bewegten *Atomen* zusammensetzen, und dass diese Atome und die zwischen ihnen wirkenden *Kräfte* die letzten Realitäten seien, aus denen die einzelnen Erscheinungen bestehen. [...] Man kann diese Auffassung den *wissenschaftlichen Materialismus* nennen. [...]. Es ist meine Absicht, meine Überzeugung dahin auszusprechen, *dass diese so allgemein angenommene Auffassung unhaltbar ist; dass diese mechanistische Weltansicht den Zweck nicht erfüllt, für den sie ausgebildet worden ist; dass sie mit unzweifelhaften und allgemein bekannten und anerkannten Wahrheiten in Widerspruch tritt.* Der Schluss, der hieraus zu ziehen ist, kann keinem Zweifel unterliegen: die wissenschaftlich unhaltbare Anschauung muss aufgegeben und womöglich durch eine andere und bessere ersetzt werden. Die naturgemäß hier aufzuwerfende Frage, ob solch eine andere und bessere Anschauung vorhanden ist, glaube ich bejahen zu sollen. [...] die Unzulänglichkeit der üblichen mechanistischen Ansicht wird leichter nachzuweisen sein, als die Zulänglichkeit der neuen, die ich als die *energetische* bezeichnen möchte.» – Man vergleiche dazu die Auseinandersetzung Rudolf Steiners mit der Lübecker Rede Ostwalds in der Einleitung zu *Goethes Werke. Naturwissenschaftliche Schriften*, hrsg. v. Rudolf Steiner, Vierter Band, in: Kürschners Deutsche National-Litteratur, Berlin und Stuttgart 1897 (Reprint GA 1d, Dornach 1975), S. I–IX (auch in: *Einleitungen zu Goethes Naturwissenschaftlichen Schriften*, GA 1, 4. Aufl. Dornach 1987, «Goethe gegen den Atomismus», S. 302–317. –

Georg Helm: *Die Energetik nach ihrer geschichtlichen Entwickelung*, Leipzig 1898, Kapitel «Grundzüge der Gibbs'schen Thermochemie», S. 144–146: «Die vorangehende Darstellung hat wiederholt Gelegenheit geboten, darauf hinzuweisen, dass bis in das achte Jahrzehnt des Jahrhunderts die Thermodynamik eng verknüpft gehalten wurde mit der kinetischen Gastheorie, also der Atomistik. Man dachte sich die Sache etwa so, als handelte es sich im Energie- und Entropiegesetz um Überschläge in Bausch und Bogen, die wohl für manche, z.B. technische Zwecke ausreichend seien, ähnlich wie in der Mechanik sich die Schwerpunkts- und Flächenintegrale oder das Energieintegral nützlich erweisen, die aber nimmermehr den Feinheiten der Natur zu folgen gestatten, nimmermehr einen Blick in die Mechanik des Inneren der Körper erschließen. Wem die Auflösung alles Geschehens in Bewegung der Atome als höchstes Ziel theoretischen Naturerkennens vorschwebt, dem kann freilich die Thermodynamik, wie sie sich bis dahin entwickelt hatte, als eine Ramschtheorie erscheinen, weil ihr nur Beziehungen zugänglich sind, die er als späte Folgen jener nach seiner Meinung wahren und eigentlichen innersten Vorgänge betrachtet. Die Überwindung dieser atomistischen Betrachtungsweise gehört nicht der Energetik allein an, allgemeinere Gedankenführungen haben daran teil, die Energetik hat nur wesentlich den Glauben an die Notwendigkeit atomistischer Hypothesen erschüttert und an die Befriedigung, die sie gewähren sollen. [...] Es scheint mir heutzutage unnötig, mit Waffengeklirr wider die mechanische Hypothese an sich zu Felde zu ziehen; sie hat ihre Schuldigkeit getan [...]. Zu bekämpfen ist nur, dass man diese mechanische Hypothese durch allerhand Künsteleien aufrecht zu erhalten sucht, als käme es mehr auf die Existenz der bewegten Atome an, als darauf, die Erfahrungen einfach zu beschreiben. Vor allem ist aber die noch keineswegs ausgerottete *Vermengung* der Energetik mit der Molekularhypothese zu bekämpfen. – *Helmholtz* ist es, der mit seiner grundlegenden Arbeit von 1847 diese Vermengung der energetischen Ideen mit der Molekularhypothese veranlasst hat. *Robert Mayer* hält sich völlig frei davon und auch in England hat unter dem steten Einflüsse *Wilhelm Thomson*'s die Energetik sich reiner entwickelt. In Deutschland zeigt sich das allmählich wachsende Übergewicht der mechanischen Hypothesen sehr deutlich an der persönlichen Entwicklung von *Clausius*. Seine erste Arbeit von 1850 sieht [...] in der Energetik eine neue neben die Mechanik hintretende Wissenschaft; aber in die späteren Arbeiten drängt sich mehr und mehr die Molekularhypothese, und entsprechend erscheint der ganze Entwicklungsgang der Wissenschaft in Deutschland von der Mitte der fünfziger bis zu der der achtziger Jahre wie ein Abfall von der reinen Klarheit der *Mayer*'schen Intuition. [...] – Völlig frei von solcher Voreingenommenheit für die Mechanik der Atome, völlig unbefangen die strikten Konsequenzen der beiden Hauptsätze feststellend, ohne alles Schielen und Sehnen nach der Mechanik, – so steht das Werk von *Gibbs* mit einem Male vor dem die geschichtliche Entwickelung verfolgenden Blick. Hier ist der alte große Gedanke *Robert Mayer*'s in mathematischen Formeln lebendig geworden, frei von allem molekularhypothetischen Aufputz. – Was für ein Buch, in dem chemische Vorgänge behandelt werden ohne den überkommenen chemischen Apparat der Atome, in dem Theorien der Elastizität, der Kapillarität und Kristallisation, der elektromotorischen Kraft ohne alle die gewohnten Behelfe atomistischen Ursprunges hingestellt werden! Nackt und rein steht der wahre Gegenstand theoretischer Naturerkenntnis vor uns, die Feststellung der *quantitativen Beziehungen zwischen den Parametern*, die den Zustand eines Körpersystems während der der Untersuchung unterworfenen Veränderung bestimmen. Was Wunder, dass die Leute diese Arbeiten von *Gibbs* nicht verstanden, trotzdem *Maxwell* mit Nachdruck auf ihre Bedeutung hinwies.»

[24] «Wucht» ist eine heute veraltete Bezeichnung vor allem für die kinetische Energie.

[25] Rudolf Clausius (1822–1888), theoretischer Physiker. Seine Abhandlungen zur mechanischen Wärmetheorie, die ursprünglich alle in Poggendorffs *Annalen der Physik und Chemie* erschienen, sind zusammengefasst in den drei Bänden *Abhandlungen über die mechanische Wärmetheorie*, 2. Aufl. Braunschweig 1876–91. Bemerkenswerterweise sind die Arbeiten von 1850–56 phänomenologisch orientiert, anknüpfend an Carnot. 1857 wird die atomistische Wärmetheorie eingeleitet mit der Abhandlung «Über die Art der Bewegung, welche wir Wärme nennen», *Annalen der Physik und Chemie*, Band 100, 1857, S. 353–380.

[26] Siehe zur Umwandlung von Wärme in Arbeit und umgekehrt den achten und neunten Vortrag vom 8. und 9. März 1920 im vorliegenden Band.

[27] Zur Frage, inwiefern innerhalb des Gebietes der Wärmeverhältnisse Naturprozesse umkehrbar sind, und inwiefern sie es nicht sind, siehe den achten und neunten Vortrag vom 8. und 9. März 1920 im vorliegenden Band.

Editorische Hinweise

zu Seite

19 *Sie tauchen [ein anderes Thermometer]:* Sinngemäße Änderung durch den Herausgeber, statt «Sie tauchen es».

sondern eine [Vorrichtung]: Sinngemäße Änderung durch den Herausgeber, statt «Vorbereitung».

24 *[mehr oder weniger]:* Handschriftliche Ergänzung unbekannter Hand in der Textgrundlage.

28 *ich möchte sagen, [verführend]:* Sinngemäße Änderung durch den Herausgeber, statt «verzückend».

[Physiologien eine Sinnesphysiologie]: Sinngemäße Änderung durch den Herausgeber, statt «Psychologien eine Sinnespsychologie».

29 *[Sinnesphysiologie]:* Sinngemäße Änderung durch den Herausgeber, statt «Sinnespsychologie».

31 *[dadurch entsteht Wärme]:* Handschriftliche Ergänzung unbekannter Hand in der Textgrundlage.

32 *Wenn man [das], was:* Sinngemäße Änderung durch den Herausgeber, statt «Wenn man von dem,».

33 *in Integralrechnungen [umwandeln]:* Sinngemäße Änderung durch den Herausgeber, statt «behandeln».

[– sie würde aber sehr kompliziert ausfallen –]: Handschriftliche Ergänzung unbekannter Hand in der Textgrundlage.

Zweiter Vortrag, 2. März 1920

Sachhinweise

[28] Siehe dazu etwa folgende Bücher aus der Bibliothek Rudolf Steiners: Wilhelm Donle: *Lehrbuch der Experimentalphysik für höhere Lehranstalten*, Stuttgart 1918 [RSB N 103], § 157: «Volumenausdehnung fester Körper», S. 137–138; Oswald Hermes, Paul Spies: *Elementarphysik unter Zugrundelegung von Emil Jochmann für den Anfangsunterricht in höheren Lehranstalten*, Berlin 1904 [RSB N 258], § 132: «Messung der Ausdehnung fester Körper», S. 136–137; Ferdinand Hessler: *Lehrbuch der Technischen Physik*, In zwei Bänden, 3. Aufl. Wien 1866, II. Band, enthaltend: *Schluss der Electricität, Optik und Warme* [RSB N 265], § 535: «Ausdehnung fester Körper», S. 1202–1204; Friedrich Kaegi: *Leitfaden der Physik. Leitfaden für höhere Lehranstalten*, 2. Aufl. Basel 1922 [RSB N 288], § 50: «Wärme und Volumen», S. 84–87.

[29] «Der Ausdehnungskoeffizient α ist ja in der Regel ein Bruch»: z. B. 1/273 bei Gasen von 0 °C. Ähnlich wurden früher in älteren Physikbüchern Ausdehnungskoeffizienten als Stammbrüche angegeben, etwa 1/81'000 für Eisen; siehe etwa: Ferdinand Hessler: *Lehrbuch der Technischen Physik*, In zwei Bänden, 3. Aufl. Wien 1866, II. Band, enthaltend: *Schluss der Electricität, Optik und Wärme* [RSB N 265], S. 1203.

[30] Mit «luftförmigen Körpern, namentlich Gase», sind Gase im engeren Sinne gemeint, welche sich, im Gegensatz zu Dämpfen, nicht durch Druck allein verflüssigen lassen.

[31] Die Accademia del Cimento (Akademie des Experiments) in Florenz stand in der Tradition der physikalischen und astronomischen Experimente und Methoden von Galileo Galilei (1564–1642); sie hatte sich selbst das Motto «Provando e riprovando» (Versuche und wieder Versuche, Testing and Retesting) gesetzt (zu finden auf dem Titelbild der unten genannten Publikation *Saggi*). Sie wurde durch den späteren Kardinal Prinz Leopoldo de' Medici (1617–1675) sowie seinem Bruder, Großherzog Ferdinando II. de' Medici (1610–1670) gegründet, inspiriert, gefördert und finanziert, die beide sehr an den Wissenschaften interessiert waren. Zu den ersten Mitgliedern gehörten unter anderen die Schüler von Galilei Giovanni Alfonso Borelli (1608–1679) und Vincenzo Viviani (1622–1703) sowie Francesco Redi (1626–1698). Sie war nach der römischen

Accademia dei Lincei (gegr. 1603) eine der ersten wissenschaftlichen Institutionen Europas und ging der Royal Society in London (gegr. 1660) und der Académie des Sciences in Paris (gegr. 1666) um einige Jahre voran. Die Accademia institutionalisierte eine informelle Tradition von Experimentaluntersuchungen am Hof von Ferdinando II. seit Mitte der Vierzigerjahre. Schwerpunkte der Untersuchungen waren unter anderen das Fernrohr, das Thermometer und das Barometer sowie Beobachtungen der Saturnringe. Dabei wurden neue Instrumente entwickelt und präzise Messungen durchgeführt. Mit der Publikation der Verhandlungen der Accademia und der Beschreibung von Experimenten in *Saggi di naturali esperienze fatte nell'Academia del Cimento* (Florenz 1667) kamen die Aktivitäten der Accademia zu einem Ende. – Neben einer Bestandsaufnahme der Experimentaltätigkeiten an der Accademia, die allerdings zum Zeitpunkt der Publikation bereits überholt waren, kam dieser einzigen Schrift der Accademia auch eine strategische Bedeutung zu: Es wurde unter der detaillierten Aufsicht von Leopoldo, mit mehrfachen redaktionellen Durchgängen, bewusst nur von Experimentaluntersuchungen berichtet, ohne jede theoretischen und naturphilosophischen Erwägungen, um Konfrontationen mit den Anhängern der aristotelischen Tradition, vor allem aus kirchlichen Kreisen, aus dem Weg zu gehen und zugleich die Bedeutung dieser Accademia für die Förderung der reinen Naturwissenschaften durch die Medici-Familie hervorzuheben. Damit konnte sich Leopoldo als der Förderer einer Institution präsentieren, welche philosophische Auseinandersetzungen vermeidet; dabei waren seine Wissenschaftler nur unbestrittene Praktiker, welche verlässliche Resultate produzierten. Bezeichnend ist die vollständige Unterdrückung der originellen Versuche zur Aufklärung des Phänomens der Saturnringe, welche das Kopernikanisch-Kepler'sche Weltbild bestätigten, was seit der Verurteilung von Galileo ein gefährliches Thema geworden war. – Aus den noch reichlich vorhandenen Original-Manuskripten der Akademie-Mitglieder und deren weitläufigen Korrespondenzen mit Wissenschaftlern in ganz Europa geht jedoch hervor, dass es durchaus Kontroversen um Interpretation und Bedeutung der Experimentaluntersuchungen innerhalb der Accademia gegeben hat und dass es auch eine vorherrschende wissenschaftliche Agenda gab, nämlich diejenige eines antimetaphysischen, atomistisch-mechanistischen sowie mathematisierten physikalisch-astronomischen Weltbildes, kurz: eines materialistischen Weltbildes, das mit aller zur Verfügung stehenden Kraft verteidigt und etabliert wurde (nur eben nicht innerhalb der *Saggi*). Damit zeigte sich die wissenschaftspolitische Bedeutung der Accademia weniger an den Inhalten der knappen Publikation in den *Saggi*, als in einem ganz Europa überziehenden Korrespondenz-Netzwerk sowie in andernorts erscheinenden Publikationen ihrer Mitglieder vor und nach den zehn Jahren der Existenz der Accademia. (Verwendete Literatur u. a.: William Edgar Knowles Middleton: *The Experimenters. A Study of the Accademia del Cimento*, Baltimore 1971; Luciano Boschiero: *Experiment and Natural Philosophy in Seventeenth-Century Tuscay – The History of the Accademia del Cimento*, Dordrecht 2007; Marco Beretta, Antonio Clericuzio, Lawrence M. Principe (Hrsg.): *The Acca-*

demia del Cimento and its European Context, Sagamore Beach 2009.) – Siehe dazu auch die Anmerkungen Steiners in *Goethes Werke. Goethes Naturwissenschaftliche Schriften*, hrsg. v. Rudolf Steiner, Vierter und Fünfter Band, in: Kürschners Deutsche National-Litteratur, Berlin und Stuttgart 1897 (Reprint GA 1d und 1e, Dornach 1975), S. 273 bzw. S. 8.

[32] Über den Effekt der Ausdehnung oder Zusammenziehung des Glaskörpers eines Thermometers und deren Einfluss auf das Verhalten der Thermometerflüssigkeit wurde berichtet in den *Saggi di naturali esperienze fatte nell'Academia del Cimento* unter der Überschrift «*Esperienze intorno a un effetto del caldo e del freddo.* Nuovamente osservato circa il variare l'interna capacità de'vasi di metallo e di vetro». Siehe dazu die englische Übersetzung in: William Edgar Knowles Middleton: *The Experimenters. A Study of the Accademia del Cimento*, Baltimore 1971, S. 206–210.

[33] Für die «Experimentierkunst» zur Untersuchung des Thermometers und seiner Ausdehnung über die Grenzen frierenden und kochenden Wassers hinaus sind unter anderem folgende Forscher relevant: Jean-André de Luc (1727–1817), John Dalton (1766–1844), Joseph Louis Gay-Lussac (1778–1850), Pierre Louis Dulong (1785–1838), Claude Servais Mathias Pouillet (1790–1868), Alexis Thérèse Petit (1791–1820), Henri Victor Regnault (1810–1878) und James Prescott Joule (1818–1889). Einige dieser Gelehrten sind von Steiner sowohl im vorliegenden Kurs (siehe Namenregister) als auch in den zu diesem Kurs gehörigen Eintragungen in Notizbüchern namentlich genannt (siehe Anhang).

[34] Siehe zur Ausnahmestellung des Wassers das Ende des fünften Vortrags vom 5. März 1920 im vorliegenden Band.

[35] Siehe zu diesem Übergang des physikalischen Denkens auch Laurenz Müllner, *Die Bedeutung Galileis für die Philosophie*, Wien 1894 [RSB P 753].

[36] Zum «krassen Materialismus» der Accademia del Cimento siehe Hinweis Nr. 31.

Editorische Hinweise

zu Seite

38 *[indem ich* l_0 *mit* b_0 *multipliziere]:* Handschriftliche Ergänzung unbekannter Hand in der Textgrundlage.

Dritter Vortrag, 3. März 1920

Sachhinweise

[37] Zur Darstellung des Ansteigens der Temperatur in der Umgebung eines Schmelz- und Siedevorgangs: Man beachte, dass die obige Zeichnung 10 nicht das übliche Zeit-Temperatur-Diagramm zeigt, sondern nur das Ansteigen der

Temperatur und die Kardinalpunkte des Schmelz- und Siedepunktes. Aus den Ausführungen weiter unten im vorliegenden Vortrag scheint hervorzugehen, dass Steiner nicht allein den Zeitverlauf in den Vordergrund rückt, sondern insbesondere die Qualitätsumschwünge in diesen Kardinalpunkten, die sich der vorliegenden geometrischen Darstellung entziehen.

[38] Der Siedepunkt, bei welchem sich Natriumthiosulfat zugleich zu zersetzen beginnt, liegt um 300 °C.

[39] Vorschlag des Herausgebers für sachgemäße Ergänzungen dieser Sätze: «Und wenn auch das Quecksilber bei unserer mittleren Temperatur eine Flüssigkeit ist, so müssen wir uns doch klar sein, dass, wenn es auch zusammengehalten wird in dem Gefäß, so summieren sich doch die Ausdehnungen nach den drei Dimensionen, und wir bekommen sie [hier jedoch im Thermometer] als [eindimensionale] Ausdehnung [nur] nach der einen Seite heraus. Wir haben doch bei der Ausdehnung des Quecksilbers nach den drei Dimensionen [diese] nur reduziert auf die eine Dimension hin, sodass wir also das Ansteigen der Temperatur konstatieren durch die [eindimensionale] Ausdehnung eines Körpers.»

[40] Zur geometrischen Charakterisierung ein-, zwei- und dreidimensionaler Wesen in ihrem gegenseitigen Verhältnis siehe die Vorträge über *Die vierte Dimension* (GA 324a) sowie die Vorträge vom 21., 23., 25. und 27. August 1906 in: *Kosmologie und menschliche Evolution* (GA 91).

[41] Dieses Herausfallen des Wärmevorgangs während des Schmelzens oder Siedens aus dem Raum ist der eigentliche Grund der ungewöhnlichen Zeichnung 10 des Temperatur-Zeit-Verlaufs am Anfang des vorliegenden Vortrags.

[42] Hier muss man beachten, dass das Wort «Ausdehnung» zwei unterschiedliche Bedeutungen haben kann. Zum einen in dem Sinne, dass etwas eine Größe mit der Qualität einer Ausdehnung ist, wie etwa in Hermann Grassmanns Werk: *Die Wissenschaft der extensiven Größe oder die Ausdehnungslehre, eine neue mathematische Disziplin. 1. Teil: Die lineale Ausdehnungslehre*, Leipzig 1844, wo zum ersten Mal das Konzept einer *n*-dimensionalen, metrikfreien Theorie mathematischer Mannigfaltigkeiten entwickelt wurde. Und zum anderen in dem Sinne, dass sich etwas Ausgedehntes weiter ausdehnt (thermische Ausdehnung). Hier scheint eher das Erstere gemeint zu sein.

[43] Mit der Kurve, von der Steiner hier spricht, könnte der funktionale Zusammenhang zwischen der zugeführten Wärmemenge oder der Zeit und der Temperatur während des Erwärmungsvorgangs gemeint sein. Demzufolge ist es eigentlich keine «Kurve im Raum». Im Raum findet jedoch der Phasenübergang statt, der sich in der Temperaturkurve nicht bemerkbar macht, also durch sie nicht erfasst wird.

[44] Vorschlag des Herausgebers für sachgemäße Ergänzungen dieser schwierig zu verstehenden Stelle: «Und schon die dritte Potenz T^3 könnte nicht ausdrückbar sein durch eine Raumgröße. Ich würde, wie ich bei mathematischen

Raumgrößen erst nachdem ich die dritte Potenz gebildet habe [und in die vierte Dimension übergehe], aus dem Raum herauskommen, vielleicht schon auf der zweiten Potenz [beim Übergang zur dritten Dimension] aus unserem Raum herauskommen, und bei der dritten nicht mehr drinnen sein.»

[45] Vorschlag des Herausgebers für sachgemäße Ergänzungen dieses Satzes: «Das ist etwas, was man zunächst eben [in der reinen Mathematik ohne Anschauung] behandelt, wie ich jetzt das *T* in seiner Potenz [unabhängig von der Anschauung] behandelt habe.»

[46] William Crookes (1832–1919), Physiker und Chemiker. Es ist nicht ganz sicher, auf was sich Steiner hier bezieht. Bekannt ist die von William Crookes über längere Zeit verfochtene These eines vierten Aggregatszustandes, die er durch seine vielfältigen Experimente mit Gasentladungen in hoch evakuierten Glasbehältern zu untermauern versuchte, siehe dazu seine Arbeit *Strahlende Materie oder der vierte Aggregatszustand*, Vortrag, gehalten auf der 49. Jahresversammlung der britischen Association zur Förderung der Wissenschaften in Sheffield am 22. August 1879, 6. Aufl. Leipzig 1920 [RSB N 78].

[47] Zu den Relativisten mit Einstein an der Spitze siehe die Hinweise Nr. 9 und 11.

Editorische Hinweise

zu Seite

57 *[vor der Tafel]:* Ergänzung in Maschinenschrift innerhalb der Textgrundlage.

58 *[vor der Tafel]:* Ergänzung in Maschinenschrift innerhalb der Textgrundlage.

62 *wenn wir dies beachten, [sagen]:* Sinngemäße Änderung durch den Herausgeber, statt «nicht sagen».

durch die [Temperatur]: Überbrückung einer Lücke in der Textgrundlage; an dieser Stelle steht handschriftlich von unbekannter Hand «Temperatur» und, ebenfalls handschriftlich, durchgestrichen «Ausdehnung».

64 *das in [dieser Formel für die Volumenausdehnung] drinnen ist:* Sinngemäße Änderung durch den Herausgeber, statt «diesem Raum».

Das [sage] ich jetzt rein hypothetisch: Sinngemäße Änderung durch den Herausgeber, statt «habe».

bei mathematischen [Formeln]: Handschriftliche Änderung unbekannter Hand gegenüber der Textgrundlage, statt «Figuren».

[Quadrate über den beiden] Katheten: Handschriftliche Ergänzung unbekannter Hand in der Textgrundlage.

Sachhinweise

[48] Das hier angesprochene allgemeine Gesetz ist das Gesetz von Boyle-Mariotte, auch Boyle-Mariotte'sches Gesetz. Es besagt, dass der Druck idealer Gase bei gleichbleibender Temperatur (isotherme Zustandsänderung) und gleichbleibender Stoffmenge umgekehrt proportional zum Volumen ist. Erhöht man den Druck auf eine Gasmenge, wird durch den erhöhten Druck das Volumen verkleinert. Verringert man den Druck, so dehnt es sich aus. Dieses Gesetz wurde unabhängig von zwei Physikern entdeckt, dem Iren Robert Boyle (1662) und dem Franzosen Edme Mariotte (1676).

[49] Zum Thema der «relativen Gesetze» siehe auch das Ende des sechsten Vortrags vom 6. März 1920 sowie die Behandlung der Schwerkraft als etwas Relativem im Kontext einer «Nullsphäre» in der ersten Hälfte des siebten Vortrags vom 7. März 1920.

[50] Zur Streichung der zweiten und dritten Potenz der Temperatur siehe den Anfangt des zweiten Vortrages vom 2. März 1920 im vorliegenden Band.

[51] Vorschlag des Herausgebers für sachgemäße Ergänzungen dieses Satzes: «Das aber bedingt, dass wir genötigt sind, alles dasjenige, was aus dem Wärmewesen heraus auftritt, also die Temperaturänderung, nicht [nur] als erste Potenz zu behandeln, sondern schon von vornherein als zweite [Dimension], und die zweite [Potenz oder Dimension der Temperatur] als eine dritte [Dimension].»

[52] Siehe zu diesen Dimensionsbetrachtungen des Raumes im Verhältnis zur Wärme und Temperatur auch den vorangehenden dritten Vortrag vom 3. März 1920 im vorliegenden Band.

[53] Vorschlag für sinngemäße Ergänzungen durch den Herausgeber: «... Verwandlung des Wärmezustandes in die Wirkung [des Schreibprodukts spreche] – die aber nur dadurch eingetreten ist, dass ich selbst mich eingeschaltet habe –, [dadurch also ein Fehler im Urteil] aufgetreten ist?»

[54] Zum Charakter des Auges als isoliertes Organ siehe die zweite Hälfte des ersten Vortrags vom 1. März 1920 im vorliegenden Band.

[55] Vorschlag des Herausgebers für sachgemäße Ergänzungen dieser Sätze: «Das ist ein vollständig im Unbewussten bleibender Vorgang, was sich da abspielt zwischen Bewusstsein [von dem, was ich tun will] und feineren Vorgängen in dem Arm. Das bleibt so unbewusst, wie uns die Schlafzustände, in die wir verfallen vom Einschlafen bis zum Aufwachen, nur [unbewusst] bleiben.»

Editorische Hinweise

zu Seite

69 *Das Experiment wird vorgeführt.:* Zu diesem Experiment ist in der Textgrundlage keine Zeichnung überliefert.

69 *einfach in demselben [Zustand]:* Sinngemäße Änderung durch den Herausgeber, statt «einfach in demselben Verhältnis».

71 *[handelt es sich]:* Handschriftliche Ergänzung unbekannter Hand in der Textgrundlage.

73 *Wir müssen uns die [Richtung der Linie] der zweiten Potenz ganz anders denken [als] wie wir uns die [Richtung der Linie] der ersten Potenz denken:* Sinngemäße Änderung und Ergänzung durch den Herausgeber, statt: «Wir müssen uns die Richtlinie der zweiten Potenz ganz anders denken wie wir uns die Richtlinie der ersten Potenz denken.»

75 *[so] dass man zunächst Wärme:* Sinngemäße Änderung durch den Herausgeber, statt «sondern, dass man auch».

81 *des Auges, des [Ohres]:* Sinngemäße Änderung durch den Herausgeber, statt «Organismus».

83 *[rot]:* Ergänzung in Maschinenschrift innerhalb der Textgrundlage.

[blauviolett]: Ergänzung in Maschinenschrift innerhalb der Textgrundlage.

[rot]: Ergänzung in Maschinenschrift innerhalb der Textgrundlage.

wie nach innen unser [Wille]: Sinngemäß Änderung durch den Herausgeber, statt «Wärme».

84 *rotgelben Pol [haben] ... die inneren [Qualitäten]:* Handschriftliche Ergänzungen unbekannter Hand in der Textgrundlage.

Fünfter Vortrag, 5. März 1920

Sachhinweise

[56] Vorschlag des Herausgebers für eine sachgemäße Ergänzung dieses Satzes: «... eigentlich destillierte höhere Sinneswahrnehmungen [des Auges und des Ohres] sind».

[57] Zu den Willensbewegungen, die man beim Zeichnen vollführt, insbesondere bei einem Dreieck, und die man dann in die geometrisch-mathematischen Vorstellungen hineinträgt, siehe die Parallelstelle im Vortrag vom 23. August 1919, in: *Allgemeine Menschenkunde als Grundlage der Pädagogik*, GA 293, 10. Aufl. Basel 2019, S. 65–66.

[58] Immanuel Kant, 1724–1804. Vgl. etwa «Prolegomena zu einer jeden Metaphysik, die als Wissenschaft wird auftreten können», im ersten Teil: «Wie ist reine Mathematik möglich?» (§ 6 ff.).

[59] Zur Weiterführung der Gedanken durch Meditation, siehe *Wie erlangt man Erkenntnisse der höheren Welten?* (GA 10) und *Die Geheimwissenschaft im Umriss* (GA 13). Eine im Zusammenhang mit der Naturwissenschaft gegebene

Darstellung findet sich in *Grenzen der Naturerkenntnis* (GA 322), besonders in den Vorträgen vom 2. und 3. Oktober 1920. – Für mehr philosophisch orientierte Darstellungen siehe *Vom Menschenrätsel* (GA 20), Kapitel «Ausblicke», *Von Seelenrätseln* (GA 21), Kapitel I und IV, *Rätsel der Philosophie* (GA 18), Kapitel «Skizzenhafter Ausblick auf eine Anthroposophie» und «Die psychologischen Grundlagen und die erkenntnistheoretische Stellung der Anthroposophie» in *Philosophie und Anthroposophie* (GA 35).

[60] Mit dem vorigen Kursus ist der *Erste Naturwissenschaftliche Kurs* (GA 320) gemeint, insbesondere der erste Vortrag vom 23. Dezember 1919; siehe dort auch die Ausführungen über die Geschwindigkeit im fünften Vortrag vom 27. Dezember 1919.

[61] Vorschlag des Herausgebers für sachgemäße Ergänzungen dieser Sätze: «... nähern wir uns einen Schritt hinein in die Welt [da draußen]. Wir kommen [einerseits] immer wiederum näher dem, was eigentlich sonst unbekannt in uns waltet, und es gibt [andererseits] keinen anderen Weg, in die Objektivität der [äußeren] Tatsachen hineinzukommen ...»

[62] Das Gespräch mit dem Jugendfreund fand mit Rudolf Schober, ca. 1862–?, statt. Siehe dazu *Mein Lebensgang*, GA 28, 9. Auf. Dornach 2000, S. 83–85.

[63] Das angekündigte Experiment ist vermutlich das am Anfang des folgenden Vortrags vom 6. März 1920 vorgeführte.

[64] Zu den Besonderheiten von Wasser und Eis siehe die zweite Hälfte des zweiten Vortrags vom 2. März 1920 im vorliegenden Band.

Editorische Hinweise

zu Seite

88 *außen [das Blauviolett mit dem Eintauchen]:* Handschriftliche Ergänzung unbekannter Hand in der Textgrundlage.

89 *bis zu dieser [Farce] bringen:* Sinngemäße Änderung durch den Herausgeber, statt «Force» in der Textgrundlage.

90 *stehen bleibt, [während]:* Sinngemäße Änderung statt «bis».

94 *So kommen wir dazu, [das Physikalische]:* Sinngemäße Änderung durch den Herausgeber, statt «den Menschen».

Daher die [Gewissheit]: Sinngemäß Änderung durch den Herausgeber, statt «Schwierigkeit».

100 *Gasigen kennenlernen [wollen]:* Handschriftliche Ergänzung unbekannter Hand in der Textgrundlage.

101 *Wasser immer [dichter]:* Sinngemäße Änderung durch den Herausgeber, statt «dünner».

Sechster Vortrag, 6. März 1920

Sachhinweise

[65] Dieses Experiment wurde wohl folgendermaßen durchgeführt: Um einen an zwei Seiten aufgestützten Eisblock wird etwa in der Mitte des Blocks von oben eine Drahtschlaufe gelegt, an die an jedem Ende ein gleiches Gewicht gehängt wird. Der Draht wandert langsam durch den Eisblock hindurch: Der Eisblock wird also durch den Draht zerschnitten und oberhalb des Drahtes friert das Eis wieder zusammen. – Die hier gegebene Interpretation des Experimentes ist nicht unumstritten: Verwendet man statt des Drahtes einen Nylonfaden gleicher Dicke, so schmilzt das Eis nicht. Man kann daraus schließen, weil Nylon ein schlechter Wärmeleiter ist, dass im Falle des Metalldrahtes das Schmelzen durch diejenige Wärme hervorgerufen wird, die in den Draht von den Gewichten übertragen wird, falls diese warm genug sind. – Der heute «Druckaufschmelzung» genannte Effekt einer Herabsetzung des Schmelzpunktes von Eis durch Erhöhung des Druckes (abschätzbar durch die Clausius-Clapeyron-Gleichung) wird dadurch nicht infrage gestellt; nur sein Beitrag an das Schmelzen des Eises ist in der Regel viel geringer, als andere Effekte, die solche Schmelzvorgänge ermöglichen.

[66] Der Schmelzpunkt eines Metallgemisches ist tiefer: Bei 2 Teilen Wismut, 1 Teil Blei, 1 Teil Zinn (sogenanntes *Rose's Metall*) ist der Schmelzpunkt bei ca. 94 °C. Ein vergleichbares Verhalten hat das sogenannte *Wood'sche Metall*, das aus 4 Teilen Wismut, 2 Teilen Blei und je einem Teil Cadmium und Zinn besteht und bereits bei ca. 60 °C schmilzt und zugleich, wie Wasser, eine Dichteanomalie besitzt, also sich beim Erstarren ausdehnt.

[67] Im ersten Drittel des vierten Vortrages vom 4. März 1920 spricht Steiner von «relativen Gesetzen», S. 71.

Editorische Hinweise

zu Seite

111 *das [die Verwirklichung]:* Handschriftliche Ergänzung unbekannter Hand in der Textrundlage.

unter dem [Eindruck eines Fallens]: Sinngemäße Änderung durch den Herausgeber, statt «Druck eines Falles».

Siebter Vortrag, 7. März 1920

Sachhinweise

[68] Im zweiten Vortrag vom 2. März 1920 wurde vom Wasser oder vom Eis als von einer «Kardinalausnahme» gesprochen (S. 45). Diese Ausnahme, heute *Dichteanomalie* genannt, besteht auch für das Flüssig-Werden des Eises unter

Druck. Es gibt nur wenige andere Substanzen, die sich gleich verhalten, diejenigen nämlich, welche wie Eis beim Schmelzen auf der entstehenden Flüssigkeit schwimmen, z. B. die chemischen Elemente Antimon, Wismut, Gallium und Germanium; daneben gibt es auch Legierungen (siehe *Wood'sches Metall*, Hinweis Nr. 66) und neben Wasser weitere chemische Verbindungen, welche diese Eigenschaft zeigen.

[69] In den früheren Editionen des vorliegenden Kurses in der GA wurde dieser Satz durch die damaligen Herausgeber ersetzt durch: «Es entsteht Ihnen ein richtiges Bild von dem, was in der Wärme vorgeht.»

[70] Eduard von Hartmann (1842–1906), Philosoph. Rudolf Steiner war vor allem in den Achtziger- und Neunzigerjahren des 19. Jahrhunderts in regem Austausch mit Hartmann, siehe z. B. «Die Geisteswissenschaft als Anthroposophie und die zeitgenössische Erkenntnistheorie» [1917], in: *Philosophie und Anthroposophie*, GA 35, 3. Aufl. Basel 2014, S. 307–331; *Mein Lebensgang* (GA 28); *Briefe I* und *Briefe II* (GA 38, 39) oder neuerdings *Briefe* 1 bis 3 in GA 38/1–3. Sein Hauptwerk *Philosophie des Unbewussten* erregte beim Erscheinen 1869 großes Aufsehen. Hartmann hat später verschiedene Spezialgebiete der Philosophie, aber auch Gebiete des Lebens und der Wissenschaften in besonderen Werken bearbeitet, so insbesondere das an dieser Stelle gemeinte Buch *Die Weltanschauung der modernen Physik*, 1. Auflage Leipzig 1902 [RSB N 440], 2. Auflage Bad Sachsa 1909 [RSB N 441]. – Siehe auch Steiners Bezug auf dieses Buch (ohne Nennung des Autors oder des Titels) im ersten Vortrag vom 23. Dezember 1919 des *Ersten Naturwissenschaftlichen Kurses*, GA 320, 5. Aufl. Basel 2020, S. 17–18.

[71] Wucht ist eine heute veraltete Bezeichnung vor allem für die kinetische Energie.

[72] Siehe die im vorigen Hinweis Nr. 70 genannte *Weltanschauung der modernen Physik*, S. 1 (in beiden Auflagen).

[73] Unmittelbar nach der Gründung des Unternehmenszusammenschlusses «Der Kommende Tag AG» am 13. März 1920 wurde, in direkter Anknüpfung an den vorliegenden *Zweiten Naturwissenschaftlichen Kurs* auch die Schaffung eines wissenschaftlichen Forschungsinstituts im Rahmen des wirtschaftlich-geistigen Abteilungsbereichs ins Auge gefasst. Im Rundschreiben Nr. 46 des Dreigliederungsbundes vom 24. März 1920 kündigte Hans Kühn die Gründung eines solchen Institutes an: «Zugleich ist daran gedacht, ein Forschungsinstitut ins Leben zu rufen, in dem die überaus bedeutungsvollen wissenschaftlichen Anregungen, die Herr Dr. Steiner während der Kurse in der Waldorfschule gegeben hat, ausgebaut werden könnten. Die Neugestaltung der Wissenschaft darf nicht nur guter Wille bleiben, sondern muss an einem Zipfel angefasst werden ähnlich, wie durch die Waldorfschule ein Vorbild für die Einheitsschule ins Leben gerufen worden ist.» In einem Rundschreiben des Kommenden Tages vom 6. Mai 1920 wurde dieser Gründungswillen unterstrichen: «Möglichst

bald soll auch ein Forschungsinstitut für physikalische, chemische und andere wissenschaftliche Forschungsarbeiten in Angriff genommen werden. Auch dieses Unternehmen wird anfänglich nichts abwerfen und muss von den übrigen getragen werde, wobei zu bemerken ist, dass es sich natürlich nicht um allzu große Auslagen handelt. Die Arbeiten dieses Instituts werden das ihrige dazu beitragen, die nach anthroposophisch orientierter Forschungsmethode erzielten Resultate in der Öffentlichkeit zu Ansehen zu bringen und dadurch unsere Bewegung wiederum zu fördern.» In der Aufsichtsratssitzung vom 2. August 1920 in Stuttgart wurde die endgültige Gründung eines «Wissenschaftlichen Forschungs-Instituts» beschlossen und im selben Monat in die Tat umgesetzt, nachdem bereits im März mit Vorbereitungsarbeiten begonnen worden war. Das Institut hatte seinen Sitz in Stuttgart unmittelbar neben der Waldorfschule. – Zu der Zielsetzung dieses Forschungsinstitutes heißt es in einer Anlage zum Aktien-Emissionsprospekt vom Dezember 1921: «Auf dem Gebiete der rein wissenschaftlichen Forschung dagegen ist man zumeist in ein einseitiges Spezialistentum verfallen, weil durch voreingenommene Betrachtung auf mechanistisch-materialistischer Grundlage die großen Zusammenhänge verloren gegangen sind. Demgegenüber geht unser Institut in freier Forschung von einer in das Wesen der Dinge eindringenden und daher weit umfassenderen geistigen Grundlage aus: der anthroposophisch orientierten Geisteswissenschaft. Diese gibt nicht nur dem denkenden Menschen ein einheitliches Weltbild, sie zeigt auch dem Naturwissenschaftler bisher unbekannte Zusammenhänge auf und setzt ihn dadurch in die Lage, zielbewusster an das Experiment heranzutreten. Für die Industrie ergeben sich auf diesem Wege technische Verfahren, die geeignet sind, wirkliche Bedürfnisse der Gesellschaft zu befriedigen und so nicht nur wirtschaftlich erfolgreich, sondern auch sozial gesundend zu wirken.» – Infolge finanzieller Schwierigkeiten mussten im August 1924 die Arbeiten des Forschungsinstitutes wieder eingestellt werden, sehr zum Bedauern Rudolf Steiners. So sagte er am 15. Juli 1924, in einer Besprechung der anthroposophischen Aktionäre des Kommenden Tages (in: *Die Konstitution der Allgemeinen Anthroposophischen Gesellschaft*, GA 260a, 2. Aufl. Dornach 1987, S. 525): «Bleibt schließlich noch, meine lieben Freunde, das Wissenschaftliche Forschungsinstitut, dem gegenüber einem geradezu das Herz zerbricht, wenn man aus der Situation heraus darüber reden soll. Aber so wie die Dinge stehen, liegt ja für das Wissenschaftliche Forschungsinstitut die Tatsache vor, dass der Kommende Tag für dieses Institut keine Barmittel hat und dass das Goetheanum in Dornach außer Lage ist, auch nur irgendwie eine Verpflichtung für dieses Wissenschaftliche Forschungsinstitut in der Höhe eines Pfennigs zu übernehmen. Es bleibt also keine andere Möglichkeit übrig – nicht aus irgendeinem Wunsche, sondern rein aus der wirtschaftlichen Situation heraus –, als dieses Wissenschaftliche Forschungsinstitut aufzulösen, restlos aufzulösen, wenn sich nicht ein Liebhaber findet, der das Wissenschaftliche Forschungsinstitut übernimmt und finanziert. Wir begraben damit, meine lieben Freunde, vielleicht denjenigen Gedanken, der uns als einer der allerheiligsten, möchte ich sagen, vorgeschwebt hat, wirtschaftliche Unternehmen zu begründen, um dem geistigen Leben zu dienen. Aber die Möglichkeit, das weiter zu tun, ist nicht vorhanden.» So wurden alle Abteilungen des Wissenschaftlichen Forschungsinstitutes geschlossen, mit Ausnahme der Biologischen Abteilung, die bereits im März 1924 – rückwirkend auf den 1. Januar 1924 – unter dem Namen «Biologisches Institut am Goetheanum» der «Freien Hochschule für Geisteswissenschaft» angeschlossen worden war (siehe dazu auch die Ausführungen Steiners vom 15. Juli 1924 in: *Zu sozialen und wirtschaftlichen Fragen der Gegenwart*, GA 332b, 1. Aufl. Basel 2020, S. 438–440). Mit der Schließung dieses Forschungsinstitutes wurden die Experimentaluntersuchungen, welche sich an den vorliegenden Kurs angeschlossen hatten, mit teilweise positiven ersten Ergebnissen, unfertig abgebrochen. Die damaligen Experimentiermöglichkeiten haben sich später nie mehr im gleichen Ausmaß wiederholt und einige dieser Versuche haben keine zureichende Fortsetzung mehr gefunden. – Mitarbeitende in leitenden Funktionen waren: Alexander Strakosch (Geschäftsführer), Rudolf Ernst Maier (Physik), Lilly Kolisko (Biologie), Eugen Kolisko (Nachfolger von Strakosch 1923); weitere Mitarbeitende: Hermann von Dechend, Wilhelm Pelikan, Henri Smits, Hans Theberath, Karl Lehofer, Johann Simon Streicher, Paul Eugen Schiller, Hans Buchheim. Siehe dazu die Aufsätze und Berichte dieser Forschenden vor allem in den ersten Jahrgängen von «Die Drei» und der «Dreigliederung des sozialen Organismus»; in «Das Goetheanum» erschienen nur vereinzelt Aufsätze; weitere Ergebnisse finden sich in den ersten Jahrgängen von «Gäa-Sophia». Als selbstständige Publikationen aus diesen Forschungsinstituten sind erschienen: Lilly Kolisko: *Milzfunktion und Plättchenfrage*, Stuttgart 1922; Lilly Kolisko: *Physiologischer und physikalischer Nachweis der Wirksamkeit kleinster Entitäten*, Stuttgart 1923; Rudolf Ernst Maier: *Der Villard'sche Versuch. Eine Experimentaluntersuchung,* Stuttgart 1923. – Siehe dazu die Berichte und Dokumentationen: Hans Kühn: *Dreigliederungszeit*, Dornach 1978, S. 112–119; «Wissenschaftliches Forschungsinstitut ‹Der Kommende Tag AG›», in: Alexander Strakosch: *Lebenswege mit Rudolf Steiner*, Dornach 1994, S. 313–326; «Der Zwölffarbenkreis», in: *Beiträge zur Rudolf Steiner Gesamtausgabe*, 1987, Nr. 96/96, S. 3–35; «Aufgabenstellungen Rudolf Steiners für wissenschaftliche Forschungen», in: *Beiträge zur Rudolf Steiner Gesamtausgabe*, 2000, Nr. 122; Christoph Podak, Stephan Clerc: «Zur Geschichte und Soziologie der anthroposophischen Forschungsinstitute in den 20er Jahren», *Der Europäer*, 1999, 3. Jahrgang, Nr. 9/10, S. 30–36.

[74] Im ersten Drittel des vierten Vortrages vom 4. März 1920 etwa spricht Steiner von «relativen Gesetzen», S. 71; siehe auch das Ende des sechsten Vortrags vom 6. März 1920, S. 111.

[75] Zu Kristallformen oder Kristallografie siehe den von Steiner verfassten Artikel «Kristall» in *Kürschners Taschen-Konversationslexikon* (Stuttgart-Berlin, 1884), in: *Schriften zur Geschichte der anthroposophischen Bewegung und Gesellschaft 1902–1925*, GA 37, 1. Aufl. 2019, S. 516–518; siehe dazu die Briefe Steiners an Kürschner in: *Sämtliche Briefe I, 1879–1890*, GA 38/1. Ob Stei-

ner auch Anteil hatte an der Abfassung des Artikels «Krystall» in dem ebenfalls von Joseph Kürschner herausgegebenen *Pierers Konversations-Lexikon* (8. Band, 7. Aufl. Stuttgart 1891, Sp. 896–900), ist nicht bekannt; dort findet sich jedenfalls eine ausführliche Darstellung der geometrisch-morphologischen Eigenschaften von Kristallen. – Die Ableitung der 32 kristallografischen Punktgruppen, der sogenannten Kristallklassen, geht von den kontinuierlichen und diskreten Symmetrieoperationen im Euklidischen Raum aus, bei denen ein Punkt invariant bleibt und die demzufolge alle Sphären mit diesem Punkt als Mittelpunkt in sich überführen. Die kristallografischen Gruppen erhält man aus dieser Gruppe der Symmetrieoperationen durch die kristallografische Bedingung, die nur 6-, 4-, 3- und 2-zählige (oder keine) Drehachsen erlaubt und demzufolge nur diskrete Bewegungen enthält. In diesem Sinne sind die kristallografisch realisierten Bewegungsgruppen (Kristallklassen) Untergruppen der Bewegungsgruppen, welche eine Sphäre invariant lassen. – Wählt man nun eine Tangentialebene einer Kugel und unterwirft diese einer dieser kristallografischen Punktgruppen, so erhält man als Hüllgebilde die hochsymmetrischen Idealformen der jeweiligen Kristallklassen. Reale Kristallformen entstehen dann aus diesen Formen durch Translation der Begrenzungsebenen oder -flächen unter Erhaltung ihrer gegenseitigen Winkelbeziehungen (Gesetz der Winkelkonstanz, Gesetz der rationalen Indizes).

[76] Die negative Gestalt im Gegensatz zur positiven ist von Rudolf Steiner später noch genauer ausgeführt worden, insbesondere in dem vom 1. bis 18. Januar 1921 folgenden Kurs *Das Verhältnis der verschiedenen naturwissenschaftlichen Gebiete zur Astronomie. Dritter Naturwissenschaftlicher Kurs* (GA 323), wo der Terminus «Gegenraum» geprägt und auf die projektive Geometrie hingewiesen wird. Siehe dazu die Dokumentation in den *Beiträgen zur Rudolf Steiner Gesamtausgabe,* 1995, Nr. 114/115. – Man kann in diesem Zusammenhang an die Polarität an einer Sphäre (nicht zu verwechseln mit der Inversion an einer Sphäre) denken, bei welcher Punkte (Pol) innerhalb und außerhalb der Sphäre Ebenen (Polarebene) zugeordnet werden, welche die Sphäre meiden bzw. schneiden; Punkte auf der Sphäre werden den entsprechenden Tangentialebenen zugeordnet; Geraden, welche die Sphäre schneiden werden in solche senkrecht dazu liegende Geraden zugeordnet, welche die Sphäre meiden, tangentiale Geraden bleiben tangential. Solche geometrischen Verhältnisse werden in der projektiven Geometrie bei der Behandlung von (nicht ausgearteten) Flächen zweiten Grades, wovon die Kugel ein euklidischer Spezialfall ist, unter dem Thema involutorische Korrelationen behandelt. Siehe dazu Theodor Reye: *Die Geometrie der Lage*, Zweite Abteilung, 4. Aufl. Stuttgart 1907, 7. Vortrag «Polarentheorie der Flächen zweiter Ordnung». Die entsprechende ebene Theorie findet sich in Karl Doehlemann: *Projektive Geometrie in synthetischer Behandlung*, 4. Aufl. Berlin und Leipzig 1918, Kapitel VI: «Polarentheorie der Kegelschnitte», S. 149–163 [RSB Ma 13].

[77] Die Untersuchungen zum Wärmetag und zur Wärmenacht bildeten einen wichtigen Bestandteil der Untersuchungen in den Stuttgarter Forschungs-

instituten; siehe dazu die in Hinweis Nr. 73 angeführten Dokumentationen und Berichte. – Siehe spezifisch «Anregungen und Aufgabenstellungen von Rudolf Steiner für naturwissenschaftliche Forschungen (Schiller Mappe)», in: *Beiträge zur Rudolf Steiner Gesamtausgabe*, 2000, Nr. 122, Blatt 2a–d: S. 6–9, Kommentar: S. 37–47; Blatt 8a–b, S. 15–16, Kommentar: S. 70–72.

[78] Siehe zu diesen Vorgängen der Wärmemorgendämmerung und der Wärmeabenddämmerung, insbesondere zum Kristallisierungsprozess und der Ausatmung bei der Wärmenacht die ergänzenden Ausführungen im Vortrag vom 6. Oktober 1923, in: *Das Miterleben des Jahreslaufes in vier kosmischen Imaginationen*, GA 229, 8. Aufl. Dornach 1999, S. 23–40 und in den Vorträgen vom 31. März und 1. April 1923, in: *Der Jahreskreislauf als Atmungsvorgang der Erde*, GA 223, 7. Aufl. Dornach 1990, S. 11–40.

[79] Die «Freie Waldorfschule» wurde von Emil Molt (1876–1936) im Jahre 1919 für die Arbeiterkinder seiner «Waldorf-Astoria»-Zigarettenfabrik und für die Öffentlichkeit als einheitliche Volks- und höhere Schule gegründet. Bis zu Steiners Tod (1925) stand diese Schule unter seiner Leitung, der auch die an ihr wirkenden Lehrkräfte berufen und ihnen die vorbereitenden seminaristischen Kurse erteilt hat.

Editorische Hinweise

zu Seite

114 *das Wärmewesen sich hier so [betätigt]:* Sinngemäße Änderung durch den Herausgeber: In *einer* der maschinenschriftlichen Übertragungen der nicht überlieferten stenografischen Mitschriften steht hier und weiter unten «bestätigt» statt «betätigt».

115 *Es entsteht Ihnen ein richtiges Bild von dem, was in der Luft vorgeht:* In den früheren Editionen des vorliegenden Kurses in der GA wurde dieser Satz durch die damaligen Herausgeber ersetzt durch: «Es entsteht Ihnen ein richtiges Bild von dem, was in der Wärme vorgeht.».

[in das Gebiet]: Handschriftliche Ergänzung unbekannter Hand in der Textgrundlage.

116 *[Wucht]:* Ergänzender Kommentar in Maschinenschrift innerhalb der Textgrundlage.

126 *Kugelgestalt durchgeht [mit ihrer]:* Sinngemäße Änderung durch den Herausgeber, statt «durch ihre».

gasförmigen Irdischen [vollziehen]: Handschriftliche Ergänzung unbekannter Hand in der Textgrundlage.

127 *[anschauliche Ergebnisse] existieren:* Sinngemäße Änderung und Ergänzung durch den Herausgeber, statt «ähnliche».

128 *innerhalb des [Festen]:* Sinngemäße Änderung durch den Herausgeber, statt «Textes».

Sachhinweise

[80] Die untenstehende Zeichnung 37 aus der Textgrundlage dürfte in den Hauptzügen die damals aufgestellte Versuchsanordnung wiedergeben. Die Saugpumpe hatte wohl den Zweck, für den Beginn des Versuchs die Luft aus dem Kondensator zu entfernen. Sie entspricht einer Verbesserung, welche James Watt (1736–1819) an der Dampfmaschine angebracht hat. James Watt war nicht der eigentliche Erfinder der Dampfmaschine, es gelangen ihm 1769 jedoch verschiedene entscheidende Verbesserungen, die den Wirkungsgrad wesentlich erhöhten. So verlagerte er mit seiner 1769 patentierten Konstruktion den Abkühlvorgang aus dem Zylinder heraus in einen separaten Kondensator; so konnte Watt auf das atmosphärische Rückführen des Kolbens verzichten und die Maschine bei beiden Kolbenhüben Arbeit verrichten lassen. Weiter entdeckte er den Nutzen der Dampfexpansion. Bei der Dampfmaschine wird dieser Effekt durch ein vorzeitiges Schließen der Ventile erreicht, wodurch die Zuführung von Dampf in den Zylinder unterbrochen wird, während der darin eingeschlossene Dampf weiter Arbeit leistet.

[81] Vorschlag des Herausgebers für sachgemäße Ergänzungen dieses Satzes: «... würde das Kondensationswasser unfähig sein, [durch den Verlauf des Experimentes] eine Erhöhung der Temperatur [in einem Thermometer] hervorzurufen.»

[82] Wenn die Temperatur des Kondensationswassers steigt geht streng genommen eigentlich keine Wärme verloren, sondern nur die Fähigkeit zur Umwandlung der Wärmeenergie in mechanische Energie.

[83] *Eduard von Hartmann:* 1842–1906, Philosoph. Siehe Hinweis Nr. 70.

[84] Eduard von Hartmann zum Perpetuum mobile erster Art: *Die Weltanschauung der modernen Physik*, 2. Aufl. Bad Sachsa 1909, S. 11.

[85] Das Konzept von Perpetua mobilia wurde seit langer Zeit diskutiert. Erste Berichte stammen aus Indien und dem Orient. Im europäischen Raum hat zum ersten Mal Villard de Honnecourt (um 1200–1235) ein solches Gerät in seinem architektonischen Skizzenbuch beschrieben. Wer den Ausdruck «perpetuum mobile» zum ersten Mal verwendete, konnte nicht ermittelt werden. – Die Unterscheidung zweier Typen eines Perpetuum mobile geht, wie Max Planck in seinen *Vorlesungen über Thermodynamik* (5. Aufl. Leipzig 1917, § 116, S. 88) ohne Literaturangabe vermerkt, auf Wilhelm Ostwald zurück, siehe *Lehrbuch der allgemeinen Chemie*, Band II, Teil 1: *Chemische Energie*, Leipzig 2. Aufl. 1893: «In noch umfassenderer Weise kann man sich von der Richtigkeit unseres Satzes aus der *Unmöglichkeit, ein perpetuum mobile herzustellen*, überzeugen. – Es wird nämlich gewöhnlich nicht beachtet, dass der Satz vom perpetuum mobile zwei Seiten hat. Einerseits, und hiervon ist gewöhnlich allein die Rede, könnte ein perpetuum mobile (welches wir *erster Art* nennen wollen) hervor-

gebracht werden, wenn man im Stande wäre, Energie zu *erzeugen* und sie zum Betrieb irgendeiner Maschine zu benutzen. Der Ausdruck *dieser* Unmöglichkeit ist der Erste Hauptsatz der Energetik, welcher die Unerschaffbarkeit und Unvernichtbarkeit der Energie ausspricht. – Ein perpetuum mobile könnte aber andererseits auch ohne Erzeugung von Energie betrieben werden, wenn es möglich wäre, die in ungeheurer Menge vorhandene ruhende Energie zu Umwandlungen zu veranlassen. Wenn z. B. der enorme Vorrat von Wärmeenergie, welcher im Wasser der Weltmeere vorhanden ist, in mechanische und chemische Energie verwandelt werden könnte, die im Laufe der Zeit wieder die Gestalt der Wärme annehmen, so könnte gleichfalls ein perpetuum mobile in Gang gesetzt werden. Ein solches perpetuum mobile heiße eines *zweiter Art*. Es ist dies nicht möglich, weil dieser Wärmevorrat von gleichförmiger Temperatur, also nicht verwandelbar ist (von den tatsächlich vorhandenen relativ unbedeutenden Temperaturdifferenzen soll hier abgesehen werden). – Nennen wir ein derartiges Gebilde ein perpetuum mobile zweiter Art, so können wir den Zweiten Hauptsatz in der Gestalt aussprechen: *Ein perpetuum mobile zweiter Art ist unmöglich.*» (1. Buch: «Thermochemie», 6. Kapitel: «Energetik der Wärme», S. 473–474).

[86] Das Perpetuum zweiter Art in seinem Verhältnis zum Perpetuum erster Art diskutiert Eduard von Hartmann in der *Die Weltanschauung der modernen Physik*, 2. Aufl. Bad Sachse 1909, vor allem auf den Seiten 19–24.

[87] Julius Robert Mayer (1814–1878), Arzt und Physiker. Siehe den ausführlichen Hinweis Nr. 87 in: *Erster Naturwissenschaftlicher Kurs*, 5. Aufl. Basel 2020, S. 337–340. Siehe auch weiter unten die Hinweis Nr. 104 und 105. – Seine Schriften erschienen zum ersten Mal gesammelt unter dem Titel *Die Mechanik der Wärme*, Stuttgart 1867. Eine wesentlich erweiterte und kommentierte Neuausgabe erstellte Jacob J. Weyrauch (3. Aufl. Stuttgart 1893). Weitere Schriften und Briefe hat derselbe Herausgeber gesammelt und kommentiert in: *Kleinere Schriften und Briefe von Robert Mayer*, 1. Aufl. Stuttgart 1893.

[88] Der Erste Hauptsatz der Energie oder der Energieerhaltungssatz wurde in seinen Grundzügen kurz hintereinander zuerst von Mayer 1841 und dann von James Prescott Joule (1818–1889) im Jahre 1845 formuliert. Die moderne Form geht auf Hermann von Helmholtz (1821–1894) zurück: *Über die Erhaltung der Kraft, eine physikalische Abhandlung*, vorgetragen in der Sitzung der physikalischen Gesellschaft in Berlin am 23. Juli 1847, Berlin 1847. Wie auch die Abhandlung von Mayer wurde diese Arbeit zuerst kaum zur Kenntnis genommen: «Der Eindruck, den die Arbeit bei ihrem Erscheinen unter den Fachgenossen hervorrief, war kein bedeutender. Das neue Prinzip war damals geradezu unpopulär, es verlangte eine so radikale Umwälzung aller physikalischen Anschauungen, dass es allgemein mit Befremden und meistens ablehnend beurteilt wurde. So kam es, dass dieser später so berühmt gewordene Aufsatz zuerst gar nicht einmal in weitere Kreise gelangte (William Thomson [Lord Kelvin] bekam ihn z. B. nach seiner eigenen Angabe erst im Jahre 1852 zu

Gesicht); es mussten noch einige andere Anstöße hinzukommen, ehe sich der Umschwung in der allgemeinen Meinung vollzog.» (Max Planck: *Das Prinzip der Erhaltung der Energie*, 3. Aufl. Leipzig 1913, S. 54)

[89] Die wichtigste Abhandlung von Helmholtz im Kontext erster Formulierungen des Energiesatzes ist: *Über die Erhaltung der Kraft* (siehe den vorangehenden Hinweis Nr. 88). Die Abhandlung beginnt mit den Worten: «Die Herleitung der aufgestellten Sätze kann von zwei Ausgangspunkten angegriffen werden, entweder von dem Satz, dass es nicht möglich sein könne, durch die Wirkungen irgend einer Kombination von Naturkräften aufeinander in das Unbegrenzte Arbeitskraft zu gewinnen, oder von der Annahme, dass alle Wirkungen in der Natur zurückzuführen seien auf anziehende und abstoßende Kräfte, deren Intensität nur von der Entfernung der aufeinander wirkenden Punkte abhängt. [...] Wir werden genötigt und berechtigt zu diesem Geschäft durch den Grundsatz, dass jede Veränderung in der Natur eine zureichende Ursache haben *müsse.* [...] Das endliche Ziel der theoretischen Naturwissenschaften ist also, die letzten unveränderlichen Ursachen der Vorgänge in der Natur aufzufinden.» («Einleitung», S. 1–2) – Max Planck: *Das Prinzip der Erhaltung der Energie*, 3. Aufl. Leipzig 1913, schreibt dazu: «Die Helmholtz'sche Auffassung unterscheidet sich dadurch wesentlich von der Mayer'schen, dass letzterer eine Reihe von qualitativ verschiedenen Kraftformen annimmt, wie Bewegung, Schwere, Wärme, Elektrizität usw., während hier, entsprechend der mechanischen Anschauung, alle verschiedenen Erscheinungsformen unter die beiden Begriffe der lebendigen Kraft und der Spannkraft subsumiert werden, — ein weiterer Schritt in der Vereinfachung der Auffassung aller Naturerscheinungen.» (S. 42) Zum Verhältnis des Energieprinzips und der mechanistischen Naturauffassung schreibt er weiter unten: «Es ist beachtenswert, dass mit der Entdeckung des mechanischen Wärmeäquivalents und der Entwicklung des allgemeinen Prinzips der Erhaltung der Energie die Ausbildung der Ansicht, dass alle Naturerscheinungen auf Bewegung beruhen, so unmittelbar Hand in Hand ging und sogar oft geradezu identifiziert wurde. Denn strenggenommen lehrt das Prinzip doch nichts als die Verwandelbarkeit der einzelnen Naturkräfte ineinander nach festen Verhältnissen, gibt aber durchaus keinen Aufschluss über die Art, wie diese Umwandlung zustande kommt. Aus der Gültigkeit des Prinzips lässt sich also keineswegs die Notwendigkeit der mechanischen Naturanschauung deduzieren, während umgekehrt sich das Prinzip allerdings als eine notwendige Folge dieser Anschauung herausstellt, wenigstens wenn man dabei von Zentralkräften (S. 40) ausgeht.» (S. 57–58)

[90] Zum axiomatischen Charakter des Ersten Hauptsatzes der Thermodynamik, siehe Max Planck: *Das Prinzip der Erhaltung der Energie*, 3. Aufl. Leipzig 1913, Zweiter Abschnitt: «Formulierung und Beweis des Prinzips», S. 103–161: Zunächst definiert er das Energieprinzip in einer Form, die ihm für die weiteren Ausführungen dienlich ist: «Die Energie eines materiellen Systems in einem bestimmten Zustand, genommen in Bezug auf einen anderen bestimm-

ten Zustand als Nullzustand, hat einen eindeutigen Wert.» (S. 110) Dann fährt er fort: «Die erste wirklich physikalische Deduktion, durch die das Energieprinzip in seinem vollen Umfang bewiesen wurde, ist die, welche Helmholtz in seiner Abhandlung über die Erhaltung der Kraft gegeben hat: sie basiert auf der mechanischen Naturauffassung, spezieller auf der Voraussetzung, dass alle in der Natur wirksamen Kräfte sich auflösen lassen in Punktkräfte, für welche die Newton'schen Axiome gelten. Diese Voraussetzung ist verbunden entweder mit der Annahme, dass alle Elementarkräfte Zentralkräfte sind, oder mit der, dass die Konstruktion des perpetuum mobile unmöglich ist.» (S. 153) Trotz der weitverbreiteten mechanischen Naturanschauung hält Max Planck fest: «Dem ungeachtet möchte es mir scheinen, als ob man mit größerem Recht das Prinzip der Erhaltung der Energie zur Stütze der mechanischen Naturanschauung, als umgekehrt die letztere zur Grundlage der Deduktion des Energieprinzip machen würde, da doch dies Prinzip weit sicherer begründet ist, als die wenn auch noch so plausible Annahme, dass jede Veränderung in der Natur sich auf Bewegung zurückführen lässt. [...] Denn das Energieprinzip kann sehr wohl ohne die mechanische Naturauffassung bestehen. [...] Der Ansicht aber, die jetzt wohl auch manchmal geäußert wird, dass man die mechanische Theorie als ein a priori-Postulat der physikalischen Forschung zu akzeptieren habe, müssen wir mit aller Entschiedenheit entgegentreten; dieselbe kann nicht von der Verpflichtung befreien, jene Theorie auf legalem Wege zu begründen. Die Naturwissenschaft kennt überhaupt nur ein Postulat: das Kausalitätsprinzip; denn dasselbe ist ihr Existenzbedingung. [...] Mir scheint es daher dem bisher so glänzend bewährten empirischen Charakter unserer modernen Naturwissenschaft besser zu entsprechen, die mechanische Naturauffassung als das möglicher- und wahrscheinlicherweise zu gewinnende Ziel der Forschung zu betrachten, als voreilig ein noch gar nicht sicher gestelltes Resultat zu antizipieren, um es zum Ausgangspunkt des Beweises eines Satzes zu machen, dessen Allgemeingültigkeit gesichert erscheint wie die weniger anderer der ganzen Naturwissenschaft. Die hohe praktische Bedeutung der mechanischen Naturanschauung bleibt durch diese Betrachtung vollständig ungeschmälert [...].» (S. 154–155) Dann kommt Planck zum entscheidenden, nur wenige Seiten umfassenden Beweis (S. 158–160), welcher den axiomatischen, also nicht empirischen Charakter des genannten Satzes fundieren soll: «Da wir nach den gemachten Ausführungen uns nicht entschließen können, dem mechanischen Beweis des Prinzips der Erhaltung der Energie diejenige Bedeutung beizumessen, die er gemeiniglich zu genießen pflegt, so übernehmen wir damit umso mehr die Verpflichtung, uns nach einem andern Satz umzusehen, der durch festere Begründung besser geeignet ist, der Deduktion als Ausgangspunkt zu dienen. Nun gibt es in der Tat noch einen solchen Satz, der die erforderlichen Eigenschaften in genügender Weise zu besitzen scheint, es ist der Erfahrungssatz, welcher die Unmöglichkeit des perpetuum mobile und seiner Umkehrung ausspricht, und zwar ganz unabhängig von jeder besonderen Naturauffassung. [...] Wir stellen an die Spitze der folgenden Ausführungen den Satz der Unmöglichkeit des perpetuum mobile und seiner Umkehrung im Kreis der gesamten anorganischen und organischen Natur, und wollen, gänzlich unabhängig von der mechanischen Naturanschauung, untersuchen, ob und unter welchen Bedingungen sich dieser Satz zum Beweis des Prinzips der Erhaltung der Energie verwerten lässt.» (S. 156–158).

[91] Die ersten und durchaus unterschiedlichen, und wie sich jedoch wenig später herausstellte äquivalenten Formulierungen des Zweiten Hauptsatzes der Thermodynamik oder Wärmelehre gehen in erster Linie auf Rudolf Clausius (1822–1888) und William Thomson (Lord Kelvin, 1824–1907) in den Fünfzigerjahren des 19. Jahrhunderts zurück. – Der Begriff der Entropie ermöglichte dann eine mathematische Formulierung dieses Zweiten Hauptsatzes. Die Bezeichnung und der erstmals präzise definierte Begriff gehen ebenfalls auf Rudolf Clausius zurück («Über verschiedene für die Anwendung bequeme Formen der Hauptgleichungen der mechanischen Wärmetheorie», Poggendorffs *Annalen der Physik und Chemie*, 1865, Band 125, Nr. 7, S. 353–400, insbesondere S. 391–392). Er wurde durch denselben sehr bald mit der kinetischen Theorie der Gase in Verbindung gebracht und darauf fußend entwickelten er, Thomson, Ludwig Boltzmann (1844–1906) und James Clerk Maxwell (1831–1879) die Grundlagen der statistischen Thermodynamik ab den Sechzigerjahren.

[92] Bereits die ersten Entdecker des Zweiten Hauptsatzes der Thermodynamik haben daraus Schlüsse für die Entwicklung des ganzen Weltalls gezogen, so etwa William Thomson in «On a Universal Tendency in Nature to the Dissipation of Mechanical Energy» (*Proceedings of the Royal Society of Edinburgh*, 19. April 1852) und in «On the Age of the Sun's Heat» (*Macmillan's Magazine*, 5. März 1862, S. 388–393). – Hermann von Helmholtz hat in einer Rede in Königsberg 1854 «Über die Wechselwirkung der Naturkräfte und die darauf bezüglichen neuesten Ermittlungen der Physik» gesagt: «Aber die Wärme heißer Körper strebt fortdauernd danach, durch Leitung und Strahlung auf die weniger warmen überzugehen, und Gleichgewicht der Temperatur hervorzubringen. [...] Daraus folgt also, dass der erste Teil des Kraftvorrats, die unveränderliche Wärme, bei jedem Naturprozesse fortdauernd zunimmt; der zweite Teil, nämlich die mechanischen, elektrischen, chemischen Kräfte, fortdauernd abnimmt; und, wenn das Weltall ungestört dem Ablauf seiner physikalischen Prozesse überlassen wird, so muss endlich aller Kraftvorrat in Wärme übergehen und alle Wärme in das Gleichgewicht der Temperatur kommen. Dann ist jede Möglichkeit einer weiteren Veränderung erschöpft; dann muss vollständiger Stillstand aller Naturprozesse von jeder nur möglichen Art eintreten. Auch das Leben von Pflanzen, Tieren und Menschen kann nicht weiter bestehen, wenn die Sonne ihre höhere Temperatur und damit ihr Licht verloren hat und wenn sämtliche Bestandteile der Erdoberfläche die chemischen Verbindungen geschlossen haben werden, welche ihre Verwandtschaftskräfte fordern. Kurz das Weltall wird von da an zu ewiger Ruhe verurteilt sein.» (*Vorträge und Reden*, Erster Band, Braunschweig 3. Aufl. 1903, 48–83, insbesondere S. 66–67). – Schließlich schreibt Rudolf Clausius in seiner Arbeit «Über verschiedene für die Anwendung bequeme Formen der Hauptgleichungen der

mechanischen Wärmetheorie»: «Vorläufig will ich mich darauf beschränken, als ein Resultat anzuführen, dass, wenn man sich dieselbe Größe, welche ich in Bezug auf einen einzelnen Körper seine *Entropie* genannt habe, in konsequenter Weise unter Berücksichtigung aller Umstände für das ganze Weltall gebildet denkt, und wenn man daneben zugleich den anderen seiner Bedeutung nach einfacheren Begriff der *Energie* anwendet, man die den beiden Hauptsitzen der mechanischen Wärmetheorie entsprechenden Grundgesetze des Weltalls in folgender einfacher Form aussprechen kann. 1) Die Energie der Welt ist konstant. 2) Die Entropie der Welt strebt einem Maximum zu.» (Poggendorffs *Annalen der Physik und Chemie*, 1865, Band 125, Nr. 7, S. 353–400, insbesondere S. 400.) Dazu gehört die zur Vorsicht mahnende Bemerkung von Max Planck: «Clausius hat den Ersten Hauptsatz der Wärmetheorie dahin zusammengefasst, dass die Energie der Welt konstant bleibt, den zweiten dahin, dass die Entropie der Welt einem Maximum zustrebt. Mit Recht ist dagegen eingewendet worden, dass es keinen Sinn hat, schlechthin von der Energie oder der Entropie der Welt zu sprechen, weil eine derartige Größe gar nicht bestimmt zu definieren ist.» (*Vorlesungen über Thermodynamik*, Leipzig 5. Aufl. 1917, § 135, S. 104) – Über den Wärmetod hat Steiner öfter gesprochen, siehe exemplarisch den Vortrag «Was hat die Astronomie über Weltentstehung zu sagen?» vom 16. März 1911, in: *Antworten der Geisteswissenschaft auf die großen Fragen des Daseins*, 2. Aufl. Dornach 1983, S. 441–477, insbesondere S. 458–464 und 471–473.

[93] Auf den Entropiebegriff ist Steiner im vorliegenden Kurs nicht mehr in vertiefender oder weiterführender Weise zurückgekommen; siehe zu den weiteren Erwähnungen das Ende des dreizehnten Vortrags vom 13. März 1920 im vorliegenden Kurs, sowie u. a. die im vorliegenden Band abgedruckten Fragenbeantwortungen vom 21. Mai 1908, 18. Januar 1912, 12. November 1917.

[94] Zum «Ausbummeln des Weltprozesses» gemäß der Ansicht Hartmann mit den entsprechenden Nachweisen siehe Hinweis Nr. 168 gegen Ende des dreizehnten Vortrags vom 13. März 1920 im vorliegenden Kurs.

[95] Vorschlag des Herausgebers für sachgemäße Ergänzungen dieser Sätze: «Es ist ganz unmöglich, dass Sie sich jetzt nicht denken, dass diese [senkrechten] Richtungen hier, diese Kraftrichtungen nicht von einer anderen in irgendeiner Weise durchkreuzt werden. Denn diese [senkrechten] Kraftrichtungen bewirken ja eben, dass ich das Wasser in einem Gefäß aufbewahren muss, dass nur durch die Niveaufläche die Form des Wassers da ist.»

[96] Vorschlag des Herausgebers für sachgemäße Ergänzungen dieser Sätze: «Und zunächst ist der Gedanke ganz absurd, zu glauben, dass diese [bereits vorhandenen] Kräfte die Gestalt bewirken – die irgendwie schon im Wasser drinnen gewesen wären –, denn sie hätten ja sonst, wenn sie [bereits] drinnen gewesen wären, im Wasser die [geschlossene feste] Gestalt bewirken müssen. Sie sind also [neu hinzu] aufgetreten. Sie können nicht [bereits vorher] im Wassersystem enthalten gewesen sein, sie müssen von außerhalb des Wassersystems an dieses Wassersystem herangekommen sein.»

[97] Zum Verhältnis von Tatsachengrundlage und logischer Grundlage siehe die Ausführungen von Max Planck bezüglich induktiven und deduktiven Beweisen (in: *Das Prinzip der Erhaltung der Energie*, 3. Aufl. Leipzig 1913, S. 149–150): «Blicken wir von diesem Gesichtspunkt aus auf das von uns behandelte Prinzip [der Energieerhaltung], so genügt ein Blick auf die im vorangehenden und im folgenden Abschnitt dargestellten Anwendungen, von denen keine einzige der Erfahrung widerspricht, um uns die Gesamtheit der induktiven Beweise, die sich über alle uns bekannten Naturerscheinungen hin erstrecken, als eine imposante Macht erscheinen zu lassen, welche in bestimmtester Weise für die unbeschränkte Richtigkeit des Prinzips eintritt. Es hieße die ganze Entwicklungsgeschichte desselben wiederholen, wenn wir an dieser Stelle versuchen wollten, einen Überblick über die verschiedenartigen Erfahrungsbeweise zu geben, die man im Lauf der Zeit zusammengetragen hat; fast jede neue Anwendung brachte auch einen neuen Beweis, von der Reibungswärme an, die, unabhängig von dem Material der sich reibenden Körper, von ihren Geschwindigkeiten, Temperaturen usw. einzig und allein bestimmt ist durch die aufgewendete mechanische Arbeit, bis zu den Vorgängen der galvanischen Induktion, welche die Bewegung eines Magneten hervorruft, unabhängig von der Beschaffenheit des Leiters, in dem sie erzeugt wird. – Und doch: so überwältigend uns die Zahl und Bedeutung dieser induktiven Beweise entgegentritt, es dürfte niemand ein so eingefleischter Empiriker sein, dass er nicht noch das Bedürfnis empfände nach einem anderen Beweise, der, auf deduktiver Grundlage aufgebaut, das Prinzip in seiner ganzen umfassenden Bedeutung als ein einziges geschlossenes Ganzes aus gewissen noch allgemeineren Wahrheiten entspringen lässt. Denn wenn auch die Vielheit der gemachten einzelnen Erfahrungen uns mit Notwendigkeit zu der Annahme dieses Gesetzes zu drängen scheint, so bürgt ja niemand dafür, dass nicht doch noch einmal eine vereinzelte, bisher aus irgendwelchen Gründen übersehene Klasse von Tatsachen aufgefunden werden kann, welche sich den Forderungen des Prinzips nicht fügt. Es lässt sich wohl auch kaum darüber streiten, dass wir die volle beruhigende Gewissheit, welche die Überzeugung von der Wahrheit eines Satzes verleiht, uns nicht auf dem Wege der Induktion allein verschaffen können, sondern nur zugleich dadurch, dass wir von einem höheren Standpunkt herab den Satz als eine vollkommene Einheit ins Auge fassen.» Dies war der Grund, weshalb Max Planck mit dem axiomatisch vorausgesetzten, elementaren, einheitlichen und leicht verständlichen Prinzip der Unmöglichkeit eines Perpetuum mobile erster Art einen Beweis des Energieerhaltungssatzes durchführte, vgl. dazu die entsprechenden Zitate in Hinweis Nr. 90.

[98] Vorschlag des Herausgebers für sachgemäße Ergänzungen dieser Sätze: «Und wenn ich zunächst nur durch Analogie – wir werden sie verifizieren in den nächsten Betrachtungen – weiterzukommen versuche, so muss ich als [Analogie zur] Verdichtung und Verdünnung etwas Weiteres suchen in diesem *x*-Gebiet drinnen. Ich muss für Verdichtung und Verdünnung etwas Weiteres, [etwas Entsprechendes] in dem *x* suchen [mit Überspringung der Wärme], wie ich hier [unten auch] das Flüssige übersprungen habe.»

[99] «Ultrarot» ist eine heute veraltete Bezeichnung für «Infrarot».

[100] Zu den unterschiedlichen Wirkungsarten der drei Bereiche des gewöhnlichen Spektrums siehe auch die frühen Ausführungen zur Farben- und Lichtlehre vom 2. bis 10. August 1903, insbesondere vom 3. August 1903, in: *Kosmologie und menschliche Evolution – Farbenlehre*, GA 91.

[101] «im Sinne der Goethe'schen Farbenlehre»: Siehe *Beiträge zur Optik*, § 46 ff., *Entwurf einer Farbenlehre*, Absatz 215 ff., und Kapitel «Konfession des Verfassers» in *Materialien zur Geschichte der Farbenlehre*. Vgl. dazu Rudolf Steiner, *Erster naturwissenschaftlicher Kurs* (GA 320), am Ende des vierten Vortrags vom 26. Dezember 1919.

Editorische Hinweise

zu Seite

131 *über [die gewöhnliche Zimmertemperatur hinaus]:* Sinngemäße Änderung durch den Herausgeber, statt «das gewöhnliche Wasser».

ganze [Wärme in Arbeit]: Sinngemäße Änderung durch den Herausgeber, statt «Arbeit in Wärme».

ob [die Temperatur]: Handschriftliche Ergänzung unbekannter Hand in der Textgrundlage.

132 *kondensieren wir [den Dampf]:* Sinngemäße Änderung durch den Herausgeber, statt «ihn».

133 *Es würde [möglich] sein:* Sinngemäße Änderung durch den Herausgeber, statt «unmöglich».

140 *Es war [dieser Denkweise]:* Sinngemäße Änderung durch den Herausgeber, statt «Es war ihr».

verhältnismäßig [leicht]: Sinngemäße Änderung durch den Herausgeber, statt «gleich».

143 *in die Unendlichkeit [hinauf]:* Sinngemäße Änderung durch den Herausgeber, statt «hinein».

Neunter Vortrag, 9. März 1920

Sachhinweise

[102] Über ein solches Experiment mit einem auf ein höheres Niveau auftreffenden Wasserstrahl ist nichts überliefert.

[103] «Was ist eigentlich alle Erscheinung an äußeren physikalischen Apparaten gegen das Ohr des Musikers»: Siehe Goethe: *Sprüche in Prosa*. Wörtlich: «Dafür steht ja aber der Mensch so hoch, dass sich das sonst Undarstellbare in ihm darstellt. Was ist denn eine Saite und alle mechanische Teilung derselben

gegen das Ohr des Musikers? Ja man kann sagen, was sind die elementarischen Erscheinungen der Natur selbst gegen den Menschen, der sie alle erst bändigen und modifizieren muss, um sie sich einigermaßen assimilieren zu können?» In: *Goethes Werke. Goethes Naturwissenschaftliche Schriften*, hrsg. v. Rudolf Steiner, Fünfter Band, in: Kürschners Deutsche National-Litteratur, Berlin und Stuttgart 1897 (Reprint GA 1e, Dornach 1975), S. 351. Siehe dazu Goethe: *Maximen und Reflexionen*, hrsg. von Max Hecker, Weimar 1907, Nr. 708.

[104] Die Abhandlung, welche Julius Robert Mayer mit einem Begleitbrief vom 16. Juni 1841 an Poggendorffs *Annalen der Physik und Chemie* sandte, stammt aus dem Jahre 1841 und trägt den Titel «Über die quantitative und qualitative Bestimmung der Kräfte». Sie wurde erst nach dem Tode Mayers gedruckt (in Julius Robert Mayer: *Kleinere Schriften und Briefe. Nebst Mitteilungen aus seinem Leben.* Herausgegeben von J. J. Weyrauch, Stuttgart 1893, S. 99–107) und ist wenig bekannt. Die Bedeutung Mayers für die Physik beginnt mit der Abhandlung von 1842 «Bemerkungen über die Kräfte der unbelebten Natur», in: *(Liebigs) Annalen der Chemie und Pharmazie*, Band 42, S. 233–240, und der Broschüre *Die organische Bewegung in ihrem Zusammenhang mit dem Stoffwechsel*, Heilbronn 1845, vgl. den folgenden Hinweis Nr. 105.

[105] Johann Christian Poggendorff (1796–1877), Physiker, hat auf die oben genannte Zusendung J. R. Mayers nie reagiert, auch nicht auf dessen Briefe, welche zur Rückerstattung der eingesandten Abhandlung aufforderten. Die Rücksendung abgelehnter Abhandlungen war damals eigentlich das normale Vorgehen; warum Poggendorff in diesem Falle davon abwich, ist nicht bekannt. Die Abhandlung fand sich beim Tod Poggendorffs (1877) in dessen nachgelassenen Papieren. Sie wurde zusammen mit dem Begleitbrief vom 16. Juni 1841 zum ersten Mal in Faksimile publiziert in einem Aufsatz von Friedrich Zöllner, «Robert Mayer aus Heilbronn», in: Friedrich Zöllner, *Wissenschaftliche Abhandlungen*, Vierter Band, Leipzig 1881, S. 674–690, Faksimile ohne Paginierung eingefügt nach der Seite 680. – Eine Äußerung Johann Christian Poggendorffs zu oder über Julius Robert Mayer konnte nicht festgestellt werden. Dagegen schreibt Mayers Freund Gustav Rümelin in dem Aufsatz «Erinnerungen an Robert Mayer. 1878 und 1880» (abgedruckt in G. Rümelin: *Reden und Aufsätze, Neue Folge*, Freiburg 1881, S. 350–405): «Das Manuskript, an Poggendorffs Annalen für Physik und Chemie geschickt, in welchen sein richtiger Platz gewesen wäre, wurde als zur Aufnahme ungeeignet zurückgesendet. Nun wanderte dasselbe nach Gießen, um in Wöhlers und Liebigs Annalen der Chemie und Pharmazie unterzukommen. Liebig nahm es an, obgleich der Gegenstand weder die Chemie noch die Pharmazie unmittelbar betraf.» (S. 384) – Gustav Rümelin hat hier offenbar den Aufsatz von 1841 mit demjenigen von 1842 verwechselt: nur ersterer wurde an Johann Christian Poggendorff gesandt, letzterer direkt an Justus von Liebigs *Annalen der Chemie und Pharmazie.* – Die Formulierung Rudolf Steiners scheint auf diese Stelle Rümelins zurückzugehen, welchen er auch gelegentlich im Zusammenhang mit

Mayer ausdrücklich nennt (siehe insbesondere den Vortrag vom 14. Mai 1920, in: *Entsprechungen zwischen Mikrokosmos und Makrokosmus*, 4. Aufl. Basel 2015, S. 205–220, insbesondere S. 207–210). Rümelin ist offenbar der irrigen Meinung, dass es dieselbe Abhandlung war, welche Mayer an Poggendorffs *Annalen der Physik und Chemie* und dann an Liebigs *Annalen der Chemie und Pharmazie* einsandte. – Die beiden Abhandlungen von 1841 und 1842 sind, vom Grundgedanken abgesehen, sehr verschieden. 1841 war Mayer noch nicht in der Lage, seinen Grundgedanken im Sinne der schon vorhandenen Physik zu denken und ihn mit ihren Ergebnissen zusammenzubringen. Anders 1842, da ist dieser Zusammenhang hergestellt: Mayer argumentierte, wenn Bewegungsenergie sich in Wärmeenergie verwandelt, müsste Wasser durch Schütteln zu erwärmen sein. Mayer konnte aber nicht nur diesen Nachweis führen, sondern bestimmte auch den quantitativen Faktor der Umwandlung, das *Mechanische Wärmeäquivalent*. Hinter den genannten Tatsachen hatte noch kein anderer Physiker dieser Zeit eine solche Gesetzmäßigkeit vermutet. In autobiografischen «Aufzeichnungen aus den sechziger Jahren» (aus dem Nachlass herausgegeben von J. J. Weyrauch, in: in Julius Robert Mayer: *Kleinere Schriften und Briefe. Nebst Mitteilungen aus seinem Leben.* Stuttgart 1893, S. 378–385, hier S. 378–379) schreibt Julius Robert Mayer im Rückblick auf das Jahr 1841: «Zu damaliger Zeit waren es noch zwei Hauptirrtümer, die den Gang meiner Gedanken störten und mich zu keiner klaren Anschauung der Dinge kommen lassen wollten. In den Kompendien der Physik war nämlich damals, neben der Lehre von dem Parallelogramm der Kräfte, häufig *mc* als das Maß der Bewegung angegeben und dieses, verbunden mit einem Überrest von aus der *Kant*'schen naturphilosophischen Schule herstammenden Begriffen einer Zentripetal- und Zentrifugalkraft, führte mich in ein Labyrinth von Hypothesen und Widersprüchen [...]. Man kann sich leicht denken, dass ein derartiges, Ungereimtheiten und Extravaganzen enthaltendes System auf die Tübinger Professoren, denen ich im Sommer 1841 die Novität privatim vorlegte, keinen gewinnenden Eindruck machen konnte. Inzwischen ließ ich mich aber dadurch von dem Grundgedanken der Äquivalenz von Arbeit und Wärme nicht abbringen, und da mir bald klar werden musste, dass das Maß der Bewegung, die *Quantitas motus*, nur durch das *Quadrat* der Geschwindigkeit und nie durch die einfache Geschwindigkeit zu bestimmen sei, [...] so gelang es mir auch, meine Gedanken in einer klareren Form zu geben, sodass ich im Spätjahr 1841 mein System dem damals in Heidelberg ansässigen Professor *Jolly* in dieser geläuterten Form vorlegen konnte. [...] Diese Darlegung hatte sich im Allgemeinen des Beifalls *Jollys* – nun Professor in München – zu erfreuen und derselbe forderte mich auf, den Gegenstand weiter zu verfolgen und zu verarbeiten und sodann zu veröffentlichen.» Die Einsendung der Abhandlung «Über die quantitative und qualitative Bestimmung der Kräfte» an Poggendorffs *Annalen der Physik und Chemie* am 16. Juni 1841 wird hier merkwürdigerweise überhaupt nicht erwähnt. Im Kampf um die Anerkennung der Leistung Mayers hat sie tatsächlich keine Rolle gespielt, weil sie niemandem bekannt war. Mayer kommt in seiner auf 1841 bezüglichen Darstellung Poggendorff und den anderen Physikern in deren Beurteilung seiner eigenen Leistungen sehr entgegen, wenn er von seinen persönlichen «Extravaganzen» spricht.

[106] Johann Christian Poggendorff, von 1824–1877 alleiniger Herausgeber der *Annalen der Physik und Chemie*; in den hier relevanten Jahrgängen 1840 bis 1850 sind keine Mitarbeiter oder Mitherausgeber genannt. Neben dieser Herausgabetätigkeit war er forschend tätig auf vielen Gebieten der Physik und Chemie. Von ihm stammen verschiedene Messinstrumente und Messmethoden. Er war auch Historiker der Physik und Herausgeber des «Biographisch-literarischen Handwörterbuches zur Geschichte der exakten Wissenschaften», welches die Lebensdaten von über 8000 Gelehrten und ihre Abhandlungen verzeichnet (1863; fortgesetzt bis 1962).

[107] In diesem Zusammenhang ist es aufschlussreich, dass Johann Christian Poggendorff auch die im Nachgang bahnbrechende Abhandlung «Über die Erhaltung der Kraft» von Hermann von Helmholtz zur Publikation ablehnte, da es keine experimentelle Untersuchung sei, sie ihm zu lang und zu theoretisierend war. So musste sie Helmholtz als Broschüre separat drucken lassen (siehe dazu Leo Koenigsberger: *Hermann von Helmholtz*, Erster Band, Braunschweig 1902, S. 69–79). Wie Max Planck festhält (siehe Hinweis Nr. 88 in der ersten Hälfte des achten Vortrags vom 8. März 1920) wurde auch diese Abhandlung von Helmholtz von seinen Kollegen zuerst wenig beachtet.

[108] So plädiert zum Beispiel Max Planck an mehreren Stellen explizit für eine «fortschreitende Emanzipation von den anthropomorphen Elementen» und für die «Trennung von der Individualität des einzelnen Physikers» als charakteristisches Merkmal des tatsächlichen Fortschrittes der Physik. So z. B. in seinen *Acht Vorlesungen über Theoretische Physik*, gehalten an der Columbia University in New York im Frühjahr 1909, Leipzig 1910, S. 6–8: «Kurz zusammenfassend können wir sagen: Die Signatur der ganzen bisherigen Entwicklung der theoretischen Physik ist eine gewisse Eliminierung der anthropomorphen Elemente, speziell der spezifischen Sinnesempfindungen, aus allen physikalischen Begriffen. Bedenkt man nun andererseits, dass doch die Empfindungen, wie wir oben gesehen haben, den Ausgangspunkt aller physikalischen Forschung bilden, und das von einer absoluten Ausschaltung derselben gar nicht die Rede sein kann, weil wir doch die Quelle aller unserer Erkenntnis nicht verstopfen können, so muss diese bewusste Abkehr von den Grundvoraussetzungen immerhin erstaunlich, ja paradox erscheinen. Und doch liegt kaum eine Tatsache in der Geschichte der Physik so klar zutage wie diese. Welches sind denn nun die großen Vorteile, die einer solchen prinzipiellen Selbstentäußerung wert sind? Welches ist das Ziel, um dessen Erreichung willen die Unmittelbarkeit und Anschaulichkeit, wie sie nur die spezifischen Sinnesempfindungen den physikalischen Begriffen zu gewähren vermögen, aufgeopfert wird? – Das Ziel ist nichts anderes als die *Einheitlichkeit*, die Geschlossenheit des Systems der theoretischen Physik, und zwar die Einheit des Systems nicht nur in Bezug auf alle Einzelheiten des Systems, sondern auch die Einheit des Systems in Bezug

auf die Physiker aller Orte, aller Zeiten, aller Völker, aller Kulturen. Ja, das System der theoretischen Physik beansprucht Gültigkeit nicht bloß für die Bewohner dieser Erde, sondern auch für die Bewohner anderer Himmelskörper. Ob die Marsbewohner, falls solche überhaupt existieren, Augen und Ohren haben, wie die unsrigen, das wissen wir nicht, – es ist wohl ziemlich unwahrscheinlich; – dass sie aber, wofern sie nur die nötige Intelligenz besitzen, das Gravitationsgesetz, dass sie das Energieprinzip kennen, das halten wohl die meisten Physiker für selbstverständlich. Und wem das nicht einleuchtet, der soll sich lieber nicht zu den Physikern rechnen; denn es wird ihm dann im Grunde auch stets ein unbegreifliches Rätsel bleiben, dass man in den United States die nämliche Physik macht wie in Deutschland. – Wir können also zusammenfassend sagen: Das charakteristische Merkmal der tatsächlichen Entwicklung des Systems der theoretischen Physik ist eine fortschreitende Emanzipation von den anthropomorphen Elementen, welche zum Ziel hat die möglichst vollständige Trennung des Systems der Physik von der individuellen Persönlichkeit des Physikers. Man kann dies die Objektivierung des Systems der Physik nennen. Um jedes Missverständnis auszuschließen, möchte ich hier noch besonders betonen, dass es sich nicht etwa handelt um die Trennung der Physik vom Physiker überhaupt – denn eine Physik ohne Physiker ist nicht denkbar –, sondern um die Trennung von der Individualität des einzelnen Physikers, also die Schaffung eines für alle Arten von Physikern gemeinsamen Systems der Physik. – [...] Jeder große physikalische Gedanke bedeutet einen weiteren Schritt in der Emanzipation vom Anthropomorphismus. [...] – Freilich sind die Opfer, die bei jeder solchen Umwälzung dem sinnlichen Anschauungsvermögen zugemutet werden, ganz enorm; infolgedessen der Widerstand dagegen heftig. Aber die Entwicklung der Wissenschaft lässt sich dadurch auf die Dauer nicht aufhalten, im Gegenteil: ihren stärksten Antrieb erfährt sie gerade durch diejenigen Kräfte, welche in dem Kampfe gegen die älteren Anschauungen zur Ausbildung gelangen, und insofern ist ein solcher Kampf stets nützlich und notwendig.» – Zum Vergleich mit den genannten Darstellungen Plancks siehe zum Beispiel auch Max Born: *Die Relativitätstheorie Einsteins*, 1. Aufl., 1920, S. 1–3; dort heißt es ganz entsprechend: «Die Welt besteht aus dem Ich und dem Anderen, der Innenwelt und der Außenwelt. Die Beziehungen dieser beiden Pole sind der Gegenstand jeder Religion, jeder Philosophie. Verschieden aber ist die Rolle, die jede Lehre dem Ich in der Welt zuweist. Die *Wichtigkeit des Ich* im Weltbilde deucht mir ein Maßstab, an dem man Glaubenslehren, philosophische Systeme, künstlerische und wissenschaftliche Weltauffassungen aufreihen kann, wie Perlen auf einer Schnur. So verlockend es scheint, diesen Gedanken zu verfolgen durch die Geschichte des Geistes, so dürfen wir uns doch nicht zu weit von unserem Thema entfernen und wollen ihn nur anwenden auf das Teilgebiet menschlicher Geistestätigkeit, in das die Einstein'sche Theorie gehört, auf die Naturwissenschaft. – Das naturwissenschaftliche Denken steht an dem Ende jener Reihe, dort, wo das Ich, das Subjekt nur noch eine unbedeutende Rolle spielt, und jeder Fortschritt in den Begriffsbildungen der Physik, Astronomie, Chemie bedeutet eine Annäherung an das Ziel der Ausschaltung des Ich. Dabei handelt es sich natürlich nicht um den Akt des Erkennens, der an das Subjekt gebunden ist, sondern um das fertige Bild der Natur, dessen Untergrund die Vorstellung ist, dass die natürliche Welt unabhängig und unbeeinflusst vom Erkenntnisvorgang da ist. – Die Pforten, durch die die Natur auf uns eindringt, sind die Sinne. Ihre Eigenschaften bestimmen den Umfang dessen, was der Empfindung, der Anschauung zugänglich ist. Je weiter wir in der Geschichte der Naturwissenschaften zurückgehen, umso mehr finden wir das natürliche Weltbild bestimmt durch die Sinnesqualitäten. Die ältere Physik wird eingeteilt in Mechanik, Akustik, Optik, Wärmelehre; man sieht die Beziehungen zu den Sinnesorganen, den Bewegungs-, Gehör-, Licht- und Wärmeempfindungen. Hier sind die Eigenschaften des Subjekts noch entscheidend für die Begriffsbildungen. Die Entwicklung der exakten Wissenschaften führt auf deutlichen Pfade von diesem Zustande fort zu einem Ziele, das, noch lange nicht erreicht, doch klar vor Augen liegt: ein Bild der Natur zu schaffen, das, an keine Grenzen möglicher Wahrnehmung oder Anschauung gebunden, ein reines Begriffsgebäude darstellt, ersonnen zu dem Zwecke, die Summe aller Erfahrungen einheitlich und widerspruchslos darzustellen. [...] – Unhörbare Töne, unsichtbares Licht, unfühlbare Wärme: das ist die Welt der Physik, kalt und tot für den, der die lebendige Natur empfinden, ihre Zusammenhänge als Harmonie begreifen, ihre Größe anbetend bewundern will. *Goethe* hat diese starre Welt verabscheut; seine grimmige Polemik gegen *Newton*, indem er die Verkörperung einer feindlichen Naturauffassung sah, beweist, dass es sich hier um mehr handelt als um den sachlichen Streit zweier Forscher über Einzelfragen der Farbenlehre. Goethe ist der Repräsentant einer Weltauffassung, die in der oben entworfenen Skala nach der Bedeutung des Ich ziemlich am entgegengesetzten Ende steht wie das Weltbild der exakten Naturwissenschaften.» – Siehe auch Max Planck in «Die Einheit des physikalischen Weltbildes», Vortrag am 9. Dezember 1908 an der Universität Leiden, in: *Vorträge und Erinnerungen*, Stuttgart 5. Aufl. 1949, S. 31 (in Steiners Bibliothek als Einzelpublikation: RSB N 425). Siehe dazu die Hinweise Nr. 23 und Nr. 186 in: *Erster Naturwissenschaftlicher Kurs*, GA 320, 5. Aufl. Basel 2020.

[109] Eine «Turmalinzange» ist die einfachste Ausführung eines Typs von Polarisationsapparat, der in verschiedenen Varianten im 19. Jahrhundert vor allem zur Beobachtung und Analyse optischer Achsenbilder ein- und zweiachsiger Kristallplatten in konvergentem Licht verwendet wurde. Die Turmalinzange besteht aus zwei parallel zur optischen Achse geschnittenen, drehbar gelagerten Turmalinplatten, deren Fassungen vermittels einer Zange elastisch gegeneinander beweglich sind. Eine zu untersuchende Kristallplatte wird zwischen die beiden Fassungen geklemmt und mit dieser «Zange» vor das Auge gehalten. Die Wirkungsweise der Turmalinzange beruht auf dem *Dichroismus* des Turmalins: die parallel zur optischen Achse geschnittenen Platten sind doppelbrechend und selektiv absorbierend, wodurch die einzelne Platte als «Polarisator» zur Erzeugung linear polarisierten Lichts verwendet werden kann. Kombiniert man zwei solche Platten («Polarisator» und «Analysator»), indem man durch

sie hindurchblickt und sie dabei hinsichtlich ihrer optischen Achsen gegeneinander verdreht, so verdunkelt sich das Gesichtsfeld kontinuierlich bis zur «Kreuzstellung» und hellt sich bei weiterer Drehung bis zur «Parallelstellung» wieder auf (*Malus-Gesetz*). Die zweite Platte kann demnach zum Nachweis der mit der ersten Platte erzeugten linear polarisierten Strahlung verwendet werden («Analysator»).

[110] Vorschlag des Herausgebers für sachgemäße Ergänzungen dieser Sätze: «Und wir werden nicht nötig haben, die Verdichtungen und Verdünnungen im Gaskörper geradezu zu identifizieren mit demjenigen, was uns [seelisch] als die verschiedenen Tonwirkungen entgegentritt. Sondern wir werden [beim Menschen in den seelisch erlebten Tonempfindungen] etwas zu suchen haben, was dann auftritt im Gebiet der Verdichtungen und Verdünnungen innerhalb des Gases, wenn diese Verdichtungen und Verdünnungen in entsprechender Weise [als physische Träger] da sind.»

[111] Vorschlag des Herausgebers für eine sachgemäße Ergänzung dieses Satzes: «... was uns in der Tonwirkung, [in der seelisch erlebten Tonwahrnehmung] bewusst wird.»

[112] Die Phänomene des Regenbogens, bestehend im Wesentlichen aus Haupt- und Nebenbogen, sowie die sich an Descartes' und Newtons Optik anschließende strahlenoptische Erklärung waren zur Zeit Goethes bekannt. Siehe dazu die Anmerkungen Steiners zu «Materialien zur Geschichte der Farbenlehre» in: *Goethes Werke. Naturwissenschaftliche Schriften*, hrsg. von Rudolf Steiner, Vierter Band, in: Kürschners Deutsche National-Litteratur, Berlin und Stuttgart 1897 (Reprint GA 1d, Dornach 1975), S. 187, 189, 199, und Fünfter Band (GA 1e), S. 213, dort auch Goethes Betrachtungen «Über den Regenbogen» von 1832, S. 329–336. Siehe dazu die Dokumentation in: *Farbenerkenntnis*, GA 291a, 1. Aufl. Dornach 1990, S. 155–164. – Goethe moniert in § 814 seiner Farbenlehre (1810) ebenfalls die Unvollständigkeit des primären Regenbogens, aber aus anderen Gründen: «Indem wir also aussprechen können, dass der Farbenkreis, wie wir ihn angegeben, auch schon dem Stoff nach eine angenehme Empfindung hervorbringe, ist es der Ort, zu gedenken, dass man bisher den Regenbogen mit Unrecht als ein Beispiel der Farbentotalität angenommen; denn es fehlt demselben die Hauptfarbe, das reine Rot, der Purpur, welcher nicht entstehen kann, da sich bei dieser Erscheinung so wenig als bei dem hergebrachten prismatischen Bild das Gelbrot und Blaurot zu erreichen vermögen.» Und in dem Aufsatz «Diderots Versuch über die Malerei» heißt es bereits 1799: «Indem der Physiker die ganze Farbentheorie auf die prismatischen Erscheinungen und also gewissermaßen auf den Regenbogen gründete, so nahm man wohl hier und da diese Erscheinungen gleichfalls bei der Malerei als das Fundament der harmonischen Gesetze an, die man bei der Farbengebung vor Augen haben müsse, umso mehr, als man eine auffallende Harmonie in dieser Erscheinung nicht leugnen konnte. Allein der Fehler, den der Physiker beging, verfolgte mit seinen schädlichen Einflüssen auch den Maler.

Der Regenbogen so wie die prismatischen Erscheinungen sind nur einzelne Fälle der viel weiter ausgebreiteten, mehr umfassenden, tiefer zu begründenden harmonischen Farbenerscheinungen. Es gibt nicht eine Harmonie, weil der Regenbogen, weil das Prisma sie uns zeigen, sondern diese genannten Phänomene sind harmonisch, weil es eine höhere allgemeine Harmonie gibt, unter deren Gesetzen auch sie stehen.» (*Goethe. Die Schriften zur Naturwissenschaft*, Erste Abteilung, Band 3, Weimar 1951 = Leopoldina-Ausgabe LA I 3, S. 504–506, insbesondere S. 505; Erläuterung in LA II 3, S. 423). – Interessant nicht nur hinsichtlich der Bemerkung über das Fehlen des Purpur (siehe oben, § 814) ist Goethes Überlegung zur Invertierung des Regenbogens in der «Regenbogen» überschriebenen Abhandlung von 1810 aus den nachgelassenen Schriften. Im Anschluss an eine Erörterung der Bedingungen, unter denen sich zwei Hohlspiegelbilder der Sonne («Sonnenbilder») in einem wassergefüllten Glaskolben bei Variation des Beobachtungswinkels vereinigen bzw. trennen, während sie farbige Säume (Kantenspektren) zeigen, kommt Goethe auf die Umstände zu sprechen, unter denen ein hypothetischer «Regenbogen [...] mit umgekehrten Farben» zu beobachten wäre: «Macht man eine Vorrichtung eines ganzen transparenten Papierladens, und befestigt auf die Mitte desselben eine dunkle Scheibe, so kann man mit diesem dunklen Bilde ebensogut wie vorher mit dem hellen operiren; wobey nur der Unterschied ist, daß unter den oben angegebenen Bedingungen die Farben der Zeit nach umgekehrt erscheinen: Die violette und blaue zuerst, die gelbe und gelbrothe zuletzt; so daß man sagen kann: wenn die ganze Mittägige Hälfte des Himmels ein einziger glänzender und blendender Schein wäre, und es stünde eine schwarze Scheibe, an der Stelle der uns jetzt erleuchtenden Sonne, und es regnete sodann im Norden, so würden wir einen doppelten Regenbogen, aber gerade mit umgekehrten Farben, wie die jetzigen, erblicken.» (*Goethe. Die Schriften zur Naturwissenschaft*, Zweite Abteilung, Band 5, Teil B/1 Weimar 2007 = Leopoldina-Ausgabe LA II 5B, S. 32–37, hier S. 36–37; Erläuterung mit u. a. einer Rekonstruktion der Entstehung reeller Sonnenbilder in brechenden Sphären S. 37–45). – Siehe dazu auch den «Regenbogen über grünendem Gebirg» betitelten, handkolorierten Kupferstich, der einen umgekehrten, d. h. zum bekannten Hauptbogen komplementärfarbigen Bogen zeigt, bestehend aus den Hauptfarben Gelb, Magenta (Purpur) und Cyan. (6,4 x 11,9 cm, abgebildet z. B. in: Barbara Steingießer (Hrsg.): *Taten des Lichts – Mack & Goethe*, Berlin 2018, S. 81, und Christian Hecht, *Goethes Haus am Weimarer Frauenplan*, München 2020, S. 194). Dieser Kupferstich ist eine in Goethes Auftrag nach 1825 entstandene verkleinerte Wiedergabe eines Gemäldes aus einer achtteiligen Serie, die gemäß Goethes Entwürfen von dem Zeichenschüler Alfred Heideloff (1802–1826) um 1814 ausgeführt wurden. Interessant in diesem Zusammenhang ist, dass sich Goethe von Heinrich Meyer (1760–1832) in seinem Haus am Frauenplan um 1792 ein Deckengemälde anfertigen ließ («Iris»), das die Gestalt der Iris im Vordergrund eines großen farbigen Bogens schwebend zeigt. Ursprünglich hatte der Regenbogen dieses Gemäldes ebenfalls die Farbfolge des umgekehrten Spektrums, d. h. dasjenige eines *umgekehrten Regenbogens* (Gelb, Purpur, Eisblau). Nach zahlreichen

Übermalungen ist dies heute nur noch annährend zu erkennen (vgl. den Bericht von Rupprecht Matthaei, *Die Farbenlehre im Goethe-Nationalmuseum*, Jena 1941, S. 66, sowie weitere Details zur Geschichte des Gemäldes in dem genannten Buch von Hecht, S. 83–90, 189–198).

[113] Die Zeichnung 43 ist ohne den Vorgang des Zeichnens schwer verständlich. Aus dem Vergleich des Textes mit den ziemlich verschiedenen Zeichnungen in den einzelnen Exemplaren der Nachschrift ergibt sich etwa folgender Vorgang: Eine blaue, mehr oder weniger rechteckförmige Fläche stellt die Gebiete dar vom Gas bis herunter zum festen Zustand. Nach oben und unten schließen sich rot die Gebiete Wärme, *x*, *y*, *z* bzw. *U* an, aber diese roten «Schwänze» werden umgebogen und seitlich in das blaue Gebiet hineingeschlagen, und zwar vermutlich von links und rechts. Eine starke Differenzierung der linken gegenüber der rechten Seite, wie sie in den meisten Nachschriften und auch in der ersten Auflage sich findet, dürfte irreführenderweise durch das wiederholte Abzeichnen entstanden sein.

[114] Die Zeichnung 44 findet sich nur in einer der Mitschriften (Vortrags-Reg. Nr. 4017 II); die Beschriftungen sind vermutlich durch frühere Herausgeber/ Bearbeiter eigenständig ergänzt worden.

Editorische Hinweise

zu Seite

146 *[Experiment]:* Ergänzung in Maschinenschrift innerhalb der Textgrundlage.

147 *[T–T']:* Ergänzung in Maschinenschrift innerhalb der Textgrundlage.

150 *von [physikalischen] Tatsachen:* Sinngemäße Änderung durch den Herausgeber, statt «physischen».

151 *[Niveaubildung]:* Sinngemäße Ergänzung im Schema durch den Herausgeber auf der Grundlage des vorliegenden Vortrags. Die vierte Spalte wurde ebenfalls durch den Herausgeber eingefügt.

154 *Beginn [eines solchen Einflusses]:* Sinngemäße Änderung durch den Herausgeber, statt «dieses.

155 *haben es mit einer [Durchdringung]:* Handschriftliche Ergänzung unbekannter Hand in der Textgrundlage.

156 *[unserem Hörorgan]:* Sinngemäße Änderung durch den Herausgeber, statt «unseren höheren Organen».

157 *[bei U]:* Ergänzung in Maschinenschrift innerhalb der Textgrundlage.

Sachhinweise

[115] Siehe dazu auch das Ende des achten Vortrags vom 8. März 1920, S. 143. – An diesen drei vorangehenden Stellen findet sich in der Textgrundlage tatsächlich der Ausdruck «Energienzylinder». An zwei weiteren Stellen nur «Energiezylinder».

[116] Siehe zur Wärmestrahlung und Wärmeleitung auch: «Anregungen und Aufgabenstellungen von Rudolf Steiner für naturwissenschaftliche Forschungen (Schiller Mappe)», in: *Beiträge zur Rudolf Steiner Gesamtausgabe*, 2000, Nr. 122, Blatt 16a–b: S. 23–24, Kommentar: S. 99–101.

[117] Die metallenen Stäbe sind angestrichen mit gelbem Quecksilberjodid, das beim Erreichen einer bestimmten Temperatur ins Rötliche umschlägt. Der Farbumschlag steigt an den verschiedenen Stäben verschieden rasch in die Höhe.

[118] Die folgenden Ausführungen nehmen Bezug auf ein Schema, welches in der Nachschrift fehlt. Das Schema im vorliegenden Vortrag wurde vom Herausgeber aus dem vorigen neunten Vortrag vom 9. März übernommen und an den vorliegenden Vortrag angepasst.

[119] Eine Zeichnung des zum Kreis gebogenen Zustandsspektrums ist aus den Mitschriften zum Vortrag nicht überliefert. Die folgende Zeichnung 50 des Herausgebers versucht, das Beschriebene zu visualisieren, indem sie die Analogie zur Schließung des Farbenspektrums zum Farbenkreis herstellt.

[120] Vorschlag des Herausgebers für sachgemäße Ergänzungen dieser Sätze: «Beim im Menschen entstehenden [gewöhnlichen] Bewusstsein nicht. Denn stellen Sie sich einmal vor, Sie würden einen Begriff von der menschlichen Gestalt nicht dadurch bekommen, dass Sie sich selbst annähern oder dass Sie andere Menschen sehen, [sondern durch inneres Erleben]. Sie würden durch inneres Erleben [gegenwärtig aber] zunächst einen Begriff von der Gestalt [gar] nicht bekommen können.»

[121] Vorschlag des Herausgebers für sachgemäße Ergänzungen dieser Sätze: «Zunächst, wenn der Mensch [durch die Empfängnis] in das physische Leben eintritt, da muss er sich sehr plastisch verhalten zu seinen Bildungskräften, das heißt, es muss in ihm viel gestaltet werden. Je mehr wir uns [von der Gegenwart aus zeitlich rückwärts] nähern dem vollständigen Kindsein, ...»

[122] Siehe zum Verhältnis von Gestaltungskräften und Vorstellungskräften das Anfangskapitel «Wahre Menschen-Erkenntnis als Grundlage der medizinischen Kunst», in: Rudolf Steiner / Ita Wegman, *Grundlegendes für eine Erweiterung der Heilkunst nach geisteswissenschaftlichen Erkenntnissen*, GA 27, 8. Aufl. Basel 2014, S. 7–19, insbesondere S. 12: «Diese im Ätherleibe wirksamen Kräfte betätigen sich im Beginne des menschlichen Erdenlebens

– am deutlichsten während der Embryonalzeit – als Gestaltungs- und Wachstumskräfte. Im Verlauf des Erdenlebens emanzipiert sich ein Teil dieser Kräfte von der Betätigung in Gestaltung und Wachstum und wird Denkkräfte, eben jene Kräfte, die für das gewöhnliche Bewusstsein die schattenhafte Gedankenwelt hervorbringen. – Es ist von der allergrößten Bedeutung zu wissen, dass die gewöhnlichen Denkkräfte des Menschen die verfeinerten Gestaltungs- und Wachstumskräfte sind. Im Gestalten und Wachsen des menschlichen Organismus offenbart sich ein Geistiges. Denn dieses Geistige erscheint dann im Lebensverlaufe als die geistige Denkkraft.»

[123] Verschiedene Leser des Kurses sowie die früheren Herausgeber sind übereinstimmend zu den rechts stehenden Ergänzungen des bereits bekannten Schemas in der Zeichnung 51 im vorliegenden Vortrag gekommen.

[124] Zum Verhältnis von Wille und Vorstellung beim Menschen einerseits und dem Spektrum der Natur andererseits beachte man die Unterschiedlichkeit der Darstellung sowie der zugrunde liegenden Gesichtspunkte im vorliegenden und im *Ersten Naturwissenschaftlichen Kurs* (GA 320, 5. Aufl. Basel 2020). Im letzteren Kurs, vor allem am Ende des neunten Vortrages vom 2. Januar 1920 und im zehnten Vortrag vom 3. Januar 1920 wurde auf eine Beziehung von Licht, Schall und Wärme mit dem bewussten Vorstellungsleben einerseits und der Erscheinungen der Masse, der Elektrizität und des Magnetismus mit dem im Leib wirkenden unbewussten Willen des Menschen andererseits (S. 160–162, 172–177) hingewiesen. Hier im *Zweiten Naturwissenschaftlichen Kurs* scheint die Zuordnung genau umgekehrt zu sein.

[125] Vorschlag des Herausgebers für sachgemäße Ergänzungen dieses Satzes: «Die Kraft, die in der Wärme liegt, in ihrer Wirkung auf den [wollenden] Menschen muss sie sich so äußern, dass sie in ihm aus dem Raum hinausgeht; ebenso geht die gestaltende Kraft im [vorstellenden] Menschen aus dem Raum hinaus.»

[126] Bei dem genannten Vortrag handelt sich um einen Vortrag von Ernst Blümel am 11. März 1920: «Über das Imaginäre und den Begriff des Unendlichen und Unmöglichen», siehe dazu die Hinweise Nr. 158 und 159.

[127] Vorschlag des Herausgebers für sachgemäße Ergänzungen dieses Satzes: «... wenn wir es im [wollenden] Menschen verfolgen; dass wir [auch] das Wesenhafte an der Gestaltung ins Negative überführen müssen, wenn wir es im [vorstellenden] Menschen verfolgen.»

Editorische Hinweise

zu Seite

167 *denn nicht [vielleicht]:* Handschriftliche Ergänzung unbekannter Hand in der Textgrundlage.

170 *[Pfeile]:* Ergänzung in Maschinenschrift innerhalb der Textgrundlage.

172 *[Pfeil von unten]:* Ergänzung in Maschinenschrift innerhalb der Textgrundlage.

175 *[vorstellenden und wollenden]:* Sinngemäße Änderung durch den Herausgeber, statt «wollenden und vorstellenden».

Elfter Vortrag, 11. März 1920

Sachhinweise

[128] Mit dem vorigen Kurs ist der *Erste Naturwissenschaftliche Kurs* vom 23. Dezember 1919 bis 3. Januar 1920 gemeint. Siehe dazu insbesondere die dortigen Ausführungen am Anfang des fünften Vortrags vom 27. Dezember. – Siehe dazu auch die Vorträge vom 3., 4. und 6. August in: *Kosmologie und menschliche Evolution – Farbenlehre* (GA 91).

[129] Die entsprechende Zeichnung fehlt, doch geht aus den Worten hervor, dass ein Apparat ähnlich demjenigen, der am Anfang des zehnten Vortrages vom 10. März 1920 verwendet wurde [Zeichnung 46], aber gefüllt mit Weingeist statt mit Quecksilber.

[130] Eugen Dreher (1841–1900), Naturphilosoph. Die entsprechende «außerordentlich wichtige» Versuchsreihe hat Rudolf Steiner bei der Herausgabe von *Goethes Werke. Naturwissenschaftliche Schriften*, Fünfter Band, in: Kürschners Deutsche National-Litteratur, Berlin und Stuttgart 1897 (Reprint GA 1d, Dornach 1975), S. 147 in einer Fußnote folgendermaßen zusammengefasst: «Nach Goethe haben sich um die Untersuchung der Erscheinungen an der ‹leuchtenden Materie› verdient gemacht Becquerel und Eugen Dreher. Durch die genialen Ausführungen des letzteren Forschers haben wir über die Sache Aufschlüsse von ganz besonderer Klarheit erhalten. (Vgl. Eugen Dreher: *Beiträge zu unserer modernen Atom- und Molekular-Theorie auf kritischer Grundlage*, Halle 1882 [RSB N 106], S. 108–127.) Dreher setzte ‹grünleuchtende Materie› (es gibt auch eine blauviolett leuchtende, die aber weniger reaktionsfähig ist) dem Licht, sowohl dem farblosen Sonnenlicht als auch solchem Licht aus, das durch verschiedene Stoffe gegangen ist. Er benutzte 1. eine farblose Glaskugel, die konzentrierte Kalialaunlösung enthält. 2. Eine ebensolche Kugel mit einer Lösung von Jod in Schwefelkohlenstoff. 3. Eine gleiche Kugel mit konzentrierter Äskulinlösung, und 4. eine Kugel mit destilliertem Wasser. Die konzentrierte Kalialaunlösung bewirkt, dass keine Wärmewirkungen; die Jodlösung, dass keine Lichtwirkungen; endlich die Äskulinlösung, dass keine chemischen Wirkungen in dem vom Spektrum eingenommenen Raum stattfinden (dass Chlorsilber z. B. nicht geschwärzt wird). Alle diese Wirkungen finden statt bei Anwendung der vierten Kugel. Die ‹leuchtende Materie›, die der durch Kalialaunlösung und durch das Wasser gegangenen Lichtmasse ausgesetzt wurde, zeigte (im Dunklen) ein entschiedenes Leuchten (Phosphoreszieren), diejenige dagegen, welche dem durch Jod- oder Äskulinlösung

gegangenen Licht ausgesetzt war, zeigte keine Spur von Leuchten. Dreher hat dann umgekehrt zum Leuchten gebrachte Materie verschieden modifiziertem Licht ausgesetzt. Es zeigte sich, dass unter dem Einfluss der durch Jod- und Äskulinlösung gegangenen Lichtmasse das Leuchten zuerst intensiver wird, dann aber vollkommen aufhört, während es unter dem Einfluss der durch Kalialaunlösung gegangenen Lichtmasse fortdauert. Letztere Beobachtung stimmt völlig zu der längst bekannten, dass ‹leuchtende Materie›, die eine Zeit lang dem Licht ausgesetzt war und deren Leuchten bereits aufgehört hat, durch Erwärmung wieder – und zwar nur einmal – zum Leuchten gebracht werden kann. Hat dann die Materie zu leuchten aufgehört, so wirkt eine zweite Erwärmung nur wieder, nachdem der Körper nochmals vorher dem Licht ausgesetzt war. Aus diesen Beobachtungen geht hervor, dass die Fähigkeit des Leuchtens (Phosphoreszierens) der ‹leuchtenden Materie› durch dieselbe Kraft hervorgerufen wird, welche chemische Wirkungen hervorbringt. Die Wärme kann das Leuchten zwar zur Erscheinung bringen, aber der Materie nicht die Fähigkeit zum Leuchten geben, ja sie zerstört diese Fähigkeit, indem sie das Leuchten zur Erscheinung bringt. Deshalb bewirken auch die Lichtmassen, denen die Fähigkeit zu chemischen Wirkungen genommen, die zu Wärmewirkungen aber belassen ist (die durch Äskulinlösung gegangenen), erst ein Aufleuchten, dann ein völliges Erlöschen des phosphoreszierenden Körpers.» – Man beachte, dass Eugen Dreher noch der Ansicht zu sein scheint, dass es sich um drei qualitativ verschiedene Strahlungsarten handelt, während Steiner vorzugsweise von drei qualitativ verschiedenen *Wirkungsarten* spricht und demzufolge die Einheitlichkeit der Strahlung nicht direkt infrage stellt. Weiter ist wichtig, dass die von Eugen Dreher beschriebenen Phänomene wesentlich von der Art des *Verhältnisses* der Qualität des Lichtes zur Qualität der durchstrahlten Materie abhängt und nicht nur von den Frequenzen des Lichtes, also genauer: von den Verhältnissen zwischen den Frequenzen des Lichtes und den Resonanzfrequenzen der durchstrahlten Materie. Eine zufriedenstellende Klärung der Wechselwirkung von Materie und Strahlung konnte erst durch die Entwicklung der Quantenphysik geleistet werden.

131 Siehe zur Wirkung eines Magnetfeldes auf das Spektrum den sechsten Vortrag vom 29. Dezember 1919 im *Ersten Naturwissenschaftlicher Kurs* (GA 320, Basel 5. Auflage 2020), insbesondere S. 113–114, sowie den Band *Farbenerkenntnis* (GA 291a, Dornach 1. Aufl. 1990), Kapitel «Weiterführungen von Goethes Farbenlehre», S. 61–99. – Siehe dazu auch «Anregungen und Aufgabenstellungen von Rudolf Steiner für naturwissenschaftliche Forschungen (Schiller Mappe)», in: *Beiträge zur Rudolf Steiner Gesamtausgabe*, 2000, Nr. 122, Blatt 2a–d: S. 6–9, Kommentar: S. 37–47.

132 Zu Robert Clausius: Siehe Hinweise Nr. 25, 91 und 92.

133 Max Planck (1858–1947), theoretischer Physiker. Der Ausspruch Plancks befindet sich in einem Vortrag, gehalten am 23. September 1910 auf der 82. Versammlung Deutscher Naturforscher und Ärzte in Königsberg: «In seinem von

mir eingangs erwähnten Königsberger Vortrag hat Helmholtz mit besonderem Nachdruck betont, dass der erste Schritt zur Entdeckung des Energieprinzips geschehen war, als zuerst die Frage auftauchte: Welche Beziehungen müssen zwischen den Naturkräften bestehen, wenn es unmöglich sein soll, ein Perpetuum mobile zu bauen? Ebenso kann man gewiss mit Recht behaupten, dass der erste Schritt zur Entdeckung des Prinzips der Relativität zusammenfällt mit der Frage: Welche Beziehungen müssen zwischen den Naturkräften bestehen, wenn es unmöglich sein soll, an dem Lichtäther irgendwelche stoffliche Eigenschaften nachzuweisen? Wenn also die Lichtwellen sich, ohne überhaupt an einem materiellen Träger zu haften, durch den Raum fortpflanzen? Dann würde natürlich die Geschwindigkeit eines bewegten Körpers in Bezug auf den Lichtäther gar nicht definierbar, geschweige denn messbar sein. [...] Ich brauche nicht hervorzuheben, dass mit dieser Auffassung die mechanische Naturanschauung schlechterdings unvereinbar ist.» («Die Stellung der neueren Physik zur mechanischen Naturanschauung», *Physikalische Zeitschrift* 1910, Band 11, S. 922–932; abgedruckt in: Max Planck: *Physikalische Abhandlungen und Vorträge*, Braunschweig 1958, Bd. 3, S. 30–46) und in: *Vorträge und Erinnerungen*, Stuttgart 5. Aufl. 1949, S. 52–68.

[134] Die imponderable Natur des Äthers vertrat auch Albert Einstein in einem kurz nach dem vorliegenden Kurs im April 1920 konzipierten Vortrag an der Reichs-Universität zu Leiden (*Äther und Relativitätstheorie*, Berlin 1920), vorgesehen für den 5. Mai 1920, den er schließlich nach diversen Verschiebungen am 27. Oktober 1920 halten konnte. Dort heißt es z. B.: «Man kann hinzufügen, dass die ganze Änderung der Ätherauffassung, welche die spezielle Relativitätstheorie brachte, darin bestand, dass sie dem Äther seine letzte mechanische Qualität, nämlich die Unbeweglichkeit, wegnahm. [...] Man kann die Existenz eines Äthers annehmen; nur muss man darauf verzichten, ihm einen bestimmten Bewegungszustand zuzuschreiben, d. h., man muss ihm durch Abstraktion das letzte mechanische Merkmal nehmen, welches ihm Lorentz noch gelassen hatte [...]. Das spezielle Relativitätsprinzip verbietet uns, den Äther als aus zeitlich verfolgbaren Teilchen bestehend anzunehmen, aber die Ätherhypothese an sich widerstreitet der speziellen Relativitätstheorie nicht. Nur muß man sich davor hüten, dem Äther einen Bewegungszustand zuzusprechen.» (S. 7, 9–10) Und schließlich: «Der Äther der allgemeinen Relativitätstheorie ist ein Medium, welches selbst *aller* mechanischen und kinematischen Eigenschaften bar ist, aber das mechanische (und elektromagnetische) Geschehen mitbestimmt.» (S. 12). Man beachte, dass sich Einsteins Verhältnis zum Äther im Laufe seines Lebens immer wieder geändert hat.

[135] Eduard von Hartmann wird hier als repräsentativer philosophischer Kommentator der Entwicklung der modernen Physik im Hinblick auf ihren größeren naturphilosophischen Rahmen genannt, siehe Hinweis Nr. 70.

[136] Ernst Mach (1838–1916), Physiker und Philosoph. Er nennt im historischen Schlusskapitel «Die Wege der Forschung» seiner *Prinzipien der Wärmelehre.*

2. Aufl. Leipzig 1900 [RSB N 347], ohne Referenzen, noch William Thomson (Lord Kelvin) und F. Wald (S. 345 f.). Mit Letzterem ist vermutlich František (Franz) Wald (1861–1930), technischer Chemiker, gemeint. Er war Anti-Atomist, schrieb über Thermodynamik und veröffentlichte *Die Energie und ihre Entwertung*, Leipzig 1889. Er war schon zu Beginn seiner Universitäts-Karriere ein wissenschaftlicher Einzelgänger. Mach macht auch, hier mit Referenzen, auf dessen «originelle Arbeiten» aufmerksam, in welchen «derselbe versucht, die Chemie von der Atomistik unabhängig zu machen.» (a. a. O., S. 430)

[137] Ernst Mach: *Prinzipien der Wärmelehre*, Leipzig 2. Aufl. 1900 [RSB N 347], S. 345 f. Der Ausdruck «begrenztes» ist bei Mach kursiv gesetzt. Die Anmerkung Machs nach «beizumessen» wird hier nicht mitzitiert.

[138] Siehe zu dem Behauptungscharakter des Energieprinzips die Zitate von Max Planck in den Hinweisen Nr. 89, 90 und 97.

[139] Goethe: «Farben sind Taten des Lichtes, Taten und Leiden». *Zur Farbenlehre*. «Vorwort».

Editorische Hinweise

zu Seite

182 *[einen] Richtung des Raumes:* Handschriftliche Ergänzung unbekannter Hand in der Textgrundlage.

184 *[Schema]:* Ergänzung in Maschinenschrift innerhalb der Textgrundlage.

185 *[Pfeil]:* Ergänzung in Maschinenschrift innerhalb der Textgrundlage.

187 *Medium der Wärme, das [gestattet]:* Sinngemäße Änderung durch den Herausgeber, statt «gestaltet».

190 *Umwandlung von [Wärme in Arbeit]:* Sinngemäße Änderung durch den Herausgeber, statt «Arbeit in Wärme».

191 *[blau]:* Ergänzung in Maschinenschrift innerhalb der Textgrundlage.
[rot]: Ergänzung in Maschinenschrift innerhalb der Textgrundlage.
[etwas]: Sinngemäße Änderung durch den Herausgeber, statt «was».

192 *anderen [Seite] Immaterielles:* Handschriftliche Ergänzung unbekannter Hand in der Textvorlage.

Zwölfter Vortrag, 12. März 1920

Sachhinweise

[140] Das Problem der Durchsichtigkeit oder Undurchsichtigkeit von Körpern oder Stoffen ist eng verknüpft mit den Eigenschaften des komplexen Brechungsindex, dessen Imaginärteil im Wesentlichen aus dem Absorptionskoeffizienten besteht, und seiner Abhängigkeit von der Wellenlänge bzw. der

Frequenz des Lichts. Man bezeichnet diese Abhängigkeit als (optische) Dispersion. In den Siebzigerjahren des 19. Jahrhunderts wurde durch mannigfaltige Untersuchungen festgestellt, dass die sogenannte anomale Dispersion immer im Zusammenhang mit Absorption auftritt. Im Jahre 1880 erschienen zwei Arbeiten, in denen ein erster Versuch zur Erklärung dieser Phänomene auf der Grundlage der klassischen Elektrodynamik gemacht wurde (Hendrik Antoon Lorentz: «Über die Beziehung zwischen der Fortpflanzungsgeschwindigkeit des Lichtes und der Körperdichte», *Annalen der Physik*, 1880, Band 9, S. 641–665; Ludvig Lorenz: «Über die Refractionsconstante», *Annalen der Physik*, 1880, Band 11, S. 70–103). Hier wurde ein einfaches Modell vorgestellt, bei dem ein Ladungsträger durch eine harmonische Kraft an ein Kraftzentrum gekoppelt ist und durch eine elektromagnetische Welle zu einer erzwungenen Schwingung angeregt wird. Der Bereich der anomalen Dispersion oder der Absorption ist der Resonanzbereich dieser erzwungenen Schwingung. Mit diesem einfachen Modell war es möglich, die Wellenlängen- bzw. Frequenzabhängigkeit der Dielektrizitätszahl und damit auch des Brechungsindex qualitativ korrekt zu beschreiben. Nach der Entdeckung der Elektronen um die Jahrhundertwende konnte man diese Modelle weiter verfeinern. Es stellte sich heraus, dass nur die Resonanzen bei kürzeren Wellenlängen – insbesondere im UV-Bereich – den Elektronen zugeordnet werden konnten. Die Resonanzen im Infrarotbereich hingegen mussten mit Ladungsträgern zu tun haben, deren Masse größer ist. Im Jahr 1900 veröffentlichte Paul Drude eine wegweisende Arbeit, in der er die Idee des Elektronengases einführte, um so die elektrische und thermische Leitfähigkeit von Metallen zu erklären (Paul Drude: «Zur Elektronentheorie der Metalle», *Annalen der Physik*, 1900, Band 306, Nr. 3, S. 566–613). Diese Idee wurde 1905 von H. A. Lorentz weiterentwickelt, unter anderem dadurch, dass er seine Theorie der Dispersion auf das Elektronengas anwandte und damit eine Erklärung für die Undurchsichtigkeit und das hohe Reflexionsvermögen der Metalle lieferte («Drude-Lorentz-Theorie», siehe H. A. Lorenz: *Ergebnisse und Probleme der Elektronentheorie*, Berlin 1905). – Auf den von Steiner angedeuteten Zusammenhang zwischen der Durchsichtigkeit und der Undurchsichtigkeit einerseits und dem Wärmewesen andererseits, war man damals in der aktuellen Forschung am Beispiel der Temperaturabhängigkeit der spezifischen Wärme aufmerksam geworden. Ein erster Versuch, diese Abhängigkeit bei tiefen Temperaturen zu deuten, ist in einer Arbeit von Albert Einstein aus dem Jahre 1907 zu finden («Die Planck'sche Theorie der Strahlung und die Theorie der spezifischen Wärme, *Annalen der Physik*, 1907, Band 22, S. 180–190). In dieser Arbeit geht Einstein davon aus, dass die spezifische Wärme im Festkörper gleich der Schwingungsenergie der Atome ist, wobei er eine einheitliche Eigenfrequenz der Schwingungen annimmt. Dabei fiel ihm auf, dass die von ihm als Parameter ermittelte Eigenfrequenz relativ nahe bei den aus optischen Experimenten bekannten Resonanzfrequenzen für die Absorption lag. Wenige Jahre später konnte Peter Debye (1884–1966) die Übereinstimmung zwischen Theorie und Experiment wesentlich verbessern, indem er nicht nur eine Eigenfrequenz annahm, sondern ein Spektrum von

Frequenzen für Gitterschwingungen, das, wie man heute weiß, eine grobe Annäherung an das Absorptionsspektrum des jeweiligen Körpers ist (Peter Debye, «Zur Theorie der spezifischen Wärme», *Annalen der Physik*, 1912, Band 39(4), S. 789–839). Also gewinnt man tatsächlich Hilfsvorstellungen für das Verständnis des Wärmewesens aus den Absorptionsspektren der betreffenden Stoffe.

141 Siehe *Erster Naturwissenschaftlicher Kurs* (GA 320), dritter Vortrag vom 25. Dezember 1919 bei der Besprechung der Hebung und Anfang des sechsten Vortrags vom 29. Dezember 1919 bei der Besprechung der Brechung an einer Glasplatte.

142 Auf die Durchsichtigkeit kommt Steiner weiter unten nicht mehr zu sprechen.

143 Jean Baptiste Joseph Fourier (1768–1830), Mathematiker, Physiker, Sekretär des Institut d'Égypte. Hauptwerk «Theorie analytique de Ia chaleur», Paris 1822. – Siehe dazu die Einschätzung der Theorie von Fourier durch Ernst Mach in seinen *Prinzipien der Wärmelehre*, 3. Aufl. Leipzig 1919, am Anfang des Kapitels «Rückblick auf die Entwicklung der Lehre von der Wärmeleitung» (S. 114): «Die *Fourier*'sche Theorie der Wärmeleitung kann als eine physikalische *Mustertheorie* bezeichnet werden. Dieselbe gründet sich nicht auf eine *Hypothese*, sondern auf eine beobachtbare *Tatsache*, nach welcher die Ausgleichsgeschwindigkeit kleiner Temperaturdifferenzen diesen Differenzen selbst proportional ist. Eine solche Tatsache kann zwar durch feinere Beobachtungen genauer festgestellt oder korrigiert werden, sie kann aber als solche weder unmittelbar noch in ihren richtigen mathematischen Folgerungen mit anderen Tatsachen in Widerspruch treten. Diese Grundlage der Theorie mit dem ganzen darauf gestützten Bau bleibt gesichert, während z. B. eine Hypothese wie jene der kinetischen Gastheorie, welche mit großen Geschwindigkeiten nach allen Richtungen bewegte Moleküle *annimmt*, die in verschwindender Wechselwirkung stehen, jeden Augenblick des Widerspruchs mit neuen Tatsachen gewärtig sein muss, so viel dieselbe auch bisher zur Übersicht der Eigenschaften der Gase beigetragen haben mag.»

144 Zur Wärmeleitung siehe insbesondere den vierzehnten Vortrag vom 14. März im vorliegenden Kurs.

145 Bei diesem Satz über die Wirkung einer «Wärmemenge» über die Zeit müsste vom physikalischen Gesichtspunkt aus korrekterweise «Wärmeleistung» stehen.

146 «alles das»: Damit sind die Größen $U_1 - U_2$, l, q, t gemeint.

147 Zu Steiners Betonung der Wichtigkeit von Niveauunterschieden oder Niveaudifferenzen siehe auch den neunten, dreizehnten und vierzehnten Vortrag vom 9., 13. und 14. März 1920 im vorliegenden Kurs.

[148] Im Notizbuch 42 (RSA NB 42) notiert Steiner (siehe Anhang S. 324) die in Lehrbüchern der Physik übliche Formel für die nicht stationäre Wärmeleitung

$$w = -k \cdot q \cdot \frac{du}{dx} \ ,$$

die zum Beispiel bei Ernst Mach: *Die Prinzipien der Wärmelehre*, 3. Aufl. Leipzig 1919 [RSB N 347], S. 85, angeführt wird und wo sich auch eine Ableitung dieser Formel findet. Man beachte, dass diese und die von Steiner abgeleitete Formel nur für isotrope Wärmeleiter und für nicht zu schnell ablaufende Temperaturveränderungen, also nicht für weit vom thermischen Gleichgewicht entfernte Prozesse, gilt. – Man beachte auch, dass aus mathematischen Gründen die von Steiner hier und weiter unten verwendeten Formeltypen sinngemäß folgendermaßen lauten müssten:

$$dw = -c \cdot q \cdot \frac{du}{dx} dt \ .$$

[149] Die Zeichnung 58 ist ergänzt gemäß dem von der Naturwissenschaftlichen Sektion am Goetheanum durch Günther Wachsmuth 1925 herausgegebenen *Zweiten Naturwissenschaftlichen Kurs*, «Skizzen zum XII. Vortrag, Fig. 2».

[150] Vorschlag des Herausgebers für sachgemäße Ergänzungen dieser Sätze, die sich auf die Zeichnung 58 beziehen: «Wir müssen hier links [aus der Zeichnungsebene senkrecht nach vorn] herausgehen, wenn wir die Linie für das Licht so [horizontal] ziehen, um für die Wärme das entsprechende Symbolum zu finden. Für die chemischen Wirkungen müssen wir hierher [aus der Zeichnungsebene senkrecht nach hinten] gehen.»

[151] Die Formel für die chemischen Wirkungen hat Steiner in seinem Notizbuch Nr. 42 (RSA NB 42) folgendermaßen notiert (Anhang S. 325):

$$ch = +k \cdot q \cdot \frac{du}{dx} \ .$$

[152] Weiter oben wurde gesagt, dass hier auch positiv und negativ vertauscht werden könnten, da es nur auf die relativen Qualitätsunterschiede ankommt.

[153] Vorschlag des Herausgebers für sachgemäße Ergänzungen dieses Satzes, der sich ebenfalls auf die Zeichnung 58 bezieht: «Die Wärme biegt sich gewissermaßen heraus [aus der Ebene nach vorne], die chemischen Wirkungen biegen sich hinein [nach hinten], dann bleibt eigentlich nur das, was im Licht vorhanden ist, in der Ebene.»

[154] Die von Steiner erwähnten Unklarheiten über das Verhältnis der positiven und negativen Zahlen zu den imaginären oder komplexen Zahlen können sich nur auf deren Anwendung in der Physik, nicht auf deren rein mathematisch-formale Eigenschaften beziehen, denn diese waren damals gut bekannt und weitläufig untersucht, siehe zum Beispiel Eduard Study: «Theorie der gemeinen und höheren complexen Größen», in: *Encyklopädie der mathematischen*

Wissenschaften, Band 1: *Arithmetik und Algebra*, Teil I, Nr. 4, 1899, S. 148–183. In der nachgelassenen Bibliothek Steiners befindet sich folgendes Werk: Rose, Max: *Einleitung in die Funktionentheorie* (Die komplexen Zahlen und ihre elementaren Funktionen). 2. Aufl. Berlin u. Leipzig 1918.

[155] In den bisherigen Ausgaben des *Zweiten Naturwissenschaftlichen Kurses* (2. bis 4. Auflage) wurde die in der Textgrundlage und in der Nachschrift von Eugen Kolisko überlieferte Formel

$$w = \sqrt{-c \cdot q \cdot \frac{du}{dx} \cdot dt}$$

ersetzt durch die Formel

$$w = \sqrt{-1} \cdot c \cdot q \cdot \frac{du}{dx} \cdot dt\,,$$

mit der Begründung, dass damit dem w die Qualität des Imaginären zukomme und dass der Zusammenhang keinen Anhaltspunkt dafür gebe, dass die weiteren Beträge der Größen zu radizieren seien sowie die Wurzel aus dem Differential dt schwer zu interpretieren sei. Verschiedene Hörer und Leser des Kurses haben eine Korrektur in diesem Sinne vorgeschlagen. – Es kann sich jedoch um kein Versehen der mitschreibenden Person handeln, denn im Notizbuch 42 (RSA NB 42) hat Steiner eigenhändig die Formel

$$li = \sqrt{-kq \cdot \frac{du}{dx}}$$

notiert (siehe Anhang S. 325). Wie sie zu interpretieren ist, wurde offengelassen. Anknüpfend an letztere Formel wurde die Formel im vorliegenden Text notiert, in welcher das Wurzelzeichen über die ganze rechte Seite geht, sinngemäß aber nicht über das Differential dt, da dieses zum Differential w, oder genauer dw, auf der linken Seite dazugehört.

[156] Die Ausführungen beziehen sich vermutlich auf den in Zeichnung 58 wiedergegebenen Zusammenhang. Um einen Nachvollzug zu erleichtern schlägt der Herausgeber folgende ergänzte Lesart des Absatzes vor: «Denn geht man durch die Wärme, so geht man ja [nach links] zugleich heraus und geht dorthin [aus der Ebene nach vorne]; und geht man durch die chemischen Wirkungen, so geht man nach der anderen [rechten] Seite [aus der Ebene nach hinten]. Sie sind also jetzt in die Lage versetzt: Erstens dorthin [nach links] zu gehen scheinbar ins Unendliche, und zweitens dorthin [nach rechts] zu gehen scheinbar ins Unendliche. Sie haben nicht nur die unangenehme Aufgabe, wie bei einer [projektiven] Geraden dahin zu gehen [von links nach rechts oder von rechts nach links] und den unendlich fernen Punkt aufzusuchen und [auf der anderen Seite] zurückzukommen, wenn dieser [unendlich ferne] Punkt [rechts] derselbe ist wie der [andere unendlich ferne Punkt links] – da sind Sie wenigstens in einer Ebene. Aber nun irren Sie ab, gehen dorthin [nach links vorne aus der Ebene heraus] und gehen dorthin [nach rechts hinten aus der Ebene heraus] und kön-

nen nicht zurückkommen, wenn Sie nicht voraussetzen, dass die Unendlichkeit hier und dort Sie an denselben Punkt führt. Aber während Sie dorthin [nach links oder nach rechts] gehen, spazieren Sie dorthin [nach vorne oder nach hinten] auch fort in die Unendlichkeit. Sie gehen also so, dass Sie nicht nur nach der einen [linken oder rechten] Seite in die Unendlichkeit spazieren, sondern Sie spazieren auch hier [zum Beispiel links aus der Ebene] hinaus [nach vorne] in die Unendlichkeit und müssen von zwei Unendlichkeiten [links-rechts, vornehinten] wiederum zurückkommen.»

[157] Zur Behandlung des Spektrums mit Elektromagneten siehe «Der Zwölffarbenkreis» in: *Beiträge zur Rudolf Steiner Gesamtausgabe*, 1987, Nr. 96/96, S. 3–35, und *Farbenerkenntnis*, GA 291a, 1. Aufl. Dornach 1990, S. 61–123.

[158] Die Diskussion fand statt im Anschluss an die beiden Vorträge am 11. März 1920 von Ernst Blümel «Über das Imaginäre und den Begriff des Unendlichen und Unmöglichen» und von Alexander Strakosch «Die mathematischen Gebilde als Zwischenglieder zwischen Urbild und Abbild». Für die Beantwortung der Frage von Ernst Blümel: «Ist es möglich, zu lebendiger Anschauung des Imaginären zu kommen, beziehungsweise liegen wirkliche Entitäten dem Imaginären zu Grunde?» siehe *Die vierte Dimension*, GA 324a, 1. Aufl. Dornach 1995, S. 149–156; für die Fragen und deren Beantwortung nach dem Vortrag von Alexander Strakosch siehe ebenda S. 157–163. Zu den beiden Vorträgen siehe die Notizen Steiners (RSA NB 47 und 42), Anhang S. 310–317 zw. S. 320–323.

[159] Der Akzeptanz von überimaginären oder hyperkomplexen Zahlen stand Verschiedenes im Wege. Zunächst ist der Körper der komplexen Zahlen notwendig und hinreichend für die eindeutige Lösung aller algebraischen Gleichungen (algebraische Abgeschlossenheit, Fundamentalsatz der Algebra), sodass von dieser Seite her keine Notwendigkeit zusätzlicher Erweiterungen bestand. Es gilt zudem ein auf Karl Weierstrass, ab 1863 in Vorlesungen vorgetragen, zurückgehender Satz (gemäß einem mündlichen Bericht von Hermann Amandus Schwarz, vgl. Eduard Study: «Theorie der gemeinen und höheren complexen Größen», in: *Encyklopädie der mathematischen Wissenschaften*, Band 1: *Arithmetik und Algebra*, Teil I, Nr. 4, 1899, S. 148–183, insbesondere § 11, S. 173): Der Zahlenkörper der komplexen Zahlen ist bis auf Isomorphie der *einzige* echte algebraische kommutative Erweiterungskörper des Körpers der reellen Zahlen. (Erstmals publiziert wurde ein solcher Beweis von Hermann Hankel in: *Vorlesungen über die complexen Zahlen und ihre Functionen*, I. Theil: *Theorie der complexen Zahlensysteme*, Leipzig 1867, § 29: «Begrenztes complexes System», S. 106–108). Die Kommutativität der Multiplikation sowie die die Eindeutigkeit der Division garantierende Nullteilerfreiheit (wenn $a \cdot b = 0$, dann ist notwendig entweder $a = 0$ oder $b = 0$ oder beide sind gleich null, es gibt also zu jedem Element ungleich null ein Inverses) sind dabei wesentlich. Erweiterungskörper des reellen Zahlenkörpers, wie zum Beispiel die hyperkomplexen Systeme der Quaternionen und der Clifford-Algebren, sind nur möglich, wenn man die Kommutativität fallen lässt. Lässt man auch

noch die Assoziativität fallen, so gibt es noch umfassendere hyperkomplexe Erweiterungskörper der reellen Zahlen (Cayley-Zahlen), die aber noch immer nullteilerfrei sind. Hyperkomplexe Zahlensysteme heißen heute *reelle Algebren*, und wenn die Division eindeutig durchführbar ist, *reelle Divisionsalgebren*. Zieht man jedoch Nullteiler hinzu, so unterscheiden sich die entsprechenden Zahlensysteme noch viel weiter von den üblichen und haben es demzufolge mit der Akzeptanz noch schwerer. – Man beachte, dass Steiner auf die Notwendigkeit des Einbezugs von Nullteilern hingewiesen hat: Siehe die Fragenbeantwortung nach dem Vortrag von Ernst Blümel «Über das Imaginäre und den Begriff des Unendlichen und Unmöglichen» während des vorliegenden Kurses am 11. März 1920, in: *Die vierte Dimension*, 1. Aufl. 1995, S. 149–156 und die dortigen Hinweise. – Neben den rein mathematischen Tatbeständen standen den hyperkomplexen Zahlen Gewohnheiten und Vorurteile im Weg, weshalb sie lange Zeit umstritten waren. So heißt es bei dem Mathematiker Eduard Study (1862–1930), der selbst wichtige Beiträge zur Theorie der hyperkomplexen Zahlen leistete, in einem Übersichts-Aufsatz «Über Systeme komplexe Zahlen und ihre Anwendung in der Theorie der Transformationsgruppen», in welchen er ein extra Kapitel «Der Nutzen der Systeme komplexer Zahlen» eingeschaltet hat (S. 341–344), da dies offenbar für seine Mathematiker-Kollegen notwendig war: «In weiten Kreisen, namentlich in Deutschland, ist die Ansicht verbreitet, dass die Systeme von komplexen Zahlen oder ähnliche Algorithmen überhaupt gar keinen Nutzen hätten, ausgenommen allein die gewöhnlichen komplexen Zahlen; und man begründet dies damit, dass durch sie nichts geleistet werden könnte, was nicht ‹ebenso gut› auch ohne sie zu leisten wäre.» (*Monatshefte für Mathematik und Physik*, 1890, Band 1, S. 283–355, insbesondere 341–342). Noch Jan Arnoldus Schouten schreibt in seinen *Grundlagen der Vektor- und Affinoranalysis* (Leipzig und Berlin 1914 [RSB N 502, mit Widmung des Autors], S. 1–2): «Obwohl durch die Gibbs'sche Vektoranalysis in praktischer Hinsicht eine Synthesis zustande gekommen war, wurde die Einigung dem Begriffe nach zunächst eigentlich wenig gefördert, da die Vektoranalysis, die nur zum praktischen Gebrauch aufgebaut war, keineswegs imstande war die Quaternionentheorie und die Ausdehnungslehre vollständig zu umfassen, und infolgedessen neben den Quaternionisten und den Bivektorianern Graßmann'scher Schule noch Monovektorianer Gibbs'scher Schule entstanden, sodass der Zwiestreit in einen Streit dreier überging. Dieser Streit, in welchem jetzt seit mehr als zwanzig Jahren auf allen Seiten in der hartnäckigsten Weise gekämpft wird, und dessen Ende bisher noch nicht vorhergesagt werden konnte, ist eine der merkwürdigsten Erscheinungen in der Geschichte der Mathematik. [...] Es erhebt sich die Frage: was ist der Grund dieser in der Mathematik so ganz ungewohnten Unsicherheit [...]? [...] Treten wir der Sache näher. Systeme höherer komplexer Zahlen werden angewandt auf geometrische Größen, Linienteile, Ebenenteile usw. [...] Die Unsicherheit muss also entstehen bei der *Verknüpfung der Zahlensysteme mit den geometrischen Größen*.» Die Auseinandersetzung, auf welche Schouten hier eingeht, hat ihren Hintergrund in dem Gegensatz zwischen den Vertretern des auf William

Rowan Hamilton (1805–1865) zurückgehenden Quaternionenkalküls und der Vektoranalysis, wie sie von Oliver Heaviside (1850–1925) und Josiah Gibbs (1839–1903) entwickelt wurde. Wegen der mit dem Ausbau der Vektoranalysis einhergehenden Fortschritte in der theoretischen Physik gewann diese im Anwendungsbereich die Oberhand. Heute finden allerdings hyperkomplexe Zahlensysteme oder reelle Algebren Anwendung u. a. in der Quantentheorie.

[160] Wilhelm Preyer (1841–1897), Physiologe und Psychologe. Siehe seine *Naturwissenschaftliche Tatsachen und Probleme*, Berlin 1880 [RSB N 437], und Rudolf Steiners Aufsatz: «Wilhelm Preyer. Gestorben am 15. Juli 1897», in: *Methodische Grundlagen der Anthroposophie 1884–1901*, GA 30, Dornach 3. Aufl. 1989, S. 346–359.

[161] Eine Formel für das Lebensgebiet hat Steiner nicht angegeben; in seinem Notizbuch Nr. 42 (RSA NB 42) steht nur: «Leben = die überimag. Zahl» (Anhang S. 325).

[162] Emil Du Bois-Reymond (1818–1896), Physiologe. Seine von Rudolf Steiner viel genannte Rede «Über die Grenzen des Naturerkennens» wurde am 14. August 1872 gehalten vor der 45. Versammlung Deutscher Naturforscher und Ärzte zu Leipzig.

Editorische Hinweise

zu Seite

195 *molekularische [Beschaffenheit]:* Sinngemäße Wahl einer Textvariante: In der Textgrundlage werden auch noch die Varianten «Anschauung» und «Ordnung» angeführt.

198 *im speziellen Fall [0 °C] sein kann:* Sinngemäße Änderung durch den Herausgeber, statt «200 °C».

wird sie [kleiner]: Sinngemäße Änderung gegenüber der Textgrundlage durch den Herausgeber, statt «größer».

Wärmeleitung [zu erreichen]: Sinngemäße Änderung durch den Herausgeber, statt «durchzuleiten».

199 *im Inneren ungleichmäßig, [wie]:* Sinngemäße Änderung durch den Herausgeber, statt «so».

200 *sondern ich habe es mit [kleinen]:* Sinngemäße Änderung durch den Herausgeber, statt «gleichen».

verwandelt sich mir [dieser endliche Differenzen-Quotient]: Sinngemäße Änderung durch den Herausgeber, statt «diese endliche Konstante».

wobei [du]: Sinngemäße Änderung durch den Herausgeber, statt «dx».

202 *Wir kommen nicht [zurecht]:* Sinngemäße Änderung durch den Herausgeber, statt «zurück».

202 *[wenn wir] durch Formeln arbeiten:* Sinngemäße Änderung durch den Herausgeber, statt «entweder».

208 *wo sich [etwas]:* Sinngemäße Änderung durch den Herausgeber, statt «alles».

Dreizehnter Vortrag, 13. März 1920

Sachhinweise

[163] Zu den «Forschungsinstituten in Stuttgart», siehe Hinweis Nr. 73.

[164] Siehe zu den teilweisen Auslöschungen der Wirkungen des Spektrums den fünften Vortrag vom 27. Dezember 1919 in: *Erster Naturwissenschaftlicher Kurs*, GA 320, 5. Aufl. Basel 2020, S. 89–90.

[165] Das folgende Schema ist einer Mitschrift von Eugen Kolisko entnommen.

[166] Zu Parallelstellen zu diesen Ausführungen über das Ponderable und Imponderable und seinen Zusammenhang mit dem Raum, insbesondere zu den Darstellungen im Dritten Naturwissenschaftlichen Kurs (*Das Verhältnis der verschiedenen naturwissenschaftlichen Gebiete zur Astronomie*, GA 323) siehe die Zusammenstellung «Rudolf Steiner und die nichteuklidische Geometrie», in: *Beiträge zur Rudolf Steiner Gesamtausgabe*, 1995, Nr. 114/115, S. 62–63.

[167] Mit der Bezeichnung «Kant-Laplace-Theorie» werden zwei verwandte, aber unabhängig voneinander entwickelte Hypothesen über die Entwicklung des Kosmos und des Planetensystems benannt. Eine dazu ähnliche Theorie lässt sich bereits bei Emanuel Swedenborg nachweisen. Immanuel Kant entwickelte seine Weltentstehungstheorie in der Schrift *Allgemeine Naturgeschichte und Theorie des Himmels* (1755). Unabhängig von Kant entwickelte rund 40 Jahre nach ihm der französische Mathematiker und Astronom Pierre-Simon Laplace seine Nebularhypothese, die 1796 im letzten Band seines fünfbändigen Werkes *Exposition du système du monde* (Darstellung des Weltsystems) erschien. Arthur Schopenhauer und andere sahen später die gemeinsamen Punkte von Kants und Laplaces Kosmogonien und sprachen von ihnen dann vereinfacht wie von einer vereinigten «Kant-Laplace'schen Theorie».

[168] Bei Eduard von Hartmann heißt es wörtlich: «Je näher der Weltprozess dem völligen Ausgleich kommt, je kleiner seine Intensitätsunterschiede werden, desto langsamer erfolgt der Fortschritt im Ausgleich; bei unendlich kleinen Differenzen wird er unendlich langsam. Der Prozess hört also in endlicher Zeit nicht ganz auf, gelangt aber in ihr dem Ausgleich unendlich nahe, sodass der unendlich lange Rest wegen seiner unendlich kleinen Vorgänge vernachlässigt werden kann. Der Satz der Entwertung lehrt, dass der Weltprozess ausbummelt und dass er in endlicher Zeit zu einem Stadium gelangen muss, wo keine Energieumsätze mehr möglich sind, und zwar lange bevor die Temperaturun-

terschiede unendlich klein werden.» Eduard von Hartmann: *Grundriss der Naturphilosophie* (= System der Philosophie im Grundriss, Bd. II), Bad Sachsa 1907 [RSB P 433], S. 92.

[169] «[Zeichnung]»: Eine reproduzierbare Zeichnung ist in der Textgrundlage nicht vorhanden.

[170] Vorschlag des Herausgebers für sachgemäße Ergänzungen dieser Sätze: «Das rechtfertigt auch, in der Physik schon von Betrachtungen auszugehen, die den Weltprozess nicht so betrachten, wie wir gewöhnlich das Sonnenspektrum betrachten – indem wir eben [den Weltprozess der Wirklichkeitsgebiete im Physischen] nach der einen Seite nach [hinten], nach der Vergangenheit, ins Unendliche laufen lassen, wie wir das Rot verfolgen [nach links] ins Unendliche, indem wir [diesen Weltprozess auch] nach der anderen Seite [nach vorne] in die Zukunft verlaufen lassen, wie wir das Blau verfolgen [nach rechts] ins Unendliche –, sondern wir müssen den Weltprozess uns durch einen Kreis symbolisieren.»

Editorische Hinweise

zu Seite

211 *[Man sieht keine Phosphoreszenz.]:* Handschriftliche Ergänzung unbekannter Hand in der Textgrundlage.

212 *[Wechselverhältnis]:* In der Textgrundlage stehen die zwei Varianten «Wechselgebiet» und «Wechselverhältnis».

213 *Verhalten des Lichtes [in]:* Sinngemäße Änderung durch den Herausgeber, statt «und».

214 *Zimmer [warm] wurde:* Handschriftliche Ergänzungen unbekannter Hand in der Textgrundlage.

217 *[erschien im Anschauen]:* Sinngemäße Änderung durch den Herausgeber, statt «angeschaut».

218 *chemischen [Effekte]:* Sinngemäße Änderung durch den Herausgeber, statt «Physik».

221 *[einem Maximum zustrebt]:* Sinngemäße Änderung durch den Herausgeber, statt «ein Maximum darstellt».

[Zeichnung]: Ergänzung in Maschinenschrift innerhalb der Textgrundlage. – Eine reproduzierbare Zeichnung ist in der Textgrundlage nicht vorhanden.

Sachhinweise

[171] Eugen Kolisko (1893–1939), Lehrer und Schularzt der Freien Waldorfschule in Stuttgart, Verfasser naturwissenschaftlicher und medizinischer Schriften. Der Titel seines Vortrages vom 13. März 1920 dürfte, aus dem Diskussionsvotum Rudolf Steiners zu schließen, etwa gelautet haben: «Hypothesenfreie Chemie» (siehe dazu die Notizen von Steiner (RSA NB 42), S. 328–331 im Anhang). Im Herbst 1920 während des ersten anthroposophischen Hochschulkurses hat Kolisko Anfang Oktober 1920 drei Vorträge mit ähnlich lautendem Titel gehalten; sie wurden publiziert als «Hypothesenfreie Chemie im Sinne der Geisteswissenschaft», in: Eugen Kolisko (Hrsg.), *Aenigmatisches aus Kunst und Wissenschaft*, Stuttgart 1922, S. 165–230. – Siehe dazu auch *Fachwissenschaft und Anthroposophie*, GA 73a, 1. Aufl. Dornach 2005, S. 423–432.

[172] «Aber was haben wir denn da?» Gemeint ist vermutlich an dieser Stelle der unterschiedliche Wirklichkeitsgebiete überspannende Bogen y – y'.

[173] Vorschlag des Herausgebers für sachgemäße Ergänzungen dieser Sätze: «Und aus dem Wirklichkeitsgebiet [der chemischen Effekte] heraus muss uns sein das Auftreten des Tones und Klanges in der Luft die Niveaudifferenz zwischen denselben: Was in den chemischen Effekten wirkt gestaltend, wirkt [bei den Tönen] durch die Welt schießend, aber peripherisch von außen durch die Niveaudifferenz gegenüber dem Materiellen des Gases, des luftförmigen Körpers.»

[174] Die Entstehung atmosphärischer Elektrizität durch Reibung der Wolken bespricht Steiner unter anderem auch im Vortrag vom 29. August 1919, in: *Erziehungskunst. Methodisch-Didaktisches*, GA 294, 6. Aufl. Dornach 1990, S. 117–118.

[175] Eine Theorie, welche die Gewitter-Elektrizität durch die Reibung des Dampfes an der Luft erklärt, hat zum Beispiel Friedrich Jordan in dem Aufsatz «Über Gewittererscheinungen», in: *Die Natur, Zeitung zur Verbreitung naturwissenschaftlicher Kenntnis und Naturanschauung für Leser aller Stände* (Jahrgang 29, 1880, Nr. 46 und 49, S. 575–577, 618–619), entwickelt. Die Zeitung findet sich in der Bibliothek Rudolf Steiners [RSB Zs 242]. Entsprechende Anschauungen konnten in einschlägigen Lexika der damaligen Zeit, wie etwa in *Meyers kleines Konversationslexikon*, 7. Aufl. Leipzig und Wien 1908 («Luftelektrizität»), in *The Encyclopaedia Britannica*, 11. Ed. New York 1910–1911 («Athmospheric Electricity») und in *Pierers Konversations-Lexikon*, Stuttgart 7. Aufl. 1890 («Gewitter») nicht nachgewiesen werden.

[176] Es konnte an dieser und den folgenden Stellen mittels der Textgrundlage nicht eindeutig geklärt werden, wo Steiner von Strahlungswärme und wo er von Wärmeleitung spricht. Im Weiteren könnte der Satz «Es quillt die Materie überall heraus» auch lauten: «Es quillt die Wärme überall heraus.» Entspre-

chendes gilt für den weiter unten stehenden Satz: «Was will den diese Materie wirken?» Er müsste wohl eher lauten: «Was will den diese Wärme wirken?»; der Bezug auf Wärmeleitung oder Wärmestrahlung bleibt unklar.

[177] Von der Wärmeleitung wurde im vorliegenden Kurs am zehnten und zwölften Vortrag vom 10. und 12. März 1920 gesprochen.

[178] Zur sich durch Strahlung ausbreitenden Wärme siehe die Darstellung der Wärmestrahlung anhand einer Eislinse im zehnten Vortrag vom 10. März 1920 im vorliegenden Kurs.

[179] Siehe zum subjektiven Wahrnehmen der Temperatur als Temperaturdifferenz im vorliegenden *Zweiten Naturwissenschaftlichen Kurs* den ersten Vortrag vom 1. März 1920.

[180] Vorschlag des Herausgebers für sachgemäße Ergänzungen dieser Sätze: «Dann sind wir eben gerade dasjenige, was nun der andere [Teil des] Niveauunterschied[s] ist. Diesen Niveauunterschied [das heißt das $y - x'$ im Schema am Anfang des vorliegenden Vortrages] nehmen wir wahr. [Den Niveauunterschied] $y - y'$ nehmen wir nicht wahr, den sind wir während d[ies]er Zeit.»

[181] Zur Akustik und zur Tonwelt siehe auch in diesem Kurs den vierten, das Ende des siebten und den achten Vortrag vom 4., 7. und 8. März 1920.

[182] Diese Fortsetzung fand ein knappes Jahr später mit dem *Dritten Naturwissenschaftlichen Kurs: Das Verhältnis der verschiedenen naturwissenschaftlichen Gebiete zur Astronomie* (GA 323) statt.

[183] Neben Ernst Blümel, Alexander Strakosch und Eugen Kolisko hielten auch Hermann von Baravalle, Georg Herberg und Ernst Müller Vorträge während des *Zweiten Naturwissenschaftlichen Kurses*; siehe dazu Näheres in «Zu dieser Ausgabe: Entstehung» im Anhang.

[184] Die skandinavischen, insbesondere dänischen nicht staatlichen sogenannten Heimvolkshochschulen unterscheiden sich in ihren Hauptzügen wesentlich von den Volkshochschulen im deutschsprachigen Raum. Sie sind in der Regel Internatsschulen mit bis zu zwölfmonatigen Kursangeboten. Die Kurse richten sich vor allem an Erwachsene, die meisten Teilnehmer sind zwischen 18 und 25 Jahre alt. – Die Idee der Volkshochschulen wurde erstmals von Nikolai Frederik Severin Grundtvig (1783–1872) in Dänemark entwickelt. Er vertrat die Überzeugung, dass Bürger ihre damals neu eingeführten demokratischen Mitbestimmungsmöglichkeiten nur nutzen konnten, wenn sie über eine «zweckmäßige Bildung» verfügten. Er setzte sich deshalb dafür ein, dass auch für Erwachsene Bildungsangebote geschaffen wurden und dass diese für alle zugänglich – d. h. finanziell erschwinglich und ohne selektive Prüfungen – waren.

[185] Zu diesen Aktivitäten zur Aufrechterhaltung von Akademien und Ähnlichem gehörte unter anderem der Wiederaufbau und die Fortsetzung der «Königlich-Preussischen Akademie der Wissenschaften zu Berlin» zur «Preussischen Aka-

demie der Wissenschaften» (1921) und dann zur «Deutschen Akademie der Wissenschaften» (1922). Entscheidend war dafür die von Max Planck im April 1920 mitinitiierte und mitgeleitete «Notgemeinschaft der deutschen Wissenschaft», zu welcher Akademien der Wissenschaft, Universitäten und Technische Hochschulen, die Kaiser-Wilhelm-Gesellschaft (die spätere Max Plank-Gesellschaft, ab 1960), die Gesellschaft Deutscher Naturforscher und Ärzte und der deutsche Verband Technisch-Wissenschaftlicher Vereine gehörten. Finanziert wurde diese Gemeinschaft wesentlich durch die Industrie sowie die einzelnen Länder, dann auch später durch ausländische Stiftungen. Insbesondere übte die Großindustrie auf die Kaiser-Wilhelm-Gesellschaft einen starken Einfluss aus, durch welche auch in Friedenszeiten praxisorientierte Forschung gefordert wurde, da die wissenschaftliche Forschung eine der ersten Voraussetzungen der militärischen und materiellen Kraft sei (siehe dazu «Wortführer der Wissenschaft» in: John L. Heilbron: *Max Planck – Ein Leben für die Wissenschaft*, 2. Aufl. Stuttgart 2006, S. 125–216, insbesondere S. 125–140). – Zur militärischen Ausrichtung der wissenschaftlichen Forschung siehe auch die Ausführungen zu einem Vortrag von Wilhelm Wien (ohne Namensnennung) im *Ersten Naturwissenschaftlichen Kurs*, GA 320, 5. Aufl. Basel 2020, zehnter Vortrag vom 3. Januar 1920, S. 179–180.

[186] Auf allen drei Gebieten: dem des Geistesleben, dem des Rechtslebens und dem der Wirtschaft. Im Jahre 1920 stand Rudolf Steiner mitten in der von ihm mit großer Intensität in der Öffentlichkeit geführten Arbeit für die Dreigliederung des sozialen Organismus. Siehe *Die Kernpunkte der Sozialen Frage in den Lebensnotwendigkeiten der Gegenwart und Zukunft* (1919), GA 23 sowie die Dokumentation von Hella Wiesberger, «Rudolf Steiners öffentliches Wirken für die Dreigliederung des sozialen Organismus – Die Gründung der Waldorfschule, Chronik des Jahres 1919», in *Nachrichten der Rudolf Steiner-Nachlassverwaltung (= Beiträge zur Rudolf Steiner Gesamtausgabe)*, Nr. 27/28, Dornach 1969, S. 2–60.

[187] Vom 1. bis 18. Januar 1921 fand in Stuttgart der Dritte Naturwissenschaftliche Kurs über *Das Verhältnis der verschiedenen naturwissenschaftlichen Gebiete zur Astronomie* statt (GA 323).

Editorische Hinweise

zu Seite

224 *Vorstellungen [oder Vorgänge]:* Die zwei Varianten «Vorstellungen» und «Vorgänge» sind in der Textgrundlage angeführt.

226 *Welt der Töne [darlebt]:* Sinngemäße Änderung durch den Herausgeber, statt «klarlegt».

227 *ist [auch] da:* Sinngemäße Änderung durch den Herausgeber, statt «nicht».

227 *von [Spannungen in der] Elektrizität:* Handschriftliche Ergänzung unbekannter Hand in der Textgrundlage.

229 *wahrhaftig [dasjenige]:* Sinngemäße Änderung des Herausgebers statt «wahrhaftig nicht dasjenige».

müssten die [Vorgänge]: Sinngemäße Änderung durch den Herausgeber, statt «Vorstellungen».

232 *schlechten [Elektrizitätsleitern]:* Sinngemäße Änderung durch den Herausgeber, statt «Wärmeleitern».

234 *chemischen inneren [Vorgänge]:* Sinngemäße Änderung durch den Herausgeber, statt «Vorstellungen».

Fragenbeantwortungen

Hamburg, 21. Mai 1908

Kontext: Öffentlicher Vortrag: «Mann, Weib und Kind im Licht der Geisteswissenschaft», vorgesehen für: *Das Wesen des Menschen im Lichte der Geisteswissenschaft*, GA 68d.

Textgrundlage: Vreede-Archiv, Den Haag (Fragenbeantwortungen, Schrank 1). Kein Stenogramm vorhanden. Handschriftliche Notizen einer unbekannten Person.

Sachhinweise

188 Zur Entropie und zum Wärmetod des Universums siehe den achten und dreizehnten Vortrag vom 8. bzw. 13. März im vorliegenden Kurs sowie die dazugehörigen Hinweise Nr. 91, 92, 93 und 168. Siehe auch die folgende Fragenbeantwortung vom 18. Januar 1912 mit dem Hinweis Nr. 189.

Berlin, 18. Januar 1912

Kontext: Öffentlicher Vortrag im Architektenhaus: «Der Ursprung der Tierwelt im Licht der Geisteswissenschaft», in: *Menschengeschichte im Licht der Geistesforschung*, GA 61, 2. Aufl. Dornach 1983, S. 253–284.

Textgrundlage: Maschinenschriftliche Übertragung (Vortragsregister-Nr. Zu 2526 I) des Stenogramms von Franz Seiler.

Sachhinweise

189 Svante Arrhenius (1859–1927), Physiker und Chemiker. Er vertrat die These, dass sich das Weltall periodisch entwickelt und deshalb ein endgültiger Wärmetod nicht eintreten kann. Siehe dazu *Die Vorstellungen vom Weltgebäude im Wandel der Zeiten, Das Werden der Welten – Neue Folge*, Leipzig 1909 [RSB N 13], Kapitel IX «Der Unendlichkeitsbegriff in der Kosmogonie», S. 159–191, insbesondere S. 176–181. In Kurzfassung auch im Vortrag, gehalten auf dem Ersten Monisten-Kongress zu Hamburg am 2. September 1911: *Das Weltall*, Leipzig 1911 [RSB N 12], S. 26–28.

190 «Bewusstsein ist nur möglich durch Zerstörungsprozesse in den Organen, die aber wiederhergestellt werden»*:* Siehe dazu etwa «Wahre Menschenwesen-Erkenntnis als Grundlage medizinischer Kunst», in: R. Steiner / I. Wegman, *Grundlegendes für eine Erweiterung der Heilkunst nach geisteswissenschaftlichen Erkenntnissen*, GA 27, 8. Aufl. Basel 2014, S. 16–18.

Berlin, 8. Februar 1913

Kontext: Ausführungen nach einem Vortrag von Felix Peipers über «Das Gralsideal im Lichte moderner naturwissenschaftlicher Beleuchtung». Dazu finden sich im Rudolf Steiner Archiv keine Unterlagen.

Textgrundlage: Maschinenschriftliche Übertragung (Vortragsregister-Nr. Zu 2709) der Aufzeichnungen einer unbekannten mitschreibenden Person.

Sachhinweise

[191] Felix Peipers (1873–1944), Nervenarzt, Inhaber einer Privatklinik in München, früher Mitarbeiter Rudolf Steiners zu anthroposophischen und medizinischen Themen seit ca. 1907, Mitbegründer des Klinisch-Therapeutischen Instituts in Stuttgart 1921, Begründer der Farblichttherapie (siehe zu Letzterem «Farbe in der Therapie», in: *Farbenerkenntnis*, GA 291a, 1. Aufl. Dornach 1990, S. 449–480).

[192] «Galimathias»*:* Unverständliches, unsinniges, verworrenes Gerede.

[193] Die Bedeutung der Querstreifigkeit des Herzmuskels erläutert Steiner auch an anderen Stellen, siehe insbesondere «Der viergliedrige Erdenmensch», in: *Aus der Akasha-Chronik*, GA 11, 7. Aufl. Basel 2018, S. 203–223, hier S. 217–220, und den Vortrag vom 26. Juni 1907, in: *Menschheitsentwicklung und Christus-Erkenntnis*, GA 100, 3. Aufl. Basel 2006, S. 143–158, hier S. 158.

[194] Die Erzählung von einem Menschen, der ins Wasser fällt und tot geborgen wird, findet sich an mehreren Stellen im Vortragswerk, so z.B. auch im Vortrag vom 27. Dezember 1911, in: *Die Welt der Sinne und die Welt des Geistes*, GA 134, 6. Aufl. Basel 2009, S. 9–27, hier S. 17–18.

[195] «wenn man ausdehnt den Begriff des Vermögen-Habens auf das Schulden-Haben»: Siehe dazu den Hinweis Nr. 16.

[196] Steiners Charakterisierung der imaginären, heute komplexen, Zahlen bezieht sich auf die sogenannte Gauß'sche Zahlenebene, in welcher die ursprünglich rein arithmetisch-algebraisch definierten komplexen Zahlen den Punkten einer Ebene zugeordnet werden.

[197] Leo Koenigsberger (1837–1921), Mathematiker, von 1877 bis 1884 Professor in Wien, danach in Heidelberg. Eine Vorlesung über die «Theorie der elliptischen Funktionen» hielt Koenigsberger an der Universität Wien im Wintersemester 1881/1882 (Martina Maria Sam: *Rudolf Steiner – Kindheit und Jugend*, Dornach 2018, S. 444).

[198] «Da aber niemals ein Produkt null sein kann, kann es solche Zahlen niemals geben»*:* Rudolf Steiner wurde, wie auch aus seinem Bericht im Vortrag vom 11. Mai 1917 (*Die geistigen Hintergründe des Ersten Weltkrieges*, GA 174b, 2. Aufl. Dornach 1994, S. 183–209, hier: S. 192–194) hervorgeht, offenbar in einer Vorlesung von Leo Koenigsberger auf das mathematische Problem von

Nullteilern aufmerksam. Nullteiler sind verallgemeinerte Zahlen, für die das Produkt null ergibt, ohne dass die Faktoren gleich null sind. Koenigsberger erwähnt dieses Problem in der ersten Vorlesung seiner *Vorlesungen über die Theorie der elliptischen Funktionen* (Leipzig 1874, S. 10–12) und schreibt dort bezüglich der Existenz hyperkomplexer Zahlen: «Sollen nun Größen dieser Art eine Einführung in die reine Arithmetik gestatten, so muss die Rechnung mit ihnen nach den für die bereits behandelten Zahlen aufgestellten Rechnungsregeln – indem wir die Gültigkeit gemeinsamer Rechnungsregeln für alle arithmetischen Größen als eine notwendig zu erfüllende Bedingung festhalten – zu Resultaten führen, welche nicht den für reelle und komplexe imaginäre Zahlen gefundenen Hauptsätzen der Arithmetik widersprechen, und es müssen somit auch zwei Zahlen derselben Gattung, nach den Regeln für mehrgliedrige Ausdrücke miteinander multipliziert, eine Zahl derselben Gattung liefern, welche nicht verschwinden kann, wenn nicht einer der Faktoren null wird.» Im Folgenden wird konkret gezeigt, dass das Produkt zweier solcher hyperkomplexer Zahlen tatsächlich verschwinden kann, ohne dass einer der Faktoren null sein muss, «was jedoch der für reelle Zahlen bestehenden Grundregel widerstreitet, dass ein Produkt nur dann den Wert null annimmt, wenn einer der Faktoren verschwindet.» – Siehe dazu auch den Hinweis Nr. 159 im vorliegenden Band sowie die Fragenbeantwortung vom 11. März 1920 und die dortigen Hinweise (in: *Die vierte Dimension*, GA 324a, 1. Aufl. Dornach 1995, S. 149–156).

[199] «Auf diese Weise muss man lernen loszureißen die Erfassung des geistigen Prozesses vom Sinnlich-Materiellen, sonst ist man einfach ein Materialist»: Siehe hierzu Steiners Anmerkung zu Kants «verstecktem Materialismus» in dem 1918 zu einem Aufsatz umgearbeiteten Vortrag «Philosophie und Anthroposophie» (in: *Philosophie und Anthroposophie*, GA 35, 3. Aufl. Basel 2014, S. 66–110): «Solange man den Materialismus auf die Erkenntnistheorie ausdehnen wird, solange wird man nicht herausfinden, worauf es ankommt.» Und fügt dann in einer Fußnote die weitreichende Bemerkung hinzu: «Man sieht daraus, dass man den Begriff Materialismus viel weiter fassen muss, als man dies gewöhnlich tut. Wer durch seine Vorstellungsart dazu gezwungen ist, zu denken, von dem wirklichen ‹Ding an sich› könne nichts in seiner Seele aufleben, weil dessen Materie nicht in diese herüberwandern kann, der ist Materialist, auch wenn er glaubt, Idealist zu sein, weil er die Seele gelten lässt. Und Kant war zu seinen Vorstellungen durch seinen versteckten Materialismus verführt. Sieht man diese Dinge im rechten Lichte, so wird allerdings auch die Nichtigkeit der in der Gegenwart immer wieder auftretenden Versicherung durchschaut: Die Wissenschaft sei heute über den Materialismus der zweiten Hälfte des neunzehnten Jahrhunderts hinausgekommen. Sie ist in ihn deshalb tiefer hineingekommen, weil sie ihre materialistische Vorstellungsart nicht mehr als solche erkennt.» (S. 97)

[200] Die Lehre vom «permanenten Atom» war eine damals unter Theosophen weitverbreitete Anschauung. Siehe dazu insbesondere Annie Besant: *A Study in Consciousness. A Contribution to the Science of Psychology.* London, Bena-

res, New York, Chicago 1904 [RSB O 460]. Dort heißt es in Chapter IV: «The Permanent Atom», § 4: «The Use of the Permanent Atoms»: «The use of the permanent atoms is to preserve within themselves, as vibratory powers, the results of all the experiences through which they have passed. It will perhaps be best to take the physical atom as an illustration, since this is susceptible of easier explanation than those on higher planes. [...] At the end of a physical life, this permanent atom has thus stored up innumerable vibratory powers; that is, has learned to respond in countless ways to the external world, to reproduce in itself the vibrations imposed upon it by surrounding objects. The physical body disintegrates at death; [...]. But the physical permanent atom remains; it is the only atom that has passed through all the experiences of the ever-changing conglomerations we call our body, and it has acquired all the results of all those experiences.» (S. 96–98). Später in diesem Paragrafen ist dann noch die Rede von «permanent astral atoms» und «permanent mental pasticles». – Die Lehre vom «permanenten Atom» war Bestandteil der Atomismus-Auffassung, mit der die Theosophen die Wissenschaftlichkeit ihrer Weltanschauung zu beweisen versuchten. Darüber verfasste Annie Besant zusammen mit Charles Webster Leadbeater die Schrift: *Okkulte Chemie. Eine Reihe hellseherischer Beobachtungen über die chemischen Elemente. Atomlehre* (übersetzt aus dem Englischen von R. Lange, Leipzig 1909 [RSB O 441]), wo allerdings nicht von einem «permanenten Atom» die Rede ist; siehe dazu die Fragenbeantwortung vom 30. März 1920, in: *Fachwissenschaften und Anthroposophie*, GA 73a, 1. Aufl. Dornach 2005, S. 116–126, hier S. 120–123, und den Vortrag vom 28. August 1920, in: *Geisteswissenschaft als Erkenntnis der Grundimpulse sozialer Gestaltung*, GA 199, 2. Aufl. Dornach 1985, S. 163–177, hier S. 176–177. – In *Mein Lebensgang* (GA 28, XXXII. Kapitel, 9. Aufl. Dornach 2000, S. 418–420) schrieb Rudolf Steiner im Hinblick auf diesen theosophischen Atomismus: «Die Erscheinungen der Natur wurden ‹erklärt›, indem man ‹Ur-Teile› der Weltsubstanz sich zu Atomen, diese zu Molekülen gruppieren ließ. Ein Stoff war dadurch da, dass er eine bestimmte Struktur von Atomen in Molekülen darstellte. – [...] Mir kam immer wenig *darauf* an, dass Atome in rein mechanischer oder sonst einer Wirksamkeit innerhalb des materiellen Geschehens angenommen werden. Mir kam es darauf an, dass die denkende Betrachtung von dem Atomistischen – den kleinsten Weltgebilden – ausgeht und den Übergang sucht zum Organischen, zum Geistigen. Ich sah die Notwendigkeit, von dem Ganzen auszugehen. Atome oder atomistische Strukturen können nur *Ergebnisse* von Geistwirkungen, von organischen Wirkungen sein. – Von dem *angeschauten Urphänomen*, nicht von einer Gedankenkonstruktion, wollte ich im Geiste der Goethe'schen Naturbetrachtung den Ausgang nehmen.» – Siehe dazu die ausführlichen Betrachtungen vom 15. Juni 1923 (*Die Geschichte und die Bedingungen der anthroposophischen Bewegung im Verhältnis zur Anthroposophischen Gesellschaft*, GA 258, 3. Aufl. Dornach 1981, S. 109–127, hier S. 116–117) zu den nach Steiners Ansicht «materialistischen» Bestrebungen innerhalb der Theosophischen Gesellschaft.

[201] Franz Brentanos (1838–1917) Ansatz charakterisierte Rudolf Steiner unter anderem in seiner erstmals 1917 in Berlin erschienenen Schrift *Von Seelenrätseln* (GA 21) im III. Kapitel: «Franz Brentano. Ein Nachruf». Vier der insgesamt neun Ergänzungen in dieser Schrift bezogen sich auf die Gedankenwelt Franz Brentanos, zum Beispiel: «5. Über die wirkliche Grundlage der intentionalen Beziehung», «6. Die physischen und geistigen Abhängigkeiten der Menschenwesenheit» und «7. Die Sonderung des Seelischen von dem Außer-Seelischen durch Franz Brentano».

[202] 1874 war in Leipzig der erste Band von Franz Brentanos *Psychologie vom empirischen Standpunkte* erschienen; er hatte sein Werk auf mehrere Bände angelegt, aber ein eigentlicher zweiter Band erschien nie, sondern er gab unter dem Titel «Von der Klassifikation der psychischen Phänomene» (Leipzig 1911) eine neue, durch Nachträge stark vermehrte Ausgabe einiger Kapitel des ersten Bandes, die in späteren Ausgaben als zweiter Band gezählt wurde. Steiner kommt auch in vielen Vorträgen auf dieses Thema zu sprechen, so z. B. im «Schlusswort zur Disputation über Philosophie», in: *Die befruchtende Wirkung der Anthroposophie auf die Fachwissenschaften*, GA 76, 3. Aufl. Basel 2018, S. 47–59, hier S. 55–57.

Zürich, 12. November 1917

Kontext: Öffentlicher Vortrag: «Anthroposophie und Naturwissenschaft: Geisteswissenschaftliche Ergebnisse über die Natur und den Menschen als Naturwesen», in: *Die Ergänzung heutiger Wissenschaften durch Anthroposophie*, GA 73, 2. Aufl. Dornach 1987, S. 110–152. – Der Schlusssatz dieser Fragenbeantwortung wurde nicht vollständig in den Band *Die Ergänzung heutiger Wissenschaft durch Anthroposophie* (GA 73, S. 157–159) aufgenommen.

Textgrundlage: Maschinenschriftliche Übertragung (Vortragsregister-Nr. 3430 a II) des Stenogramms von Helene Finckh.

Sachhinweise

[203] «Geheimwissenschaft» zur Hand nehmen: Siehe *Die Geheimwissenschaft im Umriss*, GA 13, 31. Aufl. Basel 2013, Kapitel: «Die Weltentwicklung und der Mensch», S. 137–298, insbesondere S. 156–158.

Editorische Hinweise

zu Seite

250 *nur bis zu einer [endlichen] Grenze:* Sinngemäße Änderung durch den Herausgeber, statt «unendlichen».

251 *auf dem Umweg [des Zurückkehrens dieses Anfangszustandes]:* Sinngemäße Überbrückung einer unleserlichen Stelle im Stenogramm durch den Herausgeber.

Dornach, 18. Juli 1921

Kontext: Dreigliederungsabend. Öffentliche Diskussion nach dem Vortrag von Alfred Usteri über Botanik.

Textgrundlage: Kein Stenogramm vorhanden. Maschinenschriftliche Übertragung (Vortragsregister-Nr. 4546 a I) von Notizen einer unbekannten mitschreibenden Person.

Sachhinweise

[204] Diatherman und adiatherman bedeuten wärmedurchlässig, also die Eigenschaft von Körpern, Wärme nicht zu absorbieren, sondern hindurchzulassen, bzw. wärmeundurchlässig.

[205] Ehrenfried Pfeiffer (1899–1961), Chemiker und Pionier der biologisch-dynamischen Landwirtschaft.

Editorische Hinweise

zu Seite

251 *improvisierten (?):* Ergänzung in Maschinenschrift innerhalb der Textgrundlage.

252 *wenn Sie erfahren/erklären (?):* Ergänzung in Maschinenschrift innerhalb der Textgrundlage.

durch Jahrhunderte reichende: Anstatt «reichende» könnte es auch «riechende» heißen.

Kumuliertes Namenregister des Ersten (I) und Zweiten (II) Naturwissenschaftlichen Kurses

( ) nicht namentliche Nennung im Vortragstext

Kumuliertes Sachregister des Ersten (I) und Zweiten (II) Naturwissenschaftlichen Kurses

( ) nicht namentliche Nennung im Vortragstext

Rudolf Steiner Gesamtausgabe

Gliederung nach: Rudolf Steiner – Das literarische und künstlerische Werk. Eine bibliografische Übersicht (Bibliografie-Nrn. *kursiv* in Klammern)

A. SCHRIFTEN

I. Werke

Goethes Naturwissenschaftliche Schriften, eingeleitet und kommentiert von R. Steiner, 5 Bände, 1884–97, Nachdruck 1975, *(1a–e)*; sep. Ausgabe der Einleitungen, 1925 *(1)*

Editorische Nachworte zu Goethes naturwissenschaftlichen Schriften in der Weimarer Ausgabe (1891–1896) *(1f)*

Grundlinien einer Erkenntnistheorie der Goetheschen Weltanschauung, 1886 *(2)*

Wahrheit und Wissenschaft. Vorspiel einer «Philosophie der Freiheit», 1892 *(3)*

Die Philosophie der Freiheit. Grundzüge einer modernen Weltanschauung, 1894 *(4)*

Friedrich Nietzsche, ein Kämpfer gegen seine Zeit, 1895 *(5)*

Goethes Weltanschauung, 1897 *(6)*

Die Mystik im Aufgange des neuzeitlichen Geisteslebens und ihr Verhältnis zur modernen Weltanschauung, 1901 *(7)*

Das Christentum als mystische Tatsache und die Mysterien des Altertums, 1902 *(8)*

Theosophie. Einführung in übersinnliche Welterkenntnis und Menschenbestimmung, 1904 *(9)*

Wie erlangt man Erkenntnisse der höheren Welten?, 1904/05 *(10)*

Aus der Akasha-Chronik, 1904–08 *(11)*

Die Stufen der höheren Erkenntnis, 1905–08 *(12)*

Die Geheimwissenschaft im Umriss, 1910 *(13)*

Vier Mysteriendramen: Die Pforte der Einweihung – Die Prüfung der Seele – Der Hüter der Schwelle – Der Seelen Erwachen, 1910–13 *(14)*

Die geistige Führung des Menschen und der Menschheit, 1911 *(15)*

Anthroposophischer Seelenkalender, 1912 *(in 40)*

Ein Weg zur Selbsterkenntnis des Menschen, 1912 *(16)*

Die Schwelle der geistigen Welt, 1913 *(17)*

Die Rätsel der Philosophie in ihrer Geschichte als Umriss dargestellt, 1914 *(18)*

Vom Menschenrätsel, 1916 *(20)*

Von Seelenrätseln, 1917 *(21)*

Goethes Geistesart in ihrer Offenbarung durch seinen Faust und durch das Märchen von der Schlange und der Lilie, 1918 *(22)*

Die Kernpunkte der sozialen Frage in den Lebensnotwendigkeiten der Gegenwart und Zukunft, 1919 *(23)*

Aufsätze über die Dreigliederung des sozialen Organismus und zur Zeitlage, 1915–21 *(24)*

Drei Schritte der Anthroposophie: Philosophie, Kosmologie, Religion 1922 *(25)*

Anthroposophische Leitsätze, 1924/25 *(26)*

Grundlegendes für eine Erweiterung der Heilkunst nach geisteswissenschaftlichen Erkenntnissen, 1925. Von Dr. R. Steiner und Dr. I. Wegman *(27)*

Mein Lebensgang, 1923–25 *(28)*

II. Gesammelte Aufsätze

Aufsätze zur Dramaturgie, 1889–1901 *(29)* – Methodische Grundlagen der Anthroposophie, 1884–1901 *(30)* – Aufsätze zur Kultur- und Zeitgeschichte, 1887–1901 *(31)* – Aufsätze zur Literatur, 1886–1902 *(32)* – Biografien und biografische Skizzen, 1894–1905 *(33)* – Aufsätze aus «Lucifer-Gnosis», 1903–1908 *(34)* – Philosophie und Anthroposophie, 1904–1918 *(35)* – Aufsätze aus «Das Goetheanum», 1921–1925 *(36)* – Schriften zur Geschichte der anthroposophischen Bewegung und Gesellschaft 1902–1925 *(37)*

III. Veröffentlichungen aus dem Nachlass

Briefe – Wahrspruchworte – Bühnenbearbeitungen – Entwürfe zu den vier Mysteriendramen, 1910–1913 – Anthroposophie. Ein Fragment – Gesammelte Skizzen und Fragmente – Aus Notizbüchern und -blättern *(38–47)*

B. DAS VORTRAGSWERK

I. Öffentliche Vorträge

Die Berliner öffentlichen Vortragsreihen, 1903/04 bis 1917/18 *(51–67)* – Öffentliche Vorträge, Vortragsreihen und Hochschulkurse an anderen Orten Europas, 1889–1924 *(68–84)*

II. Vorträge vor Mitgliedern der Anthroposophischen Gesellschaft

Vorträge und Vortragszyklen allgemein-anthroposophischen Inhalts – Christologie und Evangelien-Betrachtungen – Geisteswissenschaftliche Menschenkunde – Kosmische und menschliche Geschichte – Die geistigen Hintergründe der sozialen Frage – Der Mensch in seinem Zusammenhang mit dem Kosmos – Karma-Betrachtungen *(88–244)* – Vorträge und Schriften zur Geschichte der anthroposophischen Bewegung und der Anthroposophischen Gesellschaft – Veröffentlichungen zur Geschichte und aus den Inhalten der esoterischen Lehrtätigkeit *(250–270)*

III. Vorträge und Kurse zu einzelnen Lebensgebieten

Vorträge über Kunst: Allgemein-Künstlerisches – Eurythmie – Sprachgestaltung und Dramatische Kunst – Musik – Bildende Künste – Kunstgeschichte *(271–292)* – Vorträge über Erziehung *(293–311)* – Vorträge über Medizin *(312–319)* – Vorträge über Naturwissenschaft *(320–327)* – Vorträge über das soziale Leben und die Dreigliederung des sozialen Organismus *(328–341)* – Vorträge und Kurse über christlich-religiöses Wirken *(342–346)* – Vorträge für die Arbeiter am Goetheanumbau *(347–354)*

C. DAS KÜNSTLERISCHE WERK

Originalgetreue Wiedergaben von malerischen und grafischen Entwürfen und Skizzen Rudolf Steiners in Kunstmappen oder als Einzelblätter. Entwürfe für die Malerei des Ersten Goetheanum – Schulungsskizzen für Maler – Programmbilder für Eurythmie-Aufführungen – Eurythmieformen – Entwürfe zu den Eurythmiefiguren – Wandtafelzeichnungen zum Vortragswerk, u. a.

Die Bände der Rudolf Steiner Gesamtausgabe
sind innerhalb einzelner Gruppen einheitlich ausgestattet.
Jeder Band ist einzeln erhältlich.

Zum Werk Rudolf Steiners

Rudolf Steiner (1861–1925), der zunächst als Philosoph, Publizist und Pädagoge tätig war, entfaltete ab Beginn des 20. Jahrhunderts eine umfassende kulturelle und soziale Aktivität und begründete eine moderne Wissenschaft des Geistes, die Anthroposophie. Sein umfangreiches Werk umfasst Schriften und Abhandlungen, Aufzeichnungen und Briefe, künstlerische Entwürfe und Modelle sowie Textunterlagen von etlichen Tausend Vorträgen in Form von Hörermitschriften.

Seit dem Tod von Marie Steiner-von Sivers (1867–1948), der Lebensgefährtin Rudolf Steiners, wird sein literarischer und künstlerischer Nachlass durch die von ihr begründete *Rudolf Steiner Nachlassverwaltung* betreut. In dem dafür aufgebauten *Rudolf Steiner Archiv* wird seither an der Erhaltung, Erschließung und Herausgabe der vorhandenen Unterlagen gearbeitet. Die Buchausgaben erscheinen im *Rudolf Steiner Verlag.*

Schwerpunkt der Herausgabetätigkeit ist die seit 1955/56 erscheinende Rudolf Steiner Gesamtausgabe (GA). Sie umfasst inzwischen über 350 Bände und zusätzlich Veröffentlichungen aus dem künstlerischen Werk. Dazu kommen zahlreiche Einzel-, Sonder- und Taschenbuchausgaben und andere begleitende Veröffentlichungen. Die Ausgaben werden durch fachlich kompetente Herausgeber anhand der im Archiv vorhandenen Unterlagen ediert und durch Hinweise, Register usw. ergänzt. Vielfach werden bei Neuauflagen die Texte nochmals anhand der Quellen überprüft.

Noch liegt die Gesamtausgabe nicht vollständig vor; viele Archivunterlagen bedürfen zudem der editionsgerechten Aufbereitung. Dies ist mit einem hohen zeitlichen und finanziellen Aufwand verbunden, der durch den Absatz der Bücher nicht finanziert werden kann, sondern durch Unterstützungsbeiträge gedeckt werden muss. Dies gilt ebenso für die vielen anderen Arbeitsbereiche des Archivs, das keinerlei öffentliche Zuschüsse erhält. Damit das Archiv seine Aufgaben als Zentrum für die Erhaltung, Erschließung, Edition und Präsentation des Werkes von Rudolf Steiner auch in Zukunft erfüllen kann, wurde 1996 die *Internationale Fördergemeinschaft Rudolf Steiner Archiv* begründet.

Für weitere Informationen oder kostenlose Verzeichnisse wenden Sie sich bitte an:

Rudolf Steiner Verlag
St. Johanns-Vorstadt 19–21
CH-4056 Basel
verlag@steinerverlag.com
www.steinerverlag.com

Rudolf Steiner Archiv
Postfach 348
CH-4143 Dornach 1
www.rudolf-steiner.com